给大人的关于儿童青少年情绪与行为问题的应对指南

施显烇 著

中国青年出版社
CHINA YOUTH PRESS

图书在版编目（CIP）数据

给大人的关于儿童青少年情绪与行为问题的应对指南 / 施显烇著.

—北京：中国青年出版社，2022.8

ISBN 978-7-5153-6641-8

Ⅰ.①给… Ⅱ.①施… Ⅲ.①儿童心理学—指南②青少年心理学—指南 Ⅳ.①B844-62

中国版本图书馆CIP数据核字（2022）第079513号

给大人的关于儿童青少年情绪与行为问题的应对指南

作　　者：施显烇
策划编辑：翟平华
责任编辑：刘宇霜
文字编辑：吴梦书
美术编辑：杜雨萃
出　　版：中国青年出版社
发　　行：北京中青文文化传媒有限公司
电　　话：010-65511272 / 65516873
公司网址：www.cyb.com.cn
购书网址：zqwts.tmall.com
印　　刷：大厂回族自治县益利印刷有限公司
版　　次：2022年8月第1版
印　　次：2022年8月第1次印刷
开　　本：787 × 1092　　1/16
字　　数：462千字
印　　张：29.5
京权图字：01-2021-7084
书　　号：ISBN 978-7-5153-6641-8
定　　价：89.90元

序文

PREFACE

近20年来，随着社会结构、经济发展、生活形态以及价值观念的急速变化，国内外儿童与青少年的情绪与行为问题日益严重；孩子本身为问题所困致使悲剧一再重演，学校、家庭以及整个社会也都有忧心忡忡和束手无策之感。根据最保守的估计，至少有10%的儿童和青少年面临着严重的情绪与行为问题，需要专业人员的诊断和治疗。这项估计尚不包括那些偶尔出现人际关系冲突或是生活适应困难的孩子。在那些情况特殊的社会环境中，学校老师竟然发现将近半数的学生或多或少都有值得关切的行为问题。这些骇人听闻的统计数字呈现出一个相当严重的教育问题，也向社会提出一个严重的挑战；不但父母与老师日日挣扎于孩子恼人的行为问题，整个社会也面临着安全的威胁和无穷的祸患。

本书用意在于唤起社会对此问题的重视，促进父母与老师对孩子情绪与行为挑战的了解，激发读者对此问题的思考，进而结合各方面的力量，致力于研究发展，建立一个有效的预防与治疗系统。我们必须了解，孩子呈现情绪与行为问题不仅给四周的人带来困扰，还有可能伤害别人而使直接受害者咬牙切齿、旁观者寝食难安。事实上，孩子本身更是受害者，有的为此一生痛苦潦倒，有的身陷囹圄遗憾终身。无论从人道的立场来分析问题的性质，从社会价值的观点来判断问题的来龙去脉，还是从教育的眼光来看待问题的处理，都要借助于教育的力量与心理治疗的功能，给孩子提供行为的支持，以适当的行为取代不良的行为。本书期望能建立一个重要的观念：我们面对孩子给家庭、学校、社会所带来的挑战，必须从解决孩子本身所面临的问题着手，而且越早着手越好，甚至于在问题发生之前就防患于未然。

儿童与青少年的情绪与行为问题千头万绪，而且彼此交错重叠，我们平常所能注意到的可能只是冰山一角。本书不但举出几个常见的问题，如恐惧、违抗、攻击行为、多动以及违规行为，更要发掘一些鲜为人知的儿童行为痼疾，如抑郁、精神症状、自杀、自我摧残、自我伤害、饮食异常，以及药物滥用等。毫无疑问的是，本书无法把孩子所有的行为问题一网打尽，但就十项较严重的荦荦大者，从行为症状的界定、行为起因的分析、行为的评量与诊断，以及治疗策略的设计，做多角度的分析与介绍。

本书以大胆的尝试，把多种相关的资料做综合性的陈述，期能给心理专家、精神科和普通科医生、社会工作人员、治安与司法人员、青少年辅导人员、教育工作者等提供专业的参考资料。同时给父母、老师，以及一般对行为科学有兴趣的读者提供一些基本的概念，希望能借此敏锐地了解孩子的问题，明智地解决问题，或是适时地寻求专业人员的协助，共同迎接挑战。

施显烇

于美国明尼苏达剑城养护中心

一九九七年七月

目录
CONTENTS

CHAPTER ONE

第一章

绪　论

父母经常这样问：我们家的孩子总是茶饭不思，有时还会和同学打架滋事，他到底是不是有行为问题？学校老师会问心理专家：这个孩子为什么终日郁郁寡欢，而且动不动就大发脾气，到底我要怎样看待这种行为？绞尽脑汁的心理专家遇到特别棘手的个案时也会问：这个孩子成天与同学打得鼻青脸肿，有没有更好的策略来协助他渡过难关？本书希望能给这些问题提供圆满的答案；本章则就行为问题的界定、起因、评量以及处理的策略做概略的介绍。

1 情绪与行为问题的界定

孩子呈现情绪与行为问题，父母、老师或一般社会大众往往不明就里地给他冠上“问题儿童”或“不良青少年”的头衔，甚至含糊笼统地称之为“坏孩子”“古怪的孩子”“莫名其妙的孩子”或是“少年罪犯”等。这种肤浅而具有伤害性的头衔不但于事无补，甚至把孩子推入万劫不复的深渊中。“情绪紊乱”（Emotionally Disturbed）和“行为障碍”（Behaviorally Disordered）则是比较合适的名称，经常出现在正式的文献中。本书使用的“情绪与行为问题”（Emotional and Behavioral Problems）与情绪紊乱和行为障碍并无二致。名称有别，内涵则一。

情绪问题或情绪紊乱是指孩子内在有根深蒂固的心理症状，这种症状有赖于专业人员的心理治疗；行为问题或行为障碍是指观察得到、容易鉴别的外在行为表现，这些症状往往可以经由受过特别训练的老师和父母在学校和家中加以处理。从广泛的意义而言，情绪问题与行为问题是一而二、二而一，相互影响，彼此助长。

情绪与行为问题的界定和诊断标准见仁见智，专家学者往往各说各话。因此，本书所提的各种问题，都引用美国精神病学协会（American Psychiatric Association）的《精神障碍诊断与统计手册（第四版）》（Diagnostic and Statistic Manual of Mental Disorders—Forth Edition, DSM-IV）的诊断标准，然后参考其他专家的意见，对情绪与行为问题加以界定。根据DSM-IV的诊断标准，构成情绪紊乱与行为障碍有3个决定性的条件：一是情绪与行为的障碍已干扰到这个孩子的日常生活、社会人际关系以及学校的学习活动（年纪较大的青少年则干扰到职业上的表现）；二是问题的出现已有一段历史，通常是指超过6个月；三是问题已演变为固定的模式而且经常发生，即这个孩子在某种情况中会经常出现这种固定的行为模式。

情绪与行为问题在DSM-IV中虽有明确而详尽的界定，但在观念上依然模棱两可，因此在临床诊治上仍需费心斟酌，莎丽和杰米就是两个截然不同的例子。

莎丽是一个人缘相当好的女孩子。她长得娇小可爱，言行举止端庄合宜，成绩总是名列前茅。她喜欢坐在教室的前排，面对着老师常展露可掬的笑容，适时地回答问题，而且热心地参与小组讨论。她是个独生女，父母对她寄予重望，特别关切她的学业和品德。莎丽和她母亲尤其亲密，母女无所不谈。不幸的是，莎丽在升上五年级的时候，母亲在车祸中丧生。从此她变得郁郁寡欢，而且不再与人来往。她父亲起初以为这是丧亲之痛的自然现象，事情过去就会恢复正常，因此也不特别留意。两个星期过去，莎丽的孤立行为并无好转，于是父亲决定把她送回学校上课，希望能驱除她抑郁的情绪。莎丽回到学校后不声不响地把座位移到教室的最后一排。老师明白莎丽对母亲的深情和怀念，因此也不对她的功课和社会关系施加压力，只是在课余一有空档就尽力给予辅导并且屡次好言相劝，希望她恢复往日的求学态度，积极参与课内课外的学习活动。但是两个月过去，莎丽的情况毫无好转迹象。学校经过讨论协商，决定让她暂时留在原来的班级，希望有一天她能恢复“正常”的学习活动。

杰米成天调皮捣蛋，每一个与他打过交道的人都尝过苦头。他上学时总是蓬头垢面。不但举止粗野、做事懒散，功课更是一塌糊涂，上课中老师几乎无时不在纠正他的行为。他的母亲原先还和老师保持联系，但后来对老师所面临的困境完全不理。她告诉校长，杰米在家的行为已经把她弄得焦头烂额，实在没有心思也没有精力来管他在学校中的种种问题。杰米的父亲终日为事业奔波，对他的行为问题根本无暇过问。更不幸的是杰米的母亲突然病逝，一向与母亲较有话说的杰米突然失去了心理的依偎，从此他的行为问题变本加厉，整整一个星期的时间，终日暴跳如雷。他的父亲认为这是一时悲痛所致，时过境迁就会好转，也不以为意。在这一个星期的丧假期间，他完全无法和杰米沟通。丧事过后，杰米回校上学。他一回到教室就大发雷霆，把课桌椅踢得东倒西歪，把同学的课本作业撕得碎烂，把人家的东西乱丢乱摔，并且尖声叫嚷：“我恨死她！她为什么就走了？我恨她！我恨她！”老师想尽办法都无法控制他的情绪和行为。经过学校的紧急商议决定，立刻把杰米送进医院，让专家协助处理。

莎丽和杰米都是学龄的儿童。但情绪与行为问题也可能发生在学龄前的儿童身上，更可能发生在青少年的身上。本书所提儿童与青少年是指18岁以下的孩子。

因

、老师，以及关切此问题的亲友一般都会相当
子？这是一个事关紧要的实际问题。它不但涉及
举足轻重的关系。近十几年来，由于行为科学的
新的解释，对问题起因的剥茧抽丝也带动了观念
与行为问题的来龙去脉不是在指责谁是谁非，而
除根，或是在无法改变根源时，依据实际情况设
起因，可以预先防范，免蹈覆辙。

疾，其根源往往错综复杂，因此生物心理社会医
运而生。这个广受接纳的理论指出，孩子情绪与
衡和心理上的障碍，一旦受到环境和社会情况的

的一言一行多多少少都受到生理因素的影响，这
就以神经系统而言，中枢神经的损伤，或是脑中
异常。其他常被忽略的生理因素如营养不良、生理
孩子容易受到外来的冲击而发生问题。这些因素有
的来自先天的遗传，也有的来自后天的伤害和失调。当然，这些生理因素不一定会造成行为障碍，就如很多长期卧病的孩子并不出现行为问题。但是，孩子具有这种生理上的症状，如果加上心理与环境的因素，危险性就大大增加。

心理的因素对情绪与行为的发展自然环环相扣。近年来，认知歪曲对情绪与行为的影响已经昭然若揭。我们也发现有些孩子生而具有特殊的人格特质、行为的倾向以及智慧与气质。这些心理因素大多源自遗传，加上幼年经验的累积，默默地左右一个人的情绪与行为。

后天环境给个人带来的压力和冲击毫无疑问是情绪与行为问题的导火索。孩子在家中、在学校里、在邻里小区的活动中，一而再地遭到外来的压力，诸如家庭财务的困难、父母离婚或死亡致使孩子流离失所、父母本身情绪与行为的障碍、孩子在学校中邻里间处处受到排斥、屡次在竞争中遭遇挫折失败，以及社会歪风的影响和诱惑，往往把原先生理与心理上不平衡的孩子推入情绪与行为问题的深渊中。

生物心理社会医学模式给我们一个深切的启示：孩子的情绪与行为障碍酝酿由来已久，绝非源自单一因素，而是各种根源纠缠结合，相互影响。基于这个认识，多重治疗的模式成为目前治疗和处理情绪与行为问题的良方。本书以生物心理社会医学模式为基础，广泛地从孩子的生理状况、病理与医药、遗传因素、制约的历史、认知与心理发展以及环境的因素，逐层地剥茧抽丝，期望能探讨问题的来龙去脉，直捣问题的根源。

3 情绪与行为的评量与症状的诊断

情绪与行为的评量是诊断心理症状的基石，症状的诊断则是治疗当中不可或缺的一环。评量与诊断的工作相当艰巨、琐碎，而且费时费事，因此常被忽略、遗漏或草率从事。事实上，这是治疗成败最重要的因素，不可等闲视之。评量与诊断的主要目的是了解孩子的行为特性、心理状态、生理情况，以及他面对外在世界所持的独特看法和反应，从而设计最适当的处理与治疗策略。

情绪与行为评量最基本的步骤是父母和老师在自然的环境中敏锐地观察孩子的情绪与行为。一旦觉察有异，能尽快地寻求专家的协助，做进一步的评量和诊断，包括各种标准化和半标准化的心理测验、环境的评量、医疗上的生理检查、情绪与行为的直接观察与记录、行为的功能分析以及起因的假设。

本书第二章对行为与环境的评量有详尽的介绍，其他九章则分别就特殊的问题介绍特殊的评量工具。由于篇幅的限制，只能提供测量工具的名称和简单的介绍，作为参考。至于行为与环境的评量，除第二章外，其他各章不再重复介绍。

4 情绪与行为问题的治疗与处理

面对孩子严重的行为挑战，父母、老师，以及专业人员不但要消减问题的严重性，更要以改善孩子的生活质量为目标，站在人道的立场，提供行为支持，协助孩子解决行为问题，渡过难关。既然情绪与行为问题的症结层层叠叠，处理问题必须采取多重治疗的策略，结合教育的力量，从事生态的操作、行为分析与行为改变、心理治疗以及医药的控制来挽回孩子的一生，也解决家庭、学校以及社会所面临的问题。

生态的操纵是指改变或排除孩子生活环境中不利于身心发展的因素，同时缓和或疗愈孩子本身生理心理上的创伤。父母和老师务必洞彻行为的基本原理原则，在自然的环境中灵活地应用行为分析的技术，让孩子建立适当的行为模式，以取代不良的行为。专业人员提供的心理治疗旨在让孩子体会到本身所面临与呈现的情绪与行为问题，并通过理性的途径做适当的发泄。本书特别强调认知与行为治疗，从改造孩子歪曲的认知与信念着手，扭转病态的行为模式。用药品来改善孩子的情绪与行为是最后不得已的一招。由于药品的使用可能会引起严重的副作用，在使用时必须深入分析利弊得失，然后权衡轻重，审慎地决定取舍。本书对此只做简略的介绍，其实际使用有赖于精神科医生的诊断和处方。

孩子在情绪与行为上发生问题，最理想的办法还是让他们在自然的环境中，由父母在家中、老师在学校中给予适当的辅导与处理。在这种情况下，父母和老师要学习一套专门的知识和技能来处理孩子的问题。如果老师和父母感到无能为力，则需要专家直接介入，和父母、老师携手合作，共同解决孩子的问题。万不得已时，孩子短期住院治疗，在学校中转入特殊班级也是可行的办法。要是孩子的自然环境完全不适合孩子的成长，或是孩子的行为问题已严重地危害到四周环境的安全，长期的隔离治疗将是最后不得已的选择，但是治疗的目标还是让孩子尽快地回到自然的环境中。

5 结　语

近年来，儿童与青少年的情绪与行为问题愈演愈烈。相对地，行为科学与医药科技的突飞猛进，对问题的了解、起因的分析、行为的评量以及症状的治疗，都有崭新的发现，在观念上更有重大的突破。这给深陷在行为问题中的孩子以及感到束手无策的老师和父母带来了一线曙光。

情绪与行为问题的治疗与处理到目前为止还处在成长的阶段，相关的文献推陈出新，本书所提各节都摘自经过科学验证的文献。当然，行为科学不如自然科学精密。这些文献所提供的理论与实际策略绝非天衣无缝，在科学验证上也并非毫无瑕疵，在应用上更无绝对把握可以万无一失地解决所有行为问题。但希望读者能活用其原理原则，依据孩子特殊的情况设计可行而有效的策略。

本书从第二章到第十一章分别介绍十种情绪与行为问题。除了第五章和第十章外，每章分为五节，记述症状的界定、起因的分析、评量与诊断以及治疗与处理。最后就各节所述加以综合，或以实例作为结语。第五章则分六节，分别介绍七种焦虑与恐惧症状以及认知与行为的治疗；每一节再细分为五个小节，分别介绍症状、起因、评量以及治疗的策略。第十章分四节介绍四种饮食异常的症状。

每一种情绪与行为问题都有其独特之处。处理的策略自然要因人因症状的不同而有差别。然而，各种症状之间常有相似与交错之处，处理策略自然会有雷同。本书各章之间如有雷同之处尽量不重复介绍，以减少篇幅。因此，读者最好能全篇研读本书，然后决定取舍。再者，由于篇幅的关系，无法触及每一细节，尤其行为分析与行为改变的基本原理原则事关紧要，却无法细述。国内这方面的书籍相当丰富，读者最好能在这方面打下基础，才能进一步从事情绪与行为的处理。

CHAPTER TWO

第二章

不顺从与违抗

孩子偶尔不听话是常事，也无伤大雅。但是，如果不听话变成固定的行为模式，甚至节节攀升为公然违抗，向大人挑衅，就是一种恼人的行为问题。这个问题之所以引起广泛的注意，是因为这种行为本身不但造成人际关系的决裂，如果不及时纠正，很容易引发更严重的行为问题如攻击行为、扰乱的行为以及反社会行为等。当然，学业的荒废、身心健康的损坏等更是不在话下。

1 不顺从与违抗的界定

大多数的孩子都会顺从大人的指示，在一个合理的期限内完成大人交代的事。根据库琴斯基（Kuczynski）等人的报告，幼龄的孩子60%~80%的时间会顺从大人的指示。斯特兰（Strain）等人则进一步研究规矩的孩子与行为不良的孩子在顺从方面的差异。他们发现规矩的孩子90%的时间会照老师的话做事，而行为不良的孩子只有72%的时间会听老师的话。

（一）不顺从的界定

舍恩（Schoen）给不顺从（Noncompliance）所下的定义是：大人发出一个指示、一个命令或是一个要求，要孩子从事某一件事，而孩子积极地“拒绝”顺从这个指示、命令或要求。他进一步解释所谓“拒绝”是指：孩子没有立即采取行动的迹象；在一个合理的期限内（一般是指5到10秒钟），孩子没有出现适当的反应；或是孩子从事一些不相关或未经大人指示的活动。摩根和詹森（Morgan & Jenson）对此加以补充说明。他们认为有些孩子的反应不能达到大人预期的行为表现，而这种表现应该是在他们的能力范围之内，这种反应也算是不顺从。有些人把不遵守规定如违反校规认定是不顺从的行为；但一般心理学家把不顺从的行为界定在父母与子女、老师与学生、指令与反应的关系中。这一章自然也以大人与孩子之间的关系为讨论的对象。

（二）请求、命令、要求的界定

孩子是否顺从与大人发号施令的方式有密切的关系。请求（Requests）是指大人以发问的方式来表示一种愿望或请求，而且给孩子一个选择的余地，孩子不一定要遵行。命令（Commands）则显示出大人的权威，这种指令直接了当且不容有其他的选择，发布命令具有威严和控制的意味。要求（Demands）则是指强烈而具有威胁的指令，意味着不容拒绝与躲避。大人提出要求时往往带有迫使孩子服从的决心和贯彻到底的把握。大人之所以提出要求往往是在孩子不顺从请求或命令时，不得不以高压的手段迫使孩子就范。但是，如果孩子还是不买账，不顺从的行为就会演变为违抗和挑衅。

（三）不顺从的类别

父母与孩子之间，老师与学生之间，最常见的不顺从可以分为4种。库琴斯基等人把这4种行为分别界定为：

1. 充耳不闻消极抵制（Passive Noncompliance）。大人的指令孩子听不懂，或是听懂指令但假装不知道。这是消极的不听话，孩子并不显示敌意，也不发脾气。

2. 置之不理拒绝服从（Simple Refusal）。孩子承认他听到了指令但不照指令去做，甚至以体态和语言来表示他不愿意照指令行事。这种拒绝不带有敌意，也不制造正面冲突。但是大人如果进一步追究或施加压力，孩子可能会公然反抗。

3. 直接抗命显示敌意（Direct Defiance）。孩子不但把大人的指令置之度外，而且向大人显示敌意，向权威挑战。这种情形往往会爆发为正面冲突。这种公然违抗的行为使大人与孩子的关系一再恶化，如果不及早处理，彼此的关系可能完全决裂。

4. 讨价还价迂回躲避（Negotiation）。孩子对大人的指令讨价还价，提出问题来打岔，转移大人的目标，或是找借口来逃脱责任。这种不顺从的方式较为狡猾而且容易使大人上当。

（四）违抗的界定

孩子公然违抗大人的想法是不顺从行为中最严重的一种。美国精神病学协会甚至把对立违抗障碍（Oppositional Defiant Disorder）列为心理症状的一种。根据DSM-IV的诊断标准，对立违抗障碍要符合下列4种情况：

1. 一种反抗、敌意和背道而驰的行为模式。这种行为持续6个月以上，而在这期间下列情况出现4种以上：

- 经常大发雷霆。
- 经常和大人吵架。
- 经常公然反叛或是不听从大人的指示或规定。
- 经常故意触怒别人。
- 经常把自己的过错或不良行为归咎于别人。
- 经常显得暴躁易怒。
- 经常生气或显示憎恨的态度。
- 经常怀恨在心或存有报复的心理。

2. 这种行为障碍对人际关系、学校功课或在工作上造成相当的损伤。

3. 这种行为的发生并不是源自精神失常或是情绪障碍。

4. 这种行为并没有达到反社会行为的诊断标准。如果是18岁以上，其行为没有达到反社会型人格障碍的标准。

（五）不顺从与违抗的后果

孩子违拗大人的意愿自然给父母添加不少白发，也给老师带来无限的困扰。这种行为长期的发生使学校教育与家庭的教养陷入困境，更使孩子本身造成学校学业的荒废、人际关系的恶化、正常生活秩序的紊乱，甚至造成未来职业上的困难。不但如此，不顺从的行为如果不及早纠正，很容易演变为更严重的行为问题，如哭闹、攻击行为、破坏行为以及自我伤害的行为。根据帕特森和班克（Patterson & Bank）发表的论文，不顺从和违抗的程度往往会逐渐加剧，进而造成异常的行为，甚至导致反社会和少年犯罪的行为形态。

当然，顺从并不是盲从或是被人牵着鼻子走。沃克（Walker）等人认为应该培养孩子分辨是非的能力，该听话的时候才顺从；要是别人唆使为非作歹如吸毒、偷窃或破坏的举动，孩子应能严辞拒绝，以独立的思考，作明智的决定。

2 不顺从与违抗的形成

一般孩子在2岁、3岁以后，就会渐渐听从父母的指令，完成一些简单的工作。事实上，大部分的孩子都想替父母和老师做事来讨大人的喜欢，得到大人的疼爱。然而，有些孩子3岁以后也逐渐地显示出不听话甚至违抗的倾向。这种行为的形成，可以从过去的经验和历史的因素、认知和态度的因素，以及情况和环境的因素来探讨。由于这3种因素交互影响，孩子学会以不顺从和违抗的行为来抵制外在的权威、控制和影响。

（一）过去的经验与历史的因素

从行为发展和孩子成长的观点，可以清楚地看出来不顺从与违抗的形成，乃是来自经年累月的经验，逐步建立一种固定、广泛而且难以改变的行为模式。孩子2岁、3岁之后逐渐地了解父母的语言和意愿，并且有基本的技能来达成父母所交代的使命。同时，父母的教养方式也逐渐以口语代替行动，从直接控制过渡到间接的管教。例如2岁以前的孩子尿在裤子里，妈妈可能一言不发把孩子带入浴室帮他弄干净并换上清洁的衣服。对3岁以上的孩子，妈妈可能会帮他弄干净，然后叫他自己换上清洁的衣服。这种父母与子女交往的转型给孩子更多独立自主的机会，但也制造一些孩子不顺从的行为。不幸的是有些父母与子女之间从未建立良好的关系，在父母的命令和子女的听从之间出现裂痕，而且愈演愈烈，终于变成孩子的行为问题。福汉德和麦克马洪（Forehand & McMahon）以及帕特森认为这种摩擦往往开始于孩子难以驾驭的性格，情绪不稳定，或是父母能力有限，以高压的手段而招致孩子的反感。其他学者如库琴斯基等人则认为孩子能力不够无法达成父母交代的任务，或是父母不合理的要求使孩子生厌生烦，迫使他们以不顺从来对抗来自父母的压力。孩子上学以后，依然会如法炮制，把老师的指令当作耳旁风。要是孩子遇到训练有素且有经验的老师，说话算话而且执行到底，孩子自然没有脱逃的机会，不顺从的恶习在学校中就会得到改善。

帕特森和班克认为孩子不顺从甚至公然违抗肯定与孩子的气质和行为倾向有关，但是父母教养方式不当也是一个重要的因素。他们在一项孩子违抗与父母教养方法的研究中，发现孩子有不听话的倾向时，如果父母采取说服、理论或是教训的方法，孩子虽然不顺从，但会使用置之不理或讨价还价的策略；如果父母采取高压、强制或是惩罚的手段，孩子则容易出现公然违抗、迂回躲避或是挑衅的行为。

从行为分析的观点来看，孩子不听话往往是因为父母一再地强化这种行为，致使孩子的问题行为日渐严重。同样的道理，父母撤回要求或采用高压手段也会强化这种问题行为。帕特森解释，这种现象的形成是因为孩子和父母都为了省麻烦，彼此勾心斗角，结果彼此都在助长对方的不良行为；孩子不听话和父母软弱退缩或强制压抑都使对方的行为得到负强化。下列行为交互可看出亲子间行为负强化的过程。

1. 父母给孩子一个命令。例如妈妈叫4岁的小华把小狗熊玩具还给7岁的姐姐。

2. 小华认为妈妈不公平，而且把玩具还给姐姐是很让他心痛的事，他自然不想放弃这个得来不易的玩具。因此他开始哭闹、叫喊，甚至躺在地上打滚。

3. 妈妈遇到这种情形会采取两种可能的措施：（1）因为小华哭闹的行为太吵人，尤其是有客人来访时把场面弄得很尴尬，妈妈只好放弃要小华把玩具还给姐姐的要求，以息事宁人；（2）妈妈以高压的手段指示小华把玩具还给姐姐。所谓高压的手段包括大声喊叫，以威胁的口吻苛责小华，或是强行夺取小狗熊。

4. 母子两人在这些情况中有几种可能的反应：（1）妈妈因为小华以哭闹来拒绝退还玩具，只好撤回指令，小华不听话的行为得到了妈妈的负强化；（2）妈妈的疾言厉斥不但使小华停止哭闹，而且还把玩具退还给姐姐，于是妈妈提高嗓门的策略得到小华停止哭闹的负强化；（3）由于妈妈采取高压手段，小华不但不退还玩具，而且开始摔东西，打姐姐或是自己以头撞墙。这种激烈的不良行为迫使妈妈撤回原来的要求，或是至少推迟退还玩具的要求。小华的违抗节节攀升。

上述小华与妈妈过招的情形在普通家庭中屡见不鲜。经过仔细的分析就可以发现父母往往掉入孩子的陷阱而不自知，以为很明智地教养孩子，事实上是给孩子未来违抗和不听话的行为种下根深蒂固的根源。这种互动方式日复一日，孩子越长越大，革除的可能却越来越小。

（二）认知与态度的因素

孩子的认知和社会态度深深影响他对大人指令的态度。要是孩子对大人怀有敌意，认为老师、父母的好言相劝是找他麻烦，把大人的谆谆诱导解释为有意刁难，那么要求孩子听从指令就相当困难。就以小华的玩具风波为例，小华认为拿走或抢走他姐姐的玩具没有什么不对，不对的是妈妈要他放弃这个玩具，把它还给姐姐。在认知的层次上他并没有物权的观念，他把妈妈的介入解释为妈妈对姐姐的偏袒，自然要起而反抗。张先生要他15岁的儿子小张关掉电视开始做功课；规定晚上外出一定在10点半以前回家；禁止他抽烟以及和那些不三不四的朋友来往。他儿子认为爸爸管得太多太紧：什么坏朋友、抽烟、几点回家、什么时候做功课看电视都是故意刁难，这种事谁都管不着。小张上个月离家出走以后把父母弄得茶饭不思，他就知道父母已经无可奈何。这是他对父子关系的看法，也是他对父亲种种指令的解释。虽然他父亲三令五申，他母亲威胁利诱，他照常和朋友成群出游，在外抽烟喝酒整夜不回家。盖革和图列尔（Geiger & Turiel）认为子女和父母的立场从完全一致到完全对抗之间有各种不同的等级。采取对抗的态度是孩子不顺从和违抗的主要原因。这种对抗是指孩子对于一般的规定或权威人物的要求视若无睹，甚至采取完全相反的立场。这种立场、态度或是认知，显示出这个孩子与大人之间人际关系的摩擦，其实际的行为表现则是把父母或老师的要求完全当成耳旁风，甚至借此来引发冲突，制造纠纷。

盖革和图列尔找出两组13~15岁的中学生，以整整一年的时间来研究这些孩子在校行为与社会态度的关系。第一组22个孩子有违反校规、扰乱教室秩序以及违抗老师等不良行为；另一组20个孩子并没有这些不良行为。根据学校辅导人员的报告以及班级老师的记录，这两组孩子的行为问题和他们对社会情况的看法息息相关。第一组孩子之中只有1个对权威人物具有认同感，其他21人都与老师唱反调，展示出违抗的行为。相反地，另一组没有不良行为的孩子中，没有人指责学校的做法，更没有违抗和不顺从的行为。根据这个研究的结果，他们认为要改变孩子违抗的行为，必须从认知的改造着手，根本地改变孩子负面的看法和态度，纠正事事往坏处想的认知形态，这样才能真正地革除不听话和违抗的行为。

（三）情况与环境的因素

有经验的父母和老师都知道：有些孩子无法贯彻大人的指令实在是“不能也，而非不为也”；另有一些孩子根本不了解大人的指令，又何从照大人的意思来主导自己的行为。这些情况发生最多的是中重度智力障碍、注意力缺陷障碍、多动、情绪障碍与自闭症的孩子。他们缺乏适当的行为能力来完成指定的工作，或是理解能力较差，注意力无法集中，自然无法把指令听进去。遇到这种情况要先从建立浅显易懂的沟通系统着手，同时从事工作分析（Task Analysis），然后提出适合他们能力的命令和要求。另一种情况是孩子完全了解大人的意思，也有能力执行大人所交付的任务，却是执意不听指令。遇到这种情形大人与孩子双方都要适当地修正彼此沟通的方式和社会关系。

威廉姆斯和福汉德（Williams & Forehand）特别研究56对到心理诊所求教的母子，分析这些孩子不顺从的前事事件（Antecedent Events），进而研究引发不顺从的因素。他们发现阿尔法（Alpha）的指令最能引起孩子的顺从行为，而贝塔（Beta）的指令则容易引起孩子不顺从的行为。所谓阿尔法的指令是指大人的命令清晰具体，直接了当，不会唠叨啰唆，而且明白地指示出合理的时间，让孩子从容地完成指定的工作。贝塔的指令则含糊笼统，一个命令并发为数个要求，更没有适当的标准，时间上则是含混不清，甚至附加一大堆的解释，有时则以责问和威胁的口吻提出要求。贝塔的指令很容易引起孩子的迷惑，导致无所适从，或是增加孩子钻漏洞的机会。

以下是几个阿尔法指令的例子：

“小华，你吃过晚饭后就要把明天春游要带的东西整理好。”

“小民，你今天准备什么时候练钢琴？”

“建华，你立刻去导师办公室，向你的导师解释上课迟到20分钟的理由。”

以下是几个贝塔指令的例子：

“小华，你来看看你的房间，这成什么体统？难道台风在你房间过境了？你要到什么时候才能把房间整理干净？我又不是你的用人，难道我要伺候你一辈子？”

“小民，不要再跟小英讲话。这是教室又不是菜市场，一点规矩都没有。我不是告诉过你们，功课写好了才可以讲话吗？你如果再跟小英讲话，我就要把你赶出去。”

“建华，立刻把电视机关掉，开始做功课。电视看那么多眼睛不会发酸？你看上次月考以后拿回来什么成绩？如果再被我发现偷看电视，我就要给你好看。”

指令的质量会影响顺从的行为；指令的数量也有直接的关系。斯卡伯勒和福汉德（Scarboro & Forehand）发现在一个短时间内给予的指令越多，顺从的行为越少。斯特兰研究了19位老师给学生指令的次数和性质。他们发现这19位老师每分钟发号施令的次数在0.2到2.5次之间。如果照此比例计算，每分钟2.5次，一天总共有600次指令；每分钟0.2次，一天总共有48次指令。他们发现一天发出600次指令的老师实在没有多少心神和时间来考察到底学生是不是照吩咐去做，学生顺从的比率自然大打折扣。

毫无疑问地，指令下达的时机也是听从与违抗之间一个重要的关键。孩子心情不好时、玩得正在开心时、与大人关系濒临决裂的边缘时，要是大人强行介入指定不适时的任务，就很容易引起冲突。

大人与孩子之间的关系是影响顺从行为最主要的因素。要是孩子受到大人的歧视和排斥，受到大人过分的管束而丧失独立自主和自由选择的机会，或是父母带有不合理的期望，孩子因反感而反叛是自然的现象。如果确有这种现象，大人应有自我检讨的必要。如果这种人际关系的造成是来自孩子错误的信念或是认知的扭曲，则认知和信念的改变是改善关系的先决条件。

3 不顺从与违抗的评量

一个扎实的行为评量相当费工夫，但一分耕耘一分收获；唯有对孩子、孩子的环境以及不顺从与违抗行为有充分的了解，才能设计周全的处理策略，否则设计出来的计划可能会流于形式，甚至找错了对象，采用错误的方法，延误时日，到头来毫无功效。有关不顺从与违抗的评量，包括孩子个人的背景资料、环境的背景资料、其他相关行为问题的调查、不顺从与违抗行为的直接评量，以及行为的功能分析。这5个评量的基本架构也适用于本书其他9种情绪与行为问题的评量。但是为了节省篇幅，除了在此做较详尽的介绍外，其他各章不再重复。

（一）孩子个人的背景资料

行为评量不单单是在收集行为的数据，而且要对孩子身心发展的情况有深入的了解。背景资料的收集相当琐碎而枯燥，但是如果无法了解孩子，自然无法了解他的行为问题。孩子个人的背景资料可以从7个角度来收集与分析。

1. 认知和学习的能力

要是这个孩子从未有过智力测验，最好能正式测量其认知的功能，尤其是要能尽快诊断出智力障碍或自闭症倾向。接下来要了解读、写、算的基本能力以及一般日常生活的学习能力。孩子能力的高低与了解大人指示，解释指令的意义，以及执行大人的指令息息相关。如果大人的指令超出孩子的能力范围，这些指令应该有修正的必要。

2. 情绪的变化

一个人的行为表现和情绪的变化唇齿相关，我们最好能分辨出孩子不听话时的情绪与平常的情绪有什么不一样。这个孩子是不是有情绪不稳定的现象？他的喜怒哀乐是否显得太夸张？太深藏不露？他的情绪表现是否与外界实际发生的情况相吻合？他会不会借题发挥？他会不会显得很害怕？又在怕什么？他喜欢什么事物？又讨厌什么事物？他的违抗与他的喜好有关吗？他会不会表达亲情？如何表示？是不是得体？如果别人对他表达亲情他又如何反应？深入地了解孩子情绪的变化后，也许会发现孩子的违抗不见得是针对大人的指令，也许是源自本身情绪的障碍，大人的指令只不过是触发的因素。如果确有这个情形，处理孩子的情绪问题、解除困扰才是当务之急。

3. 健康与医药

孩子生病时会显得暴躁易怒或是焦虑忧伤，这是短期的现象，但有些孩子病愈之后却留下行为问题的祸根。因此，我们要了解目前和过去孩子身心健康和医药的使用，尤其是与行为问题有关的生理状况，必须事无巨细地查清楚。这包括一般身体检查的报告如心脏和血液循环的问题、呼吸和消化器官的问题、排泄的问题以及听觉视觉的问题，其他特殊的检查包括神经上的问题如癫痫、手脚麻痹、脑波不正常以及身体手脚不由自主的颤动等。再如糖尿病、甲状腺分泌过多过少、肌肉与骨骼的病痛、皮肤病，以及过敏症都要调查出来。就以癫痫为例，它会直接影响行为表现，使用抗癫痫的药更会造成不少行为问题。因此，我们要了解这个孩子现在和过去癫痫的历史、发作的次数、癫痫的性质、严重性如何、其发作有没有外来刺激的因素、是否用药品来控制、用的是哪种药、药量如何，以及副作用对行为有何特殊影响等。通过生理的医疗，排除生理上的因素是一个重大的关键。

4. 沟通的能力

首先我们要了解这个孩子如何表达他的意愿。他表达的方式是不是有效？他使用语言时是自动自发还是需要别人的提示？他有没有自由发言的机会？他的意愿是不是得到大人的尊重？接下来要了解这个孩子对别人语言沟通的了解程度。例如经过解释后可以完成一连串的工作，或是只能给一个命令做一个动作。别人讲话时他会不会注意听？是不是需要别人用手语和身体姿态来补充？最后要了解这个孩子如果有口语能力，他如何用口语来磋商、辩解或是抗议不合理的期望。一个人沟通的方法千奇百怪，除了口语和姿态以外，要追问这个孩子是不是用一些不适当的方法来达成沟通的目的，例如以不听话和违抗的行为来表示对大人的不满。

5. 社会的能力

我们首先要了解这个孩子待人接物的一般态度和做法。接着要清楚他与别人交往的情形，尤其是和父母、老师相处的情形要能了如指掌。他有没有和别人建立良好关系的意愿和能力？有没有使人感到厌恶的社会特性？他对谁最不顺从？为什么对这个人特别不顺从？他们的关系如何？他对谁最顺从？为什么对这个人特别顺从？他们的关系又如何？改善孩子不听话的行为往往要从改善彼此的关系着手。这要由大人主动，并积极地培养孩子的社会能力和技巧，建立和谐而亲密的人际关系。

6. 体能的活动

在这里要了解这个孩子一般肢体的活动。如果和同年龄的孩子相比较，他是不是显得很活跃？坐立不安？东碰西撞没头没脑？他的注意力能不能集中？能持续集中多久？在哪些情况下会平静而且集中精神？在哪些情况下又会特别活跃和容易分神？这个孩子会不会有脸皮抽动、眨眼睛、吸指头、摇摆身体、摇头晃脑、做手势或是东摸西摸的行为？如果孩子有很多自己无法控制的肢体活动，听话的行为必须经过特殊的训练和大人的支持才能迅速地建立并持续下去。

7. 学校的学习活动与家中的生活能力

功课太难或家中杂事负荷太重是孩子违抗和逃避的一大源泉。这方面我们要了解这个孩子是不是喜欢上学？如果不喜欢，问题在哪里？哪些功课较喜欢，哪些较不喜欢？原因在哪里？在家是否有照顾自己的能力？是否需要别人的提醒或安排？是否能料理自己的事情？或是要大人的关照？室内和户外有什么适当的休闲活动？有没有自己安排休闲活动和自由出入的机会？或是事事受人控制？家中责任与权利的安排是否适当？工作与休闲活动是否有适当的比例？家居的生活方式由谁做决定？这个孩子有没有做决定的自由？有没有选择的余地？

（二）环境的背景资料

一个人的行为是个人与外界环境交互作用的产物。我们花费不少心血收集孩子的背景资料后，还要深入地探询这个孩子生活环境的状况。

1. 家庭的结构

在这里要了解家庭的组成，尤其是父母的职业、教育程度、与孩子接触的程度，对一般事物的看法和做法，以及对孩子不听话的行为持什么态度。我们也要了解这个家庭有没有什么特别的问题。财务上、工作上、家庭生活上有没有特殊的困难？父母对这个孩子食衣住行的照顾是不是周到？孩子在生活中享有多少自由？是否受到别人的控制？父母是否能倾听孩子的苦衷？父母是否会适时地表达亲情和衷心的赞美？这个孩子与兄弟姐妹或其他家庭成员的关系如何？这些人对这个孩子行为的发展有什么特别的影响？

2. 学校的环境

我们需要了解孩子在学校与班级的情况。他是不是经常换学校、换班级？在目前这个班级有多久？这是什么性质的班级？这个班级的学生有没有特殊的问题？老师对班级的教学和学生行为问题的处理有什么特殊的训练？同学之间的关系如何？学校有没有长远的教育计划？课程和教材的内容如何？是否适合孩子的兴趣和能力？是否具有实用的价值？整个教学环境是否适合这个孩子各方面的平衡发展？

3. 教养方法的分析

父母和老师都是孩子行为的塑造者，也是孩子生活环境中的核心人物。我们要特别了解大人对这个孩子的教养方法：到底是过分放纵，还是过分严谨？是使用正面的鼓励还是负面的指责？父母和老师是不是容易动怒？他们如何处理孩子不听话的行为？在家中或教室中是不是立有规矩？孩子是否了解这种规矩？父母和老师在教养的过程中是否有特别的阻力和外来的干扰？家中的气氛是否温暖？学校班级中师生相处是不是融洽？孩子有没有机会和能力适当地表达对大人教养方法的意见？

（三）其他行为问题的调查

对孩子的背景有了充分的了解，对生活环境和关键人物也有了相当齐全的资料，接着就要清查他的行为问题。我们所关切的自然是不顺从和违抗的行为，但是其他的行为问题可能与这个目标行为环环相扣，甚至牵一发而动全身。因此，要把这个孩子所有行为问题巨细无遗地清查出来。应用行为分析研究所（The Institute for Applied Behavior Analysis）把行为问题分为15类，每类又分为十几项。这些行为问题包括：饮食问题、大小便问题、噩梦和睡眠问题、肌肉和体能的问题、自我刺激的行为、自我伤害的行为、吵闹发脾气、破坏行为、攻击行为、注意力和工作的问题、与性有关的行为问题、偷窃或纵火的行为、反抗的行为、恐惧的行为，以及其他零碎不易归类的行为。我们不但要清查各种行为问题，还要把发生的次数或时间长短、发生的强度，以及行为的严重性一一度量出来。从一个行为清单中也许会发现这个孩子行为问题层层叠叠，不一而足。乍看之下眼花缭乱，不知如何是好。事实上，清理出一长串的行为问题不一定要处理每一个问题；抓住几个重点加以处理，其他问题往往会跟着冰消瓦解。或许在清理行为问题当中会发现几个比不听话更严重更严峻的问题。遇到这种情形，必须转移目标处理更迫切的行为。有时这些更严重的行为问题解决后，不听话的情形会自然消失。从另一个角度来看，如果不听话的行为与其他行为问题息息相关，一并处理则是一个可行的策略。

（四）不顺从与违抗的评量

一旦整理出各种行为问题的轻重缓急，决定不顺从或违抗是目前急需处理的对象，就该对此行为做进一步的评量。

1. 行为的特性

我们先要具体描绘出不顺从和违抗的行为模式。例如这个孩子对大人的指令充耳不闻、置之不理、显示敌意或是迂回躲避。接下来要把这个行为用可观察可度量的方式描述出来。例如小华向母亲显示敌意是大声叫嚷、摔东西或撕破衣物；小明对母亲的指令置之不理的表现是，他口口声声答应要带小狗出去大小便，但小狗已急得不得了而小明却毫无动身的迹象。

2. 不听话的周期性

通过仔细的观察记录也许会发现，小华不听话和发脾气都是在过年过节，或是在月考期考的时候；小明的问题都发生在早上上学前、晚上吃晚饭时；小金每在经期或是在周末时，特别容易和父母顶嘴。如果孩子的行为有周期性，就有蛛丝马迹可寻，也容易找出防范的对策。

3. 行为发生的过程

孩子的行为从不听话逐渐上升为公然反抗叫嚣对骂，其过程往往有固定的顺序。最好能了解和掌握这个过程，在情况发展到火爆的场面之前，就要设法把它冷却下来。如果公然违抗是所要处理的目标行为，不听话则是目标行为的先兆（Precursor）。这个先兆给我们一个警告，做好处理的准备，或是设想处理的策略。

4. 不顺从与违抗的强度

观察记录行为问题最常使用的度量方法是记录行为发生的次数。但是对不听话和违抗的行为最好换算为指令与目标行为的比例。例如大人发号10个指令，孩子有3次不顺从，其中有2次甚至引发为违抗的行为。接着要了解行为的发生持续多久。例如母亲一天交代10件事，小章平均要经过15分钟才动手去做母亲交代的事，其中2次有违抗的现象，每次要发一小时的脾气。我们当然也要了解行为的严重性。例如这个孩子发脾气时打破了两个玻璃杯、咬破自己的手腕、在地上打滚等。此外，这个孩子要经过几次提醒才会动手去做大人吩咐的工作？是否要劳师动众他才会服从？他在违抗发作的时候能不能听从大人的劝止？或是要动用人力才能压制反抗行为？要是孩子严重的违抗持续不断，而且有一段长久的历史，这种行为问题要由专家根据DSM–IV的诊断标准加以诊断，作为今后处理和治疗的依据。

5. 行为问题的历史

行为问题的历史愈长久，处理的过程愈复杂，所需要的时间和精神也愈繁重。行为的历史包括长远的历史和短期的历史。长远的历史要追溯到这种违抗行为开始出现的时候，例如15岁的小江从一年级开始就不听父母和老师的话，陆陆续续已经有8~9年的历史。这种历史的追查比较费工夫，但对行为问题起因的探究有很大的帮助。短期的历史是指最近一年来或是过去几个月行为特殊的变化。我们可以连带查一查过去这一段时间中这个孩子周围有什么特殊的变化，如学校放暑假、父母离异、代课老师管理比较松弛，或是孩子住院动手术等。

（五）行为的功能分析

了解孩子不顺从和违抗的行为之后，还要进一步整理出这个孩子与环境交互影响的关系，以及他的行为问题在这复杂的关系中到底扮演着什么角色。行为的功能分析（Functional Analysis of Behavior）是评量行为的前事（Antecedent）、后果（Consequence）与行为的关系。也就是说调查这个孩子不顺从与违抗的历史（一般而言，这种逃避的行为都是得到了负强化），行为的动机，以及四周环境中足以引发不顺从和违抗的刺激因素。

1. 前事的分析

我们首先要问，大人下指令时，到底是倾向于阿尔法的指令还是贝塔的指令。接着要了解外界环境的触发因素，如在何时、何地、何种情况下、何人发出指令时，这种行为问题最有可能会出现，或最少出现。下列6种情况是引发孩子行为问题的主要导火线，可作为前事分析的参考：

（1）大人对孩子言辞苛责；指定他做感到困难或不愿做的事。

（2）情况有变动但孩子事先毫无心理准备，包括从某一种活动转换到另外一种活动，或从某一种情况改换为另外一种情况。例如父母要孩子关掉电视上床睡觉、准备出远门，或是假日无所事事等。

（3）孩子受到外界的干扰，必须暂停正在进行中的活动，或是被人打断。

（4）外界的刺激太强或太扰人，如太吵闹、人太多太挤、活动太多而穷于应付。

（5）外界的刺激太弱太单调，例如没有人理会、工作太单调、生活太无聊等。

（6）外界的控制太多，支持太少，使人无法建立安全感或丧失自主权。

2. 后果的分析

一旦发现孩子不顺从和违抗的行为一而再、再而三地发生，就要找出这种问题行为的强化力量在哪里。从孩子的观点来看，他违拗大人的想法，到底得到了什么好处？或是这种行为的发生使他躲过了什么不愉快的事？相反地，我们也要找出哪一种行为最容易阻止或减少这种问题行为的发生？一般人在孩子问题行为发生后会采用下列14种方法中的一种或数种。我们要了解大人对这个孩子的不听话和违抗到底采用哪些方法？其效果又如何？

（1）不理睬。

（2）发一顿脾气。

（3）好言相劝。

（4）顺从孩子的意思，使他安静下来。

（5）讨价还价寻求折中的办法或相互协调。

（6）给予好处，如提供玩具、糖果以转移其注意力，息事宁人。

（7）和他一起玩，逗他发笑。

（8）有时不理睬，有时发顿脾气。

（9）叫更有权威的人来处理。

（10）撤除原来的指令。

（11）处罚这个孩子，如罚站、不准外出等。

（12）采取保护措施如抓住双手，抱住身体等。

（13）不知所措，任其为所欲为。

（14）其他的方法。

3. 功能分析的问题

除了仔细地调查在何时、何地、何种情况、何种人在场时这个孩子最容易出现和最不容易出现不顺从和违抗之外，下列7个问题如果有完整的答案，对行为问题的处理也有很大的帮助：

（1）在不顺从和违抗的行为刚刚发生之前（之后），有什么事情发生？

（2）在这个行为发生之前（之后）数小时，有什么事情发生？

（3）在这个行为发生之前，这个孩子的生理和情绪有没有什么特殊变化？有没有其他非比寻常的行为发生？

（4）这个孩子最喜欢什么事？什么东西？他如何得到这些事物？他是不是通过这种问题行为来获得他喜欢的事物？

（5）这个孩子最讨厌什么事物？他是不是通过这种问题行为来躲避这种事物？

（6）根据个人的判断，这个孩子不顺从和违抗的原因何在？

（7）根据个人的经验，哪一种方法最能有效而彻底地处理这个孩子不顺从和违抗的行为？

通过行为的功能分析，把孩子不顺从和违抗的前因后果加以抽丝剥茧后，可以对其行为的形成提出各种假设，然后设计和执行处理的策略，以解决问题，也印证这些假设是否能够成立。

4 不顺从与违抗的处理

过去处理不顺从和违抗的唯一法宝是处罚、压制，适度的处罚如暂停正强化、不予理会等行为改变的策略无可厚非。但是，单单靠处罚不但效果不佳，而且会引起反效果或是副作用。相反地，奖励顺从和合作的行为显然是更积极、更有效，也更富有教育意义的做法。处罚不顺从和奖励顺从都是对行为后果的控制。近年来，处理不顺从和违抗的重点从后果的控制转移到前事的操纵和行为的训练。这一节要介绍4种处理的策略：前事的操纵、增进孩子的顺从与合作、减少不顺从与违抗，以及顺从的训练。最后提供几个父母在家中以及老师在学校里处理孩子不顺从和违抗的指南。

（一）前事的操纵

前事的操纵（Manipulating Antecedents）是指大人在下达命令时要控制和修改行为的前事。前事包括命令下达的方式、命令的内容、两个命令之间的时间距离、命令下达时的客观情况、大人和孩子情绪的状态等。把这些因素事先加以控制和修改，可以增加孩子顺从的可能性。

1. 命令下达前的考虑因素

福汉德和麦克马洪设计了一套特殊的教材，用来训练父母处理孩子不顺从和违抗的行为问题。他们认为遇到不听话的孩子，在下达命令之前，大人要自问3个问题：

（1）在目前的情况中我要不要下达这种命令？也就是说现在有没有必要向孩子提出要求以解决目前的问题？

（2）我是不是可以用就事论事而不以耀武扬威的方式来下达命令？

（3）我有没有做好充分的准备，能够贯彻命令，要孩子彻底服从？

他们特别强调，命令的下达必须基于目前情况中确实的需要，而不是大人随心所欲不分青红皂白的指使。如果父母和老师随意指挥孩子，表示家中和教室中杂乱而无章法，这很容易引起孩子的反感。他们同时指出：大人下达命令时，要把这种命令给孩子带来的困扰和嫌恶的感觉降到最低。一旦命令下达，大人要有充分的把握能执行到底。另外有一点要特别注意的是，所谓不顺从是指孩子有意违拗大人的想法而不是因为孩子不理解大人的指令，或是没有能力完成交代的任务。

他们认为学校班级要有适当的校规，家中要有家规，而且老师和父母要把这些行为规则和行为的期望向孩子解释得清清楚楚。这些校规和家规最重要的一点是不容许孩子从不听话演变为公然违抗。有了这种支持的系统大人才能掌握大局，否则孩子一旦公然违抗就迫使大人束手无策，不但使大人的威信扫地，将来处理会更加困难，孩子的行为问题日日坐大，终至不可收拾。

2. 命令的下达

福汉德和麦克马洪把命令的下达分为阿尔法和贝塔两大类。贝塔的指令含糊笼统，往往使孩子摸不着头脑，不知何去何从；或是留下漏洞，使孩子有机可乘，不是置之不理就是迂回躲避。下列指令的方式要尽量避免。

（1）锁链式的命令。这种指令包含无数个命令，一个接着一个有如连珠炮。例如妈妈告诉小华：“现在已经晚上5点多了，快把小白（他们家的狗）带出去大小便，顺便到小张的杂货店买一瓶酱油和半斤花生米。回来的时候顺便去告诉三姨夫今天三姨加班不回家做饭，他可以去外面吃或到我们家吃晚饭。看看有没有信？如果是宣传单就送去给小张包东西。”这一大串的指令可能把7岁的小华搞得晕头转向，就是有心要帮妈妈，也没有办法一一记住。况且带一条狗到菜市场去很不方便，甚至有危险性。这种情况常会使孩子无法也不愿听从指令。

（2）模糊不清的命令。这种指令并未把孩子所要做的事交代得很明确，所以孩子是不是听从指示实际上很难做判断。例如：“做功课要专心”“仔细地听我讲”、“别人讲话的时候你要听清楚”或是“要爱护你的弟弟”。这种指令要进一步用具体的行为界定出来。例如“仔细地听我讲”应该改为：“我讲话的时候，眼睛看着我，如果听不懂要马上问清楚，而且要点点头或是告诉我你已听懂我的意思。”

（3）**发问式的命令**。大人以发问的方式来下达命令很容易使孩子把“命令”解释为“请求”；他认为可以照大人的意思去做，也可以拒绝服从。例如父亲告诉小华：“快要吃饭了，是不是可以把玩具收起来？”这种命令的下达不但软弱无力而且使孩子有机可乘；除非他真的肚子饿了想快去吃饭，否则他可以置之不理或是说他还想再玩一会儿。这也难怪小华不听话。要是父亲没有“请示”孩子的意思，最好是直截了当地告诉小华：“快要吃饭了，立刻把玩具收起来。”有时候大人用责问的方式下达指令，常会引起孩子的反感，直接造成孩子违抗。例如父亲问小华：“饭都快凉了，你到底要不要来吃饭啊？”或是说：“你为什么还不来吃饭啊？”对这种发问式的命令，孩子可以提出一大堆理由来回答，但就是不来吃饭。

（4）**“我们来”的命令**。大人使用“我们来”的指令时，字面上往往是说大人和孩子一起来做一件事，而事实上大人是要孩子做这件事。例如父亲告诉小华：“我们来把汽车洗一洗。”如果小华才7岁，父亲自然是要他帮帮忙。如果小华已经17岁，父亲的意思可能是说“我要把车子开出来，你来替我洗车子”。大人最好把真实意图直接讲出来，否则到头来17岁的小华认为他已尽了责任，父亲则认为孩子敷衍了事，双方都不愉快。

（5）**大人下达命令后追加一连串理由来解释为什么有这个要求**。如果对孩子而言，大人的命令会带来不愉快的感觉，大人自然可以解释为什么在这个时候提出这种命令。但是，这种解释应该在下达命令以前提出，而不应在之后才拖出一条长尾巴。这条长尾巴的坏处是容易使孩子有迂回躲避的机会。他可以借此和大人辩解而拖延命令的执行；大人与孩子交谈的重心从命令的执行转移到命令是否恰当，这很容易造成不顺从和违抗的现象。孩子就算有意照大人的意思去做，但是听了一大堆的解释之后，反而忘掉了命令的内容，双方都无法达成目标。

基于上述的顾虑，福汉德和麦克马洪提出改用**阿尔法指令的3个要点**：

（1）**引起孩子的注意；命令的内容要简洁明了**。首先要孩子注意听大人的指令，尤其孩子年纪较小或是有注意力缺陷障碍的情形，最好是先叫他的名字，建立彼此视线接触，然后用坚定而恳切的语调，告诉孩子他该做什么。使用的语言必须使孩子能够完全了解，而且要确定他已完全了解这个指令。最好是要孩子“去做”某一件事而避免叫孩子“不去做”某一件事。最好是当面交流，避免隔墙呼喊。

（2）每次只要求一个命令或一个动作。要是大人有一连串的事要交代孩子去做，而孩子能力有限，或是不耐烦一下子做那么多的事，大人最好一个命令只交付一个或两个工作。等到孩子圆满达成任务再交代其他的工作。

（3）给予适当的反应时间。大人下达命令之后，至少给予孩子5秒钟的缓冲时间。在这个时间内，不要解释、提醒或是追加其他的指令。

摩根和詹森对于指令的下达提出几个综合的补充：

（1）下达命令的语言必须清晰易懂，并用肯定的语调来指示孩子到底该做什么。

（2）一般而言，大人最好给孩子5秒到15秒的时间来对指令产生反应。在这个期间，不要重复这个指令，不要发布其他的指令，如果没有绝对必要，不要提供协助。同样的道理，大人要避免和孩子发生争论，避免强迫或唆使孩子听从指令。

（3）如果合理的期限已过（超过15秒钟），重复一次指令：“你必须……”但这是最后一次指示。如果这还无法使孩子顺从，大人应该在孩子出现抗争的行为之前施以轻微的处罚如罚站或是取消孩子的特权（看电视或周末外出）。

（4）面对面给予指令，避免隔着一段距离粗声叫喊。在教室中，老师自然要大声向全班交代功课或活动，但如果一两个孩子特别不听话，老师最好走到这个孩子的面前，就事论事地把指令交代清楚。这一方面是增进孩子听话的机会，另一方面也减少公然违抗的可能性。

以简单明了的阿尔法指令来取代模糊不清的贝塔指令是使孩子顺从合作的重要步骤。这种前事的操作如果做得彻底而成功，自然不必费心思去处理不顺从的问题。当然，我们也要考虑到指令的性质、下达的时机以及下达的方式。但是，最重要的一点还是父母与孩子之间的关系。如果彼此尊重，维持一个和谐的关系，孩子自然会较听话。因此，大人平时要多观察注意孩子的言行举止，找出他们的优点，适时地给予鼓励和强化，这对彼此的关系自然有很大的帮助。

3. 违抗的预防

孩子不听从大人的指令是相当恼人的事，要是不听话演变为公然违抗则是一个严重的行为问题。不幸的是很多父母和老师被不知不觉卷入孩子违抗的风暴中，不但无法解决问题，而且给家庭和学校带来无限的困扰。科尔文（Colvin）精心设计了一套预防孩子违抗的策略。这个策略的两个重点是情况的分析和前事的操纵。

（1）情况的分析。科尔文认为孩子对大人的违抗涉及一连串的事件，彼此纠缠而成为一个行为的锁链。这个锁链的开端往往是一些无关紧要的琐事，如孩子的质疑或是斗嘴。这些小事累积起来终于成为严重的行为问题。例如孩子哭闹，彼此威胁恐吓，甚至破口大骂，大打出手。处理这种情况的上上策是大人事先能够预料行为锁链的形成和发展，而且在情形未恶化到不可收拾之前，亦即行为锁链刚刚在开端的阶段就要控制整个局势，大事化小，小事化无。科尔文认为一般的违抗锁链都是起因于孩子处于暴躁的情绪中，也就是说，他在大人未发号施令前，已经很生气、感到挫折，甚至对大人怀有敌意。在这个情况下，大人一提出指令，孩子自然采取对立的立场，摆出质问或是置之不理的姿态。一旦双方针锋相对，大人和孩子都会陷入“权力的斗争”中，彼此都想压制对方，而且迅速上升为爆炸式的违抗行为。

（2）前事的操纵。科尔文认为遇到由小争执引发为公然反抗的事端，下列4个原则可以派上用场：

① 当孩子显得暴躁易怒的时候，不要火上浇油，提出要求。最好是稍微等待，等孩子情绪的风暴已经过去再发号施令。孩子在气头上，大人的指令往往变成对孩子的挑衅或是嫌恶的刺激。在这种情况下，大人可以问他有什么需要协助的地方，如果能替他解决问题更好。但是切忌质问和要求一起来。

② 在孩子提出质问和争论的话题时，大人尽量不要卷入争论中。对于孩子提出的问题和评论可以置之不理，尤其不可以和孩子争辩。但是可重复一次指令，并告诉他，等到他完成指定的事后，再来讨论这些问题。如果孩子仍然不顺从，可以完全不理会他，等到他冷静下来再重新提出指令。

③ 如果孩子坚持不听大人的话，不要逼迫他。譬如一再地守在他身边、口头说教、怒目相视、出言威胁将来要如何处罚等。绝对不要动手去拉孩子或是强制他去做事。如果这个孩子违反了校规或家规而必须受罚，大人可以根据这些规则执行该有的处罚，如罚站和取消权利等。在处罚当中切记就事论事，彼此交谈争论的情形能免则免。如果没有处罚孩子的必要，大人可以暂时离开现场，等双方都冷静下来再解决未了的问题。

④ 尽量地找出这个孩子不顺从和违抗内在外在的触发因素。一旦找出问题的根源和发展的过程，就要设法打断行为的锁链，而且愈早愈有效。如果这个孩子经常动怒，并且借题发挥，那么解决的根本办法是通过辅导来协助他控制自己的情绪，或是做适当的宣泄，而不该在大人提出指令时小题大作，公然违抗。

（二）增进孩子的顺从与合作

如果已经尝试过上述前事的操纵，孩子不听话的情形依然故我，就要考虑如何增进孩子的顺从与合作。这种策略的运用是把发号命令之前和之后的情况做适当的修正。唯有如此双管齐下才能得到最好的效果。不过，在设法增进孩子顺从与合作之前，有两个大前提必须兼顾到，那就是孩子的不顺从是“不为也，而非不能也”，而且要注意到孩子是不是有顺从的强烈动机。

1. 处理和控制孩子暴躁的情绪

暴躁（Agitation）是指一种不稳定的情绪。孩子在这种情绪中经常会显出愤怒、挫折感或对别人怀有敌意。有经验的父母和老师会从孩子的语言和举止体态看出来他是不是在一种暴躁的情绪中。孩子处于这种心理状态中，对大人的一言一行大多会爱理不理，对大人的请求、命令或要求更是置之度外。一般大人遇到这种心态的孩子都会让他三分，以便息事宁人。但久而久之这个孩子学会了以这种行为来抵制大人的要求，不但可以“逍遥法外”，而且还可以控制别人以及周围的环境。长此以往，这个孩子经常陷入暴躁的情绪中，他的日常生活、学业和人际关系都会受到严重的伤害。因此，如何教他控制自己的情绪、改变自己的行为就成为重要的课题。

要是孩子暴躁的情绪表现变成家常便饭，这种问题通常要找心理专家做心理治疗。不过，父母或老师也可以试试在自然的情境中从事行为辅导。大人可以开诚布公地和孩子谈他暴躁的情绪，但必须放弃权威或是威胁的姿态，间接地试探孩子对自己暴躁的行为认识有多少。他知不知道这种情绪的来源？他有没有想到发脾气对别人有什么影响？其最终目标是一再提醒他要学习自我控制，不要让这种情绪蚕食他的心灵。父母、老师本身也要设法倾听孩子的心声，对他的苦衷表示体谅，并尽量提供必要的帮助，让孩子有适当的途径来发泄心中的苦闷。

沃克认为除心理治疗和行为辅导之外，还可以由大人和孩子共同给孩子的行为打分。如果有进步，就可以得到父母或老师的奖赏。要是这个打分制度设计得客观而周到，应该可以精确衡量孩子行为上的变化。很多孩子看到自己有进步就会受到鼓舞。一旦有了转机，行为自然会渐渐好转。

科尔文认为减除暴躁的情绪可以从下列几方面着手：

（1）在家中或在学校里，大人提供充分的机会让孩子选择学业和课余的活动。

（2）提供一个安静祥和的环境，且让孩子有独处的机会。

（3）学校的学业和家中的杂务要有合理的分配。如果负担太沉重，必须做适当的调整。

（4）可以给予孩子适度的自主权，提供选择的余地，同时减少大人的干预和控制。

（5）和孩子找时间坐下来谈谈彼此的想法和看法。如果孩子有问题，可以共商解决办法。

（6）设法找出孩子脾气暴躁的根源。如果这是大人不合理的教养方式造成的，大人应该虚心地检讨并谋求改善。

不过，科尔文特别提醒父母和老师，不可因怕孩子生气而委曲求全求全，结果孩子以暴躁的行为来操纵大人，不但逃避了自己的责任，到头来还会一事无成。

2. 监督和检讨引发不顺从的情况

有些孩子已经把不顺从和违抗当成家常便饭，说不定是他有这种习惯而不自知。遇到这种情形，大人和孩子可以共同监督不听话的现象，找到造成这种现象的环境因素。大人可以把孩子不顺从和违抗的情况记录下来，并把指令内容、方式、下达的时机以及大人小孩的情绪状况写下来。经过一段时间的观察记录，通过行为的功能分析，可能会发现一些蛛丝马迹。例如老师每次要小明做数学、父亲叫他清理房间时，他都会显得很无奈、很挫折、很烦躁，甚至会发脾气。一旦有了行为的线索，大人和孩子共同检讨这些情况，并共商改进这些情况以及修正孩子对这些情况中的反应。例如：小明可能需要特别的教学才能赶上数学的进度；爸爸可以规定他每天把房间整理好，但什么时候整理，由小明自己选择；小明不可以对老师和父亲的要求恶脸相向或置之不理，而应协商一个彼此能够接受的行为条件。如果情形比较严重，可能要每天找出几分钟来共同检讨。如果有了进步，或是情况轻微，一星期协商一次或两次即可。在很多的实例中，单单是例行的监督行为和检讨不顺从和违抗的行为，就会带来相当多的改进。

3. 社会技能的训练和变通的办法

有些孩子不听话是因为他们不知道如何和大人相处，或是无法掌控自己的情绪，一有挫折就完全爆发出来。社会技能的训练是一种治本的处理策略，在家中或在学校中积极培养孩子与人相处的技能和信心，用以取代动辄发脾气的恶习。社会技能的训练包括接受指导、控制愤怒、自我处理以及适当地表露情绪等。这种训练的教材与方法比比皆是，老师和父母可以自行选用。接下来各章会重复介绍社会技能的训练和变通的表达方法，在此不做深入介绍。

4. 大人的注意和赞誉

很多孩子不听话是因为他们照大人的话去做，不但不会被鼓励，反而招来一番批评或讥讽。区别性的注意和赞誉是指大人下一个命令，如果孩子顺从，大人立刻表示关切注意，并对其行为表现给予适当的赞扬。例如："小华，你一下子就把地扫好了，而且扫得很干净，奶奶等一会来我们家一定会说你很能干。"在开始改变孩子的行为时，要彻底实施这种注意和赞誉。孩子有了长足的进步后，可以改为间歇性的强化，即不一定每次听从指令就要夸奖。相对地，要是孩子不顺从，大人可以不予理会，甚至离开现场，不去管他。这种不予理会的策略对幼小的孩子，尤其是喜欢以不顺从和违抗来引起大人注意的孩子才有效。如果不听话的情形很严重，或是孩子以此行为来避开大人的注意，则不予理会的策略对孩子来讲是正中下怀，反而是对坏行为的强化。

5. 实质的奖赏

在有系统、有计划的行为改变当中，实质的奖赏是一个相当重要的策略。孩子听话时，老师给予加分，父母给予额外的零用钱，或是安排特殊的活动，如上街看电影、周末特准晚一个小时上床等奖赏有实质性的强化作用。有些老师和父母甚至和孩子签订行为契约（Behavior Contract），把孩子的行为标准和奖赏的内容具体地列出来，双方签名盖章，并照章行事。一旦孩子听话的行为有进步，这种行为契约和金钱奖赏的策略可以用比较自然而合适的奖励来取代。但是，不管给予实质奖赏还是口头赞誉，大人都要针对孩子听话的行为给予正面的评价。

6. 顺从的训练

孩子顺从的行为必须尽早训练。一个孩子到5岁以后，还显示出乖张不服从的行为，不可任其自由发展，否则行为的处理一日比一日艰难。艾伯格和巴格斯（Eyberg & Boggs）专门发表过文章，教父母如何对学龄前的儿童做顺从的训练。他们采取亲子互动治疗法（Parent-child Interaction Therapy）的模式，用以建立一个温暖、亲切、相互信赖、相互强化的关系。以这种关系为基础，孩子会自然而然地顺从父母和老师的指令。他们强调幼龄孩子的新行为应该在游戏的情境中建立起来。他们发现一般的孩子大都是在游戏当中学习新的技能，解决身边的问题。同时，在游戏当中父母可以敞开沟通的渠道，能够比较轻易地影响孩子的一举一动。在游戏的情境中，有两个基本的训练方式，艾伯格和巴格斯把它们称为孩子主导的互动（Child-directed Interaction，CDI），以及父母主导的互动（Parent-directed Interaction，PDI）。

（1）CDI的主要用意在于建立父母与孩子之间亲信而巩固的关系，并把彼此的隔阂、对立和挫折感减到最低限度。父母在CDI中完全扮演“追随孩子领导”的角色。要扮演这种角色，父母先要尽量避免向孩子提出问题或发号施令。当孩子取得领导的地位后，反抗和对立的态度自然会烟消云散。父母自由自在地和孩子一起玩，并专心注意孩子的言行举止和游戏中的活动。在这种交往中，父母要模仿和说出来孩子到底在做什么游戏，回答孩子的问题，协助孩子从事他所喜欢的活动，并夸奖孩子适当的行为。如果在CDI期间孩子有不规矩的举动，父母不要理会，也尽量避免指责批评；不过，如果孩子出现伤害或破坏等越轨的行为，父母可以宣布CDI的活动必须因此而中止。一般而言，CDI每次大约5分钟。在这期间内，父亲或母亲要做25次以上行为的陈述或是孩子口语的复述（最好是一半一半），15次以上口头奖励（至少有8次要指出孩子的好行为），以及0次问题、命令或批评。一旦父母学会这套CDI的交往并达到固定的标准（5分钟有25次陈述，15次奖励，0次命令或批评），就可进入PDI的训练，表2–1是CDI的范例。

表2–1 孩子主导的互动（CDI）

规则	理由	实例
1.陈述孩子的适当行为	• 让孩子采取主导的地位 • 对孩子的游戏活动表示兴趣 • 训练孩子建立观念 • 给孩子做语言示范 • 维护孩子的注意力 • 组织孩子游戏活动的思考	• 这是一块红色积木 • 你在盖一个塔 • 你画了一个可爱的笑脸 • 这个牛仔看起来很快乐
2.模仿孩子的游戏活动	• 让孩子采取主动 • 赞同孩子对游戏活动的选择 • 对孩子表示父母热心地参与他的活动 • 教孩子如何和别人一起玩 • 鼓励孩子模仿别人的活动	• 孩子：我要把娃娃放在床上 • 妈妈：我也要把妹妹放在床上 • 孩子：我要在天空里画一个太阳 • 妈妈：我也要在我的图上画个太阳
3.倾听孩子的谈话	• 不要控制孩子的交谈 • 向孩子表示你真的倾听他的谈话 • 表示听懂而且接受他的谈话 • 改进孩子的语言 • 增进语言的沟通	• 孩子：我做了一个小星星 • 妈妈：对，你做了一个小星星 • 孩子：这只骆驼背上有个大皮球 • 妈妈：这只骆驼背上有个驼峰 • 孩子：我最喜欢玩城堡的游戏 • 妈妈：这个城堡真的很好玩
4.赞美适当的行为	• 增加适当行为的滋长 • 让孩子知道父母喜欢的是什么行为 • 增进孩子的自信自尊 • 增进亲情和密切的关系 • 使大人和孩子皆大欢喜	• 你算得很准确 • 你安安静静地玩我最高兴 • 你画这张图的想法真好 • 你说话这么有礼貌真是个好孩子 • 你这个房子盖得真好 • 你把颜色都找出来了，谢谢你

（续表）

规 则	理 由	实 例
5.除非是真正危险的行为，其他不适当的行为都不予理会。静静地把头转移他处、不看他、不皱眉头，也不对他笑。每次都不予理会。刚开始的时候孩子不适当的行为可能会增加	• 避免不良行为的滋长 • 用以减少一些不适当的行为 • 协助孩子分辨出来大人对孩子好行为与坏行为的不同反应	• 孩子对妈妈无礼莽撞但把地上的玩具捡起来 • 妈妈对孩子的无礼莽撞不予理会但夸奖孩子把玩具收起来 • 孩子用手打妈妈，妈妈说我不再和你玩（这种打人的行为不可以不予理会）
6.不要发号命令	• 发号命令会妨碍孩子主导游戏 • 游戏中发号命令可能造成彼此不悦 • 孩子的服从等到PDI阶段再专门训练	• 间接的命令如："是不是可以把那张纸拿来给我？"或"是不是可以告诉我这个字怎么念？" • 直接的命令如："看看这个图画。""把鞋带系好。""来和我坐在一起。"
7.不要发问	• 发问是在引导谈话而不是追随谈话 • 很多问题会变成命令或是强求孩子回答 • 发问看起来好像大人不听孩子谈话或是不同意孩子的说法	• 这是一个蓝色的积木，对不对 • 这个球是什么颜色 • 这个小汽车好不好玩 • 你要来玩棒球吗
8.不要批评	• 批评不会减少坏的行为 • 批评某种坏行为反而会使这种行为一再滋长 • 可能会损伤孩子的自信和自尊 • 制造不愉快的气氛和不友善的关系	• 你怎么这么调皮？你顶嘴妈妈最不高兴 • 不要在纸上乱涂 • 不可以这个样子，这样好看吗 • 这种设计难看死了

CDI是一种相当特殊的训练方法。不但用来训练孩子，更可用以训练大人。无论是学校老师还是父母，做这种训练时，起初一定要有另外一个人从旁观察记录，看看是不是符合"5分钟有25次行为陈述，15次口头奖励，但0次问题、命令或批评"的标准。大人经过几次体验，确实能达到这个标准，才可单独放手去做。最后将CDI和父

母主导的互动（PDI）一并实施。

（2）PDI的主要用意是在增进孩子适当的社会行为并减少不可容忍的坏行为。根据艾伯格和巴格斯所设计的课程，在这种PDI的交往中，大人还是要对孩子适当的行为表示注意，并且对不适当的行为完全不予理会。不过，在这期间，大人不但要对孩子的游戏有所反应，而且要采取主导的地位，也就是说，大人这个时候要发号施令，并对孩子顺从与不顺从采取必要的行动。

大人首先要把PDI的游戏规则向孩子解释得清清楚楚，也就是孩子对自己在这期间所应有的行为表现要有充分的了解。在这种先决条件之下，大人才能合理提出要求并执行要求。在这期间提出指令时，大人要使用符合阿尔法命令的标准，不可使用含糊笼统的贝塔命令。譬如妈妈告诉小冬："把腊笔放在桌子上。""把红色的积木拿过来给我。"但不要这样下指令："要乖才和你玩。""我们来画图。"或"是不是可以坐下来把桌子清理好啊！"大人给指令的时候，同时要注意三点：第一，指令必须是正面而直接的。例如："把图画在纸上。"而不要说："不要在桌子上画图。"第二，指令的内容必须是在孩子的能力范围之内，否则不但白费口舌，反而给孩子造成挫折感。第三，一个命令指向一个动作。如果一个命令含有数个动作，孩子往往无所适从，大人也难以确定到底要奖励顺从还是处罚不顺从。

一旦大人提出指令，就要切切实实地执行交代的工作。孩子这个时候如果出现与指令无关的不良行为，大人完全不予理会，但要注意他是不是照指令去做，大人要专心地处理顺从的行为。如果孩子照大人的指令做，大人立刻声明这种顺从行为的好处并给予口头奖励，然后移到CDI的游戏，一直到大人发号另外一个指令为止。要是孩子不照指令去做，大人立刻实施处罚。艾伯格和巴格斯认为孩子不顺从主要是孩子逃避了大人的指令，这种坏行为如果不予处理，会一再得到负强化而日益频繁。因此，在PDI的训练当中，不顺从的行为不可不予理会。对学龄前孩子不顺从行为的处罚可以按照3个顺序，从口头警告开始，然后罚孩子坐在隔离的椅子，再不听话就打屁股。

① 口头警告：孩子第一次不遵照大人的命令时，要提出口头警告。这种警告是："如果你不（提出原来的命令），你就要去坐在墙角的椅子上。"假使这个孩子听从指令，完成指定的工作，服从了口头警告，大人立刻给予口头奖励，并恢复CDI游戏。

② 隔离的椅子：假使孩子不服从口头警告，大人立刻冷静地把孩子带到角落的椅子上，然后告诉孩子："我告诉你（提出原来的命令），但是你不照我的意思去做，所以你要被罚坐在椅子上，一直到我叫你起来你才可以起来。"这一番简短的提示是向孩子解释处罚的理由，并提醒他不听话会得到什么结果。最后一句是显示大人对孩子行为的控制，他必须坐在椅子上，不可随便离开。孩子在椅子上如有不良行为，大人不予理会，否则节外生枝，命令一层又一层，双方都会迷失方向。一般情形是孩子要在椅子上坐3分钟再加上5秒钟的安分守己才可离开。一旦孩子坐了3分钟又有5秒钟的安分守己的行为，大人走到孩子的身边，并问孩子："你现在是不是要回去（重新提出原来的命令）？"如果孩子的回答是"不"，那么大人就说："好，你再坐在椅子上，我告诉你起来你才可以起来。"然后离开这个角落，重复3分钟和5秒钟的程序。假如孩子的回答是"是"，那么可以把孩子带回游戏的地方，如有必要可以再重复一次原来的命令。一般而言，这时候孩子都会照大人的意思去做。如有少数孩子顽强抵制，坚持不服从，大人再说："我告诉你（提出原来的命令），你还是不照我的意思去做，所以你要回去坐在椅子上，一直到我叫你起来你才可以起来。"然后重复同样的步骤。如果孩子坐过椅子，又服从了大人的命令，大人可以说声："谢谢！"但不必特别夸奖，因为他到底是经过处罚才会服从。下一次大人给予命令时，孩子学过一次乖，自然会比较快就服从命令，这时再大大夸奖一番。这样做让孩子体会了听话与不听话之间会有完全不同的行为后果。

③ 打屁股：孩子不一定会乖乖地走到椅子的角落，更有可能时间未到就随意离开椅子。遇到这种情形，大人可以把孩子抱到角落里，并把他放在椅子上，然后提出"打屁股的警告"。这个警告是："我还没有叫你起来你就起来；如果再随便离开椅子，就要打屁股。"这种警告只能提出一次。一般的孩子到此时已经知道大人并不好惹，所以一经警告就会乖乖坐回去。有少数孩子可能会试探大人的虚实，坚持要随意离开椅子，遇到这种情形时，大人立刻把孩子带回椅子的角落，以坚定的口吻告诉孩子："我还没有叫你起来，你就自己起来，要打屁股。"然后用手指在孩子的屁股上轻轻打两下，再把孩子带回到椅子上，告诉孩子："坐在椅子上，我叫你起来你才可以起来。"接着开始3分钟和5秒钟的程序。有一点要特别注意的是，孩子随便离开椅子才打屁股；其他不良的行为不可用打屁股来处罚。打屁股的用意是在建立椅子的

权威和处罚效率，所以大人不必诉诸其他处罚的方式。

艾伯格和巴格斯认为CDI和PDI交互使用，一个星期实施几次，对改善孩子的行为有很大的效果。但是大人事先必须在别人的指导下反复练习才能得心应手，收到训练的效果。

（三）减少不顺从与违抗

从前事的操纵到各种策略的运用来增进孩子的顺从和合作，不一定会有立竿见影的效果；在这些策略运用的同时，不顺从和违抗的行为照常发生。遇到这种情形时，斯卡伯勒和福汉德认为对这种顽劣的行为有采取惩罚的必要。他们主张采用行为分析最基本的3种策略来处理。这些策略是不予理会、暂停正强化以及反应的代价。

1. 不予理会（Ignoring）

有些孩子制造不良行为意在引起大人的注意，他们的不顺从或违抗有可能是在试探大人的反应。要是大人因此反复下指令、出言威胁，甚至暴跳如雷，正是中了孩子的圈套，不但无法减少这种坏行为，反而会助长其发生。要是经过功能分析，发现孩子的不顺从果真是在引起大人的注意和反应，最好的办法是对此行为完全不予理会，当大人下达命令，孩子不遵从时，大人可以一言不发，转头照顾其他事物或立刻离开现场。孩子的坏行为得不到大人的注意，自然会慢慢消减。不过，单单使用这种策略效果不佳。第一个，是因为很难做到完全不予理会，孩子可能制造出其他事端，或是其他人会忍不住插手介入，结果还是对此行为给予强化；第二个，同时也是更重要的原因，孩子不顺从的行为通常不是为了引起大人的注意，而是在躲避注意。单单使用不予理会的策略会显得软弱无力。因此，最好能联合其他策略。值得一提的是，如果孩子不听话，大人一再唠叨，不但没有效果，而且会造成反作用。

2. 暂停正强化（Time-out from Positive Reinforcement，Time-out）

暂停正强化是行为改变当中使用最普遍的行为，这种策略的基本原则是把孩子移送到一个得不到正强化的地方。例如孩子看电视或吃点心时不守规矩，可以叫他离开现场几分钟，当作一种处罚。孩子不顺从或有违抗的行为，这种策略自然可以如法炮制。使用暂停正强化时，下列几个原则要列入考虑：

（1）一般暂停正强化是5到10分钟再加上15秒规矩而安静的过程。要是孩子在结束前15秒内有吵闹现象，可延长一分钟，作为额外惩戒。

（2）孩子离开原场景后，可以指定他到墙角、他自己的房间、教室外面或是面墙静思。必须要考虑的一点是，如果把孩子遣送到一个更有诱惑力的地方去，怕是正中下怀。例如孩子在教室里做数学已经感到不耐烦，如果老师因为他不听话而把他赶出教室，他反可在外面看一场篮球比赛，这种办法反而会使他更不听话。

（3）如果孩子拒绝到别的地方去，不必强行拖拉。最好以其他办法来加以控制。

（4）时间一到，大人要带他回到原处。如果在此过程中孩子行为表现优良，就针对其优良的表现给予口头奖励。

3. 反应的代价（Response Cost）

反应的代价与开车违规被警察罚款的道理相近，也与学校老师给学生加分扣分的办法相似。在行为改变的策略中，大人与孩子可以如此约定：孩子有好的行为表现，大人按照预先规定的标准给予代币或计分，一般称为代币系统或代币法（Token System、Token Economy）。在这个系统中可以附加一项：如果孩子听话，一次可以得一分；不听话则一次扣一分。一个星期要是累积到一定的分数，或是得到多少代币，可以换取各种不同的奖品，或从事特别的活动。这种有组织有系统的策略必须把好的行为和坏的行为明确界定出来，奖与罚的标准也要约定得清清楚楚。无论是加分或是扣分都要在目标行为发生后立刻实施，而且每次都是如此，毫无例外。这种系统不容有争执，孩子也不可以有疑问，大人则要执法如山，不可偏倚或是感情用事。

4. 其他策略

有些孩子虽然会听话，但是从大人发号施令到孩子采取行动之间，拖延太久。遇到这种情形，最好对时长有详尽的记录，然后逐步强化减少反应时间的行为。例如小春在妈妈下达洗澡的指令后，通常要等30分钟才动身，但一洗就是一个小时。妈妈告诉他："如果在20分钟内动身，而且40分钟内就洗好，每次可以得到1分。一个星期累积10分可以去一次电影院。"行为有了进步，就逐渐把标准提高，时间缩短，一直缩到双方都满意的合理的时间为止。另一个更积极的办法是增强孩子口头答应的行为。例如小冬听到妈妈的指示，就会说："好的""我一定会把地扫干净"，或是"我马上就来"等等。当然，小冬要得到奖赏，必须言出必行，不但要口头答应，还要迅速做好指定的事务。

（四）多重模式的处理

不顺从与违抗是相当棘手的问题，其牵涉的因素既深且广。一个完整的处理计划最好能包罗各种不同的策略，才不致顾此失彼。除了上述几个重点之外，还有几个值得考虑的原则。

1. 无论是在家中还是教室里，大人对孩子的行为期望或是固定的规则要有彻底的了解。不必每次提出指令都要大费口舌，甚至引起争论。每天的例行公事最好不要轻易变动。如真有变动的需要，最好经过双方商讨决定，至少也要让孩子及早知道，因此有心理准备。

2. 大人与孩子之间的关系对孩子顺从与否有举足轻重的影响。双方要能建立一个相互支持的基本态度；大人要采取宽容的态度，让孩子赢，让孩子成功，让孩子有独立自主的机会，并衷心地给予赞美。对一些冲突的情况或是孩子公然的违抗，尽量避免危机加剧；有时候幽默可以冲淡矛盾，哈哈一笑可以把严重的问题大而化小。

3. 大人有时要放弃己见，用心去倾听孩子的心声，设法去了解他们的痛苦和气愤。也许孩子有比违抗更严重的情绪问题，只有充分地了解、体谅孩子的苦衷才能解决问题。

4. 不顺从往往与攻击行为、反社会行为，以及其他违规行为互为因果。遇到这种错综复杂的关系，处理更加棘手。沃克认为这种行为问题，需要专家的协助。无论是老师或父母，如果独当一面，情况往往会越来越糟。不过，他们认为父母和老师要遵守下列几个原则：

（1）不要虚张声势。做不到的事绝对不可提出来威胁恐吓孩子，一旦假面具被他揭穿，后果就很难收拾。如果大人认为某些要求一定要执行，否则无法控制情况，那么大人一定要言出必行，而且要执行到底。例如老师说要通知家长，一定要通知；说要把孩子送到教导处，一定要送；爸爸说要叫警察，一定要叫，而且要有把握警察会来协助（对于具有危险行为的青少年，父母可以事先协商，必要时寻求协助）。

（2）大人决定哪些事绝无通融的余地，哪些事可以睁一只眼闭一只眼。例如一个学生在教室中坐姿不正、故意斜眼瞪人、显得无精打采，在老师看来很不顺眼，但是这个孩子并不公开捣乱。类似这种情况，大人如果强行要求其改正上课的行为，很可能遭到拒绝，甚至引发违抗。因此，这位老师最好课上不予理会，等到下课后，私下和他检讨这种行为。

（3）大人经过仔细的观察和判断再决定是不是坚持要孩子顺从到底。大人只要留意孩子的举止、体态、眼神、表情，就可以看出孩子是不是处在暴躁、愤怒或是情绪相当不稳定的状态中；如果大人坚持孩子要顺从到底，可能爆发严重的场面。大人和孩子各忍一时之气，可能有长期化解危机的效果。

（4）大人有时候要满足于孩子的部分顺从，不必要求孩子顺从到底。例如两兄弟争论对骂，彼此都已面红耳赤，随时都有大打出手的可能。这时父亲大声介入："不要再吵。"然后加上第二个命令："立刻回到房间去做功课。"在这种情况下，两兄弟可能沉默下来不再吵架，但并不回到房间去。他们顺从第一个命令，但对第二个命令置之不理。这时两个孩子都还在气头上，根本无心听从第二个命令。在这种情况下大人其实不必太在乎孩子是不是去做功课。

（5）大人避免卷入孩子的争端，避免动怒，也避免提高嗓门。有些儿童和青少年往往借不顺从来激起大人的愤怒。如果大人为此动怒，反而陷入孩子的圈套，双方情绪逐渐升温到一发不可收拾。再者，大人大声和孩子争论不但没有教育价值，反给孩子提供一个坏榜样。要是孩子有意挑衅，大人要冷静以待，用和平的手段平息怒火。

（6）大人尽量避免让第三方卷入纷争。大人设法独自解决目前的争执，除非争执已升级成危机，妈妈不要叫爸爸出面，父母不要叫警察出面，老师不要叫家长出面。第三方的介入只能化解一时的危机，但是对大人与孩子之间的关系可能会造成难以弥补的裂痕，将来违抗的行为会愈演愈烈。

5 结　语

大人与孩子发生摩擦在所难免，孩子不听话更是不胜枚举。问题是孩子的不顺从变成一种行为顽疾，甚至把公然违抗视为家常便饭，给大人带来无限的困扰；从孩子的立场来看，他们往往也有很多无法倾诉的苦衷。

面对这个恼人的行为问题，大人首先要了解问题的性质、问题的形成以及可能的诱因，然后从事前事的操纵。例如建立和谐而亲密的关系，使孩子乐意为大人做事；同时大人也要检讨命令的内容、下达的方式和时机。只有合理的要求才能得到合适的反应。

增进孩子的顺从合作是一个正面而积极的办法。除了从事孩子顺从的训练之外，其他的技术包括处理和控制孩子暴躁的情绪、监督和检讨引发不顺从的情况、社会与沟通技能的训练，以及大人口头的奖励与实质的奖励。

处罚不顺从和违抗是不得已的手段，因为这种方法障碍太多，弊端明显，而且执行起来经常漏洞百出；更主要的原因是处罚的策略很容易产生副作用，破坏大人与孩子之间的关系，使孩子更不听话。最常用的处罚是暂时停止正强化和反应的代价。但这两种策略还是建立在强化孩子的好行为的基础上，否则无从实施。故意不予理会也是常用的策略，但其效果如何要根据孩子不顺从和违抗的性质而定。

CHAPTER THREE

第三章

愤怒与攻击行为

一般人在伤心、失望或是生气时，自然要一股气倾吐出来。岳飞在震怒时写下永垂不朽的《满江红》，小明被人欺负就向老师哭诉，这些都是明显的例子。我们所关切的是：孩子情绪的发泄是通过适当的途径来表达，还是由此制造一连串的行为问题。小华哭闹一场后把鱼缸打破、小南一气之下刺伤了邻座的同学，都是在愤怒失去控制时，以攻击行为来表达内心的情绪，制造相当严重的行为问题。

近年来，暴力事件肇事者的年龄年年降低，这是一个越来越严重的社会问题。再者，这个问题如果在小学阶段没有得到适当的处理，孩童进入青少年时人高马大，父母和老师更无法完全控制。愤怒是一种相当激烈的情绪，它涉及人格异常、精神症状、生理的状况，以及学习与制约的结果。攻击行为大多是愤怒的产物，因为这种行为构成对他人安全的严重威胁，大部分的社会都把它视为绝对禁忌，我们自然不可等闲视之。

1 愤怒与攻击行为的界定

愤怒（Anger）是一种极端不愉快的感受；一个人在愤怒的情绪中，不但感到愤慨和激昂，而且对愤怒的对象产生敌意和憎恨。孩子在心理上受到了伤害，对事物感到失望、挫折、困惑；在人际关系上遭到排斥、压力和冲突时，这种情绪自然而然地涌上心头，他们也会用尽办法来宣泄心头的愤怒。同样的道理，父母老师面对着一个暴跳如雷的孩子，自然怒气冲天，想要好好“教训”他一顿，或是把他赶走，眼不见为净。不幸的是，孩子不一定会屈服在大人的权威中，反而会因大人的敌意而怒火中烧。大人面对这样的孩子感到无能为力，也因此更为生气。这种愤怒的交互影响，几乎存在于每一个家庭中，古今中外皆然，而且代代相传，孩子长大成人以后，依然以愤怒来处理自己子女的愤怒。

愤怒并不完全是家庭和学校问题的罪魁祸首，只要大人充分认识和了解这种情绪的来龙去脉，想办法控制这种情绪的扩散，将其以适当的途径，做合理的发泄，愤怒就不如想象中的可怕。问题是如果未经特殊的训练，孩子对情绪的控制则完全无能为力，我们也不能期望孩子独自建立新的模式来取代家庭中传统的行为模式。如果孩子的愤怒变成情绪问题，大权和责任完全落在父母和老师的肩上，大人要学习并建立一套健康的新模式来处理与孩子之间情绪的高涨和关系的恶化。事实上，伊士曼（Eastman）认为愤怒是改变现状的原动力，如果处理得当，愤怒可以促使大人与孩子了解彼此的需要，用来发泄紧张的情绪，改正自己的过错。更重要的是使大人与孩子不断地成长成熟，彼此适应，彼此把关系带入一个建设性的结构中。

（一）愤怒变成情绪问题

我们必须了解的是**每一个孩子都有脾气，他以愤怒来表达他的恐惧、困惑、困**

扰、伤心、挫折其实是正常的。但是，孩子把这种情绪当成家常便饭，甚至升级为大发雷霆、攻击行为或是暴力行为，就成了情绪问题。伊士曼认为愤怒如有下列情形时，就需要大人的干预：

- 愤怒的发生太频繁。
- 愤怒的发生太激烈。
- 愤怒的发生持续太久。
- 愤怒引发攻击行为。
- 愤怒掩盖其他的情绪。
- 愤怒干扰了家庭生活、学校的学习活动或是职场的工作。
- 愤怒造成一种破坏性的循环，大人难以控制。
- 愤怒伤害到别人的心理或身体。
- 愤怒的发展造成进一步的冲突，且无法和平解决。
- 愤怒完全超出孩子本身控制的能力之外。

（二）愤怒的孩子与愤怒的父母或老师

伊士曼认为下列15个项目可以用来判断**孩子**是不是有愤怒的问题，逐项核对打钩就可评出大概情况。

- 累积压力之后让火气爆发开来。
- 无法处理变动和紧张的情况。
- 每当痛苦、伤心、挫折、失望或感到有所失落时，就会大发脾气。
- 用哭闹、大发脾气或攻击行为来表达愤怒。
- 一旦发脾气就无法平静下来。
- 经常和人打斗。
- 用语言威胁别人或用粗话骂人。
- 责怪别人。
- 存心报复。
- 对自己的过错不负责任。

- 缺乏自我控制。
- 缺乏自信。
- 不尊重别人的权益，不在乎别人的感受。
- 不愿意和别人协调。
- 无法和别人谈判磋商。

下列17个项目则用来判断**大人**是不是有愤怒的问题，逐项打钩就可评出大概情况。

- 感到家中或班级中的冲突情况永远没有休止的一天。
- 一点点口角或紧张的气氛就按捺不住。
- 对外来的要求和压力感到手足无措。
- 不知如何或是没有机会把紧绷的情绪放松下来。
- 不知道什么是正常的愤怒、什么是适当的发泄，因为自己就是在一个以愤怒压制愤怒的环境中长大的。
- 在孩子成长的过程中，不知道哪个阶段应该有哪一种情绪和行为的表现或期望。
- 孩子一发脾气，大人就会更生气。
- 孩子一发脾气，大人就会惊慌失措或瘫痪无助。
- 为孩子的问题与其他人发生争执。
- 不承认自己犯了错误。
- 为了面子不肯向人道歉。
- 不愿意和别人协调。
- 对孩子的举止扮演裁判或警察的角色。
- 采用处罚的方法而不去了解孩子的问题，或和孩子讨论问题。
- 维护自己的权威而不采取彼此尊重的态度。
- 对问题的解决不抱希望。
- 无法在家中或班级中建立和平相处的气氛。

（三）愤怒的发泄

发脾气、攻击行为与暴力行为是发泄愤怒时最常见的行为，在此有稍加区别的必要。

1. 发脾气（Temper Tantrums）

孩子哭泣、吵闹或是闹别扭代表他的愤怒已经无法控制，他已经无法应付内在与外在的挫折。这种行为会扰乱四周环境，影响他人的情绪，但对他人的安全并无威胁，大人可以不加理会。事实上，大人不理会孩子的哭闹往往是最好的策略；只要没有观众，戏唱不成，这种行为久而久之就会消失。孩子发脾气的另一个可能是以此来操纵周围的环境，迫使大人让步，满足他的欲望。如果属于后者，除了不予理会，还要注意不要让孩子因为发一顿脾气而得到好处，更要防范哭闹演变为攻击行为。

2. 攻击行为（Aggression）

孩子打人、咬人、把人推倒在地，显示出他已经无法控制愤怒的情绪，无法应付内在与外在的挫折。这种行为对别人的安全构成直接威胁，一旦发生，大人不可等闲视之。不予理会的办法在此行不通，如果不加约束，这种行为会日日坐大。很多孩子也会用这种行为来迫使别人就范，从中取得好处，因此有必要作进一步的界定。有一点必须指出的是，如果孩子以攻击别人来操纵环境，大人不可屈服而任其为所欲为，必须使用有效的处理策略。

3. 暴力行为（Violence）

有些孩子以凶猛的行为，如凶杀或持械打斗等不法举动来攻击他所怀恨的对象。这已经超出行为问题范围，触犯了法律，会受到法律的制裁。其行为的目的不但是在发泄愤怒，而且是存心伤害他人或造成严重的伤害。其攻击的对象自然是他们心目中的敌人。事实上，很多受害者都是关心他的人，包括父母、老师、兄弟姐妹或是要好的朋友。有关暴力的行为请参见第八章社会行为失调。

（四）攻击行为的界定

到底什么是攻击行为？教育与心理学家往往各说各话。有的人从广义的角度来解释，认为所有扰乱环境的行为，从最轻微的吵闹到暴力行凶都算是攻击行为；有的人则把攻击行为局限于造成他人身体疼痛的行为。兹恩茨和辛普森（Zionts & Simpson）把攻击行为分为轻微和严重两大类。轻微的攻击行为包括嘲笑、戏弄、恃强凌弱、造谣、发脾气、威胁要伤害别人等；严重的攻击行为包括对别人身体上的攻击、破坏物品以及对动物残暴的举动。

米尔曼、雪佛和科恩（Millman, Schaefer & Cohen）经过广泛的比较研究把攻击行为界定为：未经挑衅而加害于他人的举止。身体的攻击包括打人、推人、踢人、咬人、抓人头发、用东西砸人等；语言的攻击包括骂人、威胁他人的安全、支使别人、戏弄别人等。他们认为一般孩子攻击别人时，并没有伤害别人的意图，而是一种满足本身意愿或是发泄愤怒的冲动。这完全是以自我为中心，对别人的权益置之不顾。有人把自我伤害的行为也列入攻击行为，因为这种行为也是在伤害身体，只是攻击的对象是自己。自我伤害的行为在第九章另行论述，在此不多做解释。

根据DSM–IV的诊断标准，定义攻击行为的标准是在下列情况下过去12个月当中出现3种以上，或是过去6个月当中出现1种以上：

- 经常欺凌弱小，威胁或恐吓别人。
- 经常引起打斗。
- 使用武器伤害别人。武器包括木棒、砖块、打破的玻璃瓶、刀子和枪械等。
- 对别人施加残酷的暴行。
- 对动物施加残酷的暴行。
- 抢劫、勒索、偷窃等不法行为。
- 迫使他人屈从而参与性活动。
- 蓄意纵火。
- 蓄意破坏他人的物品。

2 愤怒与攻击行为的起因

对某些孩子而言，稍一动怒就会使场面一发不可收拾。要了解愤怒与攻击行为的起因，最好从孩子内在或先天的因素，以及外在或环境的因素两方面来抽丝剥茧，了解孩子本身为什么会容易动怒，并找出来自外界的引发因素。

（一）孩子本身的因素

伊士曼把容易动怒的孩子形容为一条火龙。根据他的整理分析，愤怒的情绪与攻击的行为可以从5个方面来分析。

1. 孩子的气质（Temperament）

我们经常听见父母说他们的老大喜欢哭，而且一天吵到晚，有时半夜三更还会醒来哭叫一番；他们的老二最好养，一早醒来就是笑嘻嘻，吃饱了就乖乖自己玩，而且一觉睡到天亮，一点也不要大人操心；老三可说是一个小精灵，不但精力充沛，整天忙个不停，而且经常要这要那，有时觉得很好玩，有时又觉得很烦人。同样的父母却生了三个气质迥异的孩子。这种天生的气质是孩子的人格倾向，也是他们情绪与行为的特质。这些特质往往会影响他们的一生，更会左右他们的愤怒情绪。伊士曼把孩子的气质分为4种类型，每一类型的孩子都会出现愤怒的情绪，但其愤怒发泄的过程以及对大人的影响却有相当的差别。

（1）**乖孩子**。这种孩子平易近人，他们很冷静，不会轻易激动，对新的事物处之泰然，和人容易相处，注意力集中而持久，有不如意的事也不会贸然大发脾气。这种孩子处事具有弹性而且容易适应新的情况。他们会体谅别人的处境和感受，因此也容易控制自己的情绪，行为问题自然也就很少见。就算有时候会出现情绪和行为问题，但是会接纳大人的指导，很快化险为夷，甚至会自己平息下来。年纪渐渐长大后，会显得独立自主而不依赖别人。

（2）**难缠的孩子**。有些孩子很难对付。他们在日常生活中遇到一点点压力就有过度的反应，而且不容易安抚。他们容易紧张，性情暴躁，仿佛事事都不顺遂。对新事物和新认识的人，不但不会适应或引以为乐，反而会抨击和反叛。这种孩子长大以后很难体谅别人的感受和需要，大人要教这种孩子控制自己的愤怒会相当困难。他们从小脾气一发不可收拾，长大后依然要靠别人百般劝慰才能平静下来；但他们又无法信任大人，总是排斥和拒绝大人的好言相劝。因为双方长年的冲突和深度的裂痕，更使他们火上浇油，怒气冲天。

（3）**活跃的孩子**。这种孩子经常精力充沛，一天忙到晚，没有片刻安宁。他们容易冲动，无法集中注意力，也很难控制自己的行为，大人很难管束他们的行动，也很难把他们带入固定而例行的生活中。他们无法容忍挫折，而且看来事事都不会满意。他们经常暴跳如雷，而且不会听大人的指导，但往往也很快恢复平静。他们的行动往往未经深思熟虑，也可说是他们的思考一直无法赶上他们的行动，所以常有无心的冒犯或违规。由于他们的举止行动杂乱无章，常会和同学或朋友格格不入。这些情形会变成恶性循环，使他们更易愤怒，也更无法和人相处。

（4）**紧张的孩子**。有些孩子遇到新的情况就会紧张、焦虑、畏缩甚至出现扰乱的行为。不过，假以时日还是会慢慢适应新的情况。例如从喝奶到吃固体食物、上学、结交新朋友等，都要经过长时间的适应。对这种孩子，大人必须耐心地等待；如果逼迫太紧、太急，孩子可能会大发脾气，拒绝新的事物，甚至产生极端的恐惧。这种孩子和活跃的孩子刚好相反，他们要三思而后行，要经过长时间的适应才能安于新的事物。如果大人不逼迫、不批评、不施加压力，他们倒是乐意听从大人的指导，渡过情绪上的难关。

2. 孩子的心理因素

在家中、在学校，甚至在游乐场所中，同样一件非比寻常的事件发生，有的孩子可以泰然处之，有的孩子会张皇失措，更有的孩子则会暴跳如雷。这种情绪反应与孩子的心理因素有密切的关系。这些心理因素可能来自先天的气质，可能来自过去的经验和制约的因素，也受到生理健康的影响，更与外界环境息息相关。根据伊士曼的分析，下列6种心理因素深深地影响孩子愤怒的引发和发展。

（1）**情绪不稳定与精神症状**。有些孩子情绪的变化来去无踪，虽然生活平安无事，孩子却没来由发一顿大脾气。他们可能会觉得伤心、失望、自卑、被人遗弃，或是觉得实在无法承受外面的压力。这种情绪的产生与发展并无客观的事实根据，纯粹出于主观的感受。这也有可能是孩子被妄想幻觉所困，感知到别人对他不利，别人利用他、陷害他。这些感觉和知觉很容易把孩子带入暴躁的情绪中，甚至造成攻击行为。

（2）**情绪的冲动**。有些孩子生来就精力旺盛，做事却是不假思索，所以到处惹是生非。另外，他们期望大人有求必应，而且说要就要，完全不能耐心等待；一旦有挫折就会大哭大闹或是打人出气。在家中或学校中会变得一事无成，而且给大人带来无限的困扰。这种孩子行为的表现是幼稚不成熟、无法和朋友一起玩、没有办法体会别人的感受、一旦发生冲突就以拳头解决纠纷而不设法沟通讨论、完全以自己的利益和自己的观点为中心，无法控制怒火而使情况一再地恶化。

（3）**缺乏自尊和自信**。一个孩子对自己，对家中的亲人，对学校老师和同学如果感到很满足，会使他们顺利地成长并渡过难关。例如受到委屈、考试失败或与人发生冲突，他会设法检讨自己，找人吐苦水，适当地处理不愉快的情绪和经验。相反地，缺乏自尊自信的孩子遇到同样的情形时则会批评、归罪或是攻击别人来泄恨。结果他本人和被他攻击的人都受到身心的伤害。另外，有些孩子以愤怒来掩盖抑郁的情绪，以攻击别人来弥补心中的创伤。

（4）**嫉妒的心理**。嫉妒是学龄中的孩子的标志。在家中兄弟姐妹之间，在班级中同学之间，孩子抱怨最多的是父母或老师不公平。大人再公正，孩子都会怪别人偏心。有的孩子特别会吃醋，他们一直认为大人不喜欢自己，好的事情轮不到自己，吃苦的事才有自己的份。别人占了自己的便宜，抢走了自己的机会等。为此，他们会处在一种斗争和备战的心理状态中。发脾气和攻击行为如果能使他们占上风，他们自然会找借口，一再地发动攻击。

（5）**孤独无助的心理**。根据伊士曼的研究，孤独无助的心理与攻击行为往往互为因果。过分活跃或是难缠的孩子无法与人合作，不遵守规定，而且常与人打斗。这些行为常常把同学、朋友拒于千里之外，他们因此变得孤单无助，也因为孤单更容易动怒，结果造成了恶性循环。另外，有些孩子特别渴望亲情，有些孩子的确也得不到父母的亲情或同学的友情，这种孤单的心理很容易演变成敌意和愤怒。

（6）焦虑烦躁的心理。过分敏感的孩子稍有风吹草动，就会草木皆兵，随时随地都处在紧张戒备的状态中。因为烦躁而变得容易动怒，因为烦躁而放弃努力，结果也是以愤怒和攻击来防御自己的失败和恐惧。这种孩子常会掩饰内心真正的感受和需要，以愤怒来发泄。做出超越能力范围之外的事或是放弃所有的希望，逃避团体的活动，避免与人接触；变得特别小心谨慎，处处防备。这种孩子越焦虑越烦躁，也就越会失去控制。

3. 孩子成长中必经的过程

孩子在各种不同的成长阶段中，为了适应生理上不断的变化，思想与情绪的转变，以及生活中有增无减的压力，特别会感到适应的艰难和怒火的燃烧。训练有素的学校老师自然了解各种年龄层的孩子有各种不同的问题，没有经验的父母则要不断地调整以适应孩子的成长。在这适应的过程中，权力的冲突在所难免。既然有冲突，双方也难免会动气。从另一个角度来看，孩子在成长过程中，该渐渐地学习控制自己的情绪，才能与别人和平相处。但有些孩子在这方面却不随着年龄的增加而成熟，他们一直沿袭过去暴跳如雷的方式来应付目前的情况。他们学会一个基本的原理：动怒是获得满足的快捷方式。他们的观念是：什么事都是我第一，而且拳头可以取胜。大人必须了解一个事实：**孩子在成长与适应的过程中产生愤怒的情绪是正常的；孩子停留在原始的方法，以哭闹或拳头来解决冲突才是真正的问题**。

4. 认知的错误

孩子感到伤心、忧虑、嫉妒、孤单，从而产生愤怒的情绪，甚至有攻击行为，这些情绪的产生有可能是因为别人排斥他、对他不公平、自己一再地体验挫折失败，或是无法适应新的事物。但这些起因事实上不一定存在，而是来自孩子本身认知的错误。这种孩子可能对外界的刺激或情况做歪曲的解释，并由此建立非理性的信念，因此把鸡毛蒜皮的小事看成天大灾难，好似世界末日就要来到。他把父母老师的关切解释为无谓的干扰，把朋友善意的建议解释为恶意的批评。同样的道理，发脾气时加在别人身上的精神压力或是攻击行为对别人造成的伤害，他都认为这是别人罪有应得。因此，他对自己的所作所为毫无悔意，也没有改善的意图。与此有关的是有些孩子社会观念和道德观念低落，为了满足本身的欲望，可以不择手段。如果哭叫和拳头可以解决问题、可以使别人屈服、可以从中获利，他就会一再地应用。所谓道德不道德，完全是看他自己能不能得到愉快的刺激和避免不愉快的刺激来做判断。

5. 社会与语言技能的缺乏

孩子受到委屈却无处抱怨，或不知如何投诉，于是以哭闹和攻击行为来表达心中的愤怒。大部分的孩子从小看到父母或老师生气时以骂人打人来泄恨。孩子心中有数，大人美其名为教育孩子，但骂人打人都是他们生气时用来对付孩子的方法。大人都认为孩子不应该生气，却从来不教孩子生气时要怎样处理。适当的发泄气愤有赖于语言沟通的能力、理直气壮的行为或称为“果敢的行为”（Assertive Behavior）。我们从小就听到大人一再告诫，凡事要大事化小，让人三分，认为忍气吞声才是美德，能够吃得眼前亏方能成大事。但是孩子在忍无可忍时就完全爆发，让别人来忍他、让他，或是由大人采取高压手段来压制他。这两个极端都无法解决孩子情绪与行为问题。果敢行为是教孩子在遇到不合理的情况时，能够提出口头申诉，以保卫自己的权益。要将这种高度的社会技巧做到完美、成熟，必须要经过适当训练，才能在保卫自己的同时又不冒犯别人。例如：在电影院中前排座位有人私语不止，一种方法是忍气吞声，但憋着一股窝囊气；或是大声叫骂把他们教训一顿；更可以轻声告诉他们，这种窃窃私语打扰了别人，请他们静静地观看。

从另一个角度来看，孩子受人排挤，处处碰壁，感到孤单落寞，都与缺乏社会技能有关。例如：沟通不良而会错意；无法察言观色或表露情感，没有办法建立亲密的人际关系；为了讨好别人，任人支使、控制而致怨恨气恼，都会间接造成愤怒和攻击的行为。

（二）外界情境的因素

孩子不一定天生就是一条火龙。外在环境的因素，尤其大人教养孩子的方式对这条火龙的成长有举足轻重的影响。有些外界情境的因素造成这条火龙的壮大，有些则是引发它的暴行。伊士曼在这里提供5个可能的因素。

1. 日常生活中累积的压力

从孩子的立场来看，他们从小每天都在承受着重重压力。首先是父母赶着他们，要他们快去吃饭、快去洗澡、快把电视关掉好上床睡觉。再者，孩子本身怕玩昏了头、怕把裤子尿湿、怕把花瓶打破，因此随时随地都要战战兢兢。孩子上学后功课和考试变成最大的压力，孩子要和别人竞争，又恐怕会失败，更怕同学朋友的排挤、欺侮，或在同学之间惹是生非。上了中学以后，压力越来越多。他们开始留意自己的服饰发型，担心自己是否能被同伴接纳，又怕和其他孩子同流合污会触怒父母。男孩女孩的关系在这个时候会带来期望、疑惑和无限的彷徨。这些层层叠叠的压力如果能得到大人的指导、支持和谅解，孩子应该可以轻松应对。一旦孩子的能力无法满足本身的期望与外界的要求，或是他已感到无法应付，就如达到饱和的蒸气，只好往外喷射出来。愤怒是孩子释放压力不得已的方法。不幸的是，孩子使用这种破坏性的发泄方式反而会累积更多的压力，在日常生活中加上一层忧虑。孩子把精力和心思用来处理这些困扰的情绪，也就更无法应付日常生活的压力。要是父母、老师眼见孩子暴躁易怒，也会怒气冲天，自然无法冷静地分析孩子发脾气的来龙去脉，甚至给孩子添加一层压力。结果大人和孩子都无法解决问题，反使压力日益膨胀，气焰争相提高。孩子处在这种压力有增无减的情况下，火爆场面一触即发。

2. 冲突的情况

有人的地方就会有冲突。在家中兄弟姐妹相互争风吃醋，在父母面前告状挑拨；学校里的孩子照样会争宠，期望在同伴中获得优势。同样的道理，大人的要求与孩子的想法不一定相符，甚至孩子本身的期望与自己的表现大有出入。孩子面临着冲突与挫折，困在紧张的气氛当中。要是大人与孩子不能相互让步，共同寻求办法来解决冲突，愤怒自然发生。要是双方都想压过对方，结果必然是两败俱伤。根据伊士曼的研究，学龄前的儿童大都沉醉在自我的世界中，自认为他才是宇宙的主人翁。他所想到的只有“我、我和我”。这个阶段的孩子冲突都围绕着他的势力范围和他拥有的事物。

“这是我的”“我爸爸比你爸爸还能干”“你要听我的，我才会和你交朋友”等幼儿的言谈证明“我”就是这个世界。要是他的领域受到侵犯，或是他不能随心所欲，就大闹一场了事。学龄的孩子比较重视交情，他们需要同伴的支持，但还要保持自己独特的个性。他们会开始成群结党，团结一致来对付外人，但也在小团体里面勾心斗角。一旦进入青春期，他们会慢慢独立。但本身对自由的渴望与大人的控制之间会引发更多的冲突；在亲情与分离之间造成更多的彷徨，这种冲突与彷徨变成青少年恼怒暴躁的根源。

得不到父母的亲情，在家中得不到温暖，在学校中得不到老师的指引和支持，在同伴中被人排斥，他们在孤单无助的情况下，把全世界都视为敌人。另有些孩子因为无法忍受羞辱，或是在竞争中惨败下来，往往会以蛮横的举动来发泄。电视上常见身经百战的职业棒球球员在被人三振出局之后，愤而把球棒折断，就是一个明显的例子。

3. 大人教养方法的不当

孩子发脾气不一定是他们的过错，大人教养方法不当也是一个重大的因素。有些父母或老师无法接纳孩子的申辩；与孩子意见相左时，甚至认为孩子没有表达意见的权利。**沟通不良是整个教育过程中的绊脚石，也是激发愤怒情绪的导火线**。沟通的渠道往往掌握在大人手中，当他们与孩子发生冲突时，经常切断这个渠道，使问题的解决完全失去希望。再者，很多大人无法用他们的心去倾听孩子的心声。当孩子有苦衷时，大人往往是板起面孔来责问谁是罪魁祸首。一味的教训，或是显示权威控制局面，很少有人会放开心胸倾听孩子的苦衷、了解他们的心声。这使孩子更加感到挫折和委屈，也因而更气愤。

教养方法上最常犯的错误是缺乏常规，大人对孩子奖惩的标准变换无常，父亲与母亲态度不一致，家长与老师不合作，老师与老师之间标准不一。这种现象使孩子无所适从，或是因此学会钻漏洞。要是孩子成长在破碎的家庭中，父母酗酒、情绪不稳或有心理病态，他们教养孩子完全是靠心血来潮、控制支使完全是靠自己的好恶。孩子的行为问题显然来自不健全的家庭结构和不当的教养方法。

一般父母甚至受过训练的老师会犯一个无心的错误，那就是孩子有好的行为表现时，认为这是理所当然，无须大惊小怪，也不必奖励；相反地，孩子“不乖”时才大张旗鼓给予教训。事实上，这种教训对孩子而言是正中下怀。要是孩子平常得不到大人的关切，这种教训反而强化发脾气的行为。从行为分析的另一个角度来看，孩子冷静时提出的要求不一定受到尊重，反而要靠发脾气或攻击别人来获得他们所需要的东西，或是逃避不愉快的事物。最明显的是孩子哭闹时，父母用糖果或零用钱来打发他们。孩子很快就学会以这一套办法来操纵环境，摆布他四周的人，只因他一再被满足，哭闹行为也一再被强化。

一旦孩子变成一条火龙，大人不从根本上改变教养的策略，不教孩子适当的社会技能，共同协商解决问题，却以高压手段处罚孩子发脾气或攻击行为。表面上这种方法有了短暂的效果，但从长远的利弊得失来分析，孩子的愤怒加深，攻击行为愈频繁，孩子由畏生恨，将来长大以后，照样以暴虐的手段来教养自己的子女，如此代代相传，无休无止。

4. 不良的榜样

根据伊士曼的观察，孩子成长在凶暴的环境中，将来长大成人，很有可能会出现凶暴的行为。他认为孩子在这种处境中，对于大人的凶暴完全无能为力，只好认同大人，模仿大人来处理身边的问题。同时，因为没有人教他以互助合作的方式来解决问题，于是暴怒、复仇，或是凶暴的行为变成唯一泄恨的途径。无论在家中还是在学校中，孩子必须学习到一个重要的行为准则，那就是凶暴的行为绝对不容存在。关键是大人要建立一个非暴力的榜样来处理暴力的行为，因此打断周而复始的恶性循环，这也就是本章的重点。

5. 愤怒与攻击行为的触发因素

一个饱经辛酸的孩子，其情绪往往不稳定。在这种状况中，愤怒与攻击行为一触即发。伊士曼认为大人最好能设想周全的处理策略以应对下列的触发因素：

（1）孩子有求未遂。

（2）幼龄的孩子新的技能未成熟，有挫折感。

（3）对大人有所要求，但无从表达。

（4）心理受到创伤。

（5）困惑失望。

（6）大人不了解或无法实时满足他的需求。

（7）父母不信任孩子，日常生活一手包办。

孩子愤怒与攻击行为的起因错综复杂，但概括而言，这包括孩子本身先天的气质或行为的倾向，加上社会行为的学习，在刺激与反应之间，在个人与环境之间交互作用，建立制约，变成固定的行为模式。这种情绪与行为的发展还有一些不可忽略的潜在因素，如精神症状、人格异常、情绪障碍、脑部受伤、药物的反应等，都有可能引起异常的愤怒和攻击的行为。

3 愤怒与攻击行为的评量

评量愤怒与攻击行为不但要就行为本身做正确的观察记录，也要对孩子的背景以及四周的环境进行深入调查，这样才能真正了解这三者之间的关系，也才能对症下药，设计完整有效的处理策略。

（一） 愤怒与攻击行为形态的度量

愤怒是一种内在的情绪，我们很难客观地观察情绪的变化。但我们可以用可观察得到、可测量出来的行为来界定和度量。例如观察记录孩子哭闹、大声吼叫、摔东西，甚至攻击别人的行为。以发脾气为例，大人可以记录孩子一天发几次脾气，但更重要的是记录每次发脾气的时间长度（Duration Recording）。除此之外，还可以用等级量表（Rating Scale）来记录发脾气的强度。例如：（1）代表细声哭泣；（2）代表大声叫嚷；（3）代表大声用粗话骂人或用语言威胁别人的安全；（4）代表大声叫骂又动手打人或破坏物品；（5）代表有人受到伤害或物品受到重大损坏。单纯攻击行为的度量一般是记录发生频率（Frequency Count）。例如打人和踢人等攻击行为都有明显的开始和收尾，观察行为时可以把发生的行为记录下来。例如平均一天打人8次，一个月打破玻璃2次等。当然，我们也要度量攻击行为的强度。例如：（1）代表轻碰他人的身体；（2）代表重击他人的身体但没有明显的伤害；（3）代表打人的行为造成他人皮肤的红肿；（4）代表打人的行为致使他人头破血流；（5）代表打人的行为造成严重的伤害必须送医。只有对行为的状态有清楚的了解，有详尽而客观的行为数据，在行为处理过程中才能评鉴处理策略的功效，并进一步决定继续实施或是调整方法。

伊士曼特别设计了一种愤怒的“温度计”（见表3-1）。他认为父母或老师可以和孩子共同设计这种温度计，甚至可以在最上面画一条火龙，在最下面画一个大人与孩子相安无事的形象。大人和孩子每天共同讨论，并给情绪和行为打分，比较每天温度的升降。他认为某些轻微的愤怒情绪，单单靠观察这个温度计的升降，彼此反思自省，行为就能有很大的转机。

表3-1　愤怒的温度计

父母或老师		孩子
	情绪爆炸！（火龙喷火）	
爸爸大声叫骂、妈妈哭泣	10	孩子丢东西、踢人、哭叫
爸爸挥拳猛拍桌子	9	孩子用力关门
爸妈大声指责孩子	8	孩子尖叫、骂人、顿足
爸妈怒视孩子	7	孩子心想：“我就是不去。”
爸妈大声说：“不可以。”	6	孩子和父母争辩
爸妈重复：“不可以。”	5	孩子坚持要看电视
	危险关头！（温度偏高）	
爸妈还是说：“不可以。”	4	孩子问爸妈为什么不可以
爸妈说这样不好	3	孩子一再要求
爸妈尊重孩子的意见	2	孩子得到爸妈的许可
	相安无事！（父母与孩子相安无事）	
爸妈看孩子的作品	1	孩子说他得了第一名

（二）行为背景的调查

行为背景最主要是测量这个孩子的智力、行为态度以及他的人际关系。接下来我们要了解他的家庭和学校环境，包括物质和精神的生活、教学方法，以及父母和老师教养的态度。我们自然要了解这个孩子是不是有其他不良行为，甚至是否有比愤怒更紧急迫切的情绪和行为问题。提到愤怒与攻击行为本身，我们要设法了解这个问题的历史以及周期性，同时从事行为的功能分析，进一步了解愤怒与攻击行为的触发因素以及维持这种行为的后果或强化因素（有关行为背景的评量请参见第二章）。

（三）个人与外界情况交互影响的评量

根据戈德斯坦和凯勒（Goldstein & Keller）的意见，必须花费一番心血，广泛地收集资料，才能设计周全的处理策略，并决定何时何地由谁介入孩子的行为问题。诸如内在外在的触发事件，孩子本身情绪与行为的变化，以及这个孩子与外界情况的交互影响，都要巨细无遗地评量。戈德斯坦和凯勒把孩子与外界交互影响的评量分为6类。

1. 对外界刺激的解释（Interpretation of External Stimuli）

这是一种认知评量的方法。在孩子产生一连串愤怒和攻击行为的反应中，要了解这个孩子对外界的刺激做何解释。在此我们不是要找出引发愤怒的原因，而是要了解他的认知过程和内容。他是不是认为外界发生的情况对他个人有重大的伤害，因而造成极大的震撼？因为认知的活动属于内在的思考和想象，只能采用间接访谈的方法。

（1）父母、老师或是处理情绪问题的心理专家和孩子一起检讨最近发生的愤怒事件，或是彼此讨论一系列引起孩子暴怒的情况。大人可以问孩子他对这种事件作何解释，或是当他大发雷霆时对这件事到底抱持哪一种想法。例如他是不是把别人的言行看成是对他的侮辱、威胁、挑衅或是有意中伤，甚至是对他的身体蓄意造成重大伤害？大人可以进一步询问，他这种想法有没有事实的根据？他的暴怒和攻击行为有没有适当的理由？如果处于某种冲突的情况下，他是设想解除冲突的办法，还是用拳头来解决问题？如果是父母与青少年阶段的孩子引起严重的冲突，大人可以问这个孩子，他是不是认为父母管得太紧？他对父母管理的方式是不是满意？这是一个关键性的问题，因为青少年的愤怒往往起因于他们认为父母管束太多太紧。

（2）思考的抽样是肯德尔和阔格斯基（Kendall & Korgeski）所提供的方法。给孩子纸和笔，要他把引起愤怒和攻击行为可能的原因写下来，同时写下别人这么做有什么特别的意图。在这个事件中，他对自己讲了些什么话？例如“这个大混蛋想把我的手指扭断，我非打断他的狗腿不可”。对于没有书写能力的孩子，可以要孩子把发生的事件，以及他对这个事件的感受画在纸上。如有必要可以请他口头解释这些图画。

（3）孩子自我评估也是评量情绪与认知的有效工具。伊士曼特别推荐两种评量的工具：一种是儿童行为倾向量表（Children’s Action Tendency Scale）。这个量表评量的对象是6岁到12岁的孩子，包括30个问题，孩子要对每一种情况选择一种反应，即他到底要攻击他人的身体、用语言伤害别人、用果敢的行为表达意见，还是屈从于别人的控制。另一种是情绪问卷（Affect Questionnaire）。这种问卷包括53种引发激动情绪的情况，每一种情况都用一段小故事呈现出来。大人把故事念完后，要问孩子如果他在这种情况中，他有什么想法或感觉？例如害怕、生气、快乐或是伤心等。

（4）最后一项认知的评量用来测量孩子是不是有基本思考的能力，可以接受愤怒控制的训练。这种训练是减除愤怒和攻击行为最常用的策略。我们先要了解这个孩子能否理解愤怒控制的步骤、记得这些步骤，并且有能力照这些步骤去做。例如孩子要有适当的口语能力，所以能够使用自我指导（Self-instruction）的方法；要有想象力才能设想引起愤怒的情况，然后控制自己的情绪。要是缺乏这些基本的能力，就要设法做基本的训练或使用辅助的工具。

2. 高涨的情绪（Heightened Affective Arousal）

我们在此要找出什么情况或事件会造成孩子激动的情绪，尤其是愤怒和敌意。当然，孩子显出不高兴、紧张或挫折的情绪时，也要找出诱因。这种评量大多还是使用孩子自我评估或是由别人代为评估的方法，广泛地寻找引起孩子高涨情绪的来源。

（1）伊士曼认为儿童行为倾向量表和情绪问卷仍然是很适当的工具，另外四种常用的工具包括儿童愤怒量表（Children’s Inventory of Anger）、外显攻击性量表（Overt Aggression Scale）、巴斯–杜基敌意问卷（Buss-Durkee Hostility Inventory），以及青少年反社会行为检查表（Adolescent Antisocial Behavior Checklist）。这些评量工具不一定适用于每一个孩子，但可根据孩子的个别需要，选取适当的项目，或是模仿这些工具，设计适当的评量方法。这种工具的使用、修订或结果的解释和分析往往要由受过专业训练的专家来做，才不会出现误解或错解。

（2）道奇和墨菲（Dodge & Murphy）提倡采用行为分析模式（Behavior-analytic Model）。这种方法是根据实验验证的分析，先把实际发生的问题情况综合起来，然后一个个具体地条列出来，用来试探孩子对这种情况的反应。这种验证的分析可以分为3个步骤。第一步是情况的分析，调查学校或心理卫生机构，看哪一些情况最容易引起孩子的愤怒。对个别的孩子，可以直接访谈他或是探问他最熟悉的人，到底哪些是真正的问题情况。第二步是列举孩子对这些问题情况的反应，孩子对第一步中列出来的每一种问题都要列出一连串不同的反应。反应的调查可以用个别访谈，也可以采用团体调查的方式。第三步是反应的评鉴，这一步要老师或心理卫生机构的工作人员和孩子们共同讨论评定这些反应，到底哪些反应最常出现，哪些是愤怒和攻击行为的反应，哪些又是适当而且有建设性的反应。

（3）从行为分析的观点来着手，做前事的分析，也就是在每次愤怒的情绪或攻击行为出现时，不但记录行为的发生，而且要登记行为发生之前有什么事情发生，攻击行为在什么时候、在哪里发生。经过长期的观察记录，可以得到相当宝贵的数据，了解这个孩子在何时、何地、何人面前、做何事时最容易发怒或有攻击行为；在何时、何地、何人面前、做何种事时最不容易发怒或有攻击行为。

3. 沟通不良（Mal-communication）

孩子与父母无法沟通，或沟通不良是导致愤怒与攻击行为的重要因素。沟通不良的评量主要用意在于断定大人与孩子的沟通方式以及双方沟通不良的行为模式。

（1）最间接的方式是使用量表来测量大人与孩子冲突的情况以及彼此沟通的技能。冲突策略量表（Conflict Tactics Scale）是度量家中发生冲突的情况时，到底采用下列3种主要处理策略的哪一种：理性的分析、口头攻击对方还是凶暴的动作。使用这种量表时，先要了解家中每一个人到底有什么冲突存在，每一个人采用3种主要策略中的哪一种或哪几种，在过去一年中使用这种策略有多少次。另一个类似的量表是父母与青少年沟通量表（Parent-adolescent Communication Scale）。

（2）戈特曼和利文森（Gottman & Levenson）则强调直接观察的重要性，尤其是大人与孩子的沟通或其他家庭成员的交往，需要直接的观察记录。亲子交互编码系统（Dyadic Parent-child Interaction Coding System）可以用在自然环境中做直接观察。这个系统共有29种行为：大人的行为分为赞美、批评、发布命令以及没有机会表示意见等；孩子方面的行为则包括违抗和不顺从等。行为评量包括观察双方往来的关系以及彼此沟通的系统。

（3）冲突行为问卷（Conflict Behavior Questionnaire）特别用来评量青少年与父母的冲突与语言的交谈情况。测量青少年方面共有73项，测量父母方面共有75项。问卷共分为青少年对父母的评价、父母对孩子的评价、青少年对彼此关系的评价以及父母对彼此关系的评价4大类。问题检查表（Issues Checklist）用于评量父母和孩子在家中对特殊问题共同讨论的次数与深度、对特殊问题歧见的深度，以及青少年对父母管束的反感度。决策问卷（Decisionmaking Questionnaire）则用来评量父母与孩子双方权力均衡的情况、双方作决定的评量，以及青少年对父母所作决定的反感度。这些评量工具主要是在评量父母与子女之间是正面友善的交谈，还是负面敌意的指责；对问题解决的策略以及这些策略使用的效果。

4. 行为后果处理不当（Mismanagement of Contingencies）

孩子攻击行为或发脾气的情绪之所以绵延不断，一个重要的因素是不良的行为发生后，这种行为一再得到强化。换句话说，一个孩子打人后可以得到他所期望的后果（正强化）或是避免他所厌恶的后果（负强化），就显示出大人对其行为后果处理不当以致坏行为日益严重。评量大人对孩子行为后果处理不当是采用行为分析的步骤，鉴定这个孩子的生活环境中有哪些事件会增强或维持这种不良行为，或是有哪些事件会阻碍孩子使用其他替代性行为。

（1）我们不单单要观察孩子发脾气攻击别人的行为，还要注意到有没有其他适当的行为可以把它取而代之。这种评量可以直接观察记录孩子行为问题发生后，到底哪一种情况会发生。例如小明每次大发脾气，全家其他的人都会让他三分，他便每次以哭闹来从中取利；再如母亲要小明去洗澡时，他开始哭闹打人，结果洗澡的事不了了之。这种功能分析的结果显示他的哭闹打人不但得到正强化，也起到逃避的作用，得到了负强化。间接的访谈也是可行的办法。在访谈当中，可以问大人和孩子，在最近发生的哭闹事件中，孩子如何控制他的愤怒，孩子如何从冲突的情况演变为攻击行为，或是孩子受到处罚的细枝末节。有时候，可以要大人和孩子分别想象一种冲突的情况，并把这个事件的前因后果做详尽的描述。

（2）等级的评估也是间接的评量方法，前述冲突策略等级量表在此亦可使用。

儿童行为量表（Child Behavior Checklist）可以广泛地评量攻击行为和其他无法控制的行为，以及过分控制的行为如畏缩和焦虑等。攻击与畏缩是两个极端的行为，但如果一个孩子这两种行为兼而有之，在处理上就相当棘手。因此，目标行为与相关的问题要一并调查评量才能设计完整的处理策略。

（3）帕特森和班克主张评量父母管教孩子的方式以了解行为后果处理不当的现象。父母对孩子管教疏忽是指孩子在外面有不良行为发生，父母对此毫不知情；或是知道有此事件却不相信自己的子女会做这种事。这也可以说父母对孩子在外面的行为不闻不问，而且认为孩子在外面的行为没有监管的必要。有些父母与孩子的兴趣背道而驰，对孩子的活动甚少参与。如果分别访谈父母和孩子过去这一个星期有什么特殊的活动，结果双方的报告牛头不对马嘴，就表示父母有失察的现象。在管教方面，最重要的是评量管教的一致性。例如父亲和母亲的立场是否吻合？学校和家庭的态度是不是一致。不适当的管教包括对孩子大小过错都是严厉责骂、体罚、唠叨不休，或全凭大人情绪时冷时热；另外，对孩子良好的行为视若无睹，从未奖励。在赏罚不分的教养方式中，好行为渐渐消失，坏行为却日日滋长。

5. 亲社会技能的缺陷（Prosocial Skill Deficiencies）

亲社会技能指一个人的言行举止可以促进人与人之间和谐而美满的社会关系。这种技能是否适当，往往因人、因时、因地以及特殊情况而定。这种技能的评量旨在鉴定个人社会技能的长处与短处。

（1）道奇和墨菲依然采用行为分析的模式来评量孩子亲社会技能的缺陷。他们把社会技能区分为个人对社会情况的了解，以及用适当的技能圆满地完成社会任务两大项。评量的重点是出示一种有难度的社会任务，例如父亲指示小明取消朋友的约会。然后观察小明是如何解释他父亲的指令、权衡他与朋友的关系的，孩子会寻找可能的反应，并对这些反应一一加以衡量斟酌。观察孩子，看他最后决定使用哪一种反应，孩子会并采取必要的行动。他要有适当语言和行动的技能把自己的决定付诸实现，并有自我视察的能力和修正行为模式的判断力。

这种行为评量可以直接观察孩子的反应，或是间接地访谈这个孩子或对孩子相当熟悉的人。道奇和墨菲认为这种特殊的评量可以采取7个主要的步骤：

① 对这个孩子的一般能力和行为有初步的了解。如果有人认为这个孩子的社会能力有缺陷，这个人是谁？他作此判断的根据在哪里？

② 调查这个孩子所要完成的社会任务，他对这些社会任务的分析判断、反应的产生，以及反应的评鉴与选择。这种调查可以直接问孩子，也可问熟悉他的人，内容越详尽越好。

③ 认定在哪些情况下这个孩子最容易出现社会能力缺陷。这包括找出哪些任务在哪些情况下，或是某种任务中的某些部分使这个孩子感到为难。这种评量可以问孩子，但孩子往往摸不着头脑，所以还是由熟悉的人来回答最好。

④ 评量这个孩子在哪些技能，以及某种技能中哪些部分有缺陷。或是孩子在处理这个任务的过程中，哪些部分显示出困难和差错。

⑤ 编制出一个社会技能长处与短处的对照表。

⑥ 设计一个个性化的社会技能训练计划。

⑦ 评鉴这种计划实施的成效。

（2）角色扮演是可行而且有效的评量方法。这种方法无法广泛地评量所有社会情况，但在社会技能训练之前以及训练之后，以此作为比较评鉴却是实际而可靠的办法。一般社会技能的训练重在灵活的运用。经过一番苦心教导和训练，大人可以设想不同的社会情况，交代不同难度的社会任务，然后实际观察孩子在这些情况下是否能活用新的技能，处理新的情况。

（3）亲社会技能的等级评量俯拾即是。其中适用于儿童的工具包括课堂调适量表（Classroom Adjustment Rating Scale）以及儿童果敢行为等级量表（教师版）（Children's Assertiveness Behavior Scale—Teacher）。这两种都相当简洁，可广泛地用来鉴定社会技能较差的孩子，然后进一步做深入的行为评量。学生技能检核表和老师技能检核表（Student Skill Checklists and Teacher Skill Checklists）可用来初步评量青少年社会技能的缺陷。这种社会能力包括教室里的行为举止、交际的能力、感情处理的能力、处理压力的能力，以及攻击与愤怒的替代行为。

（4）经过初步的评量，如果认定孩子确有社会技能缺陷，下列几个评量的工具可供深入的评量。儿童问题社会情境分类（Taxonomy of Problematic Social Situation for Children）可供老师评量学生用。这个评量分为44个项目，共6项社会因素：加入同学的小圈子、向同学挑衅、对失败的反应、对成功的反应、人际关系的期望以及对老师的期望。这种分类的调查方法可以断定孩子有问题的社会情况以及孩子在这种情况下应对技能的缺陷。马特森儿童社会技能评价量表（Matson Evaluation of Social Skills with Youngster）分为62个项目及64个项目两种，前一种是由学生自己作答，后一种是由老师做评鉴。学生自己作答的评量包括不适当的社会技能、不适当的口语攻击、冲动的行为、过分自信以及嫉妒或畏缩等5个社会因素；老师的评鉴则分为适当与不适当两种。对青少年技能的评量分为男女两种。青少年问题量表（Adolescent Problem Inventory）分为44个项目，用来评量男生的行为问题；青少年女生问题量表（Problem Inventory for Adolescent Girls）分为52个项目，用来评量女生的行为问题。

6. 亲社会价值的缺陷（Prosocial Value Deficiencies）

部分的攻击行为与愤怒有关，但也不完全如此。有些孩子通过欺凌弱小来显示他的威权，另有些孩子以虐待动物或破坏他人物品取乐。这些攻击行为不一定由愤怒引发，但都与亲社会价值的缺陷有关。这种孩子缺乏道德观念，对别人所受到的祸害无动于衷，对自己的行为更是毫无悔意。亲社会价值观念的理论源自科尔伯格（Kohlberg）所倡导的道德发展阶段学说。他认为一个人的道德判断可以分为6个阶段：第一阶段是最原始的道德阶段，第六阶段是道德观念的最高层次。一个人随着年龄的增长、认知和教育的增进，道德判断能力也从低阶段一步步地提升到更高的阶段。亲社会价值缺陷的评量是为了找到这个孩子目前的道德判断能力在哪一个阶段，然后依此设计道德训练的课程，把孩子的道德观念提升到更高的水平。

（1）社会道德反应测验（Sociomoral Reflections Measure）曾被广泛地用来评量个人道德判断的阶段。这种评量是假定孩子处在道德上进退维谷的情况，然后要孩子设身处地地思考，如果身处这种情况下要怎么办。这种评量不但可以观察到孩子道德上的思考，也可以看出他是否有反社会行为或有攻击他人的倾向。另一个比较简洁的评量工具是由卡罗尔和雷斯特（Carroll & Rest）所设计的道德判断量表。这个量表总共提出40个道德的忠告，前4个阶段各有8个忠告，最后2个阶段共有8个忠告。评量时先告诉孩子4个道德两难的故事，每个故事有两个忠告，孩子可以接受这种忠告，也可以拒绝。根据孩子的思考方式可以断定他们的道德判断属于哪一个阶段。

（2）下一节提到道德判断的训练时，会详细地介绍道德判断的6个阶段以及道德两难情况。在训练当中，训练人员还要定时地评量孩子是否提升到更高的思考境界。

4 愤怒与攻击行为的处理

防洪的上上策是疏导。同样的道理，处理愤怒和攻击行为最忌讳压制。我们应该打开适当的渠道，把这种情绪引导成可以接受的表达方式。在这一节所要介绍的处理策略包括：控制愤怒的训练、放松的训练、沟通技能训练、磋商与契约的训练、行为后果的处理、亲社会行为技能的训练，以及用认知策略促进道德观念的培养。

（一）控制愤怒的训练

我们都能了解，并不是所有的攻击行为都源自愤怒，愤怒也不一定会引发攻击。但是，愤怒常常是攻击行为的前奏，如果能在怒火未完全激发为暴行之前着手干预，扑灭怒火，严重的结果就不会发生。控制愤怒的训练旨在传授孩子自我指导的技能，用以平息自己的激怒。

1. 自我指导的训练

根据鲁利亚（Luria）的研究，孩子在各个阶段的成长过程中，都会用内在的语言来控制外在的行为。所谓自我控制是要孩子以内在语言把行为引导到适当的方向。这种策略用在多动的孩子、冲动易怒的孩子，或是言行不得体的孩子身上，有很大的效果。根据鲁利亚的理论，梅琴鲍姆（Meichenbaum）设计了一套自我指导（Self-instruction）的训练方法。他把这种训练分为6个步骤：

（1）大人从事某一件工作，并大声地自我指导。孩子在旁观看。

（2）孩子学着做同样的工作，并一边大声地自我指导。

（3）大人从事某一件工作，并细声地自我指导，孩子在旁观看。

（4）孩子学着做同样的工作，并一边细声地自我指导。

（5）大人从事某一件工作，并口不出声地自我指导，但有时停顿下来做思考状，例如眼睛看天花板，摸摸下额等动作。

（6）孩子用内在的自我指导来完成工作。

梅琴鲍姆认为教导孩子自我控制时，随时提醒他们，要“停下来，看一看，听一听”，然后再进行下一步。

肯德尔（Kendall）进一步指出下列的训练是自我控制的关键：

（1）问题的界定。例如孩子自己问：“我到底要做什么才对？”

（2）问题的接触。例如孩子自己告诉自己：“我要好好地研究这个迷宫，然后想办法走到终点。”

（3）注意力集中。例如孩子自我指导：“我要往前推进才对，否则我就会掉入陷阱。”

（4）应付的指导。例如孩子自我指导：“嗯！这条路行不通，如果我一直走下去一定会卡住。赶快回头，走另外一条路。”

（5）自我强化。例如孩子自我奖励：“嘿！还不错！我走得挺快的。”

训练孩子自我指导的策略很多，梅琴鲍姆与肯德尔的方法较常出现在研究文献的报告上。我们可以依据其主要的原理原则来训练孩子，把训练的结果应用在愤怒的控制上。

2. 以自我指导的训练来控制孩子的愤怒

诺瓦科（Novaco）应用自我指导的训练来协助孩子控制愤怒，取得了相当好的效果。他认为愤怒是外来压力造成的情绪反应，即愤怒与激动是对外界嫌恶性的要求的心理反应。这种反应也包括生理上和认知上的激动。至于外界的要求是否具有嫌恶性或有挑衅的意味，以及这种要求会不会引起愤怒，往往要看个人的解释，也就是看这个孩子如何指导自己去反应。

（1）诺瓦科把控制愤怒的训练分为3个阶段。第一阶段是认知的准备，亦即告诉孩子在生气时，要注意到自己的思考、生理的变化、言行举止的动态，以及这些身心反应正面与反面的功能。当然，孩子也要留意愤怒之前到底有什么事情发生，他对这件事又如何解释。第二阶段是应付技能的培养，尤其是遇到外来激怒的情况时，如何以变通的想法把愤怒的反应取而代之，这一步是自我指导的关键所在。第三阶段是应用与实践，亦即用想象和角色扮演的方式来呈现各种不同外来激怒的情况，要孩子设想和使用有效的应付策略。

（2）使用自我指导的方法来控制愤怒时，诺瓦科把这种应付的技能分为4个步骤。下列是这4个步骤和自我指导的例子：

① 对外来激怒情况的心理准备：

“这件事最惹我生气，但是现在我已经能够对付它。”

“我可以设想一个对策来应付这件事。”

“这件事不需要大惊小怪，更不必争吵动怒。”

“来做一个深呼吸，把肌肉放松。我知道如何放松下来。”

“把事情看开，不要忘了幽默，这件事可以一笑置之。”

② 冲击与缓冲：

“保持镇静，只要保持放松就没事。”

“把事情往好处想，在事情未弄清楚前不可动怒。”

“他这种做法实在可耻，但我不会和他一般见识。”

“他这样大发脾气，自然有他的理由，他一定气坏了。”

“我对自己要有信心，不管他怎么骂人，我还是我。”

③ 对激动情绪的应付：

“我的心跳加快，肌肉也绷紧了，我应该赶快使用放松技术。”

“对这件事要就事论事，不要伤了他的心。”

“我们要采取合作的态度，说不定我们两人都对。”

“说不定他故意要看我生气闹笑话，我才不会上当。”

“我的愤怒已给我一个信号，我要开始自我指导。”

④ 对外来激动事件的反应：

A. 冲突无法解决时：

“把这种窝囊事忘了算了，否则会越想越气。”

“这件事本来就要一笑置之，想起来也没什么了不起。”

“这是相当复杂的问题，要大家慢慢来解决。”

B. 冲突化解，应付成功时：

“这件事我处理得不错，这种方法真的有效。”

“对这件事我始终没有发脾气，看来我越来越有修养了。”

“只要把事情看淡，大小事情都可以解决。”

诺瓦科的训练方法一直广受重视，芬得勒、马里奥特以及岩田（Feindler, Marriott & Iwata）把这种训练推进一步。他们不但传授这些认知的应付技能，而且要孩子回家做“作业”，把烦闷的事件记录下来，然后和老师共同讨论。孩子的家庭作业是把这种事件分下列9项一一记录下来：

发生在何处？

发生什么事件？

谁是肇事者？

你本身做了什么、说了什么？

结果如何？

你对这个事件的处理是不是妥当？

你有没有生气？

如果有，火气发到什么程度？

下次类似的事情发生时你该怎么办？

（3）针对孩子日日挣扎于烦闷的情况下，大人要协助他们把愤怒从里到外剖析一遍，让他们了解整个环节，并以扮演角色的方式来演练如何控制内在外在的刺激。芬得勒等人把愤怒的控制看成一串锁链，其中有5个重要的环节，必须一一教导训练孩子。

① 引发事件（Triggers）是指外在发生的事件以及内在思考对这个事件的评审和解释；由于这个解释而造成激动愤怒。因此，愤怒控制的训练应该把重点放在这个孩子如何解释外在的事件。亦即一件事情发生之后，这个孩子如何告诉他自己，这件事给他带来多少伤害。例如小宏的朋友在学校见面时没有和他打招呼，他就一口咬定这个朋友无缘无故地生他的气，使自己很没面子，明天看到他的时候一定要给他难看。

② 提示（Cues）是指生理上或是肌肉上的感觉。训练的重点是教孩子在震怒时

注意到自己生理上的变化，如脸色发红、身体发热、心跳加速、胃不舒服、双手握拳等。有些容易冲动的孩子一看到事情不对立刻就发火；教他们注意自己生理上的变化可作缓冲之用。再者，注意生理上的变化可以协助孩子了解到自己情绪的变化，从而提醒自己及早使用自我指导的方法。

③ 提醒（Reminders）是一种自我指导的方法，用来改变和控制自己激动的情绪。提醒的方法有两种，一种是在愤怒当中一般性的自我提醒。例如告诉自己："冷静下来""不可太冲动""停下来想一想再做"。另一种是针对内在外在引发的事件来提醒自己。例如："小华没有和我打招呼一定是没有看到我，我明天来问他到底是怎么一回事。"

④ 平息愤怒的方法（Reducers）是提醒的延伸，旨在训练孩子使用一些简单的方法来平息愤怒。例如做几次深呼吸，想象一个安宁平静的景色，或是倒数一百等。年纪比较大、攻击行为比较严重的孩子可教他们想象他攻击别人的长远结果。例如告诉自己："我如果动手打他，他一定会找人来揍我一顿""我会被学校开除""我会被警察带走"等。

⑤ 自我评鉴（Self-evaluation）是整个锁链的最后一环。做过上述4个环节之后，要逐项自我检讨；做得好的地方要自我强化，做不好的地方要力求改善。改善的途径很多，例如做放松的训练、果敢行为的训练、促进沟通与磋商，以及解决问题能力的培养等，都是可行的办法。

（二）放松的训练

放松的基本理论是肌肉的紧张与情绪的高涨有密切的关系；如果肌肉放松下来，内心的激动和紧张也会随之烟消云散。放松的训练是行之几十年的老方法。沃尔普（Wolpe）把这种治疗的方法称为渐进式肌肉放松法（Progressive Muscle Relaxation）。戈德斯坦和凯勒把放松的训练分为两个部分，用来处理愤怒的情绪。第一部分是基本放松的训练，第二部分是使用放松的技术协助孩子把激动的情绪缓和下来。

1. 基本的训练

放松肌肉最好的方法是依照固定的顺序，逐步拉紧再放松每一个随意肌，一直到全身的肌肉都有松懈的机会。一旦肌肉松懈下来，一个人的怒气也就消失，并进入一个平静安祥的心境。基本的训练又分为3个步骤：

（1）做放松训练以前先向孩子解释生理变化与心情的关系。一个人感到恼怒、忧虑、紧张时，全身的肌肉都会绷紧，因此感到更加不舒服。如果设法把肌肉放松下来，往往会得到心平气和的效果。经过解释后，要孩子舒服地坐在沙发上，做一个深呼吸，深深吸进一口气再徐徐地把空气呼出来。然后要孩子拉紧和放松第一组肌肉："现在伸出双臂，尽量往前伸直，双手握成拳头，握得很紧很紧。你可以感觉到手和手指都很不舒服，心情也紧张起来。这都是因为你握拳太紧。"大概10秒钟的拉紧后，再给孩子进一步指示："现在，你听到我说'放松'的时候，你的双手要'掉'在你的双腿上，就像一个铅球掉下来一样。好，放松。"所谓要让双手"掉"下来是表示这个孩子已经完全放松；如果孩子把双手放下来表示还没有完全放松。孩子懂得拉紧再放松的要领后，再提醒孩子放松肌肉后那种轻松愉快的感觉。有的孩子放松时，还会松下一口气。每次做放松的练习，要按照拉紧10秒钟，放松10到15秒的步骤，一一拉紧和放松下列14组肌肉：双手、上臂、肩膀、颈部、口（张得愈大愈好）、舌头（伸得愈长愈好）、眼睛（把眼睛闭起来，想象在遥望远方的景色大约3分钟）、呼吸（先吸气再徐徐吐气；把气吐光，再慢慢吸气）、背部、臀部、大腿、腹部、小腿和脚部、脚趾。

（2）一旦孩子学会逐步把全身肌肉拉紧再放松的要领之后，就要进入只有放松而不拉紧的步骤。这个时候要孩子把注意力集中在自己的肌肉上，而且要把14组肌肉一组一组地放松下来。训练时要一再提醒孩子，绝对不要把肌肉拉紧。每一组肌肉放松30秒，而且要注意放松时的感觉。

（3）整个放松训练的最终目的是要一个人完全进入深酣的放松状态中。因此，第三个步骤是训练孩子全身的肌肉都要完全放松下来。这个时候可以教孩子口中轻念"安静"或"放松"，或要他闭起眼睛，想象远山近水或是怡人的景色，然后使用听觉、视觉、嗅觉以及触觉的想象，把孩子带入一个世外桃源般的遐想世界。要是播放一些海边潮水拍岸的浪潮声，配上缓慢的背景音乐，可以很快把人带入安祥宁静的境界。3到5分钟的完全放松，对心境的安宁有很大的帮助。

基本训练最好是一个星期做4到6次，每次大约30分钟，每一步骤训练两个星期。如果这个孩子能够驾轻就熟，可以跳过第一个步骤，直接做放松而不拉紧，然后进入深酣放松的步骤，每天10分钟左右。例行的放松训练不但可以修身养性，如果遇到火气上升的情况，还可以自然地用来扑灭怒火。

2. 应用放松的方法来平息孩子的愤怒

消除攻击行为最好的策略是在愤怒的情绪还未全面爆发以前，尽快地扑灭怒火。如果孩子学会使用自我指导的方法来控制自己的情绪自然是功德圆满，但在严重冲突的情况下，自我控制愤怒谈何容易。遇到这种情势，大人可先自我控制，然后运用平时所学的放松技术，把孩子带入心平气和的情况中。戈德斯坦和罗森鲍姆（Goldstein & Rosenbaum）认为应用放松的方法来平息孩子的愤怒，应该遵守下列6个原则：

（1）示范平静的言行。孩子的愤怒往往是耳濡目染的结果；同样的道理，大人要孩子平静下来，自己要先示范平静的言行。面部的表情、身体的姿态、语言的内容、音调和音量等都要显示出和平而不带有威胁的姿态。最好坐下来，两手垂放在身体两边，手掌放开，动作缓慢而自然，头部、颈部和双肩都放松下来。深呼吸，清清喉咙，也整理一下思绪。这种言行可能很快地改变紧张的气氛。

（2）鼓励交谈。找机会让孩子倾吐心中的感受。大人可以用一般性问题问孩子：他认为彼此要怎么做才能建设性地化解危机而不必动武？他有什么期望？大人要用心听孩子的倾诉，表示对他的了解以及共同解决问题的决心，并鼓励孩子以慢条斯理的方法来细诉。

（3）显示倾听的胸怀。当孩子倾诉心声时，大人要表示关心和注意。例如孩子说话时，注视孩子的脸部，点头表示听进去，身体倾向孩子，但切忌中途插入，打断孩子的谈吐和思绪。

（4）表示对孩子的了解。大人可以把孩子所讲的重点复述一次，频频告诉孩子：“我懂你的意思。”“这件事我了解。”但最重要的是大人要理解孩子的感受。例如孩子说：“他把我的手表拿走了。”大人说：“你想小华把你的手表骗走了。”大人可以再加情绪的反应：“他骗了你，你真的气坏了。”帮孩子把气消出来是协助他放松和避免情况恶化的好办法。

（5）保证和平解决的办法。孩子怒火燃烧时，思考往往不会周到，解决问题的途径很狭窄，于是愈感挫折，也愈难扑灭怒火。因此，大人可以冷静地提出一些和平的解决办法供孩子选择，而且保证这种办法一定比攻击行为更有效，更能达成他的愿望。大人要显示诚恳的态度，如果孩子有平静的迹象，可以进一步表示会尽力协助他以和平的办法来解决冲突。以温和的眼光看孩子，拍拍他的肩膀，可能有化暴戾为祥和的功能。

（6）顾及孩子的面子问题。给孩子提供台阶下是关键。在大人与孩子讨价还价当中，最好不要有观众，否则孩子会为面子问题坚持到底。替孩子设想和平解决问题的理由，并做出让步和妥协的姿态。如对孩子有要求不可逼得太紧，提供双方都是赢家的折中方案。

3. 其他放松与平息愤怒的策略

控制愤怒的训练和放松的训练都需要孩子有适当的认知和活用的能力；对幼小的孩子，或是能力较差的孩子，这两种方法做起来窒碍难行之处可想而知。针对这个问题，伊士曼提出几个变通的策略：

（1）对于学龄前的儿童，大人可以使用下列方法来平息孩子的愤怒。

① 孩子为一点小事开始耍脾气时，大人可以引开他的注意，同时鼓励他想办法自己解决问题。

② 大人平时要鼓励孩子解决自己的问题。

③ 大人可提供协助和指引，但不可替孩子做他自己份内的事，否则挫折会越多，自然也越会生气。

④ 保持镇定和放松，大人生气，等于给孩子火上浇油。

⑤ 用和平的语调和生气的孩子谈话。大人可以告诉孩子：“我有时候也会生气，但是静下来想一想，我就会想出好的办法。”然后邀他来加入放松的阵容。

⑥ 设法引开孩子的注意力。例如讲一段小故事，或是告诉他他的小狗熊看他生气会伤心。暂时把孩子的注意力从挫折的情况中挪开是一个平息怒火的有效办法。

⑦ 不要用糖果、饼干等东西来平息孩子的哭闹，这是在强化孩子的坏行为，虽

得一时的安宁，却留下长久的祸患。

（2）对于年纪较小的孩子，使用放松的体能活动是一个可行的代替办法。例如翻滚、跳绳、体操或球类运动，可有发泄气愤的功效。伊士曼认为大人如果多动脑筋，幼小的孩子依然可做放松的训练。例如开个假想的庆生会，要孩子深深吸一口气，再慢慢把蛋糕上的蜡烛吹熄，然后闭起眼睛，许一个愿：想象在一个快乐的庆生会中用力吹气球；在汪洋中荡舟；或是在树荫下喝汽水等令人心旷神怡的情景。这种想象也会有放松的效果。

（三）沟通、磋商与契约的训练

孩子由情绪激动进入愤怒而致产生攻击行为，往往是因为沟通阻塞或是层层误会造成打不开的心结。沟通与磋商的训练旨在化解冲突情况并用建设性的方法来解决大人与孩子的问题。

1. 沟通的训练

打开沟通的渠道可以促进大人与孩子彼此自由自在地表达正面与负面的感受，从而了解问题，解决问题，化解冲突，消除怒气和敌意。戈德斯坦与罗森鲍姆认为打开沟通的渠道，大人与孩子都要遵守下列的步骤：

（1）重新订定沟通的目标。大人与孩子在冲突的情况下，必须把沟通的主题从压制对方，使对方认错服输的老套态度转移为共同合作解决问题的态度。这种态度的用意在于使用建设性的沟通策略，使双方都能得胜而没有输家。沟通当中必须考虑到本身的立场和需要，更要考虑到别人的看法和愿望，双方携手寻找适当的办法来满足彼此的需要。因此，由一场输赢的争论变成双赢的沟通。

（2）沟通的准备工作。在开始正式沟通讨论问题以前，大人与孩子都要从事心理与谈判的准备。这包括下列3项主要的工作：

① 准备一次解决一个问题。冲突的情况往往是各种因素重重叠叠，如果要一网打尽，不但无济于事，更会造成彼此的挫折和愤怒。最好的办法，是把各种问题按顺序排列起来，一个一个来讨论，共商对策。

② 选择适当的时间和地点。争论的双方要考虑到时间、地点对谈论的影响。一般来讲，双方的沟通要避免有观众，而且打岔或骚扰的情况要降至最低程度。最好是找一个和谐而愉快的时间和地点，有了详和的气氛才有建设性的沟通。

③ 考虑本身的谈判计划。大人与孩子事先要周详地考虑到自己的立场、感受以及对沟通所抱持的愿望。双方都要冷静地思考他为什么有这种想法，为什么要别人这样做，要如何才能达到双方都是赢家的目的。

（3）建设性沟通的规则。沟通的训练最后一项是大人与孩子都要在这种化解冲突解决问题的沟通中，遵守下列规则：

① 承认自己的主观性。要建立一个和谐的谈判气氛，排除攻击和防御的谈判方式，大人与孩子都要敞开胸怀，承认自己有强烈的主观和偏见。因为在冲突争辩当中，双方都会指责对方怀有偏见和主观；为了避免这种对立的态度，双方都要承认自己的主观性，并尽量以客观的态度来分析问题，提供意见。例如说："我想……""我相信……"等用词表示自己的主观性。

② 要有理性。双方在谈判当中所提出的观点要合乎逻辑而且前后连贯。为了达到全面沟通的目的，要能把自己的想法、对事情的解释、所持的理由，以及观念的廓清都解释得清清楚楚才不会引起误会。

③ 要直接。呈现自己的观点时要直接而不含敌意。不要拐弯抹角，把自己的需要、感觉、用意和期望直截了当地讲出来，解释越清楚越好。

④ 核对沟通的内容。为了避免误解，要不厌其烦地解释，鼓励对方发问，并确保对方已经完全了解自己的意思。

⑤ 把注意力集中在行为上。双方讨论的主题应该是彼此的行动，讨论何时何地什么事发生，如何发生，或是将来该在何时何地发生。避免谈到抽象的事物，如道德、信念、人格、动机等看不到摸不着的事物。

⑥ 互惠的原则。为了达成双赢的目的，大人与孩子不但要顾及自己的利益，还要注意对方的意愿，更要有改变自己以成全大局的雅量。

⑦ 开诚布公的胸怀。自我表白而无隐瞒是沟通的基本要件。没有保留的真诚相待才能建立信赖而亲密的关系。

⑧ 将心比心的修养。对于别人的想法和处境要能设法了解。让孩子知道自己也

是过来人，对他的情况有深入的了解和同情。这种用心和行动很能赢得对方的亲近，并使双方对目前的窘状能释然于怀。

⑨ 澄清疑问。如果对对方的观点有存疑的地方，要追问清楚，或从对方的举止动作做判断。但不可让疑虑阻碍双方的沟通。

⑩ 注意对方非语言的沟通。从对方的姿势、体态、面部表情、脸色、眼神、呼吸速度等情况来判断或核对对方语言的内容，从而评量沟通的进行或决定必须转移方向。

⑪ 避免沟通的障碍。除了上述沟通的规则要遵守以外，有些沟通的障碍也要尽量避免。这些障碍包括威胁对方、提出无理的要求、打断别人的谈话、讥讽、羞辱、怒骂、大声吼叫、反唇相讥等，这些都属于不智之举。其他沟通方式如夸大其词、不理会对方、指责对方不是、随便提建议、唠叨说教、说话颠三倒四或是言辞使对方感到无地自容等都要设法避免。

2. 磋商的训练

磋商的基本要素是大人与孩子在冲突的情况下，双方都要达成某种程度的满足，但也愿意承受某种程度的委屈以达成对方的愿望。为了达成双赢的目的，磋商的训练要传授实施与接受的基本技能，因而彼此能够让步，达成共同的愿望。伊士曼把这种训练分4个方面来讨论。

（1）从事磋商的准备。大人与孩子双方都要认识到彼此有火气，甚至濒临爆发的边缘，因此双方都要保持冷静，有时候还要用放松的技术先将怒气缓和。接着要确定磋商的方向。例如怎么才会公平？磋商的范围要多大？大约多久或几次磋商才能达成彼此的愿望？磋商之后如何收场或执行议定的事项？双方会遇到什么困难？大家愿意冒多少危险？接下来要议定什么时候在哪里进行谈判，用什么方式谈判等细节问题。

（2）磋商的程序应该包括5个步骤。首先是提出各自的立场；然后要表示了解对方的立场；接着双方要核对彼此的立场；接下来最重要的是虚心地倾听对方的看法和意见而且要经过三思才开口讲话；最后是寻求折中的方案，相互协调让步。一旦彼此达成协议，磋商的工作就算功德圆满，至少暂时化解了一场危机。

（3）**打破僵局**。磋商的工作并不如想象中的单纯。在要求与让步之间进退维谷的情况到处都有。磋商陷入僵局，双方都不肯再让步时，有几个方法可以用来打破僵局。为了恢复谈判，彼此可以把所要达成的目标稍微降低标准，设想变通的办法，修改达成目标的期限，或是增加一点冒险性。有些僵局的形成是为了面子问题。因此给对方一点面子，找个台阶下，对磋商内容并无实质的改变，但会使对方比较容易接受。有时候休息一下，或改期再磋商可以提供冷静思考的机会，所以恢复谈判时常会发现原来的问题根本不成问题。如果双方真的僵持不下，找个中间人来评议也是可行的办法。当然，这个人必须经过双方同意。中间协调的人最主要的工作是促成双方冷静客观地思考，把双方的期望和要求弄清楚，分析僵局的形成，鼓励公开公平地提出建设性的建议。这个人可能是一个朋友、亲戚、老师等，但要保持不偏不倚的立场，并有能力做正确的判断。

（4）**磋商的障碍**。沟通不良是磋商最大的绊脚石，猜疑则是最大的通病。有人怀疑对方会得寸进尺，说话不算话，因此存心保留而不能开诚布公。大人用动武的方式加害于人则会使磋商的结果胎死腹中。要是有一方采用挑衅的姿态，提出完全不合理的要求，或是说法前后不一，往往会使对方心灰意懒导致谈判功败垂成。有的人认为让步是丢脸的事，是弱者的行为，所以没有折中的弹性，自然谈不到磋商。更有的人会节外生枝，甚至为了一些细枝末节争得面红耳赤，反而把主题丢在脑后。遇到这些障碍时，双方都要重新接受训练，认清问题，诚心诚意地解决问题。

3. 行为契约

经过磋商达成的协议往往会因为口说无凭而无法实现，或在实现后有人变卦，结果是冲突再起，怒火也死灰复燃。为了达成永久有效的协议，可以把大人与孩子达成的协议写成白纸黑字，双方签名盖章，然后彼此照契约行事。行为契约的建立和实施一般要遵守下列几个原则：契约上要注明生效的日期，结束的日期，甚至有定期检讨和修正的规定。双方的行为，尤其是孩子的行为以及大人对孩子行为的期望和改进的目标要具体而清楚地写下来。孩子行为增强物的量与质以及增强的时间要详细地记载。相反地，孩子的行为触犯了协议的事项，就要照章受到惩罚。契约付诸实施之后，双方要定期检讨利弊得失，并尽速修正或弥补不周全的地方。有关奖惩的策略请见“行为后果的处理与前事的操纵”。

4. 与幼龄儿童沟通的技术

上述沟通与磋商的策略需要孩子具备相当程度的语言与认知的能力。与幼龄的孩子沟通时，要用浅显易懂的方法来控制孩子的愤怒。伊士曼认为下列几个原则可供参考：

（1）3岁的小孩只会问：“为什么？”但大人如果问孩子为什么大发脾气，他会无言以对，或是怪大人惹他生气，结果会更生气。学龄前的孩子理解力不够，问他为什么或是要和他理论往往是白费口舌甚至会带来反效果。

（2）提示孩子使用适当的沟通工具。例如告诉孩子：“你这样大哭大叫我怎么知道你在讲什么”“你要轻声地讲我才会听”或是“你发脾气我就不会陪你玩”等。

（3）鼓励孩子用语言解决问题。孩子日常生活中遇到的问题屈指可数，大人最好是鼓励孩子独立地处理问题。万不得已时也只能从旁协助，切忌贸然插手其间。如果孩子有问题要求协助，最好等待孩子安静下来再予理会，并鼓励他用语言来表示心里的感受或提出要求。当然，大人最大的鼓励是用心地倾听孩子的细述。

（四）行为后果的处理与前事的操纵

前述愤怒的控制、放松、沟通的训练，以及接下来要介绍的社会技能训练与道德观念的培养都是治本的策略。行为的训练与观念的建立相当耗费时日。行为后果的处理与前事的操纵则是用操作性条件反射与行为分析的原理原则，直接处理愤怒与攻击行为。这是一种治标的策略，但如果方法用对，常有立竿见影之效。

1. 行为数据的建立

行为分析是一种科学化的行为改变方法。我们不单要控制行为，还要了解行为的动向，随时修正使用的策略，期待能以最快最有效的方法来达成行为改变的目标。基于这种需求，行为数据的建立是不可或缺的一环。

① **行为的界定**。所谓发脾气、哭闹、攻击行为等目标行为要用可观察、可度量

的用语来界定。例如发脾气界定为大声哭叫、摔东西、顿足、撕破书本等；哭闹界定为哭声在10米外可以清楚地听到，哭声中兼带有叫骂的语言等等；攻击行为界定为打人、咬人、推人、用东西丢在别人身上等。

② **行为的观察、度量与记录。**孩子的行为要用直接观察的方式来度量，并以数字表示观察的结果。行为度量的方法很多种，哭闹似乎是以度量持续的长度最恰当；攻击行为以次数的度量最合适。经过一段时间（1个星期或1个月）的观察记录，我们发现小章平均每天哭闹45分钟，小华平均1个星期打人5次。这些数字都可用来代表行为的频率。

③ **基准数据与行为目标的建立**。在着手处理愤怒与攻击行为之前，花一段时间做行为的观察与记录，即可作为基准数据。例如小章平均每天哭闹45分钟；小华平均1个星期打人5次等。有了这个行为资料，我们可以建立所要达成的行为目标。例如2个月后小章的哭闹要减到平均每天10分钟以内；2个月后小华不会再打人。基准数据可作为行为改变成果的比较；行为目标则给我们一个预期的方向，根据这两个基本的数据，我们可以随时检讨，改弦更张。

④ **ABC三个因果关系的分析**。完整的行为功能分析对行为处理的功效有举足轻重的影响。我们先要深入了解小章哭闹之前发生什么事。哭闹当中或之后四周环境中又发生什么事。对前事A（Antecedents）和后果C（Consequences）与行为B（Behaviors）的三角关系进行深入的分析，才能从事后果的处理与前事的操纵。

2. 行为的强化

控制和消除不良行为最积极的办法是建立并强化好的替代行为，或是当孩子没有出现愤怒与攻击行为时，适时给予奖励。

① **区别性的强化替代的行为（Differential Reinforcement of Alternative Behaviors）**是指孩子不如意时如果不像从前以哭闹或攻击行为来表示愤怒，而是改以口头陈述，使用放松的方法来平息愤怒，或是把不如意的事件做正面的解释而化险为夷，大人要立刻给予口头和实质的奖励。久而久之，适当的行为即可把攻击行为取而代之。

② **区别性的强化其他行为（Differential Reinforcement of Other Behaviors）**

是指在一个特定的时间内，如果不发生哭闹和攻击行为，这个孩子就可得到奖励。例如小华的基准数据显示他一个星期打人5次，大人可以和他约法三章，甚至写在行为契约中，如果他一天当中不打人，这一天他可以得到一个小星星；他一个星期之中累积5个小星星就可以看一场电影，吃麦当劳，或是买一顶新帽子。

3. 行为的消弱或处罚

一旦孩子出现我们所要减少的目标行为，体罚似乎是唯一的办法。但是经过深入探究，减少行为的方法相当多，而且远比体罚有效。

① **故意不予理会**。如果孩子的哭闹发脾气意在引起大人的注意或故意惹人生气，大人对此行为可以完全不予理会，甚至掉头就走。但是，孩子一安静下来，或是平时有好的行为表现应该多表关切。故意不予理会的策略要持之以恒而且要贯彻到底才有效果。要是孩子由哭闹转为伤害别人或伤害自己，大人必须干预，这个办法就会失效。再者，如果孩子发脾气不在于引起别人的注意，这种方法则完全没有用处。

② **暂停正强化（Time-out from Positive Reinforcement）**简称为暂停（Time-out）。一旦孩子出现攻击行为或是严重的扰乱行为，大人可以命令孩子离开现场做短暂的隔离。例如孩子看电视时用力敲打电视机，可以叫他到自己房间去，或到墙角罚站5分钟。这种方式不但把他调离现场，而且给予轻微的处罚。有一点必须注意的是事情发生的现场要有强化的因素。例如小明根本不想吃饭，在饭桌上扰乱别人的饮食，他妈妈把他赶到客厅去，他刚好可以去看电视。饭桌现场对小明而言没有吸引力，把他调开不是处罚，反而是一种奖励。再者，大人使用暂停正强化要有彻底执行的决心和能力。如果孩子不听从，不但大人威信扫地，孩子更会兴风作浪。

③ **反应的代价（Response Cost）**。这种策略与违反交通规则会被交通警察开罚单的道理相近，孩子出现哭闹或打人的行为，大人可以要回早先给予的奖励。例如小华今天上午打人一次，他不但今天得不到一个星星，昨天得到的星星要扣缴回来，作为惩罚。这种策略往往与代币系统相互配合。即孩子有好行为可以得到代币，但如有目标行为出现，所得到的代币要照规定扣回。

④ **口头申诫、回归原状、撤除奖赏**。这些方法带有惩罚的意味，但做起来自然而简便。口头申诫不但命令孩子停止不当的行为，并口头表示对此行为的不悦。这种

方法的使用要简洁有力，切忌唠叨和漫骂。回归原状是指目标行为对环境产生轻微的扰乱时，要孩子负责恢复原来的形状。例如开口骂人要向人道歉，把果汁泼在地上要负责把地板清洗干净。暂时撤除奖赏是指目标行为发生时，孩子不能继续获得奖赏。例如小明看电视时大声吵闹，妈妈把电视机关掉；他吃饭时和姐姐吵嘴，两个孩子的碗筷都收掉，但这种撤除通常都在两分钟以内就恢复原状。

⑤ **过度纠正（Overcorrection）**。这是一种处罚的策略，用来消弱不良行为。恢复原状的过度纠正（Restitutional Overcorrection）是指孩子的行为破坏了环境的现况，他不但要负责恢复原状，而且要以数倍以上的工夫来改进这个环境。例如小基故意踢翻他的课桌椅，他不但要把他们恢复原状，而且要负责把整个教室的课桌椅排列得整整齐齐，或是把他课桌椅里里外外洗得干干净净。另一种叫正面练习的过度纠正（Positive-practice Overcorrection）。这种处罚的方法是要孩子反复从事与目标行为相似的正面行为。例如小雷吃点心时拿了别人的饼干，他不但要把饼干归还给原主，而且要把自己的饼干有礼貌地分送给其他小朋友；小山写错字要罚写一百次，道理相通，都是处罚的策略。

4. 行为前事的操纵

无风不起浪，风平浪就静，这种大自然的现象也存在于人类的行为中。如果我们从行为的功能分析中理出前事与行为之间的关系，并把前事做妥善的安排，因此防止哭闹与攻击行为的发生，自然可以省去很多心神。行为前事的操纵海阔天空，诸如人际关系的改善、行为的支持、给予自由选择的机会等都是有效的办法，但在此仅提出两个经常引用的策略。

① **简化教学和日常生活的要求以减少问题行为发生的可能性**。老师或父母教孩子新的知识和技能，要孩子做功课、清理房间、洗脸刷牙，结果哭闹摔东西的行为随之而来。这种行为是对大人的抗议，也是借此逃避老师或父母所安排的学习活动或是指定的工作。我们必须正确地估量孩子的能力，并把教学或工作简化到他可以轻易胜任的程度，所以他从学习和工作中能够尝到成功的滋味，这种成就对其学习和工作是最有力的奖励。

② **生活起居的重新调整以减少摩擦与冲突**。一天24小时当中，要是费点心思把

生活环境和活动的顺序稍加调整，对预防愤怒与攻击行为有意想不到的效果。兄弟姐妹吵吵闹闹不足为奇，但如果给他们划出一个空间上的界限，互不侵犯，必然更能和平相处。鼓励孩子建立独立自主的习惯，大人只是从旁提供必要的协助往往会增进大人与孩子之间的关系。要是我们敏锐地观察一个人的生活环境，有很多细节可加以调整而带动行为的改变。

（五）亲社会技能的训练

毫无疑问地，缺乏适当的社会技能，因而无从建立良好的人际关系是导致摩擦冲突的主因，也是愤怒与攻击行为的根源。一个孩子愤怒与攻击行为变成家常便饭，冰冻三尺绝非一日之寒，如果单靠处罚，显然是隔靴搔痒，往往无济于事。社会技能的训练是解决问题的关键。这种工作相当耗费时日，但唯有如此才能根本地解决问题。

1. 亲社会技能的课程

戈德斯坦和凯勒认为儿童与青少年应当具备下列基本社会技能，如果孩子在这50个项目中有缺失的地方，要尽速谋求补救。

① **基础的社会技能：**

- 倾听。
- 开启对谈。
- 进行对谈。
- 发问。
- 说“谢谢”。
- 自我介绍。
- 介绍别人。
- 称赞别人。

② **一般的社会技能：**

- 请求别人的帮忙。

- 参与别人的活动。
- 指示或教导别人。
- 接受指示或教导。
- 向人道歉。
- 说服别人。

③ **处理感受的技能：**

- 认识自己的感受。
- 表达自己的感受。
- 了解别人的感受。
- 处理别人的愤怒。
- 处理恐惧。
- 自我奖赏。
- 表露感情。

④ **替代攻击行为的技能：**

- 请求大人的许可。
- 和别人共享某种事物。
- 帮助别人。
- 磋商协调。
- 自我控制。
- 保卫自己的权利。
- 对付别人的嘲弄。
- 避免与人引起冲突。
- 避免和人打斗。

⑤ **处理压力的技能：**

- 向人提出抱怨。
- 对别人的抱怨做适当的回复。
- 显示运动精神。
- 处理尴尬的场面。

- 处理被人冷落的情况。
- 为朋友出气。
- 回复别人的劝说。
- 处理失败挫折的经验。
- 处理矛盾与冲突。
- 处理别人的指控。
- 准备对付一场艰难的谈话。
- 处理外来集体的压力。

⑥ **计划的技能：**

- 策划要做什么事。
- 判断问题的起因。
- 设立一个目标。
- 判断自己的能力。
- 收集有关的消息。
- 安排问题的先后顺序。
- 做出决定。
- 集中精神从事某项工作。

2. 训练与愤怒和攻击行为有关的社会技能

有些社会技能不但可以直接替代攻击行为，也可间接防止攻击行为的发生。戈德斯坦和凯勒认为下列85种与愤怒和攻击行为有特殊关系的社会技能要一一加以训练。

① **请求别人的帮助：**

- 决定问题在哪里。
- 决定是不是真的要请人帮忙。
- 决定可以帮忙的人。
- 从中选取适当的人。
- 告诉这个人需要帮忙的地方。

② **指示或教导别人**：

- 决定应该做什么事以及谁来做这件事。
- 告诉这个人他应做的事，并告诉他为什么要做这件事。
- 明确地告诉这个人应该如何完成这件事。
- 问他的想法或反应。
- 考察他的反应，如有必要该把原来的指示加以修正。

③ **表露感情**：

- 断定自己对另外一个人有温暖而友好的感觉。
- 断定这个人的确想听到这种感觉。
- 决定用什么方法最能表达这种情意。
- 选择适当的时间和地点来表达这种情意。
- 以温暖而友好的方式向别人表示情意。

④ **表示不满**：

- 界定问题所在并决定谁该对此负责。
- 断定这个问题要如何解决。
- 告诉这个人问题所在以及解决的办法。
- 询问对方的反应。
- 表示对他的感受有相当了解。
- 双方就彼此该做的事或解决的步骤达成协议。

⑤ **说服别人**：

- 确定自己的立场并考虑别人可能的立场。
- 把自己的立场清楚而完整地告诉对方。
- 说出对方的立场。
- 重复自己的立场，强调自己的立场比对方的立场好。
- 建议对方认真地考虑采用自己的意见，但在做决定之前要慎重地考虑。

⑥ **对别人的感受有所反应**：

- 观察别人的语言和动作。
- 判断别人有什么感受，这种感受有多强烈。

- 决定告诉对方自己对他的感受有所了解。
- 以诚恳的态度告诉对方，自己对他的感受有所了解。

⑦ **遵从指示和教导**：

- 别人给予指示时专心地听讲。
- 对这种指示提出反应。
- 重复这种指示。
- 遵从这个指示，并照指示去做。

⑧ **对别人劝说的反应**：

- 对别人的劝说虚心地倾听。
- 考虑到别人采取这种立场的理由。
- 对别人的劝说如有不尽了解的地方要提出来，要求做进一步的解释。
- 比较别人与自己的立场，并分析彼此的优劣点。
- 以自己长远的好处为根据做出决定，并照此决定去做。

⑨ **对失败挫折的反应**：

- 判定自己是不是真的失败了。
- 考虑到本身的因素以及外在情境的因素，决定失败的原因在哪里。
- 判定下次遇到相同的情况时要怎么做才不会重蹈覆辙。
- 决定是不是要再尝试一次。
- 如果情境许可，以重新设想出来的办法再试一次。

⑩ **对矛盾冲突的情况有适当的反应**：

- 注意到自己身体的信号，了解到自己已陷入情绪的陷阱。
- 观察别人的语言和动作，决定这些言行造成自己的困扰。
- 判定这个人的语言和行动有没有矛盾的地方。
- 判定向这个人指出矛盾之处是否对事情有所帮助。
- 要求别人解释这种矛盾冲突到底是怎么一回事。

⑪ **对别人的抱怨有所反应**：

- 虚心地倾听别人的抱怨。
- 如果对抱怨有不了解的地方，请对方加以解释。

- 表示对这个人的想法和感受有所了解。
- 告诉对方自己的想法和感受；如有需要，要表示对情况负责。
- 综合双方应该做的事或该采取的步骤。

⑫ **准备从事一个非常情况的会谈：**

- 想象自己身处在一个紧张的情况中。
- 想象自己在此情况中的感觉，为什么会有此感觉。
- 想象别人也身处在这种紧张的情况中。想象这个人会有什么感觉，为什么会有这种感觉。
- 想象告诉别人自己想要说的话。
- 想象别人对这些话可能的反应。
- 重复上述5个步骤，但每次用各种不同的角度来完成这些步骤。
- 从所设想出来的各种角度，选出最好的一种，准备应付未来的会谈。

⑬ **决定对事件负责：**

- 判定问题的性质。
- 考虑问题的可能起因。
- 决定哪个或哪些起因最有可能性。
- 采取行动试探什么是真正的起因，并纠正错误。

⑭ **对别人愤怒的反应：**

- 对别人愤怒的指控虚心倾听。
- 表示对他的感受有所了解。
- 对别人所提的指控有不了解的地方要请求解释。
- 表示了解他为什么会大发脾气。
- 如果适当的话，对这个情况表示自己的想法和感受。

⑮ **安排问题的先后顺序：**

- 把目前遭遇到的问题一一列举出来。
- 从最迫切到最不要紧的顺序，把问题一一排列出来。
- 除了目前最迫切的问题之外，其他问题暂时删除、搁置或延后。
- 集中精神处理最迫切的问题。

⑯ **处理被人冷落的情况**：

- 判定自己的确被人冷落或排斥。
- 想一想别人为什么会对自己置之不理。
- 决定如何处理这种情况。例如稍微等候、离开现场、告诉这个人或这些人自己的感受，或是把这种情况告诉自己的朋友。
- 选择最适当的方法来处理。

⑰ **对付别人的控诉**：

- 想想别人指控的是什么事，考虑这种指控的正确性，决定这种指控是恶意中伤还是善意批评。
- 设想别人指控自己的理由，判定是不是自己侵犯了别人的权益或财物。
- 设想回答指控的方法。例如否认、解释自己的行为、纠正别人的想法、向人道歉或是谋求补救。

⑱ **处理集体的压力**：

- 考虑别人要自己做的事，他们为什么要自己做这种事。例如听他们的口气，判断其意图。
- 决定自己要怎么做。例如顺从、抵制、拖延或是磋商。
- 决定要如何告诉他们自己要怎么做。例如解释自己为什么决定这样做或理直气壮地严辞拒绝。
- 选择最适当的方法来处理。

3. 解决问题技能的训练

面对人际关系的冲突，火气上升与怀恨的心理自然不可避免。解决问题的技能旨在消除冲突，化解不愉快的感受。训练这种技能的第一步是教导双方避免把问题的责任推诿到别人身上，责备对方是始作俑者；相反，双方都要不计前嫌，往前看，设想种种不同的办法，而不局限于对的方法或是“我”的方法。伊士曼把一般问题解决的模式加以改编，以9个步骤训练大人与孩子以解决问题的特殊技能来化解愤怒的危机。

① **界定问题**。选定一个问题，把双方对此问题的看法提出来讨论，然后给问题

下个定义。这个定义要简单明了而且要保持积极正面的意义。

② **设想各种解决的途径**。双方都要动脑筋绞脑汁，设想的办法越多越好，至少要有3个可能的方案。在这个时候不必急于评论办法的好坏，只要想出来就行。

③ **评鉴设想出来的方法**。每个人都对每一个方法就正反两面提出自己的看法。彼此不必争论、说服或是讨价还价，但只集中精神考虑到每个方案是否符合双赢原则。

④ **舍弃不适当的方法**。有些方法负面的评价太多，或是不切实际，干脆删除不用。

⑤ **选择可行的方案**。在各种可能的途径当中，找出正面评价最多负面评价最少的方案，作为实施的指针。如果选不出好的方案，就要回到第二步，设想更多解决的途径。

⑥ **把所选择的方案写下来**。这包括：谁在什么时候做什么事？如何断定这个方案是否有效？如果无效要如何修正？如果有人不照方案行事要如何处理？如果方案有效双方要如何行赏？这些要点要清清楚楚地写下来。

⑦ **在双方同意的方案上签名盖章表示负责**。这个方案甚至可以悬挂起来，以示郑重。

⑧ **给予充分的时间**。双方依照所选定的方案去实施后，不必急就章。只要有充裕的时间，解决问题的方法都会有效果。

⑨ **庆祝问题得到圆满的解决**。在定期检讨中，如果发现有瑕疵，双方要重新协商，共同提出修正的方案。一旦圆满达成预期的目标，双方都要自我鼓励，也要感谢对方的合作。然后转移到另外一个问题。

4. 社会技能训练的方法

社会技能的训练往往要大人与孩子一起接受。大人如果胸有成竹，自然也可以训练孩子新的社会技能。

① **讲解示范**。在上述社会技能课程中，每一种技能都要依照孩子个别的能力和需要，分解为数个小步骤或具体的行为。训练的人按照顺序一步步地讲解，并以实际行动来示范如何处理人与人之间的事物。受训的人不但要专心地观察，模仿适当的言

行举止，并且要讨论如何把这些新的技能应用在日常生活中。

② **角色的扮演**。如果大人与孩子同时接受训练，两人可以扮演对方的角色，由训练人员从中指导和鼓励。如果大人训练孩子，可以找另外一个孩子来扮演这个孩子的角色。因此，在训练当中不但学习新的技能，更能体会到彼此的立场。

③ **讲评**。每一个步骤排练后，都要有简短的讲评，让受训的人知道自己的言行是否符合要求。受训的人自然也可以提出自己的意见和观感。有一点必须注意，社会技能并无绝对的标准，训练当中必须保持弹性，只要不太离谱并无所谓对与错。甚至利用这种弹性的训练来培养受训的人察言观色的能力，知所进退。在训练当中，充分的奖励与强化是一个要诀。

④ **技能的移转**。社会技能训练的最终用意是把新的技能活用在实际的社交活动中。因此，训练当中要注意一般性的行为原则；而且要把各种技能演练得滚瓜烂熟，不必思考即可举止中的。有时训练应该在实际的场合演练，并在自然的场合中，以自然的结果来强化新的技能和行为。

（六）道德观念的培养

有些孩子发脾气甚至对人发动攻击，不一定是因为受到委屈挫折，可能是以此为利器，操纵环境，满足自己的欲望，却把别人的权益完全置之度外。遇到这种孩子，道德观念的培养是一个重要的课题。根据埃德尔曼和戈德斯坦（Edelman & Goldstein）的解释，道德是指一个人的价值判断和行为的技能。他们认为道德包括三个主要的因素：（1）对问题的解决和事情的决定能做理性的思考；（2）能够了解、关切和照顾别人的需要、利益和感受；（3）在问题的情况中或是人际关系的冲突中能够产生建设性的行为，使自己和他人都可以获益。道德的教育旨在培养一个人理性的判断与适当的行为能力，期以满足本身与别人的共同利益。在此要简单介绍科尔伯格道德判断的培养以及伊士曼的道德行为训练。

1. 道德判断的发展

道德判断的培养或道德教育的新模式最先是由科尔伯格所提倡。早在20世纪60

年代他以认知的理论来解释人类思考与道德的发展。他把道德的发展分为6个阶段；一个人在不同的成长阶段中对事物的看法、道德的认识以及推理的能力都有显著不同。道德教育的主要用意是把一个人的道德判断提升到更高的境界。科尔伯格道德判断的6个阶段是：

① **前习俗水平（Preconventional Level）**。孩子在这个程度对习俗常规有所反应，也对行为的好坏对错有所知觉。但是对错与好坏往往是根据行为到底产生什么结果来判断的。例如坏行为得到处罚，好行为得到奖励等。或是看权威人物如何执行行为的结果来做判断。这个时期的道德判断又分为两个阶段。第一阶段：惩罚与服从定向阶段（Punishment and Obedience Orientation）。孩子判断行为的好坏是根据这种言行所带来实质的结果，而不在乎它对人生有什么意义或价值。孩子尊重大人并不是他认为这是应当遵守的道德规范，而是在避免处罚。第二阶段：相对功利定向阶段（Instrumental Relativist Orientation）。孩子所谓好的行为是因为这种言行给自己带来好处，或是偶而也能满足别人的需要，人类彼此之间的关系犹如菜市场的交易，包括公平、互惠以及彼此共享的原则。不过，这些原则的解释和应用只限于物质和实际的效应，并未考虑到忠诚、感恩或公正无私的道德理念。孩子所谓的互惠原则是："你抓抓我的背，我也会帮你抓抓背。"

② **习俗水平（Conventional Level）**。孩子到这个程度会维护家庭、团体或社会对他行为上的期望，而不太计较行为会产生什么立即而具体的结果。他的行为和态度不但要符合个人与社会的期望，而且考虑忠诚服从，并与周遭的人采取一致的立场。这个程度的道德判断也分为两个阶段。第三阶段：寻求认可定向阶段（Interpersonal Concordance）。这也是好孩子的认识与适应，所谓的好行为是使别人高兴、帮助别人或是获得别人赞赏的言行。换句话说，个人的行为要符合大多数人所实行的行为规范。行为的对与错往往要从他的用心来判断。这时候孩子了解到"无心的错误"是什么意思；他想只要对人好就能赢得别人的欢心。第四阶段：遵从权威与维护社会秩序定向阶段（Law and Order Orientation）。个人对权威、法令规则以及社会秩序的维持有充分的了解而且遵从这些既定的常规。所谓好的行为是尽自己的责任和义务、对权威的尊重，并遵守固定的社会规则。

③ **后习俗水平（Post-conventional，Autonomous，or Principled Level）**。

一个人的道德判断发展到这种程度，他会独立地考虑道德观念和行为准则到底有什么真正应用价值，其正确性与有效性又在哪里。所谓独立地思考是这个人的思考已超越传统权威、集体制定的规范，或是个人的利害关系，而以超脱的态度对目前的道德观念和实践重新地检讨和创导。这个程度的道德判断也分为两个阶段。第五阶段：社会契约定向阶段（Social-contract Legalistic Orientation）。所谓好的行为是指维护个人权益，并且符合整个社会道德的言行。一个人的道德判断发展到这个阶段会把道德的价值看成相对论断：一方面要考虑到法律规章的遵守，另一方面要顾及个人的价值观念。因此，一个人不但要守法，还应通过民主的途径修正不合时宜的法律，以符合大众的利益和个人的人性尊严。第六阶段：普遍原则的道德定向阶段（Universal Ethical-principle Orientation）。所谓好的行为完全根据自己的良知来解释，也是根据个人自我选择的道德标准来考虑；这种标准要符合全面的、逻辑的以及人道的原则。但是，这种道德判断不在于制定一套具体的法则或禁忌，而是依据公正的原则，维护人类的权益和人性尊严，在人与人之间建立互助互惠的行为形态。根据科尔伯格的看法，甚至成人也很少达到第五阶段和第六阶段，这是属于先知先觉的道德领导人物。道德教育用在处理愤怒与攻击行为主要在于把孩子的道德判断提升到第四阶段的程度。

2. 道德判断的培养

科尔伯格和他的学生不但强调道德的发展阶段，更把这种理论延伸为道德观念的培养。他们认为道德教育的目标是指导孩子集体讨论一些具有刺激性且两难的道德情况，以促进他们道德的思考和推理。在这种道德上具有矛盾冲突的情况下，孩子要解释他会如何处理这种情况，他主张用这种方法的理由何在。每个孩子在小组讨论中可以遇到各种不同的情况，更可以体会到别人的想法和推理，亦即孩子可以听到各种阶段的道德判断。当一个孩子听到别人的道德发展水平比自己高出一个阶段时，自己会产生困惑的感觉。这种感觉被科尔伯格称为“认知的冲突或不平衡”。一再地体验到别人更高一层的道德推理，孩子也会渐渐地把自己的思考提升到更高的阶段。

在把孩子组合为讨论小组以前，要把各人道德发展水平的阶段评量出来。道德判断访谈（Moral Judgement Interview）和社会道德反映问卷（Sociomoral Reflections

Questionnaire）是两个常用的评量工具。一旦道德判断的小组组成以后，老师或其他大人就可提出进退两难的道德情况让孩子思考并发表意见。老师只是从旁提供问题和情况，刺激孩子的推理和发言。所谓进退两难的道德情况是有关人生的价值、个人的财物、法令规章、真理、人与人之间的归属关系、权威、契约、良知以及处罚等。

进退两难的道德情况可以由老师自己编，也可以采用现成的道德情况。一个经常使用的道德情况是汉斯的两难问题（Heinz's Dilemma）：在欧洲，有一位妇女已进入癌症末期，濒临死亡；医生认为有一种特效药可用来救她的命。这种药属于镭素，最近才由一个药剂师发现。这种药制造成本很高，但这个药剂师趁机敲竹杠，索取十倍于制造成本的代价，否则他不肯出售这种药。这个妇女的丈夫叫汉斯。他找遍了所有的亲友，但只能借到这种药费的半数而已。汉斯向这个药剂师求情，希望先把药以半价卖给他，不足的药费以后分期付清，否则他的太太会死掉。但是这个药剂师告诉汉斯："不行！我发明这种药，我一定要赚些钱。"因此，汉斯能够取得这种药的唯一方法是到这个药店去把药偷出来，救他太太的命。遇到这种情况，汉斯到底要怎么办？

选择或设计进退两难的道德情况，要能给孩子产生认知的冲突，引起他们的兴趣，热烈地讨论。这种情况并没有一定的答案，所以孩子可以海阔天空地思索和发表意见。这种情况要符合孩子的年龄和理解能力，但也要制造矛盾冲突，所以可以从不同的角度和立场来看问题。

3. 道德行为的训练

科尔伯格认为道德水平的培养是否能用来控制愤怒和攻击行为要看孩子是否能从思考的转变带动行为的改善。伊士曼主张依孩子成长的过程，直接从事基本的道德训练。他认为孩子的体能、智慧和情绪逐渐成熟，道德行为也会不断改变。行为的训练必须依照成长过程中的特质来着手才有效果。他发现学龄前的儿童完全以自己为中心，他们发脾气或攻击别人往往是用来获得立即的满足。学龄的儿童则学会遵从各种规则或是人与人相处不成文的规定，为的是求得别人的赞同。青少年时期的孩子开始了解到人与人之间相处的弹性化，不但要保护自己的权益，还要尊重别人的看法和利益。伊士曼对孩子道德行为的训练提出8个重要的原则。

① **大人应该以身作则。**大人以铁腕压制愤怒的方式往往会产生反效果。孩子以不适当的方法来表达愤怒自然要纠正，但训练孩子时，大人本身要保持冷静，控制自己的怒火，对孩子要体谅和支持而不是挑剔批评，要有弹性而不是呆板严厉。做给孩子看比说给孩子听有效。因此，孩子可以建立一个新的想法："不要大声吼叫，我要好好地和爸妈（或老师、朋友）讲，看能不能帮我（让我）做这件事？"

② **教幼龄的孩子摒弃什么都是"我第一"的想法。**小孩子往往无法看到本身以外的世界，只要无法立刻满足自己的愿望就发脾气。遇到这种情形父母要给他划定一个行为的界限，让他了解除了他自己的需要以外，还要尊重他人的需要。他只有在这个界限内才能得到满足，超出这个范围之外愤怒的行为会受到处罚。

③ **建立共享与互助合作的习惯。**大人可以要求孩子共同完成一件工作。这不但增加大人与孩子共处的机会，还能借以建立一些共事的规则。同时，让孩子取得领导的地位，使他了解到互助合作、听话服从的重要性。

④ **积极地培养自尊和体谅别人的品格。**容易愤怒的孩子一再受到责备处罚，自然产生羞辱和自责，这更会引发怒火。大人尽量寻找机会奖励孩子的好行为，尤其制造机会让孩子照顾和关切别人，并一再地鼓励这种美德。以自尊自爱来控制自己的情绪是最上乘的办法。

⑤ **学龄的孩子要培养尊重规则的习惯。**无论是学校的校规、家庭的常规，或是朋友之间相处的惯例，孩子都要能够遵守。尊重规则表示一种共同分享的意念，这种意念可以消除人与人之间的摩擦和冲突。规则的制定最好有孩子参与，所以他对此有归属感。同时，大人也要遵守既定的规则，这样才能给孩子一个好的行为榜样。因此，规则的形成要避免单方独裁的制定或有双重标准：只让大人享有例外的特权，孩子则要照章行事。有了民主与公平的规则，就要赏罚分明而且前后一致。孩子应该有权对不合理的规则提出修正的要求，但不管修正与否，照规定办理的先决条件不可轻易放松。

⑥ **避免孩子养成说谎的习惯。**孩子说谎有两个用途，一是用来自我炫耀，二是用来逃避别人的指责处罚。但不管用途如何，都会引起孩子本身的内疚和自责。大人要是经常严厉苛责，会使孩子更渴望别人的赞赏，也更需要逃避责备，结果孩子更会说谎。面对此说谎的习惯，大人不必设法试探真伪，也不必追究问题发生时的罪魁祸

首。相反地，大人要把重点放在如何解决目前的问题，化解冲突和危机。因此，孩子不必担心一点点小差错会造成满城风雨，更不会有人指责他是一个肇事的坏蛋。他不必说谎，更不会去造谣生事。

⑦ **建立孩子为别人设想的胸怀。**孩子要学习如何去了解别人的想法、感受和权益，从而建立和谐的人际关系。在这方面大人可以协助孩子，或与孩子共同订定明确而一贯的行为法则，然后让孩子有机会去体会差错与美德的区别。最后由孩子和别人依据这种法则共同解决人际关系间的问题，亦即彼此磋商来达成共同的协议。从这些经验中孩子可以体验到别人的存在以及和平相处的秘诀。

⑧ **建立孩子的道德行为**。在日常生活中大人以自己的实例来告诉孩子如何在人与人之间保卫自身的权益，但绝不侵犯别人的权益。道德行为的选择并不容易，大人与孩子都会面临徘徊的十字路口。遇到这种情形大人可以借此征求孩子的意见和建议，或是坐下来一起分析各种情况，研商何去何从才合乎道德的规范。另外，孩子遇到对与错之间混淆不清的情况时，大人可以从旁协助，扩展孩子的思路，找出各种不同的解决途径，并指导他从中选取最适当的途径。但大人切忌处事掣肘、过分干预，引起反感和反叛。孩子要培养自我控制、自我选择和自我做决定的能力，这样才能迎接生活中的挑战。

5 结 语

孩子发脾气吵吵闹闹自然扰人，以攻击行为来发泄愤怒更是为一般社会所不容。不幸的是，目前老师或父母都感到孩子的管教一日难于一日。社会上暴力的案件日日增加，肇事者的年龄年年降低。近20年来教育与心理专家得到一个深切的教训：以暴制暴的方法不但无效，反使行为问题愈演愈烈。有些孩子会暂时屈服在大人的威严之下，但情况一过去，问题马上死灰复燃；有的孩子则把行为症状转移到其他问题上，使大人穷于应付，甚至放弃管教而造成严重的社会问题。

孩子愤怒与攻击行为的发生有各种不同的起因。有的是因为认知的错误，凡事都往坏处想因而造成情绪的激动；有的纯属情绪容易失去控制，天生就有冲动的行为倾向；有的是因为行为技能的缺乏，如沟通不良和无法建立和谐的人际关系；也有来自道德观念的低落或心理因素的作祟如嫉妒、自卑和焦虑等等；更有可能来自外在环境的因素，如教养方法不当、大人提供愤怒与攻击行为的榜样，以及孩子处在压力重重的生活环境中，以攻击行为来表示对现状的不满。

面对着一条火龙日日成长，如果拖延时日，情况往往日益恶化终至不可收拾。因此，早期发现早期处理是最好的策略。在未处理之前，要进行完整而深入的行为评量。要是孩子愤怒与攻击行为已经相当严重，大人应当求助于行为专家，从事行为的评量和行为处理策略的设计。处理孩子愤怒与攻击行为最常使用的几个基本策略包括愤怒的控制、放松的训练、沟通技能的训练与行为契约、行为后果的处理与前事的操纵、社会技能的训练，以及道德判断与道德行为的培养。

对一些愤怒完全失去控制，而且以极端暴力来发泄愤怒的孩子，可能用尽办法，行为问题依然故我。遇到这种复杂的陈年顽疾，使用药物是最后不得已的一招。但是使用药物处理行为问题时，其副作用既深且远，用药务须相当小心。

CHAPTER FOUR

第四章

抑郁与自杀

天真无邪是孩子的本性，快乐童年是他们的特权。殊不知有4%~8%的孩子却深锁在愁城中，不见天日，没有欢笑，更可能没有明天。一般人对儿童和青少年抑郁症所知不多，但它却默默地蚕食着千千万万孩子的心灵。更使人感到震惊的是有些2~3岁的孩子已经患了这种心理疾病。这种心病不但蚕食孩子天真的心灵，更使他们活在一个无底的黑洞中，日日感到生活的艰苦。如果不及时治疗，孩子在学校中、在家中、在同伴之间格格不入，有的甚至不堪其苦而走上绝路。就算他们苟活痛苦的一生，也往往在成年后靠酗酒来麻醉自己。

1 抑郁症的症状

一般人往往只注意到成年人的抑郁症。事实上患有这种心理病态的孩子为数不少。儿童抑郁症状的觉察相当困难，主要是孩子无法把内心的感受讲出来，更无法辨认出心理压力来自何处。他们所造成的行为问题并不特别明显，也常被误认为是其他行为问题。大人往往不会去追问孩子：为什么总是会无缘无故地闷闷不乐？到底为什么会伤心那么久？大部分的父母认为雨过天晴后，孩子的忧伤会自然而然地烟消云散。甚至孩子时有抱怨，大人却无法倾听孩子的心声，也否认问题的存在。

（一）DSM-IV的诊断标准

孩子考试不理想或打破心爱的玩具，自然会伤心泄气。但是如果无缘无故感到忧伤，过去不幸的事件长期萦绕于怀，因此对人生完全丧失希望，进而严重地妨碍人际关系、学校的学业，甚至日常生活，就有心理病态的可能。DSM-IV把抑郁症分为两个主要的部分：

1. 主要抑郁症（Major Depression Disorder）

（1）下列心理症状之中，至少出现5种。这些症状同时出现在2个星期之中，而且显示出这个孩子的行为功能有重大的改变。这种改变至少有一种症状是抑郁的情绪或是丧失了兴趣和欢乐。

① 一天当中大部分的时间都有抑郁的情绪，而且每一天都是如此。这种情形可能是孩子主观的叙述，如感到悲伤或空洞，或是别人旁观所得的印象，如两眼泪汪汪等。孩子不一定会显示愁容，但可能有性急易怒的现象。

② 对大部分甚至全部的活动失去兴趣，一天当中大部分的时间都是如此，而且

天天如此。这种情形或许是孩子主观的叙述，或是别人旁观所得的印象。

③ 体重减轻或是发育停滞，食欲减少或是增加。这种现象天天出现。

④ 天天失眠或睡眠过多。

⑤ 每天都有心理性动作激动或迟钝的现象。不但孩子自己觉得自己动作和心智迟缓或烦躁不安，别人通过观察后发现也是如此。

⑥ 每天都有疲惫和精力不足的现象。

⑦ 每天都会觉得自己一无是处，而且有不当的内疚感。这种内疚感可能来自妄想。

⑧ 每天感到注意力和思考能力一再减退，而且无法做决定。这可能是主观的报告，也可能是别人旁观的印象。

⑨ 不断涌现死亡的念头。有的孩子有自杀的念头却没有实际行动的计划，有的孩子会有自杀的计划，更有的孩子会产生实际自杀的企图。

（2）上述症状不能用精神症状来解释。

（3）这个孩子未患有躁狂症（Manic Disorder）。

2. 抑郁性神经症（Depressive Neurosis）或情绪障碍（Dysthymic Disorder）

（1）这是指轻度但长期的抑郁。这种孩子一天当中大部分的时间有抑郁的情绪，而且几乎天天如此。这种心理状态可能是主观的叙述，也可能是别人观察所得到的印象。这种情绪持续一年以上。情绪表现可能暴躁易怒。

（2）抑郁的情况出现时，下列心理症状中至少出现2种以上：

- 食欲增加或减少。
- 失眠或是睡眠过多。
- 精力不足、疲惫不堪。
- 缺乏自尊自信。
- 精神不易集中、不能做决定。
- 觉得毫无希望。

（3）在一年当中，这个孩子（1）和（2）中的症状表现频繁，从未有过两个月的症状空白期。

（4）主要抑郁症症状未曾出现。

（5）这种症状并非来自长期的精神病态。

（6）这种症状并非由生理或医药造成，如吸毒或甲状腺分泌不足的现象。

（7）这种症状造成人际关系的破裂或学校功课的退步。

3. 其他有关的心理和情绪问题，包括分离焦虑（Separation Anxiety Disorder）、适应障碍（Adjustment Disorder），以及丧亲（Bereavement）。

（二）抑郁症的征兆

除了DSM-IV所提的症状供专家作为诊断的标准外，父母和老师要特别注意下列抑郁症的征候。如果孩子出现这些症状中的数种，应当尽快找专家做进一步的诊断。这些症状是根据姆斯（Muse）和纳尔逊（Nelson）所提供的资料综合整理而来。

1. 抑郁的情绪

97%的抑郁症患者都有沉闷无望的情绪。年纪较大且有语言能力的孩子会告诉父母或老师，虽然外面晴空万里，内心却是一片漆黑。他们似乎是沉沦在一个无底的黑洞中，一再地往下沉。有的小孩不会显示出愁容，但行为上表现得暴躁易怒。偶尔也会展露短暂的笑容，但很快又恢复到没有生气或是冷冰冰的状态。

2. 对日常事物失去兴趣

原来使这个孩子兴致勃勃的事物，突然失去吸引力，而且看来他什么事都不想做。例如这个孩子一向喜欢和小朋友打棒球，现在突然不想去打球，这已经是一个危险的信号。有时候行为的改变可能没有这么显著，例如他还是出去打棒球，但回家以后已经不再兴高采烈地大谈他的战绩。有些孩子渐渐地回避与别人接触，例如参加模拟赛、与朋友出去郊游，或是做团体的游戏。有的孩子虽然勉为其难地参加这些活动，但会经常抱怨说这些活动最无聊，那些孩子又笨又坏，下次不想再去了。更严重的孩子索性什么也不做，甚至原来最喜欢的电视节目、集邮、音乐、游泳等都毫无兴趣。

3. 社交的中断

抑郁的孩子不但对事失去兴趣，对人也一再地疏远。他们不再和朋友一道出去，不再邀朋友来家里玩。有的孩子会抱怨朋友或同学对他不友善，他也讨厌他们，这表示人际关系的决裂。若从好的角度看这可能是过去交了坏朋友现在要悬崖勒马，但更有可能是自己抑郁而暴躁的情绪把人拒于千里之外。有的孩子开始把友情移转到猫、狗、鱼、鸟等不需社会技能的“朋友”身上，也有孩子会走另外一个极端，把自己心爱的东西拿去送人以收买友情。有些青少年可能会靠性行为来填补人际关系上的空虚。

4. 食欲下降，发育停滞

大人坐困愁城而日日消瘦是自然的结果，孩子患有抑郁症大都会食欲下降，体重不一定减少，但会有成长减慢和发育停滞的情形。有的孩子会出现厌食和挑食的现象，或是对一日三餐百般挑剔。抑郁的成人会借酒消愁，甚至挥霍无度。孩子没有这种机会，但有少数孩子可能会显得食欲大增，似有以吃消愁的味道。

5. 睡眠不正常

与情绪变化关系最密切的是睡眠。孩子情绪有困扰，可能整夜辗转反侧，无法成眠。如果孩子独立睡觉，父母可能浑然不知。但是，父母或老师可能会觉察到这个孩子早上起不来，上课时打瞌睡，或是精神恍惚什么也记不得。大人往往会责怪孩子忽然变懒，孩子本身也可能无法了解自己挣扎在失眠的情况中，只是觉得早上起来疲惫不堪。有时晚上会噩梦连连，甚至把别人惊醒，这显示其抑郁之外还有焦虑与紧张的情绪。有些孩子日夜卧床不起也是抑郁的征兆。孩子每天睡眠超过10小时可能说明他无法面对现实生活中不愉快的困境，只求眼不见为净。

6. 精力衰退活动减少

一般抑郁症的孩子主观上会觉得疲劳过度，身心的活动也因此缓慢下来，甚至一天睡了20个小时还是感觉疲惫不堪，什么也不想做。感到过度疲劳的另一方面是丧失自制的能力。因此，孩子会显得多动，做事漫不经心，或是一事未做完又开始另外一件事，结果什么也无法完成。有些孩子还是循规蹈矩，并不显示什么行为问题，看起来也相当用功，但是功课一落千丈。有的孩子可以从外表明显地看出来，他的动作相当迟缓，走路、吃饭、说话，甚至游戏，都变得慢条斯理。体态也会变得弯腰驼背，毫无生气。

7. 注意力缺陷障碍

孩子既然心思重重，注意力自然无法集中很久。孩子注意力缺陷障碍可以看他是否能完成交代的工作。例如孩子经常忘记带饭、书本、书包、作业等。看上去这个孩子笨手笨脚且粗心大意，殊不知他是挣扎在生死边缘，哪有心思去注意到饭盒和书包？有的小孩看来相当专注，例如独自安静地看书，但几个小时下来依然停留在同一页。如不细察，大人很容易被瞒骗。

8. 自尊心受到损伤

孩子有抑郁的情绪时，自尊自信会受到极大的伤害。这种心理状态在外表上可能显得很羞涩，例如遇到新的情况会裹足不前，怕在别人面前丢面子。有的孩子会对自己有负面的评价，例如数学考85分还嫌自己头脑不好，不够用功。如果不是每次都考第一就自认是蠢材，稍有一点差错就垂头丧气，产生完美主义的想法。他们以直觉来判断自己的功过而完全抛弃逻辑的思考。有的孩子因为自尊心太低，遇有恭维或赞赏时反会受宠若惊，甚至否认自己的成就。例如老师奖励他这次月考成绩大有进步，但他还是会往几科不如理想的地方去钻牛角尖，对老师的鼓舞视若无睹。更有的孩子认为自己一文不值，甚至不配有那些美好的东西，所以往往把自己的东西分送给别人，一方面用来收买友情；另一方面是因为惭愧和内疚，认为不该独享这些东西。有些女孩未成年就把贞操“奉献”，这往往与自尊心受损有关。有的孩子受人欺侮也忍气吞声，不敢反抗，不敢伸张。

9. 希望的幻灭

一般人都有希望、有欲望，更对未来寄以无限的期望。因此，一个人可以忍受目前的煎熬，但期待着美好的明天。对一个患有抑郁症的孩子而言，明天比今天更阴寒凄凉，未来比现在更黯淡沉重。他对自己、对整个世界、对现在、对未来都不抱希望。客观的环境再美好，他都认为是痛苦难挨，生不如死。这种孩子被困在愁城中，挣扎于日日的煎熬，很少憧憬雨过天晴的一天。极端抑郁的孩子会沉溺于死亡的思考，尤其是亲人的死亡或心爱物的失落，会推波助澜地把孩子推入自杀的边缘。

10. 其他征兆

愁容不展、举止缓慢、动作笨拙是抑郁的孩子明显的标志。他们的语言毫无生气，别人向他提出问题时也是一两字敷衍了事，有的孩子突然出现尿床现象甚至在床上排解大便。更值得注意的是孩子经常发生意外，这有可能是因为心事重重，注意力无法集中，再加上动作迟钝，受伤的机会自然较大。不过，有些意外并非真的意外。有的孩子可能对自己的身体毫不在乎，或是有自杀的企图。遇到这种情形必须查明真相，不可等闲视之。总而言之，孩子的行为已经出现异状，大人要请求专家的协助。要是有自杀的倾向，更是不容拖延。

（三）心理与生理的重叠症状

孩子与成人患有单纯抑郁症的情形为数不多，除了上述10个主要的征候之外，大多数的人都兼有其他的病症。

1. 抑郁症与其他心理疾病同时发生的比率相当高。罗德（Rohde）的统计数据显示：患有抑郁症的青少年之中，42%也带有其他的心理病态。弗莱明（Fleming）发现患有抑郁症的孩子中，高达96%的孩子同时有其他的问题，如少年犯罪、多动、情绪障碍或是生理上的症状。一般而言，抑郁症的孩子很容易出现焦虑症、违抗、注意力缺陷障碍、精神症状、青少年犯罪以及药物滥用等问题。

2. 抑郁症与生理问题同时出现的情形也相当普遍。根据加伯、泽曼和沃克（Garber，Zeman & Walker）的统计，孩子肚子痛的现象往往与抑郁和焦虑有关。他们发现这些孩子肚子的问题都没有生理上的依据。伯克（Burke）发现孩子患有便秘或泻肚的毛病与抑郁的情绪有连带的关系。这两者可能互为因果，也可能是其他生活中的压力逼出情绪问题也伤害了肠胃。抑郁症的孩子患有头痛的症状更加普遍。早期的研究发现，孩子使用抗抑郁药物后，不但这个心理桎梏获得解脱，头痛的现象也消除，证明这两者之间的确是唇齿相关。

（四）自杀与自杀前的征兆

儿童与青少年自杀是一个重大的悲剧，这是孩子个人和家庭的损失，更是学校与社会的严重问题。不幸的是有很多抑郁症的孩子选择自杀来结束痛苦的一生。根据纳尔逊的报告，自杀位于儿童与青少年10大死亡原因中的第3位。1986年，全美国总共有2151位儿童和青少年自杀死亡，5岁到14岁的儿童占其中的12%。儿童所占比率比青少年低主要是因为他们大都自杀未遂，因此未列入统计。同理，女生企图自杀的比例是男生的3倍，但男生自杀致死的数字是女生的4倍，这是因为男生比较冲动而且采取致命的手段。根据普费弗（Pfeffer）的统计，儿童与青少年自杀最常使用的方法是从高处跳下、饮用毒药、上吊、用刀刺杀以及冲入街道被车撞死。姆斯特别指出下列几个孩子濒临自杀边缘的行为征兆，父母和老师观察到这些情况时，严密的戒备已刻不容缓。

1. 有人提到未来的事情时，这个孩子似乎不愿涉及，给人一种没有明天的感觉。有的孩子向人说再见却有永远告别的意味，或是一再提示他走了以后的事。有的孩子会提到自杀的事，一旦他不再提及此事，表示危机已迫在眉睫。孩子真正下决心要结束自己的生命，就不会再轻易谈及此事，尤其不愿别人知道自杀的时间、地点和方法，以免被人阻挡。遇到这种情形，大人要特别注意孩子行为的蛛丝马迹，要能防患于未然。

2. 一个积郁既久且深的孩子突然开朗起来，显得悠然自得，这往往是最危险的征兆。有些孩子长期沉思在自尽的计谋中，又顾虑到家庭、学校和亲友的立场，往往痛苦加上矛盾，因此更加愁眉深锁。一旦下定决心而且有了周密的计划，似乎是找到了最大的解脱，更感到如释重负，他所需要的是等待时机成熟就可执行计划。有些父母或老师误以为孩子有了转机，也随之放松戒备，结果铸成大错。

3. 有的孩子开始把自己最珍贵的东西如玩具或纪念品分送给他人。这似乎是在料理他的后事，替这些最心爱的东西找到新的主人。有时孩子会向亲人或知己表示歉意和内疚，期望把身前的人情债务一笔还清。同样地，看到此预兆时，大人可能要采取紧急措施，极力挽救。

4. 孩子可能会一再地出现意外的伤害。事实上这不一定是意外，而是有自杀的意图。有些青少年一再酒醉开车肇事，或是把危险情况视为儿戏，可能是因抑郁而把生死完全置之度外。有些年纪较大的孩子吞食大量的抗癫痫药、抗生素或镇定剂，或是“误饮”清洁剂，都值得调查追踪。

2 抑郁症的病因

抑郁症有如长期哮喘或是慢性咳嗽，驱之不去，挥之不掉。这种情绪的病态深植在一个人的心中，其病因错综复杂，一般专家都认为这是多重因素造成的结果。这些病因包括遗传、社会环境以及心理的因素。这些因素会使一个人容易感染抑郁症，也会造成个人心理症状的发作。

（一）心理的因素

孩子对于外界事物的解释，经年累月亲身的体验，以及这些心理因素给他个人带来的冲击，可能使他一蹶不振，退缩到一个自我关闭的世界中。

1. 认知与行为的模式

认知的理论占据相当重要的地位，不但可以解释抑郁症的病因，在治疗上更有不可磨灭的贡献。认知与行为的模式可分为5个方面来探讨。

（1）习得性无助（Learned Helplessness）。塞利格曼（Seligman）从动物的实验中发展出习得性无助的理论。他把狗放入笼子里，一再给予电击，却全无逃脱的机会。久而久之，就算是有机会逃脱或是中止电击，它还是会任人摆布。相反地，另一只狗如果一开始就有逃脱的机会，情况就完全不一样，电力再强它都不会屈服，而是会设法逃脱或中止电击。塞利格曼认为有些人患了抑郁症也是因为一再地遭受打击而无逃脱的机会，因此在认知上建立一个强烈的信念：不管自己如何挣扎，外在的情况远远超出自己能力所能控制的范围，不愉快的事件或重大的灾难完全无法避免。由于这种认知和信念，这个人完全失去信心，毫无斗志，缺乏求变的动机，甚至在言行举止上都显得迟钝笨拙。

（2）黯然无光的感觉。贝克（Beck）建立的认知理论到现在依然广受引用，他认为患有抑郁症的人感觉自己、整个世界，以及未来黯然无光。他说一个人自动的想法会左右他对事物的解释和推论。患有抑郁症的人总是把事情往坏处想，其幼年心理的创伤往往是这种认知的始作俑者。以后他每次遇到类似的情况，都会唤起创伤的回忆和负面的认知。因此，外界的事物不会造成抑郁，此事件对这个人的特殊意义才是抑郁的真正来源。

（3）缺乏社会支持。一个人积极的反应得不到外界的支持，抑郁的行为反而得到强化。李文森（Lewinson）认为抑郁是因为个人的行为得不到支持所致。他进一步指出，缺乏支持不单是这个人的环境中少有正面的刺激，也是因为这个人无法从事适当的行为来获得外界的赞赏。例如缺乏适当的社会技能就难以建立和谐的人际关系，既然人缘不佳，就少有人会给予社会的支持。更不幸的是患有抑郁症的人安于离群索居，自然得不到亲情与鼓舞，也因此更缺乏社会接触。两方面互为因果，也变成恶性循环。

（4）认知的歪曲。患有抑郁症的孩子有负面的自我评价。卡斯罗、雷姆和西格尔（Kaslow，Rehm & Siegel）发现这种孩子容易有自我惩罚的现象。他们的自尊心偏低而且有无助和无望的感觉。在他们的记忆中，尽是痛苦的追忆而少有愉快的意念。

（5）社会认知。根据科尔（Cole）的解释，抑郁的孩子拿自己和别人比较来做自我评鉴时，觉得自己低人一截。另有些孩子很少从家庭、父母或同伴那里得到正面的回馈，往往产生自我贬低的社会认知，尤其遇到不如意或是重大的压力时，抑郁的症状油然而生。这种社会认知又与缺乏社会技能有密切的关系。抑郁的孩子承受不住外来的压力，有的变得暴躁易怒，有的借酒浇愁，有的离家出走，结果招来更多的排斥和处罚，心结愈难抒解。

2. 社会与心理的模式

成人与孩子日日都面临着生活的压力，有的人处之泰然，有的人垂头丧气，甚至完全丧失反击的斗志，让抑郁症蚕食他们的心灵并主宰他们的生活，这两者之间最大的差别是个人的认知。他们断章取义，而且过分地类化，不管事情好坏都往坏处想，似乎世界末日已经来临；有的人在家中缺乏和谐和温暖，在他的生活环境中少有社会的支持和鼓舞。

（1）个人与环境交互影响。塞利格曼和彼得森（Seligman & Peterson）认为仅有孩子的心理因素，不一定会造成抑郁症，这只是其中一个危险因素而已。其他还要加上社会环境中的刺激因素，交互作用造成心理的病态。社会环境的因素包括缺乏社会成就，如功课不好、体能活动不佳、被人歧视、友谊的中断，以及孩子在团体中产生的焦虑，都是使孩子一蹶不振的主因。因此，他们建议大人要设法让孩子尝到成功的滋味，不但改变他本身的想法，让他也滋润在社会环境所带来的正面刺激中，这样孩子才会把日常的压力视为挑战，面对现实，克服困难。

（2）家庭的组织与功能。无可讳言的是，很多抑郁症的孩子出生成长在一个不健全的家庭中，而且很可能其他的家庭成员也有精神的异常，家庭组织和功能陷入一片紊乱。这可能是遗传的因素，一代传过一代，也可能是全家人都暴露在一个强力的刺激中，更可能是病情与病因相互影响。奥斯特和卡罗（Oster & Caro）针对这种情形用先天遗传因素和后天家庭的创伤经验来解释抑郁症的形成。总之，一个家庭之中已经无法维持正常的功能，这种情形下，不仅是孩子的抑郁症需要治疗，整个家庭都需要外力的协助才能彻底解决问题。

（二）孩子本身的行为倾向与外界的激发因素

姆斯把抑郁症的病因分为内生性（Endogenous）和外生性（Exogenous）两个因素。内生性的因素是个人生物上和生理上的特质。这与外在的是是非非并无关连，却影响孩子的行为倾向。外生性的因素是指生活中的压力，如亲人死亡、重大的伤害、一再地遭遇挫折，这些是属于激发的因素。内生性与外生性的因素内外夹攻，使孩子陷入长期的抑郁。

1. 父母与子女共同的心理疾病

近十年来，研究文献一再指出孩子的抑郁与父母的心理病态有密切的关联。一个孩子患了抑郁症，他的血亲之中也往往有同样的病例；一个父亲或母亲有此症状，其子女得此症状的可能性大为增高，而且病发的年龄更为提早。当然，家庭成员中有此病症不一定每一个人都会有此症状，只是可能性增高而已。另外一个重要的因素是环境。由于父母有此行为特性，其持家能力与教养子女的技巧也受到损伤，这种后天的因素也不可忽略。

2. 父母与子女相互支持的关系

孩子从小就依赖大人的亲情与肌肤的接触来建立他的社会生活。由于缺乏父母的疼爱，孩子无法建立情绪的稳定与安全感，人与人之间相处的技能也无从建立，在广大的社会环境中自然困难重重。加上别人的排斥、冷落或欺侮，孩子的情绪反应便被带入暗无天日的情况之中。

3. 孩子的气质

从一个偏激的观点来解释，孩子本身的气质或性情就可能是一种心理病态，这种理论还有待商榷。另一种解释是孩子气质的特性对这个孩子应付日常生活中的压力有直接的影响。例如一个容易适应的孩子遇到不如意的情况时可以处之泰然，但一个性情不佳的孩子甚至会因为弟妹的出生而造成情绪的困扰，以为从此以后父母就会偏爱他的弟妹。最后一种解释是孩子具有暴躁和攻击的气质往往会拒人于千里之外，甚至招来反击或严厉的斥责。皮莱尔（Prior）综合这些解释，认为孩子的气质以及母亲与孩子的关系是形成抑郁症两个最主要的关键。

4. 孩子早年恶劣的经验

长篇累牍的研究文献明显地指出：孩子早年与父母分离与抑郁的形成有直接的关系。另外有些孩子虽有父母常年随伴，但缺乏亲情与肌肤的直接接触，孩子长大后自然会缺乏安全感，无法建立自信，常有无助的感觉，遇到芝麻小事也会显得手足无措，这些情况会直接导致抑郁的情绪。帕克（Parker）指出：父母对幼龄的孩子漠不关心，孩子会发展出与人格格不入的问题，或是对人怀有敌意。这种孩子无法信赖别人，更无法向人倾吐心声，良好的社会关系很难建立。家庭中的紊乱或分裂，对一个毫无影响能力的孩子而言，是一个重大的打击。他只有眼睁睁地看着情况的恶化而至崩溃。这种严重的心理创伤在他幼小的心灵上烙下永远没有办法磨灭的心理伤痕。

5. 最近剧烈的不幸事件造成严重的心理伤害

哈灵顿（Harrington）根据各种研究报告，整理出5个最常见的特殊剧烈事件。这些事件常会使一个原本健康活泼的孩子不堪重击而一蹶不振。

（1）**丧亲之痛**。孩子5岁到10岁之间失去父母，其心理上的打击最大。因为这个年龄的孩子已经懂事却没有独立的能力，尤其无法适应被人收留的生活方式。孩子在丧亲的悲痛之中，还会兼带内疚、自责以及缺乏自尊的现象。由于悲观消极而至不能自拔，抑郁症因而产生。

（2）**灾难**。一般人遭到战乱、面临突如其来的天灾人祸、目睹横尸遍野、眼见成千上万的人流离失所，虽不一定与本身有直接关系，但其冲击力量之大，往往会有无法弥补的伤害。这种孩子往往焦虑与抑郁两者兼而有之。不过，这些情绪反应往往要看父母甚至整个社会如何处置而定。要是父母仓皇失措，整个社会也毫无应变的能力，孩子发病的机会自然会大幅度地增加。

（3）**父母离异**。冰冻三尺，非一日之寒，父母离异只是这两人长期龃龉的结果，父母离婚代表孩子已经长期忍受了父母的不和与家庭的悲剧。再者，父母离婚的结果往往表示生活水平的降低，如三餐不继、居无定所、家庭的离散，以及父母情绪的恶化如抑郁、焦虑、愤怒等，这些情形自然使孩子难以承受。不过，孩子对父母离异所带来的反应往往要看孩子的年龄而定。学龄前的孩子可能会特别捣蛋、焦虑或是设法引人注意。学龄的儿童会出现抑郁和恐惧，特别忧虑他的父亲或母亲会再结婚而把陌生人带入家中。青少年会出现愤怒、抑郁和对现状的极端不满。

（4）**学业的问题**。抑郁与学业的问题有相当密切的关系，但到目前为止，什么是因什么是果并没有科学的印证。根据伯尼（Berney）的研究，抑郁症的孩子偏向于低估自己的能力，经常缺课，无法和老师建立亲密的关系，学业的表现也比较差。也有一向表现优异的孩子进入高中或大学后遇到强烈的竞争对手，无法再独占鳌头，因此由气馁转为抑郁。这种案例不算多，而且可能有第三因素存在，但学业上的挫折感与抑郁有相当的关联。

（5）**打骂教育**。用打骂的方式来处理孩子的问题，常会收到实时的效果，但可能留下无穷的祸患，造成长期的问题，孩子的抑郁症是其中之一。根据卡尔普（Culp）发表的报告，打骂教育，尤其在公开场合中体罚孩子很容易造成他们认知、情绪和行为的差异。在认知上孩子降低了自尊心，认为自己没有什么指望；在情绪上会变得很焦虑、恐惧、抑郁、惭愧和内疚；在行为上可以明显地看出来畏缩或是敌意和攻击的行为出现。这些认知、情绪和行为都是孩子抑郁症的重要原因。

（三）生物与生理的因素

过去30年来，生物心理学上的研究发现，生理上的缺陷与抑郁症有密切的关系。从这个角度来分析，可以解释某些人一生中一帆风顺，却无缘无故地得了抑郁症，更可以说明很多抑郁症的患者生活环境并未改变，但服用抗抑郁的药品后，症状霍然而愈。哈灵顿从四个方面来解释生理上的因素，但是，这些解释都是根据成人抑郁患者的研究而来的。至于是否能用在孩子身上，目前还没有明确的定论。

1. 早期胺素的理论

有些医生和心理学家发现治疗高血压的药会产生一种副作用，病人会变得抑郁。相反地，用来治疗肺结核的药竟有使人精神振奋的效果。与肺结核治疗药品性质相似的化学成分后来竟然用来治疗抑郁症。药品对人类情绪有深远的影响，基于此形成了胺素理论。这种理论的重点是人类脑部缺乏化学因素儿茶酚胺（Catecholamine）时，就会产生抑郁；相反，如果这种化学物质在脑中积存过多，则有患躁郁症的可能，也就是抑郁与急躁兼而有之。这种化学物质的重要功能是在神经传送系统中产生愉快和鼓舞的感觉。另一种与胺素有关的血清素（Serotomin）则与处罚和痛苦有关，要是积存过多，会引起焦虑症。要是缺乏儿茶酚胺同时血清素过剩，这个人抑郁与焦虑兼而有之，病情更严重。

2. 内分泌不正常

肾上腺素分泌不足会造成冷漠、疲倦、畏缩等情绪障碍，分泌过剩同样会造成情绪和精神的症状。脑下垂体的分泌不正常则是造成躁郁症的原因之一。甲状腺分泌过多常有急躁、分神和坐立不安的现象。甲状腺分泌过少则有语言动作迟钝、思考混乱、精神无法集中，以及抑郁的症状。这些内分泌不正常的现象都会引起中枢神经系统化学功能偏失，从而造成各种不同情绪的障碍，抑郁是其中之一。

3. 性荷尔蒙的因素

对成人而言，心理障碍与性荷尔蒙分泌不正常的关系已是普通常识。例如35%的女性在月经来临前会有情绪问题；50%~70%的女性在产后第3天到第10天之间，因为雌激素大量减少，也有轻微而短暂的心情不佳；另有10%的女性在产后3个月内会有某种程度的抑郁。对孩子而言，女生从8岁到13岁，男生从10岁到14岁，由于生殖腺的刺激素刺激性腺分泌荷尔蒙，使男女孩子逐渐地迈入青少年期。男孩子如果性荷尔蒙分泌过少，往往与自尊心和自我评估的低落有关，这使孩子在青少年期的社会适应受到很大的影响。女孩子则刚好相反，太多荷尔蒙则发生自尊心的受损，当她们的性激素迅速分泌的时候，抑郁随之来临。

4. 睡眠的因素

辗转反侧往往用来形容忧心忡忡难以入眠的现象。经过科学的度量与分析，患了抑郁症的人确实有在睡眠中脑电波不正常的现象。他们通常会有经常醒来、无法入睡，以及醒来后无法再入睡的情形。不过，目前科学的研究无法断定这种睡眠不正常是抑郁的症状，还是造成抑郁症的病因，目前所能做的结论是这两者之间有密切的关系。

（四）儿童与青少年自杀的危险因素

毫无疑问地，抑郁是导致自杀最重要的因素。根据姆斯的报告，很多人在经过治疗之后，抑郁症状大有缓解，于是大家从严密戒备中松懈下来，结果因疏忽铸成大错。事实上抑郁症状有明显的缓解时，正是自杀最容易发生的危险时期。因为一个完全绝望且毫无精力的人一旦有进步，恢复了一些精力，也开始掌握自己的命运，同时有强烈的动机来执行原来无法实施的自杀计划。抑郁、暴躁、激怒和冲动是自杀的主要心理因素。抑郁加上精神病症使情形更为复杂，使人完全迷失了方向而走上绝路。较大的孩子或青少年开始喝酒吸毒，或是长久被病魔所困，久病卧床而无复原的希望会把人推入自尽的边缘。孩子以自杀向大人威胁，经常提起有关自杀的事，或是曾经有自杀的行动，往往会弄假成真，大人不可掉以轻心。如果孩子常有独处的机会，或自杀工具如药品等唾手可得，那么危险性自然大幅增加。

除了孩子本身的自杀倾向之外，环境中的刺激因素也不可忽略。如果孩子家中有人自杀死亡，这个孩子步其后尘的机会大增，甚至亲人或较接近的朋友最近去世，也会触发自杀的念头。大众传播媒介报道孩子自杀的事件，常造成心理传染。接触到这种报道的孩子往往需要辅导，否则常有连环自杀的现象。有的孩子在大众面前严重受辱，因而被逼入死路。也有孩子遭受无法承受的打击，对人生不存任何希望，这也有引发自杀的危险性。

3 抑郁症的评量与诊断

孩子的情绪问题经常深藏不露，抑郁的症状更是高深莫测。因此，这种心理病态从最初的发觉、评量，到最后的诊断，不但要深入评量孩子的抑郁症状，还要彻底了解这个孩子生活的状况、家庭、学校以及社会生活的细枝末节。我们不但要评量孩子，父母和老师也可以提供相当重要的线索和数据。抑郁症评量的重点在于测量孩子抑郁的情绪，例如黑暗无望的感觉、对生命中原来颇为喜爱的事物变得索然无味、丧失了生命的活力、精神无法集中、连基本的任务都无法完成。我们也要评量生理上的症状，如胃口消失、体重减轻或发育停滞、便秘或泻肚，以及失眠。认知的评量也是不可或缺的一环，例如孩子对什么事都往坏处想、对未来不存希望、有内疚与自杀的念头、把过去的蝇头小事牢记在心并引以自责，却把美好的事件忘得一干二净。其他相关的心理和行为问题，如暴躁易怒、焦虑恐惧、攻击行为、语言动作迟钝、思考混乱、幻觉妄想以及喝酒吸毒等都要列入评量的对象（有关行为背景的评量请参见第二章）。

（一）初步的访谈

初步的临床访谈往往由心理专家主持。访谈的对象包括父母、老师或其他推荐孩子做诊断的人。当然，孩子本身也是接受访谈的对象。

1. 父母与老师的访谈

临床的评量工作最先访谈的对象是推荐这个孩子来做心理诊断的人，这些人大部分是孩子的父母，也有学校的老师或心理卫生的工作人员，更有一般的家庭医生。心理专家访谈父母或老师的第一个课题是他们为什么会想到要把这个孩子带来看心理专家。大部分的父母起初把孩子带去看心理专家或精神科医生，并不是因为他们觉察到这个孩子有抑郁症。他们也许会提到孩子常发脾气，怎么突然不吃饭，或是说孩子转入青少年期，心理不平衡，希望很快会好转等。因此，初步的访谈要了解父母或老师对孩子情绪和行为问题的看法和态度。有时经过访谈后发现父母的情绪问题比孩子的问题还严重。接着要请父母或老师把孩子的问题加以说明，最好是从问题的开始说起，详述其中的经过，以及目前的情况。当大人提到问题的关键时，还要追问其中的细节并把详情记录下来。要是这个孩子确有抑郁的症状，可以问父母或老师他们懂不懂抑郁症。如果毫无概念，要把各种症状加以解释，然后要他们把孩子可能有的症状一五一十地说出来。例如失眠的情况什么时候开始？是睡不着还是经常醒来？有没有做噩梦？一天睡几个小时？对白天上学的影响如何？

2. 孩子的访谈

诊断孩子的心理症状自然要直接访谈孩子的想法和感受。不过直接访谈孩子所得到的数据要慎重地处理。根据科瓦奇（Kovacs）的观察，孩子所说的是主观的感受，这和别人客观观察的印象可能有出入。小孩子很难自动地告诉别人自己的感受，如果别人问他，他可能随着别人的问题来虚应故事。再者，孩子对自己的感受常常摸不着头绪，例如10岁以前的孩子常分不清生气和悲伤。抑郁的孩子会有自卑和自我评价偏低的情形，但他们往往无法告诉别人他如何自卑，他们只能拿自己和别的孩子比较，说自己比小明笨，自己跑得比其他的同学慢等。这种回答到底是主观看法还是有事实的根据，有待进一步的调查。孩子的时间观念相当模糊，记忆也不大可靠，所以他们所提供的数据最好要和父母或老师的说法印证后才能采信。

对孩子的评量与访谈，首先要了解他们的时间观念和语言能力。在访谈前必须和这个孩子建立亲切随和的关系，他才会把想到的或感觉到的事情毫无保留地讲出来。评量孩子的抑郁症，主要是探究他抑郁的情绪。但孩子可能完全不知这种情绪为何物，所以要改用其他容易了解的用语如“伤心”“不高兴”“心很烦”等来发问。幼小的孩子很难估计自己这种情绪持续多久，但可以问他是不是从早饭到午饭的时间，或是从晚饭到睡觉的时间。这样子用具体的事物来推测出他们情绪持续的时间长度，他才能提供比较可靠的数据。感到惭愧和内疚也是抑郁症的重要心理症状，幼小的孩子也很难了解内疚到底是怎么一回事。因此要改用具体的事物来问他，例如："当你做错一件事时，你觉得怎么样？""别人做错了事，你觉得很难过，你会不会觉得这是你的过错？"自杀的想法是孩子生与死的关键所在。这一点父母或老师往往一无所知。直接问孩子他有没有想到要自杀是一个困难的话题，但问这种问题对孩子并无不良的效果。事实上抑郁的孩子经人提出这种问题有的会笑大人小题大作，有的会感到情绪上获得解脱。由于他了解到别人对他真心的关切，他往往会把自杀的想法甚至计谋全盘托出。评量孩子心理症状另一个重要的课题是探问他们是否有幻觉和妄想。年纪较大的孩子，可以直接问他们有没有看到、听到或体验到实际并不存在的东西、声音或身体上特殊的感觉。幼小的孩子本来谈话就有虚实难分的现象，在访谈中探问他的幻觉很难得到确实的答案，直接观察其行为可能是一个补救的办法。

（二）标准化测验

标准化测验是指由专家设计一连串的问题，依照顺序一一提出来，被访谈的人只要回答"是"或"不是"。因为这些问题所包括的范围很广，所得到的数据比较周全，可信度也比较高。哈灵顿根据多年的临床经验，建议7种访谈评量的工具：

1. 儿童情感障碍和精神分裂症访谈问卷（Kiddie Schedule for Affective Disorder and Schizophrenia）：这个问卷包括广泛的情绪问题与精神病症状，用来访谈大人与孩子。访谈的内容包括按照时间顺序把发病的经过讲出来，以及目前所有症状的详细情形。这个量表不但包括孩子内在的思想和抑郁的情绪，还可度量自杀的想法和行动。

2. 儿童访谈表（Interview Schedule for Children）：这是专门为孩子设计的抑郁症评量表，最适用于8岁到17岁的孩子。访谈的对象是孩子和他的父母（最好是母亲）。

3. 儿童评量表（Child Assessment Schedule）：这个评量表适用于7岁到16岁的孩子。表中80个项目分组为数个主题，可以一组组地安插在对话中。这个评量表的使用往往是访谈人与被访谈人已有相当熟悉的治疗关系，访谈人也有相当的临床经验和判断能力，才能灵活地运用评量的问题。

4. 儿童诊断访谈表（Diagnostic Interview Schedule for Children）：这是一个组合相当严密的访谈表，适用于7岁到16岁的孩子。访谈表又分为父母和孩子两组问题。访谈的顺序和用语都相当固定，一般人稍加训练即可使用。它所包含的心理精神症状相当广泛，常作为初步过滤和分类之用。

5. 儿童和青少年精神病评估（Child and Adolescent Psychiatric Assessment）：这个评估的范围甚广，举凡DSM–IV所列的病症都列入评估的对象，因此可做诊断之用。同时，它也可用来度量病症的强弱、社会能力、休闲活动、家庭生活和学校学业。评量的症状包括症状的历史和目前的情况。由于评估的结构不是很严谨，只有有经验的心理专家和精神科医生才能使用。

6. 评量儿童与青少年自杀想法的访谈表，包括自杀意向问卷（Suicidal Intent Questionnaire）和自杀行为访谈（Suicidal Behavior Interview）。

（三）自我报告的等级评量

把问卷交给孩子或孩子的父母、老师来做答，最大的好处是省时省事，甚至可以做团体的度量，例如学校班级的学生全班接受调查。不过，这只能作为初步的过滤，不能用来取代正式的访谈和诊断。哈灵顿推荐下列6种常用的问卷。

1. 儿童抑郁量表（Children Depression Inventory）：这是由贝克抑郁量表（Beck Depression Inventory）引申出来的，用来度量7岁到17岁孩子的抑郁症。这个量表共分27项，广泛地评量所有抑郁的症状，孩子自己阅读每个题目，或是由别人念给他听，然后要他回答“没有问题”“有问题”，或是“很严重”。另外有一套则供父母和老师回答。

2. 贝克抑郁量表（Beck Depression Inventory）：这是使用最广也最受注意的量表。过去35年来曾不断地修正。量表分为21个项目，包括认知、行为、情绪以及身体方面在抑郁症状中的特殊征象。这种量表一般是用在成人病患，但也常用来度量青少年的抑郁症，以便作为不同年龄病患的比较。

3. 流调中心抑郁量表（The Center for Epidemiological Studies Depression Scale）：这个量表共有20项，用来评量成人目前抑郁的症状，现在已

有专门评量儿童和青少年的版本，以及供父母和老师作答的量表。但这种版本只能作为初步的鉴定。

4. 抑郁自评量表（Depression Self-Rating Scale）：这个量表是专门用来度量儿童中度和重度抑郁症的重要工具。主持评量的人以表中18个项目逐项问孩子，在过去这一个星期中，这种症状是不是发生在他的身上，然后问他每一种症状的发生频率。

5. 儿童抑郁等级量表（Children's Depression Scale）：这个等级量表共有66个题目，组合为6种自我评估，包括情绪的反应、社会关系的问题、自尊的低落、全神贯注在自己的病痛和死亡、内疚以及喜悦的事物。适用的年龄从9岁到16岁。另有一个版本可供成人使用。

6. 情绪问卷（Mood and Feeling Questionnaire）：这个问卷的历史不久，供DSM III–R的诊断以及病源的研究之用。问卷包括32个问题，原本适用于8岁到18岁的孩子，但孩子和成人都可回答。

（四）学龄前儿童抑郁的评量

幼龄儿童抑郁症及早发现有助于早期治疗。要是大人发现孩子行为和情绪有异状，最好能做鉴别性的评量，然后决定是否做进一步的诊断。对于学龄前儿童情绪与行为的评量，使用最多的是行为鉴别问卷（Behavior Screening Questionnaire）。它被用于访谈孩子的父母，鉴定幼儿的精神和心理病态。问卷共有60个问题，包括行为、健康以及一般成长的过程。另一个用来评量幼儿情绪的工具是学龄前儿童情绪症状的一般评量（General Rating of Affective Symptoms for Preschoolers），它用来访谈父母和幼儿园老师，他们观察这个孩子与其他孩子交往的情形。另一个用来直接评量幼童情绪障碍的工具是由马蒂尼（Martini）设计的图片自我报告。这种报告共有25个项目。每一张卡片有两个画面，一个画面显示出一个行为问题，另一个画面则没有行为问题。25张卡片一一呈现给孩子看，要他指出适合于自己情绪的图片。克兰茨勒（Kranzler）设计了一个情绪问卷，他们发现3岁的小孩在遇到丧亲之痛时，也会表达他们的情绪和悲痛。

（五）行为的直接观察

有些抑郁症的症状如语言动作迟钝、面部表情忧伤、短暂而勉强的笑容，都可以直接观察。根据反复研究的结果，直接观察的评量与其他访谈的评量有高度的相关。卡兹汀（Kazdin）认为直接观察孩子对抑郁症的诊断有相当高的价值。他们用这种方法来观察62个住院治疗的孩子。这些孩子年龄从8岁到13岁不等。他们在孩子自由活动的时间，观察3种主要的行为：（1）社会活动，如和别人交谈、和别人玩纸牌或其他游戏；（2）单独的行为，如独自玩东西、整理自己的房间；（3）情绪的发泄，如微笑，或是和人争论。他们发现这些患有抑郁症的孩子比较少和别人接触，也不大表露自己的情绪。这个结果和孩子父母的感想相当地符合。同时，卡兹汀等人认为在访谈孩子的时候，也可以同时观察他们面部的表情、眼神以及身体的动作，以相互印证。

奥尔特曼和郭特伯（Altmann & Goltib）特别观察孩子的社会行为。他们发现抑郁症的孩子和别人接触的时间显然比其他孩子少。当他们和同伴有接触时，吵嘴和攻击行为出现的情况则比较多。

一般心理专家认为直接观察可以提供相当宝贵的线索和资料，但这个工作要由有经验的专家来做。父母自己做观察自然省事也省钱，但父母的敏感度不够，主观的成分太高，其结果的可靠性不高，仅可供参酌之用。

4 抑郁症的治疗

抑郁症治疗的途径纵横交错，不一而足。美中不足的是这些方法用在儿童与青少年的身上，历史尚短，到目前为止，还缺少科学的研究来确实证明其效果。因此，治疗孩子的抑郁症往往要同时采用数种方法交叉验证。最基本的办法是采用认知与行为治疗，改变目前的抑郁症状。社会技能的训练与人际关系的改善也是要加强的重要方向。如果孩子的病因来自家庭不健全或是学校环境的压力，家庭治疗与学校的支持是必需的途径。如果孩子的情绪问题源自生理以及神经系统的缺陷，抗抑郁症药品的使用常是考虑的重点。

（一）认知的改造

认知错误是抑郁症的最大标志。由于他们对自己、对外界事物、对未来不存任何希望，且把万事万物都做最坏的打算，其情绪自然黯淡、忧伤，而且有厌世的念头。早在30年前就开始提倡的认知治疗和理性情感治疗，到现在还是认知改造的两个主流。不过，由于病患的年龄与病情的差异，有必要依照临床经验加以修改。

1. 认知治疗（Cognitive Therapy）

根据贝克认知理论对抑郁症的解释，患有抑郁症的人对自己、对世界、对未来都有负面的看法。他认为这种人在处理事情时，犯了6个基本的错误：（1）随意推论；（2）偏倚的定论；（3）过分的类化；（4）夸大其词或是过分的淡化；（5）把事物人身化，对人不对事；（6）绝对的或是极端的想法。例如8岁的小宁有轻微的智力不足。她日日期待着念大学的哥哥放寒假后会带她到山上去赏雪。不巧的是放寒假的前两天哥哥打电话回家，说是报告还未写完，赏雪之行要后延一个星期。小宁得到这个信息后产生了几个错误的认知和信念:(1)哥哥根本是骗人的;(2)他根本不想带我去赏雪;(3)世界上根本不会有人会带我去玩;(4)没人带我去玩,整个寒假我要做什么?(5)谁会带一个智力不足的女孩子出去?(6)我最恨哥哥,他为什么要骗我?

史塔克(Stark)根据贝克的理论,设计出3种处理儿童抑郁症的策略。

(1)治疗人员向孩子的自动想法提出挑战:"你这种想法和说法的证据在哪里?"同时协助孩子向自己不合理的想法提出挑战,以理性的思考取代自动的想法。

(2)治疗人员协助孩子建立变通的解释。当孩子遇到一件不如意的事而痛心难过时,教他如何产生变通而有建设性的想法。例如15岁的小华有抑郁症,她在学校走廊上遇到一个同学,而这个同学没有和她打招呼,小华认为这个同学讨厌她,因此很伤心。大人可以告诉小华,这个同学不和她打招呼的理由很多,例如没有看到小华、心情不好等。小华自己也可设想一些变通而有建设性的解释。

(3)治疗人员协助孩子建立"万一果真如此又如何"的想法,就算事件的发生果真是他所料想的,其结果又会坏到哪里去?例如小华第二天再遇到这个同学,而且先向他打招呼,他还是相应不理。这件事当然会使人伤心,但是世界上那么多的人,一个人不打招呼又如何?这种怠慢的人,即使不和他交朋友又有什么损失?

不但治疗人员可以运用贝克的认知治疗,一般人也可以把这种方法的原理原则加以利用。例如小宁赏雪的事件。她的年龄还小,智力又偏低,以辩论的方法从事认知的改造相当不易。她的母亲对小宁的心情相当了解。因此她告诉小宁,赏雪之行延后一个星期最好,因为天气预报说再过一个星期才会下雪。同时,小宁应该利用这几天好好研究交通路线。此外,她们还要买两双厚的袜子。小宁的母亲灵活地运用认知治疗的知识,婉转地以事实和实际的行动来改变小宁的认知和信念,也因而改变了她的情绪和行为。

对于年纪较大理解力较成熟的青少年,贝克的治疗方法可以直接用来处理他们的抑郁情绪。贝克认为抑郁病患的通病是绝望的想法,这种想法可以通过认知治疗把它完全革除。认知的治疗一开始就要针对孩子绝望的想法和悲观的态度做适当的处理。处理的第一步是选定一项工作要这个孩子付诸实施。这个工作一定是他以前没有完成的,他也深信自己没有适当的能力或资源去完成这个工作。治疗人员要设法使他吐露出他对这个工作抱有怎样的期望,以及预料中的障碍。然后指导他如何避免或克服困难来完成这项工作。如果他做完这件事，而且表现得比自己原来所期望的更出色，这就表示他成功地达成任务。这个成功的例子可以作为将来尝试其他工作的重要基石。更重要的是借此粉碎绝望和悲观的想法。

贝克认为孩子在建立信心之后，要协助他在日常生活中特别注意到造成心情恶化的外在事件以及自己内在的想法。治疗人员给孩子指定家庭作业，每天要把混沌的思考记录下来。例如遇到心理烦闷的情况，要立刻质疑到底自己脑中有着什么想法。如果当时无法清晰地思考，在情绪的风暴过去之后，要尽快地静下来想一想，并把思考与情绪的关系以及前因后果写下来。治疗人员可以拿这些记录和孩子共同分析，并协助孩子辩证自己自动而非理性的思考。一旦孩子能够廓清自己混沌的思考，治疗人员就要和孩子共同预想未来可能发生的困难问题，并事先设计一些应付的技术，一旦情况发生，可随时拿来应付难题。

2. 理性与情感的治疗（Rational-Emotive Therapy）

伊利斯（Ellis）在理性与情感的治疗中，最常使用的技术是驳斥非理性的信念。驳斥的技术包括两个步骤。第一步是协助孩子找出造成心理和行为困障的非理性信念，这种信念是自我鞭挞的心理状态。很多人毫无理由地闷闷不乐，因为他们有潜伏的非理性思考而不自知，因此往往需要专家的协助才能把这种情绪的罪魁祸首找出来。第二步是治疗人员就孩子非理性信念的真实性或虚假性与孩子展开辩论。在辩论中同时要协助孩子辨识什么是理性的信念，什么是非理性的信念。例如治疗人员可以这样问孩子："你为什么非要这样做不可？""你的女朋友想要断绝关系，你就觉得世界末日到了。这是根据什么理论或是什么标准得出的结论？"经过一再地追问和思考，孩子会恍然大悟，非理性的思考都带有"绝对的""一定的""必定要的"想法。以下就是几个非理性信念的例子："有些人做错了事，这种人一定是该死的坏蛋。""人生实在太不公平，我再也受不了了。""这件事一定要办得每一个人都满意，否则我就是一个大笨蛋。""他们都不理我，我一定是一个坏人，我非好好地检讨不可。"

大人要帮助孩子了解到，自己情绪的困扰皆因他被这种非理性的信念所困而无逃脱之计。伊利斯另一个比较具体的办法是要孩子回家做家庭作业，平时每有这种想法出现，就要一五一十地写下来，或是用录音机录下来。针对这些信念，大人可以和孩子辩论，然后由孩子自我辩论。争辩的例子是："为什么我非这样做不可？""哪个地方有记载说我是一个坏人？""凭什么我一定要得到别人的赞美？""什么叫公平？不公平又如何？"孩子不但要借自我辩论去除非理性的思考，还要建立理性的信念，永远取而代之。例如："我希望把这件事办好，爸妈会高兴，但是我不一定要弄得每个人都满意。只要尽我的力量去做，相信大部分的人会满意的。""我实在不应该骂小宁，但这并不证明我是一个坏孩子。明天我向他道歉，一切都会成为过去。""我真希望爸妈能为我的考试成绩而高兴，但是他们一定要我考第一名才能带我去看电影，这是他们的错。考不到第一名，爸妈不带我去看电影也不算是天大的事情。"理性和情感的治疗也常用语意的变通，教孩子尽量避免使用自我鞭挞的遣词用字而代以积极的字眼。例如少用"我不行""我不会""他们都比我行"的说法或想法，改用"我还没有""我还要""小明和小华跑得比我快，但打乒乓球都不是我的对手"等。

（二）行为的治疗

行为的治疗与认知的治疗犹如铁道之双轨，缺一不可。行为治疗比较注意行为的训练，把思考与信念的转变应用在行为的改变上，也从新行为的建立来确保思考和情绪的正常化和理性化。史塔克等人采用5项行为治疗的策略，对抑郁症的孩子有相当的帮助。

1. 自我监督

在认知改造中提到孩子要记录混沌非理性的思考。在行为治疗中，更要训练孩子观察和记录自己的行为，以及他自己对这些行为的看法和感受。因此，他会了解到行为、思考和情绪三者之间的关系。这其中往往是牵一发而动全身，由此孩子深深地体验到，要改变自己的情绪，往往要从改变自己的行为和思考着手。孩子不但要监督自己负面的行为、思考和情绪，更要花费心神去体验、观察和记录愉快的事件。监督愉快的事件可以把孩子的注意力移转到正面而积极的事物，同时打断抑郁和悲观的恶性循环。

2. 自我评估

自我评估旨在比较自己实际的表现与内在的行为期望。抑郁症的孩子都有负面的自我评价，因此有自卑和缺乏自信的现象。这种心理的产生主要是因为孩子给自己订下一个高不可及的目标，因而自寻烦恼，感到自己一文不值。这不一定是行为的缺陷，可能是认知的扭曲。自我评估的训练旨在教孩子客观地评估自己的想法和行为，尤其是找出负面的自我评估，然后一方面从事认知改造，另一方面从事行为的训练，如社会技能、语言能力、学业与体能等以提高行为的表现，缩短实际行为表现与自我期望的差距。

3. 自我强化

自我强化是指孩子对自己适当的行为要自我奖励，具有奖励的强化物包括口头的赞美和实质的奖赏。例如小宁为了同学不打招呼而闷闷不乐，第二天她去找这位同学澄清，同学立刻为不打招呼的事表示歉意，廓清了她原先不愉快的思考。她认为自己采取果敢的行动来辩证自己的想法是积极而有效的行为。她不但鼓励自己的做法，而且决定星期六晚上邀几位同学来家里聊天看电视。这种自我强化有助于自信自尊的建立，也是自我控制的策略中不可或缺的步骤。举凡在困境中自己有适当的表现，都要立刻自我鼓励，因此更多更好的行为会接连不断地发生。

4. 日常活动的时间表

抑郁症的孩子要不是对日常事物感到索然无味，就是感到精疲力竭，对什么事情都感到困难重重，或是对自己丧失了信心以致什么事都感到畏首畏尾。不管原因如何，这种孩子总是坐困愁城，空让学业荒废，人际关系破裂，日常生活也受到极大的妨碍。日常活动的时间表是把日常生活中该做的事有系统地安排组织起来。其目的是增加日常中有意义的活动，同时消减被抑郁思绪所纠缠的机会。大人可以和孩子共同列出一些愉快的活动，并把适当的时间安排出来。对于抑郁症已经相当严重的孩子，最好从简单而不费力的活动开始，如散步、逛街、看球赛等。有了进步以后再逐渐地增加活动的难度和深度。但不管哪一种活动，大人都要倾力协助，并且鼓励孩子从事这些活动。

5. 放松的训练

孩子面对着的时时刻刻的压力，往往与抑郁的情绪形影相随。放松的训练旨在传授孩子适当的技能，当他面对压力变得急躁，或是出现焦虑的情况时能够泰然处之而不致引发更严重的抑郁。放松训练的第一步是向孩子解释一个人抑郁、焦虑、暴躁时，生理上会发生明显的变化，如呼吸急促、心跳加速、肌肉绷紧，甚至有头痛胃痛的现象，接下来要教孩子做深呼吸：把自己的肺部想象成一个透明的大气球，先把气全部放光光，停止5到10秒钟，然后吸进一些空气，想象大气球装了1/3绿色的空气，停止5到10秒，再吸进1/3的绿色空气，停止5秒到10秒，再吸进1/3绿色的空气。大气球装满空气后停止10秒钟，然后分3次慢慢地把气放光。这个顺序重复几次，让孩子体验到肺部紧张与放松的感觉。放松的意义就是要消除身心紧张的状态，转入放松和心平气和的情况。接下来要教孩子逐步放松肌肉的方法，把身体各部位的肌肉做紧张与放松的练习。孩子学会这些方法以后要每天自己练习。一旦肌肉的紧张与放松都能运用自如，就可教孩子省略紧张这一步而直接进入全身放松的状态。不但肌肉放松，还可以配合轻松的音乐或是使用愉快平静的思考把人带入完全忘忧的境界。一旦孩子遭遇到压力的困扰或是焦虑与抑郁的困扰，这种技术可以立刻派上用场（有关放松的训练请参见第三章）。

（三）社会技能的训练与人际关系的治疗

抑郁症孩子一个明显的特征是与人格格不入。这很可能源自社会技能的缺乏、人际关系的困难以及缺乏社会增强。治疗抑郁症的一个重要策略是传授适当的社会技能，把他装备起来，面对人际关系的重重问题，能够排除困难，建立亲密而和谐的人际关系。

1. 社会技能的训练

我们应当以孩子行为评量的结果为根据，设计一套社会技能的课程，期能发展他的长处，弥补他的短处。一般而言，社会技能的课程包括与人交谈的技能、处理人际关系问题的技能、协商与解除冲突情况的技能等等。训练的方法大同小异，大都是采用讲解、示范、角色扮演、纠正与回馈以及社会强化的方法。训练的时候可以呈现一些假想的小故事，要孩子提出或扮演他的反应。大人不但刻意强化适当的反应，也要教他如何改进反应的方式。训练有了成果，可以开始呈现日常生活中所遭遇到的实际问题。最后要演练如何处理这个孩子最感棘手的社会情况。有关社会技能的训练与课程，请参见第三章。

2. 人际关系的治疗

人际关系的治疗重点在处理人与人之间可能的争执，诸如孩子与父母，与老师，与同伴之间不愉快的事件、日常生活中不平和委屈的事件、与父母的分离、对权威的服从、权利与义务的划分、独立自主与别人的控制、异性朋友的交往，以及同伴的压力等。在初步的治疗时有6项工作必须完成：（1）对抑郁症状做详尽的评量；（2）对这个孩子的人际关系有充分了解；（3）把问题的症结找出来；（4）把所要改善的地方以及治疗的用意给孩子解释清楚；（5）和孩子订定一个行为的契约；（6）向孩子解释他所要扮演的角色。

接下来要协助孩子了解人际关系与自己情绪和行为的关联。例如孩子与父母之间最常见的争执是零用钱的问题、孩子的人际交往、学业问题等。在这些冲突中，孩子可能会产生自我惩罚的行为以及自责、内疚、忧伤的感觉。治疗人员的工作是教孩子如何把自责、内疚和忧伤的感受适当地表露出来而不要出现自我惩罚的行为。

（四）环境的改善与家庭的治疗

抑郁症的孩子很多出生在问题家庭中。有的家庭可能是父母长久不和，有的可能是父亲或母亲长卧病床，有的可能是面临着财务的纠纷或是事业上的危机。因此，对这种孩子的家庭背景要有深入的了解，甚至其他家庭成员也要接受治疗。

1. 对抑郁症状的咨询

孩子的父母可能对抑郁症毫无所知。因此，心理专家应当把基本的症状对他们加以解释。例如孩子社会关系的决裂与他的抑郁情绪有密切的关系。这种情绪往往超越孩子能力范围，他自己完全无法控制。再如内疚的形成，其他问题行为的起因，以临床的经验来解释，对家庭气氛的转变以及教养方式的改善有很大的帮助。要是发现孩子有自杀的倾向，对环境危险物品如刀械、药品等的搜查，严密监视孩子的行踪都是重要的防范措施。更重要的一点是有些父母认为孩子变来变去，雨过天自然晴。事实上很多孩子的心理疾病一日比一日加深，如果不及早治疗，不但孩子受苦，很可能因此耽误了他的一生。

2. 父母与子女同时接受治疗

父母和手足对孩子病情的进展有举足轻重的影响力。例如孩子从治疗人员那边带回来的家庭作业，往往需要家人的协同合作。父母可以协助孩子鉴定混沌的思考，从事社会技能和放松训练的复习和应用，帮他设计日常生活的活动，并鼓励他表露自己内心的感受。因此，孩子接受专家的治疗当中，父母也要全盘了解治疗的内容，所以治疗的效果可以从治疗室延伸到孩子的生活中。

3. 家庭的治疗

抑郁症的孩子往往来自不正常的家庭，父母兄弟姐妹同时患有心理疾病的情形所在多有，这种情形常是孩子病根所在。病根不除，整个环境不彻底改善，孩子康复的希望微乎其微。因此，孩子治疗当中，其他患有心理病态的家庭成员也要同时接受治疗，甚至所有家庭成员都要接受协助和辅导，改变生活和行为方式。

4. 学校老师所肩负的职责

一个安安静静但不和别人交往的孩子在班级中很少引起老师的注意，但他可能已经痛苦到没有呼救的能力或意愿。老师都受过基本的训练，而且看多了孩子，遇到有异样很容易察觉情绪与行为问题。不幸的是抑郁症的孩子不大容易显示他们的心理问题，或往往被误解为其他的问题。因此，老师务须提高警觉，很敏感地找出藏在树丛中低声哭泣的孩子。有些心理专家建议给每一个学童做问卷测量，如果第一次出现疑问，可进一步做评量，第二次再出现问题时，应该提交心理专家做正式的诊断，并尽可能地做早期的治疗。这一方面需要老师的警觉，另一方面更需要心理医疗机构的配合和协助。预防重于治疗的真理用在抑郁症上也是颠扑不破的。学校与心理医疗机构对孩子抑郁症的预防责无旁贷。西格尔、玛沙诺和克莱斯特（Siegel, Mesagno & Christ）以孩子的父亲因癌症而濒临死亡为例，认为老师和心理专家应该采取下列的预防措施：

（1）应该对孩子的母亲给予适当的支持，使其专心照顾临终的配偶而没有后顾之忧。

（2）提供母亲有关孩子丧亲之痛的心理反应，因此大人可以兼顾孩子的心理需要。

（3）针对孩子丧亲的心理反应采取防范的措施。例如父亲过世之后，保持这个孩子的生活现状，避免因丧失父亲而衣食无着落甚至流离失所。

（4）特别强调并协助孩子与母亲的沟通，以宣泄彼此的情绪。

（5）通过对母亲的辅导，间接地影响孩子的想法和情绪。

（6）特别注意时间性。例如父亲诊断出癌症后选择不立刻告诉孩子，但也不要等到父亲过世后才告诉孩子。

（五）自杀的预防

孩子的生死常是一念之差。自杀的防范则要父母和老师巨细无遗地观察孩子行为的征兆，分析可能的危险因素，然后采取必要的措施。姆斯对此提出下列建议：

1. 私下探听孩子的意向。例如问他下个周末有什么活动，今年暑假有什么特别计划。

2. 观察他的一举一动，以相关的事物来试探他的动向。

3. 对幼龄的孩子可以直接问心中的感受。

4. 让他倾吐心声，父母老师只重倾听但不必急于劝说或教训。

5. 如果事关紧要，可以直接问他是不是有自杀的企图。如果他没有这种念头，会笑父母或老师多猜疑，或是一笑置之。如果他真有此念头，他会感到特别安慰，因为到底有人真的关心他，从此大人也可严加防范。

6. 如果种种迹象显示他有自杀的倾向，就算他矢口否认，还是要全天候地监视戒备，找专家或精神科医生处理，甚至要住院做彻底的诊治。

（六）药品的使用

对于抑郁症相当严重的孩子，单靠心理治疗显然无法直捣深藏不露的病根。神经系统的故障或内分泌失调等生理上的病源常须借助于药物的控制。抗抑郁类药物（Antidepressants）如盐酸丙咪嗪、曲唑酮、安非他酮、氟西汀等常用来治疗抑郁症。但是，根据盖勒（Geller）的研究报告，大约有30%的孩子服用这类药后会产生副作用，如激动、暴躁、做噩梦、失眠、头痛、肌肉痛、便秘、呕吐以及昏迷等现象。无论如何，在事先要做慎重的考虑。使用之后更要仔细地观察和评量治疗的效果以及可能的副作用，然后考虑利弊得失，做斟酌取舍。

5 结 语

我们想象中的孩子该是天真活泼无忧无虑，事实上，大部分的孩子都是如此。但是，学校一个班级40个学生中，可能有2~3个孩子患有抑郁症，甚至有些学龄前的孩子已有抑郁的情绪和厌世的念头。这是孩子个人的悲剧、家庭的困扰，也是社会的问题。我们来看一个实际的例子：汉强是一个8岁的男孩，他的老师发现他近几个月来上课时常打瞌睡，功课不做，考试成绩一落千丈。下课时只是坐在课桌椅上发呆，不出去玩，也不和同学交往。他偶尔会对同学发点脾气，但不会制造什么大问题，老师也不特别地注意。汉强的父亲是牙科医生，工作认真负责，事业蒸蒸日上，他少有在家的机会，但一回家就常发脾气，对妻子和孩子们相当苛刻。他的母亲是一个典型的贤妻良母，但因为汉强4岁的弟弟半年前被汉强打伤头部后，经常癫痫发作，母亲就全神贯注照顾弟弟。他们家雇了一个外籍保姆来照顾汉强的起居。这个保姆对汉强的衣食住行照顾得无微不至，但对他的委屈和落寞却一无所知。汉强的家庭富裕，算得上是相当美满的家庭，但汉强小小的心灵一再为弟弟的受伤而受到内疚与自责。同时，父亲的暴躁和百般挑剔，使他的精神压力逐渐增加。另外，他母亲专心照顾弟弟而把汉强摆在一边，保姆则因语言不通很少有与他谈心的机会。他本身又有他父亲抑郁症的遗传倾向，内外夹攻，把他逼入死亡的边缘。就在老师发现他行为有异常之后不到一个月，学校就传来了汉强喝下大量清洁剂自杀死亡的消息。在他死后，他父母才在他的房间清理出无数张令人落泪的图画。原来他曾有无数个失眠的夜晚，心中的积郁无处倾述，只好画出来。这些图画大部分是黑云密布，间有一些枯树上吊挂尸体的画面，充分地显示出他的抑郁和自杀的念头。他的老师也回忆到汉强自杀前一个星期还突然开朗起来，找同学出去玩，还拿家里的玩具来送给同学。想不到这竟然是他自杀前最明显的征兆，大人们错过了最后的防范机会，孩子也丧失了生命。

抑郁症的孩子不但在情绪上感到忧伤低沉，在想法上认为自己一无是处，人生毫无希望，饮食睡眠方面也相当不正常，体力和精神萎靡不振。这种孩子对往日兴致勃勃的活动竟然变得冷漠。他的学业荒废，人际关系发生裂痕，整个生活情况感到日日艰难。这种心理病症的来源常有遗传的因素，因此生而具有容易感染情绪障碍的倾向。孩子先天的内分泌不平衡以及神经传送系统的故障也是一个重要的因素。加上认知的错误、环境当中不断的压力而无躲逃的机会，以及缺乏外来的增强和鼓励，常使孩子的精神体能一蹶不振。

抑郁的症状大都超越孩子的控制范围之外，驱之不去，除之不尽。但是，这种孩子经过精密的评量诊断后，可以从认知的改造、行为的治疗、社会技能的训练、家庭环境的改善来带动情绪与行为的改变。如果这些方法用尽依然没有起色，使用抗抑郁症的药品加上心理治疗，往往有拨云见日，使孩子重见光明的效果。

CHAPTER FIVE

第五章

焦虑与恐惧

孩子怕生、怕黑、讨厌考试、讨厌在公众面前尴尬，都是正常的反应，它们有保护作用，也提供必要的动机达成更高的成就。但有些孩子在几米之外看到一条小狗就吓得魂不附体、一踏上电梯就头昏眼花、走进教室就如临大敌，这些似乎是焦虑与恐惧的情绪反应，严重地妨碍孩子正常的生活和成长。

焦虑是一种害怕、忧虑和紧张的情绪。这不只是嘴上说说而已，他们的确感到重大的灾难即将临头，甚至有死亡的威胁。例如有的孩子感到他的灵魂已离开他的身躯，有的孩子认为爸妈一出门就会被车子撞死等。孩子有焦虑的情绪时，其行为表现常会显示出暴躁、哭闹、大声嚷叫、吃不下饭、健忘、多动、冷漠，甚至会做噩梦。幼龄的儿童焦虑时会抓住父母不放。不但如此，在生理上孩子会心跳加速、呼吸急促、胸口发痛、血压升高、呕吐、流汗、肌肉绷紧以及有窒息的感觉。

根据科斯特洛和安戈尔德（Costello & Angold）的研究，在1987年到1994年之间所发表的报告显示出孩子患有焦虑症的比率在5.7%~17.7%。这些报告中，一半以上的统计显示10%以上的孩子患有焦虑症，可见这种问题的普遍性。孩子有了焦虑与恐惧的症状，内外压迫，日日生活在紧张不安的状态中，因此社会关系无法建立，学校学业或工作也深受影响。

焦虑与恐惧的症状范围甚广，DSM-IV把这种症状分为7类。这一章为配合DSM-IV的分类，分别用六节来介绍各种焦虑的症状和治疗。第一节到第五节分别介绍特殊恐惧（Specific Phobias）与广泛性焦虑障碍（Generalized Anxiety Disorder）、社交恐惧症（Social Phobia）、分离焦虑症（Separation Anxiety Disorder）与恐慌发作（Panic Disorder）、强迫症（Obsessive-Compulsive disorder）以及创伤后应激障碍（Posttraumatic Stress Disorder），第六节则综合介绍认知与行为治疗在处理焦虑与恐惧症状中的应用。

1 特殊恐惧与广泛性焦虑障碍

小英是一个8岁的女孩。她的主要问题是怕昆虫、过分的忧虑以及生理上的病态。她不但怕昆虫，而且昆虫爬过的地方也会使她裹足不前，例如厨房，外面院子或学校操场都使她感到无限的畏惧。小英还会怕事情做不好、怕发生意外、怕被人取笑等。遇到这些事物，她不但有情绪上的担忧和恐惧，同时会发生头痛、胃痛、流汗和心跳加速等生理上的症状。小英的母亲也有类似的焦虑，只是她的情况不像小英那样的严重。根据卡沙尼和奥巴斯秋（Kashani & Orvaschel）的报告，有2.4%~3.3%的孩子患有特殊恐惧；约翰逊与科恩（Johnson & Cohen）则报告患有广泛性焦虑障碍的孩子，占一般孩子的2%~19%，其中女孩子所占的比例远超男孩子。

（一）特殊恐惧与广泛性焦虑障碍的特征

1. 主要症状

（1）特殊恐惧是指孩子对某特别的刺激（包括地点和东西）有持续不变的畏惧。因此，他会尽可能地躲避这种刺激，如果在无法逃避时会承受激烈的焦虑。恐惧的情绪自然会妨碍孩子学校的学业、人际关系以及家庭生活。孩子最常见的恐惧刺激包括高处、小动物、医生、牙医、黑暗、巨大的响声以及雷电等。西尔弗曼和雷比安（Silverman & Rabian）从三个方面来解释孩子的特殊恐惧。在行为方面，孩子遇到恐惧的事物或预料到这种可怕的刺激就要出现时，他会设法逃脱或回避。孩子同时会大声喊叫，出声哭叫，或跑去求助于父母或其他人。在认知方面，孩子产生一种信念而且反复地自我言语：我一遇到这种东西就有很大的灾难。例如孩子会想："这条狗一定会来咬我！"这种认知和思考会造成孩子重大的困扰，而且扰乱他的注意力和正常的生活。在生理方面，这个孩子会有心跳加速、发抖、肚子不舒服以及流汗等现象。

（2）广泛性焦虑障碍是指孩子把全副精力贯注在忧虑的事物中。这种孩子忧虑的并不是特殊的地点或东西，而是担心一般的事物如未来、功课的表现、身体的安危、别人的观感等。生理上的毛病如头痛和肚子痛也是常见的生理现象。施特劳斯（Strauss）认为这种孩子自我意识很强烈，他们会经常探听别人的意见，渴望父母或老师的赞同。从外表看来，这个孩子有完美主义的作风，他特别想讨人喜爱，也显得特别的成熟。

2. DSM-IV的诊断标准

（1）特殊恐惧的诊断标准：

① 显著而持续地对某些特殊东西或情况的出现，或预期其出现而产生过度且不合理的恐惧。这些引发恐惧的刺激范围很广，例如飞行、高处、动物、打针、看到血等常见的恐惧事物。

② 暴露在这种恐惧的刺激中，几乎每次都会立刻引发焦虑的反应。这种反应是指在某些情况中发生的恐慌发作；孩子可能以哭叫、发脾气、手足无措或抓住大人不放等表示他的恐慌。

③ 这个人了解到自己的恐惧太过分而且毫无根据。幼小的孩子则可能缺乏这种认识。

④ 恐惧的情况会使孩子设法躲避；如果逃避不及，孩子会遭遇到强烈的焦虑或压力。

⑤ 孩子对事物的逃避，对恐惧事物即将出现所产生的焦虑，以及面对这种事物时所产生的心理压力会严重地干扰这个孩子的正常生活、学校的功课、社交活动和人际关系，或是对这种恐惧本身产生显著的心理压力。

⑥ 18岁以下的孩子，其症状出现的持续时间至少6个月。

⑦ 焦虑、恐慌发作，或是恐惧所引起的躲避反应与特殊的事物或情况有关，但并非其他焦虑症状所引起。例如强迫症（例如怕脏，一直被感染病菌的想法所困扰）、创伤后应激障碍（例如避免接触到引发严重心理创伤的刺激）、分离焦虑症（例如怕出门）、社交恐惧症（例如恐怕尴尬的场面而避免社交的接触），或是带有广场恐惧症的恐慌发作（例如不敢上电影院、上电梯、坐飞机等）。

（2）广泛性焦虑障碍的诊断标准：

① 过分地焦虑或担忧。担忧的日子比不担忧的日子多，而且持续6个月以上。担忧的事件或活动相当广泛，诸如体能活动、学校功课、社交活动等。

② 这个孩子自己很难控制这种忧虑。

③ 焦虑和担忧有下列症状中的1种以上。这种忧虑在过去6个月中出现的日子比不出现的日子多。

- 感到不安、激动或是紧张。
- 容易感到疲倦。
- 注意力无法集中或是脑中一片空白。
- 急躁易怒。
- 肌肉绷紧。
- 睡眠的困扰（无法入睡、经常醒来或觉得睡不好）。

④ 焦虑和担忧的焦点并不集中在恐慌发作。怕在公众面前出丑（社交恐惧症）、怕被感染（强迫症）、怕离开家里的亲人（分离焦虑症）、担心身体发胖、生病或是创伤后应激障碍。

⑤ 这种焦虑、担忧或生理的症状造成极大的压力，而且致使孩子在人际关系上、学校学业上以及日常生活中有严重的障碍。

⑥ 这种心理上的困障并非源自药品或毒品所造成的生理病态或是生理的因素（如甲状腺分泌过多），也非因为情绪的不稳、精神症状以及一般成长的障碍。

3. 相关的特质

（1）认知的媒介。孩子无论是患了特殊恐惧或是广泛性焦虑障碍，其症状都有负面的自我陈述，或是负面的认知。这种孩子遇到事情总是往坏处想，而且预料重大灾难即将临头。更有甚者，如果事情真有差错，他会把罪过归在自己身上。因此，他会时时设法防备，在认知上总是处在紧张备战的状态中。

（2）同伴的关系。这种孩子显得畏首畏尾，表面看来很害羞，社会关系很疏远而且不受欢迎。这种孩子往往受到同伴的冷落，自己也很畏缩，结果常有社会孤立的现象。

（3）**家庭生活**。有高度焦虑恐惧的孩子往往成长在家庭氛围不良的家庭中。父母本身常有心理病态，对孩子的教养则采取过分保护、纵容或严厉体罚的方法，教育方法模棱两可或朝令夕改。家庭中父母与子女沟通不良，彼此无法畅所欲言以表露内心的感受。父母之间的感情不融洽，甚至有婚姻触礁的危机。

（4）**学校的生活**。拒绝上学和怕考试是这种孩子的主要表现之一。在学校中，学习的活动因为过分的焦虑和紧张而效率降低，例如精神无法集中、上课无法听讲、考试无法作答等。在某些地方或活动中，这个孩子会因裹足不前而丧失了学习的机会。

（二）特殊恐惧与广泛性焦虑障碍的起因

1. 精神分析理论（Psychoanalytic Therapy）

在弗洛伊德（Freud）发表小汉斯（Little Hans）的个案后，精神分析的理论对焦虑症的解释开辟了一块新的园地。弗洛伊德认为小汉斯对马的恐惧是因为他对他的母亲有性的欲望，因此他想把他的竞争对手——他父亲排除掉。小汉斯由于害怕内在的或是直觉的危机，只好把这个念头强制压抑下来，因此逃过了一番浩劫。然而，他的压抑并非完美，所以潜意识的焦虑就移位到外在的事物，这种事物与他潜意识中的愿望又有关联。所以小汉斯就尽量地逃避他所恐惧的马，而不逃避他的父亲。这个解释流传甚久甚远。类似的个案和解释不胜枚举。问题是缺乏科学的印证，理论是否成立，一直没有定论。

2. 学习理论（Learning Theory）

华生和雷纳（Watson & Rayner）也发表过一篇小艾伯特（Little Albert）的个案。他们认为小艾伯特之所以怕小老鼠，是因为原本属于中性刺激的小老鼠一再地和嫌恶的刺激配对出现，久而久之，小艾伯特也会怕这种小老鼠。这种害怕是学来的，也是巴甫洛夫经典条件反射（Pavlov Classical Conditioning）的结果。另外，斯金纳操作性条件反射（Skinner Operant Conditioning）也扮演重要的角色，孩子遇到恐惧事物时所产生的逃避反应获得了强化。因此，焦虑的情绪与逃避的行为受到经典条件反射和操作性条件反射的双重控制。

3. 认知模式（Cognitive Model）

肯德尔（Kendall）认为孩子之所以产生焦虑与恐惧是因为无法控制错误的认知。这种认知毫无事实根据，带有负面的解释，甚至造成大难即将来临的信念。这种解释也经常引起争论，有人认为孩子认知的错误是焦虑的结果而不是焦虑的起因。但不管如何，焦虑与认知确实息息相关。

4. 遗传模式（Genetic Model）

另有一些学者如费尔（Fyer）认为孩子的这种情绪来自父母的遗传，因为父母往往也有类似的情绪问题。不过，这种模式殊难经过科学的实验来求得印证。

（三）特殊恐惧与广泛性焦虑障碍的评量

1. 自我报告的等级评量

最常使用的等级量表是儿童恐惧调查表——修订版（Fear Survey Schedule for Children-Revised）、修订的儿童显性焦虑等级量表（Revised Children's Manifest Anxiety Scale），以及儿童状态 – 特质焦虑量表（State-Trait Anxiety Inventory for Children）。

2. 标准化测验

儿童情感障碍和精神分裂症访谈问卷（Kiddie Schedule for Affective Disorder and Schizophrenia）曾被广泛地用来评量孩子焦虑与恐惧的情绪。其他标准化的测量包括儿童与青少年诊断性访谈（Diagnostic Interview for Children and Adolescents）、儿童访谈量表（Interview Schedule for Children）、儿童评量表（Child Assessment Schedule）、儿童诊断访谈表（Diagnostic Interview Schedule for Children）、儿童焦虑访谈表（Anxiety Disorder Interview Schedule for Children），以及儿童和青少年精神病评估（Child and Adolescent Psychiatric Assessment）。

3. 生理的检验

孩子患有焦虑与恐惧症，往往有生理上和行为上的特殊征候。恰普洛夫（Chapunoff）要孩子暴露在恐惧的情况中5分钟，然后测量他的心跳和手掌发汗的程度。这种生理反应的检验可以提供一些线索，但必须参照其他评量的方法，综合作出诊断。只靠心跳和手掌出汗不一定可靠。

（四）特殊恐惧与广泛性焦虑障碍的治疗

1. 逐渐地暴露在恐惧或焦虑的刺激中

逐渐暴露法是让孩子一步步地接近恐惧的事物，而且会尝到成功的机会，因此又名为系统脱敏法。这种方法要利用肌肉与情绪的放松、后果的强化、示范作用以及自我控制等步骤。

2. 行为后果的控制

行为后果的安排是应用操作性条件反射的原理来处理刺激与反应之间的关系。这种方法的要点是把孩子的环境重新加以安排，所以当孩子暴露在恐惧的刺激时，他勇敢面对刺激的行为一定会得到正强化；相反地，孩子在恐惧的刺激出现时如有逃避的行为，这种行为绝对不给予强化，如父母老师的注意和关切。这种方法对怕高、怕小动物最有效（细节请见第六节）。

3. 示范作用

孩子在心情完全放松的情况下观看别人接近并触摸这些恐惧的事物，自然会消除部分畏惧。这种示范最好是看其他的孩子接触和操纵恐惧的事物。不过，看影片或使用想象的方法也有相当的效果。奥伦狄克和塞尼（Ollendick & Cerny）采用跟随的办法给孩子做示范。首先他们示范如何和恐惧的事物接触，然后要孩子跟着做，大人在旁给予指导和鼓励。孩子怕高、怕水、怕打针、怕拔牙都可用这种方法来处理（有关示范的详细步骤请见第六节）。

4. 自我控制

自我控制是训练孩子从认知的过程来带动行为的改变。亦即孩子遇到恐惧的刺激时，要采用积极正面的想法，用自我鼓励来克服恐惧的心理。这种方法对怕黑、怕做噩梦、怕在公众面前讲话等相当有效。

5. 克服怕黑的训练

孩子怕黑，怕独自一个人睡觉是常见的现象。米库拉斯和科夫曼（Mikulas & Coffman）对这个恼人的行为问题首先是采用示范的作用，然后让孩子逐渐暴露在黑暗的情况中，而且在暗室中让孩子体验到愉快的经验。他们在训练孩子时，还使用勇敢孩子的故事和摸黑游戏，让孩子习惯黑暗中的情况。这个故事的主角是一个怕黑的印第安男孩，他到他舅舅的农庄去度假。在农村的生活中，遇到很多新奇的事物，这些事就编成一连串的“摸黑”游戏。怕黑的孩子可以学这个印第安小男孩，如何在农庄中勇敢地克服种种困难。

游戏的过程是：

（1）孩子把眼睛蒙起来，在室内找出他最喜爱的玩具或糖果。如果找到了，大人还会特别地奖励他。

（2）木偶戏的表演。孩子要自己扮演木偶戏的布偶，他要在戏台上表现得生龙活虎，但也要表演布偶不上台时那种软弱无力的样子，手、臂、腿、脖子和身体都要整个放松下来。

（3）孩子进入黑暗的房间去拿心爱的玩具和糖果，大人对他的勇敢也要大为赞扬。

（4）在黑暗的房间里，大人装出各种动物的叫声，然后要他分辨这是什么动物。这时大人模仿的声音必须是愉快而且易认的，如鸟或羊的叫声而不是野狼的咆哮。

（5）在暗室中，大人用手电筒照在手上，然后在墙壁上投影出各种形状的小动物。让孩子去追这些小动物。

（6）孩子进入黑暗的房间去找心爱的玩具和糖果。如果孩子有进步，玩具和糖果要越难被找到，因此孩子停留在暗室中的时间越来越长。

（7）关灯的游戏。大人在隔壁的房间，喊一声“关灯”，孩子要从地上跳起来，跑去把灯关掉，并在大人过来把灯打开以前，躺在自己的床上。如此比赛看谁赢。

（8）孩子在完全黑暗的房间中，躺在自己的床上；大人在另外一个房间作出一些响声；然后孩子要摸黑找到大人所在的房间，打开电灯，找到父母。

（9）木偶戏的重演。勇敢的印第安小男孩成功地通过了8个难关后，要重演一次木偶戏。这时孩子躺在床上，手臂、腿部、脸部、脖子、双肩、腹部，甚至手指和脚趾都要整个像不上演的布偶那样的放松。不但如此，孩子要想象一些愉快和宁静的事物，然后安祥地进入梦乡，而且不会做噩梦。

6. 药品的治疗

抗抑郁类药物、刺激性药物以及镇定剂曾被广泛地用来治疗特殊恐惧和广泛性焦虑障碍。不幸的是药品的效果缺乏严密的科学研究和验证，以往发表的文献各说各话。一般的定论是先使用认知与行为治疗法。除非万不得已，不要轻易用药品来处理这些情绪问题。

2 社交恐惧症

小德是一个11岁的男孩，他只能和一个孩子玩，要是有第三人加入，他就要离开。他从来没有到别人家里去玩过，他说他连一个朋友都没有，他每天都上学，但每个早上在上学途中都会感到肚子痛。中午吃饭时，如果有同学在旁，他就吃不下饭，而且想要呕吐。这种情形给老师带来相当的困扰，因为他有糖尿病，一天要吃6餐，老师总要设法让他独自一人吃便当和特别的点心。在家里的情形也相当困难，他无法到餐厅吃饭，如果没有父母的陪伴，就无法参与亲友的聚会。小德是独生子，他的母亲也有恐慌发作的症状，因此，他的父亲就是他唯一能够沟通和接触的人。小德的社交恐惧症并非绝无仅有，根据卡沙尼和奥巴斯秋（Kashani & Orvaschel）的研究，每100个孩子当中就有1个会出现社交恐惧症。其他的调查研究也有相似的报告。

（一）社交恐惧症的症状

1. 主要症状

患有社交恐惧症的孩子在很多与人相处的场合中总是感到压力重重，甚至会有生病的感觉。根据贝都（Beidel）的报告，孩子所恐惧的社交情况是：在公众场合公开演讲（89%）、在别人面前吃东西（39%）、参加亲友的聚会（28%）、在别人面前做事如在教室黑板上写字（28%）、进入公共厕所（24%）、与权威人物说话（21%）、私下与人谈话（13%）。这种孩子大约每两天就有一次由于社会接触而引起的生理和情绪压力。施特劳斯和拉斯特（Strauss & Last）发现孩子的社交恐惧有60%发生在学校。在学校中最使他们感到为难的是和同学接触，例如和同学谈话或借东西。接下来是考试、在别人面前表演以及大声朗读。当他们遇到这些恐惧的社交接触时，生理上的反应是心跳加速（71%）、发抖（67%）、发冷发热（63%）、冒汗（54%）、作呕

（54%）。8%~10%的孩子会因此而采取逃脱的策略来中止使身心不舒服的社交情况。

这种孩子要不是长期忍受社交接触所造成的身心煎熬，就是设法避免社交接触。但无论是哪一种情况，长此以往这个孩子会引发抑郁的情绪和其他焦虑的症状。同时，在智慧的成长和处事能力方面可能因而受到重大的阻碍。孩子的信心丧失，遇事畏首畏尾而且一成不变。社交的恐惧大都发病在11岁、12岁之间。在这个儿童成长最迅速的时期不及早防治，问题日趋严重，孩子将一生受苦。

2. DSM-IV的诊断标准

（1）对社交接触或表演有明显而持续的畏惧，这些情况通常是指遇到陌生的人或是被人审视批评。这个孩子在这种情况中特别害怕他的一举一动会给自己丢面子或造成极大的难堪，尤其是显出焦虑的心态，怕被人瞧不起。

（2）孩子暴露在他所畏惧的社交场合时，几乎都会引起焦虑的情绪，这种焦虑类似由外界情况引起的恐慌发作。孩子的焦虑情绪表现出来的行为可能是哭闹、喊叫、麻木而不知所措，或从社交情况中退缩。

（3）较大的孩子可能会察觉到自己的畏惧太过分而且没有事实的根据。年幼的孩子可能没有这种认识。

（4）孩子往往会设法避免这种社交接触或表演的情况，如果逃脱不成，他会遭受重大的压力和焦虑。

（5）孩子躲避的行为，对社交情况的焦虑，或是在社交接触与表演情况中所引发的身心压力，会严重地干扰孩子的正常生活、学校的学业和其他学习活动、社会活动和关系，或是对社交恐惧症本身感到极大的困扰。

（6）孩子在18岁以下，而且症状的出现已持续6个月以上。

（7）这种恐惧情绪和逃避行为并非药物或毒品等所引起的心理反应，也不是其他情绪问题如恐慌发作、分离焦虑、智力缺陷或精神异常。

（8）如果一般的医药问题或心理症状的确存在，孩子的社交恐惧与这些问题或症状无关。例如这个孩子的社交恐惧并不是因为口吃、帕金森氏疾病（Parkinson Disease）所引起的手脚颤动，或有怪异的饮食行为，因而怕与人接触。

3. 相关的特质

（1）**认知的媒介**。患有社交恐惧症的孩子特别关切自己与别人之间的关系，尤其在乎自己的表现与别人对自己的观感。这种孩子往往抱持不合理的期望，认为非得到别人的认同和赞美不可。他们往往只看到社会交往中负面的结果而把与人交往的优点置于脑后。同时，他们把社交场合中的差错完全归之于自己的不是。因此，对社交情况的处理毫无信心，而且总是把社交活动与负面的认知连在一起。

（2）**家庭的生活**。这种孩子不但在学校和游戏场合中陷于孤立，在家中与父母兄弟姐妹的交往也受到相当的限制。麦克唐纳（MacDonald）发现这种孩子从小就很少和父亲做追逐和打闹的游戏。这种亲子之间的特殊关系可能是孩子社交恐惧症的起因，但也可能是结果，更有可能是交互影响而造成恶性循环。有一个明显的事实是，在这种家庭中，有其他成员往往带有相似的焦虑或其他的心理病态。

（3）**同伴的关系**。孩子有社会恐惧自然无法与别人建立和维持密切的友谊。相对地，由于尴尬的社会关系，更使这种孩子对社会接触裹足不前，这又是一种社会关系的恶性循环。这种孩子不大会干扰别的孩子，因此不会受到同伴的排挤，但很容易造成冷落和忽视，社会的孤立是普遍和自然的结果。

（4）**行为的并发症**。就一个成长中的孩子而言，社会孤立对其一生有既深且远的影响。不但如此，由社交恐惧所引发的其他行为问题也不容忽视。拉斯特（Last）认为孩子由于怕与人接触或怕在同学面前出丑而拒绝上学，连带造成了学习的问题。因为长期的缺课和社会孤立，抑郁的症状往往接踵而至。克拉克（Clark）发现这种孩子进入青少年阶段后，有相当多会以饮酒、使用毒品来弥补内心的空隙，甚至出现违法的行径。有些孩子深锁在家门之内，对外界事物一概不管，过着与世隔绝的生活。从别人的眼光来看，这是一个怪人或是社会的遗弃分子。

（二）社交恐惧症的起因

1. 认知与经验

哈特曼（Hartman）认为患有社交恐惧症的孩子总以自我为焦点，对自己过分关注（Self-focused Attention）。这种自我注意是造成和维持社交恐惧症的重要因素。他认为这种孩子对自己的表现，尤其是在别人面前的表现抱着不合理的期望，一旦这种期望无法实现，就产生极大的焦虑。一般孩子对朋友之间的龃龉或是某方面表现不佳认为是家常便饭；对患有社交恐惧症的孩子而言，这是天大的灾祸，绝对不容再度发生。特纳和贝都（Turner & Biedel）的研究显示，患有社交恐惧症的孩子之中，有40%~56%的确遭遇过特别创伤的事件，使他们一提到社交情况就谈虎色变。事实上，创伤的事件对一个人的影响程度也和个人的认知与信念有关。

2. 家庭的因素

患有焦虑症的父母往往也会有焦虑症的子女。这到底是遗传的因素还是家庭环境的因素，不同的人有不同的解释。不过，父母的心理病态与子女的焦虑相互影响、互为因果则是不争的事实。普塔拉兹与赫夫林（Putallaz & Heflin）特别研究母亲与幼儿的交往，发现婴儿与父母的相互依偎和亲情的表露对孩子长大后的社会行为有深远的影响。他们同时发现害羞的母亲也往往阻止幼年的子女和其他的孩子接触，这种子女将来常有害怕社交情况的倾向。另外有一些父母鼓励孩子做物质上的接触和游戏，如独自玩玩具而少与其他的孩子来往，尤其禁止成群的孩子从事喧哗吵闹和情绪高涨的游戏。这种教养方法加上父母本身的心理问题，使孩子缺乏社会技能和社交自信，将来遇到社交情况就尽量地避免，使问题日益严重。

3. 儿童的发展与行为倾向

孩子本身压抑的气质、亲子之间缺乏身体和心理的接触，再加上同伴的冷落是孩子患上社交恐惧症的主要原因。压抑的气质是指孩子从小就很难忍受本身生理和心理的激动或是外来强烈的刺激。凯根（Kagan）认为面对这种气质的幼龄孩子是一件相当头痛的事。因为他们容易受惊而难以使其恢复平静，一般父母学会少去惹他，因而冷落了他。大人与孩子彼此似乎一开始就无法建立亲情和身体的接触。凯根认为这种现象的形成不能责怪父母的冷漠和教养方法失当。事实上，这种孩子生而具有拒人于千里之外的气质。这种紧张而缺乏安全感的亲子关系延伸到社交情况中就造成孩子的畏缩。由于孩子从小殊少与其他孩子接触，社会关系无法建立。从此遇到社会接触或是在公众面前表演的情况时就显得手忙脚乱，紧张万分。

（三）社交恐惧症的评量

害羞或内向是常见的人格特质，在东方社会中，女孩子害羞甚至被视为一种美德。社交恐惧症成为问题是因为孩子本身有参与社交活动的意愿和热情，却因过分顾虑到别人的观感和不良反应而裹足不前。**这种问题与害羞是两回事，但父母或老师往往把两种情况混为一谈。**因此，孩子患有这种问题时，除非问题特别严重，否则很少找专家做诊断和治疗。对这种个案，要详细地评量社交恐惧症所引起的生理症状、忧虑的程度，以及与社交恐惧有关联的紧张情况。这种评量可以从以下3个方面来进行。

1. 恐惧的情况与行为

毫无疑问地，孩子对学校的恐惧是社交恐惧症当中最明显的症状。这方面的评量要度量孩子拒绝上学的行为，以及在上学时生理上的病痛。孩子对考试的恐惧则与学校的恐惧互有关联。有的孩子只是怕考试，怕在同学面前作答或表演学习的活动。另有一种孩子对考试的恐惧只是整个社交恐惧中的一部分，这两种情况要分辨出来。从更广泛的社会角度来看，孩子与别人的关系，以及这种关系对日常生活的影响，大人都要进行深入的了解。

2. 标准化测验

最常用的标准化与半标准化测验工具包括儿童焦虑障碍访谈表（Anxiety Disorder Interview Schedule for Children）、儿童情绪障碍和精神分裂症评估量表（Schedule for Affective Disorder and Schizophrenia for Children）、儿童与青少年诊断访谈（Diagnostic Interview for Children and Adolescents）、儿童诊断访谈表（Diagnostic Interview Schedule for Children），以及儿童评量表（Child Assessment Schedule）。

3. 自我报告的评量

孩子自我报告其焦虑的症状可供初步的参考和过滤之用。最常用的自我报告工具包括儿童恐惧调查表修订版（Fear Survey Schedule for Children-Revised）、儿童外显焦虑量表修订版（Revised Children Manifest Anxiety Scale）、儿童状态—特质焦虑量表修订版（The Modified State-Trait Anxiety Inventory for Children）、儿童社交焦虑量表修订版（Social Anxiety Scale for Children-Revised），以及社交恐惧与焦虑量表（Social Phobia and Anxiety Inventory）。

（四）社交恐惧症的治疗

1. 认知的改造

对于幼小的孩子而言，认知的改造重在改变孩子不适当的自我陈述。孩子有社交的恐惧时，其自我语言往往是负面的陈述，例如“每一个人都盯着我看，我一定有什么毛病。”或是：“我如果弄错了要怎么办？”对于考试的焦虑也有负面的自我陈述，如：“我是个笨蛋，这次考试我一定考不过。”自我陈述的改变是采用积极的口吻来告诉自己：“看归他看，我做我的事。”“谁不会做错事？这有什么了不起？”“上次我上台朗读，老师说我发音很正确。”“这次我很有把握，一定会有进步，万一考不过，下次更用功就好了。”对年纪较大、思考较周密的孩子可以使用认知改造的方式，传授一些应对的技能，并以自信的态度来建立适当的行为，辩驳没有事实根据的思考和信念（有关认知的改造请见第四章）。

2. 系统脱敏疗法（Systematic Desensitization）

脱敏的用意是有系统而且逐步地把引发恐惧的刺激与愉快的刺激一再地结合，同时出现在孩子的身边，因而消除孩子恐惧的情绪和逃避的行为。对孩子而言，愉快的刺激包括他喜爱的食物、大人的称赞、愉快的想象以及肌肉的放松。贝都和莫里斯（Beidel & Morris）认为使用系统脱敏的方法来处理社交的恐惧要遵循3个主要的步骤：第一步是肌肉放松的训练；第二步是把孩子所恐惧的社交情况从最低恐惧到最高恐惧一一列举出来；第三步是在孩子完全放松的情况下，把列举出来的社交情况从最低恐惧到最高恐惧一一地呈现并要孩子去体验。这种社交情况可以用想象也可以用实际的社会接触。对幼小的孩子而言，肌肉放松和想象的社交情况可能很难做到。因此，把孩子带入实际的社交情况中，但要他假想自己是一个英雄如超人、孙悟空等，这种想象能给孩子壮胆。无论是幼龄的孩子或青少年，他们大胆地进入原来感到恐惧的社会情况中，大人要给予物质和精神的奖励，尤其当他们逐渐进入较高恐惧层次的社交情况中，更要大人的支持和鼓励。

3. 行为后果的处理

根据操作性条件反射的理论，患有社交恐惧症的孩子是因为他们逃避社交情况的行为一再地得到负强化，而正常的社交行为却得不到适当的正强化。例如一个孩子拒绝朋友打球的邀约，这种拒绝的行为减少了他的焦虑，亦即这种行为得到了负强化。相反地，他如果去打了球，表现不佳或自认表现不佳，他的社交行为不但得不到正强化，反而会减弱。行为分析的重点在于找出社交行为和逃避社会情况的行为、行为的前事以及行为的后果，前事是指引发行为的因素，后果是指维护和强化的因素。行为后果的处理是根据操作性条件反射的原理原则和行为分析的技术，一再地强化孩子使用社会技能，积极参与社会活动。这种处理的策略有赖于老师和父母对学校和家庭的环境做适度的修正，使孩子能够轻易地融入人群中，并能得到支持和鼓励。

4. 示范作用

让孩子观看其他的孩子在社交中与人交往的示例，会给这个孩子重大的启示。可以利用视频，一步步地示范与人交往的技术，然后带入实际的情况中，看真实人物遇到恐惧的刺激时如何应付这种情绪，并产生最有效的行为。接着要这个孩子模仿示范，进行同样的交往，大人则在旁鼓励和指导。

5. 社会技能的训练

一技在身自然壮胆三分，孩子的社会行为亦是如此。如果孩子怕在社交场合露面是因为缺乏适当的社会技能，那么社会技能训练是根本的解决办法。这种训练最好采用团体教学的方式，同样年龄而且社会行为相似的孩子在大人的指导下，相互观摩切磋。社会技能的范围甚广，从最基本的点头微笑、寒暄问候、引起话题、正式交谈，以至正式的邀约，无所不包。但教学的课程完全按照孩子个别的问题和需要而定。社会技能的训练也是经过讲解示范、孩子本身的演练，以及在实际社交中的应用。当然，大人的强化和适当行为的指导也是不可缺少的（细节请见第三章）。

6. 同伴的媒介

引导患有社交恐惧症的孩子进入社交场合中，同伴的影响力远甚于父母或老师的催促。克里斯托弗（Christopher）所使用的方法是在游戏的场合中，让每一个社交恐惧的孩子和一个人缘特别好的儿童配对，带领他参与自由的活动并与其他的孩子玩在一起。这个领头的孩子不但有示范和引导的功能，更对恐惧的孩子有强化和鼓舞的作用。对于10岁以下的孩子，因为智力还未成熟，语言能力有限，认知的改造有特别的困难，使用同伴的媒介不但有效果，而且相当经济。

7. 药品的治疗

抗焦虑剂中，丁螺环酮用来治疗恐惧和焦虑，尤其对社交的恐惧与逃避的反应，似乎比其他抗焦虑的药有效。抗抑郁药物盐酸丙咪嗪则常用来治疗学校恐惧症。然而，由于缺乏科学研究的印证，尤其年幼儿童对药品的反应往往模棱两可，再加上副作用可能带来危险，一般用药都相当谨慎，一定要遵从医生的指导，不可擅自做决定。

3 分离焦虑症与恐慌发作

小汉是一个11岁的男孩。他从幼儿园开始就断断续续地出现焦虑症状，并对学校产生厌倦。他的父亲也有焦虑和抑郁的情绪。进行足球比赛时，小汉突然感觉自己快要昏倒，心情非常纷乱。他一边哭一边说他快要死了。这个事件发生之后，一向喜欢足球的小汉每次出门都非要父母陪伴。如果看不到父母，他就会抱着肚子，大喊身体不舒服。他会在众人面前号啕大哭，好像是被什么怪物吓坏了，因此只好退出他最喜爱的比赛。不但如此，他对高温天气会有强烈的恐惧，如果天气太热他就闭门不出。同时，他也开始要求和父母同房睡觉。经过详细的身体检查，并未发现小汉生理上有任何异状，但他的情绪问题日日恶化。经常因为上学的事与父母发生冲突。他会为此大发雷霆，甚至打翻桌椅，破坏家具。他一再声称他不去上学，的的确确是因为身体不舒服。他一离开家就会作呕、发晕、发抖、麻木和过分紧张。

显然，小汉的情绪问题是分离的焦虑与恐慌发作兼而有之。分离的焦虑通常发生在儿童或是青少年的初期。根据科斯特洛（Costello）的统计，3.5%~5.4%的孩子患有这种焦虑。恐慌发作通常发生在成人的身上；但是根据惠特克（Whitaker）发表的文献，每1000个孩子中有6个会有恐慌发作的症状。布莱克（Black）指出，虽然DSM–IV把分离焦虑症与恐慌发作列为不同的焦虑症状，但事实上这两者有相当密切的关系：第一，当孩子感到焦虑时，这两种不同的症状有相似的行为特征；第二，孩子有了分离焦虑症，长大成人后容易患有恐慌发作；第三，患有恐慌发作的人，其子女容易患上分离焦虑症；第四，患有恐慌发作的孩子大多也会患有分离焦虑症，而患有分离焦虑症的孩子不一定患有恐慌发作。

（一）分离焦虑症与恐慌发作的症状

1. 主要症状

（1）分离焦虑症最明显的特征是孩子想尽办法避免和他所依恋的人分离。根据拉斯特（Last）的研究，这种孩子为了害怕与父母分离，会拒绝上学，不愿自己独房睡觉，不愿在别人家过夜，一天到晚与母亲寸步不离。对于这种持续而极端的恐惧，孩子会解释说一旦和母亲（或其他照顾他的人）分离，就是永别。因为他确信一分离大灾难就会发生，如母亲被车撞死、自己出门被人绑架，或母亲自己一人在家会被火烧死等。一旦孩子与他依恋的人分开，孩子会显得非常的焦急和痛苦，一心一意迫切地期待和他依恋的人重聚。如果孩子知道他非与依恋的人暂时分离不可，他也会显现极端的焦急、颤抖、呼吸加速，并大声哭叫来拒绝分离。幼小的孩子可能抱住母亲不放，要求母亲不离开，或是说身体不舒服，最常见的是说肚子痛。这种孩子通常还会有其他的恐惧，如怕黑、怕怪物巨兽，或是怕被人绑走。此外，他会做噩梦、不敢上床睡觉、自己一个人就睡不着等。由于怕分离，这种孩子常会出现抑郁的情绪、反抗的行为，或是常与大人争吵。

这种症状的发现常是由孩子拒绝上学引起的。孩子一提到上学就会肚子痛或要呕吐，父母只好带孩子去看医生以查明真相，结果查出来的是分离恐惧症。根据拉斯特的研究，年龄较小的孩子多多少少都有拒绝上学或不肯离家的现象。这种现象如果延续太久，而且与同年龄的孩子相形之下显得太幼稚，甚至对日常生活造成妨碍，就成为情绪与行为的问题。

（2）惊恐障碍最明显的特征是一再地出现没有事实根据的恐慌发作。所谓恐慌发作是指一段时间中，这个孩子会极端地害怕，害怕自己会失去控制，而且感到非常不舒服甚至有快要死亡的感觉。同时会发生生理上的异状如出汗、窒息、呼吸短促、颤抖、肌肉绷紧、晕眩、头痛、肚子痛、胸口痛、作呕等。这种发作经常是突然出现，而且在5~10分钟之内，这些身心的异状就达到高潮。这种发作可能持续几分钟甚至几个小时。根据布莱克的分析，恐慌发作又分为3种不同的类型：①完全是自发而毫无外在事实根据的发作。外界毫无动静，孩子自己无中生有似的出现恐慌的情绪与行为。②情况倾向的恐慌发作。在某种情境中，这个孩子容易有恐慌发作，但不一定每次遇到这种情况就会发作。③情境引起的发作。某种情境必然会引起恐慌发作。恐慌发作往往与特殊恐惧、社交恐惧症、分离焦虑症以及创伤后应激障碍有关联。一般而言，惊恐障碍发病的初期都是自发的发作，这种心理症状发展到某一个阶段，会渐渐地转入情况倾向和情境引起的恐慌发作。

大部分患有惊恐障碍的孩子多多少少都会有广场恐惧症（Agoraphobia）。这种恐惧是指孩子对某些地方或情况，如电梯、高处、空旷的地方、大庭广众的场所等有特殊的恐惧。他们的恐惧是担心在这种地方或情况中会有恐慌发作、无法从这种场合逃脱出来、在这种情况下出现尴尬的情况，或是特殊意外发生时别人无法救助。广场恐惧症最轻微的表现是不敢上电影院、不敢到海滩戏水等，最严重的恐惧可能会使孩子完全深锁在家中足不出户。

2. DSM-IV的诊断标准

（1）分离焦虑症。

① 对于离开家或离开依恋的人感到万分的焦虑。这种焦虑与其实际年龄不符合，而且有下列情况中的3种以上。

- 孩子离开家或是他所依恋的人，或预期这种分离时，会一再出现过分的紧张和痛苦。
- 持续而且过度地担忧他会失去依恋的人，或是认定这个人一旦分离就会遇到灾难。
- 持续而且过度地担忧不幸的事件会造成彼此的永别。例如走失或被人绑架。
- 因为害怕分离，会持续地逃避上学、拒绝上学，甚至拒绝出门。
- 持续而过度地害怕，不愿自己一人在家而没有他所依恋的人在身边，或是在没有大人陪伴的情况下拒绝到别的地方去。
- 由于没有依恋的人在身边，持续地逃避或是拒绝独自睡觉或拒绝到外面过夜。
- 一再地做和亲人分离的噩梦。
- 要是和依恋的人分离，或预期到分离的情况，会一再地诉说生理上的病症，如头痛、胃痛、反胃或是呕吐。

② 这种焦虑的症状至少持续4个星期。

③ 发病的时期是在18岁以前。

④ 这种情绪的困扰造成孩子相当的压力和痛苦，妨碍他的社交、学业，或是日常生活的重要活动。

⑤ 这种情绪的问题并不是源自一般发展的缺陷、精神分裂症或是其他精神病。

（2）恐慌发作。

① 不带有广场恐惧症的惊恐障碍：

- 一再地发生自发的恐慌发作，而且在发作之后至少有一个月的时间会有下列情况中的一项出现：一再地担忧会有另外一次恐慌发作；担心这次发作所产生的后果如失去控制、心脏病发作或发疯；由于这个恐慌发作，行为有重大的转变。
- 没有广场恐惧症。
- 恐慌发作并不是使用毒品所引起的生理异状，或是来自身体的病态如气喘等。
- 恐慌发作并不是因为其他心理疾病所引起，如社交恐惧症、特殊恐惧、强迫症、创伤后应激障碍，或是分离焦虑症。

② 带有广场恐惧症的惊恐障碍。在某些地方和情况如在群众当中、在排队时、在桥上、在火车上、在电梯里会有恐慌发作外，其症状的发作与“不带有广场恐惧症的惊恐障碍”完全一样。

3. 相关的特质

根据克莱茵和拉斯特（Klein & Last）发表的统计，患有分离焦虑症的孩子中，大约一半有其他的焦虑症状，如广泛性焦虑障碍和特殊恐惧。此外，凯勒（Keller）发现40%~60%的分离焦虑症患者同时有抑郁症。焦虑症加上抑郁的结果是睡眠不正常、生理上常有病痛、性情暴躁、闷闷不乐和消极颓丧。虽然拒绝上学是分离焦虑症的主要特征，但学校恐惧症和拒绝上学并不等于分离焦虑症。事实上，患有学校恐惧症和拒绝上学的孩子不一定有分离焦虑症；有分离焦虑症的孩子也不一定会拒绝上学。年纪较大的孩子可能会由分离焦虑症引发抑郁的症状，进而酗酒和吸食毒品，自杀也往往和这种情绪有关。

（二）分离焦虑症与恐慌发作的起因

1. 人格特质

根据索米（Suomi）的研究，有些孩子从小就有容易受到心理创伤的人格特质。他们无法忍受与亲人分离的情况，而且一遇到分离的情况，其反应会特别的强烈。这种人格特性加上外来的压力，会使症状突然爆发开来。例如有的孩子刚刚进入学校时需要一段时间的适应才能习惯，这是相当正常的现象。但是有的孩子渐渐地习惯于学校生活之后，过了一个假期，又会从头开始恐慌发作，然后慢慢地恢复正常。同样的道理，换新老师、新教室、升入初中高中都要经过一番折腾。这种外来的新刺激加上本身容易受伤的心理倾向造成了对依恋的人的过分依赖和分离时的过分痛苦。

2. 家庭的遗传因素

拉斯特和贝都（Last & Beidel）发现很多分离焦虑的孩子，其父母也有焦虑和抑郁的症状。这个孩子的兄弟姐妹和血缘接近的亲戚中，出现同样心理问题的比例也远远超过一般的孩子。这证明分离焦虑症和惊恐障碍有遗传因素的影响。

3. 行为的抑制

比德曼（Biederman）认为如果年幼的孩子出现行为抑制的现象，将来他很可能会出现分离焦虑症和恐慌发作。他们认为行为的抑制是一种行为的倾向或特征。具有这种倾向的孩子对新奇的事物都会感到畏首畏尾。研究人员认为这种行为的抑制不一定是直接的起因，但可能是引发焦虑症的潜在因素，遇到反复不断的压力，问题才会显示出来。拉斯特特别指出，有些孩子往往在上学两三年之后才会发病，就是一个明显的例子。

（三）分离焦虑症与恐慌发作的评量

1. 对行为模式的了解

拉斯特等人认为孩子分离焦虑症和惊恐障碍的症状很容易和其他情绪与行为问题混淆不清，在治疗上容易发生偏差。他们特别强调，要是孩子有逃避或拒绝上学的现象，要深入了解这种行为是如何发现的。他为何逃避上学？这种现象从什么时候开始？孩子对这种行为如何解释？父母对这个问题如何处理？学校对此问题有什么反应？父母和老师如何促使孩子去上学？孩子对此又有什么反应？目前的行为模式到底怎么样？孩子留在家里又是做什么？再者，孩子有分离焦虑症或恐慌发作，他的父母也常有焦虑和其他情绪问题。这种情形使整个情况更为复杂，在治疗上更需要有周详的考虑。因此，不但要了解孩子的问题，还要了解整个家庭的背景，评量家庭中近亲是否有心理问题，更要了解目前家庭的生活状况、财务的经营，以及对孩子的教养态度。对于年幼孩子的恐慌发作，要特别考虑到年龄与成长的因素。小孩子的时间观念模糊不清，发病的时间和细节都无法记得很清楚，也无法分辨生理上的征兆与焦虑的认知。他们往往有恐慌发作而不自知，只是说无法呼吸、胸口痛、肚子痛、快要晕倒等；大人也可能发现这个孩子冒汗不止、发抖，或有呼吸短促的现象。孩子并不了解这可能是焦虑引发出来的生理现象，自然无法说出内心的感受。因此，从行为的模式来推断心理的惊慌是可行也是必要的途径。

2. 标准化测验

评量分离焦虑症与惊慌症的工具与其他焦虑症的工具大同小异。一个用来全面测量儿童情绪问题的工具是由美国儿童与青少年精神病学会所发行的儿童焦虑症状的量表（The American Academy of Child and Adolescent Psychiatry Practice Parameters for the Assessment of Anxiety in Children）。另外两个常用的量表是一般精神病等级量表（General Psychiatric Rating Scale）和焦虑症状量表（The Anxiety Symptom Scale）。

（四）分离焦虑症与恐慌发作的治疗

1. 行为分析与行为改变

轻微的分离焦虑，其症状相当单纯而且发病的历史不久，一般的行为分析与行为改变就绰绰有余。以拒绝上学为例，如果老师发现这个孩子因为被人欺侮而不愿上学，那么就应该纠正这些欺侮人的同学的行为。如果父母经常酒醉开车，其子女有充分的理由阻止父母夜晚出门喝酒，行为问题不在孩子而在大人。从行为分析中发现环境的起因后，这些因素应当尽快移除。除了环境的改造以外，行为后果的安排也是必需的步骤，根据布莱克的看法，分离焦虑症的治疗越早越好。孩子拒绝上学的时间越久，他越难恢复上学。因此，父母和老师要尽量合作，促使孩子早日恢复上学。他认为行为的划分界线（Limit Setting）是一个可行的办法。父母和老师把上学与不上学的行为后果划分得清清楚楚，上学的行为会得到父母和老师的奖励，拒绝上学则得不到，甚至要付出相当的代价才能留在家中。

2. 认知与行为的治疗

对于症状复杂的行为障碍，仅仅靠环境的改造和行为后果的处理显然是隔靴搔痒。遇到这种情形时，认知与行为的治疗被证明有相当的效果。曼斯多夫和卢肯斯（Mansdorf & Lukens）用认知与行为治疗来处理两个孩子长期拒绝上学的问题。在行为方面，他们的方法包括环境的改造加上行为的奖惩，逐步地将孩子融入学校的环境中。第一个星期每天只在校中停留两个小时，孩子的焦虑症状消减后再慢慢地延长停留的时间。在认知方面，父母和孩子用自我指导的方法来从事认知的改造，作为精神的装备，以应付彼此心理上和情绪上的问题。例如孩子原来"担心同学会戏弄我"。这种自我压抑的认知要改为："这是他们的问题，我不怕他们。"同样地，父母原来对孩子的情况相当忧虑，他们会这样想："这个孩子身体不好，我可不能过分逼他。"这种压抑的认知也应该改为："只有忍下心来逼一下，他才会渡过这个难关。"

彼得森（Peterson）采用多重治疗的模式，但以认知与行为的治疗为框架来治疗一个女孩子怕自己单独在家的症状。他所使用的治疗包括放松的训练、认知的应付策略、想象的分离，以及逐步地暴露在分离的情绪中。同时，她母亲也实施一个奖赏的办法来强化她独自留在家中的行为。认知的应付策略是要这个女孩子自我指导："我不怕""我可以应付"，以及"我一定做得到"。但是，这个女孩对正面的想象相当困难，她原该想象一个愉快的情景，结果都变成负面的景象。例如要她想象一个晴空万里的好天气，她都会以暴风雨来结束她的想象。因此治疗的想象改由分神的办法来取代，她独自一个人感到恐惧时，不再使用正面的想象，而改用与焦虑不能兼容的行为来分化恐惧，例如阅读愉快的书刊、看电视等。应用综合性的处理策略，这个孩子恐惧的程度逐渐降低，独自一个人在家的时间逐渐延长。

对于孩子恐慌的发作，蒂卢贝斯和贝克（DeRubeis & Beck）使用认知的治疗，以减除发作的时间和症状的严重性。这种治疗的第一个步骤是针对一般恐慌发作的来源和过程给孩子做简要的解释，然后针对孩子个别的生理症状，如呼吸短促和胸口疼痛等，以及这个孩子对这些生理症状的错误解释给予再教育。其重点是告诉他，他的忧虑、焦虑和恐惧都是心理上的问题，而不是因为生理上真正有潜在的危机，只要能想通，这些生理症状就毫无顾虑的理由。第二个步骤是要孩子在认知上重新加以组织，所以对生理上的症状有更明确的认识而建立健康的信念。认知重组的重点是协助孩子了解一个事实：他恐慌发作时产生的生理症状使他寝食不安，这是因为他误认为自己的生命已危在旦夕。新的认知是根据医学上的知识对这些生理症状提供不同的解释，协助孩子深刻地了解这是一些暂时性的生理变化，对健康并无妨碍，对生命更无危险。第三个步骤是要孩子学习一些特殊的技能来应付恐慌发作的身心状态。蒂卢贝斯和贝克认为下列6项训练事关紧要，要一一付诸实施：

（1）协助孩子了解恐慌发作时，生理上出现异状，那心理上的体验如何？孩子要能追忆过去发作时心中怎么想？这种想法有什么意义？这些想法是不是正确的？

（2）原来自动而错误的想法以及生理上的症状要依照认知改造的模式重新加以解释。例如他感到胸前有点紧或心跳加速，这是肋骨肌肉的紧缩，与心脏无关，并无生命危险。

（3）学习肌肉和心情放松的技术，在恐慌发作的初期立刻把这种技术派上用场，把情绪缓和下来，也把生理症状控制住。

（4）控制呼吸的技术可以用来控制和调节呼与吸的平衡，减少把二氧化碳一口气呼出去的情形。

（5）吸进二氧化碳。这个方法是要孩子把肺中的二氧化碳呼到一个纸袋中，再从纸袋中吸回肺部。

（6）分散注意力的方法也是克制恐慌发作的有效工具。其主要的原则是保持肢体和脑部的活动，不可因恐慌发作而闲散下来，譬如做填色游戏、找人聊天、外出散步等可以把注意力移转到身体之外的刺激中。

3. 药品的治疗

对于顽强的焦虑，苯二氮平类药物被证明对成人有相当的效果。但是，孩子使用这些药品的效果如何，目前还没有一致的结论。这还有待科学的验证才能作定论。

4 强迫症

小民是一个15岁的男孩。他的毛病是每晚入睡以前必定要反复从事一些烦琐的活动，因此耽误他的睡眠。不但如此，他经常会半夜醒来，再重复一遍。小欣是一个15岁的女孩，她的毛病是一再地问人："别人是否在说我的坏话？"小欣这种无意义的寻求保证已有3年的历史，其行为问题已严重到无法与人相处，无法上学，连日常生活也受到严重妨碍而需要住院治疗。小明是一个11岁的男孩，他也有反复寻求保证的行为。他的强迫思想是重病与死亡，因为过分地担忧自己的安危，他会一再地问人："我会不会失明？""我会不会呕吐？""我就要死去了吗？"这3个例子都是强迫症（Obsessive-Compulsive Disorder）的症状，本章将其简称为OCD。这种行为症状相当明显，各种文献的记载和描述也相当一致。这种孩子的出现率远比一般的估计要高出很多，大约是3‰~5‰。根据马奇、穆勒以及哈贝尔（March，Mulle & Herbel）的研究，使用药品加上认知与行为的治疗，患病的孩子大都会有长足的进步。这是各种焦虑症状中，治疗结果最乐观的一种。

（一）OCD的症状

1. 主要症状

（1）非理性的负面想法或强迫思想（Obsession）是指反复出现而且持久不退的想法、想象或是冲动。这些心理现象不但毫无事实根据，而且干扰个人的生活，更会造成身心伤害。这种强迫思想经常会伴随着焦虑不安的情绪如害怕、嫌恶、怀疑或是欠缺的感觉。这种想法和情绪给个人带来相当的压力和痛苦。因此，这个人会设法压制、冲淡甚至不理会这种想法和情绪。这种压制、冲淡的行为会反反复复出现，甚至变成强迫性的行为。这种行为别人看来毫无意义，但对病患却是有目的、有计划的举动。一般常见的强迫思想包括害怕自己会感染疾病、自己会受到重大伤害、家人会有灾难、因偏执的宗教狂热而一再审视自己的思考和举动，或是担心自己有不纯洁的想法。

（2）强迫行为（Compulsion）是指可以观察得到而且反反复复的行为，如一再地洗刷，或是内在的心智活动，如一再地计算。这些症状都是用来冲淡、压制或是缓和内心的焦虑并防止重大灾害的发生，最常见的强迫行为包括洗刷东西、洗手、反复做同一件事、检查、触摸、计算、重新摆放家具或书桌上的东西以及囤积行为等。

患上OCD的孩子有的只有强迫思想，有的只有强迫行为。但是大部分的孩子是两者兼而有之。有的孩子随着年龄的增长，症状会有所改变，但如何改变并没有一定的轨道可循。

2. DSM-IV的诊断标准

（1）OCD的症状是强迫思想和强迫行为两者之中的一种，或两者都有。

强迫思想具有下列4种现象：

① 一个人在情绪障碍当中，会反复而且持续地出现一些困扰而且不适当的思考、冲动或想象。当他体验到这种非理性的思考时，会产生相当的焦虑和紧张的情绪。

② 这种思考、冲动或想象并不是单纯地担忧现实生活中的问题。

③ 这个人会设法压制或不理会这种思考、冲动或想象；或是用其他的思考或行动来冲淡这些非理性的意念。

④ 这个人知道这种强迫的思考、冲动或想象萦绕不去，是他自己心智活动的结果。

强迫行为具有下列2种现象：

① 反复的行为如洗手、审视，反复的心智活动如祈祷、计算。这些行为和心智活动是由于强迫思想的驱使，或是因为某些规定必须一丝不苟地遵从。

② 这些活动的用意在于防止或减轻紧张的情绪，或是用来防范灾难的事件或情况；不过，这种行为或心智活动要么不切实际，因此无法真正地冲淡思考或防止灾难，要么太过分而干扰了正常的生活。

（2）对青少年而言，在发病的过程中，自己会了解到强迫思想和强迫行为太离谱而且太不理性。儿童可能没有这种认识。

（3）强迫思想和强迫行为造成极大的压力，浪费相当的时间（至少一天耗费一个小时），或严重干扰正常的生活、功课、社交和休闲活动。

（4）如果这个孩子有其他的心理症状，强迫思想和强迫行为与这些心理症状不能混为一谈。例如饮食异常的孩子会贪食无厌，患有抑郁症的人会有反复的内疚，这种贪食与内疚并不算是OCD。

（5）这种情绪的困扰并不是由于药物引起的生理现象。例如吸毒的人或是健康不佳的人会有特别的顾虑和保护措施，这不能算是OCD。

3. 相关特质

（1）大部分的孩子在成长过程中，多多少少会有一些OCD的行为倾向。例如有些孩子吃饭或睡觉时都有一定的步骤，而且每次都是如此才能吃得下睡得着。这种行为模式似乎是年幼孩子控制环境或是独具一格的表现。这种行为到儿童的中期，会逐渐地蜕变为兴趣的发展。例如10岁的孩子会开始集邮、打球、玩电动玩具或其他的嗜好。这种行为属于儿童正常成长的过程，不算是OCD的症状。根据伦纳德（Leonard）的研究，孩子在正常成长过程中出现的OCD倾向只发生在学龄前的儿童身上，很少出现在青少年的身上。相反地，真正的OCD症状大都在7岁以后才出现，行为看起来相当奇异怪诞，情形也比较严重，而且会延伸到青少年期，甚至到成年还会严重地影响他的生活。

（2）OCD的症状经常与其他心理症状同时出现。例如患有精神病的孩子会有OCD的行为。反过来说，患有OCD症状的孩子往往也有其他的心理和行为症状。斯威都（Swedo）经过调查后，发现OCD的孩子有下列症状：肌肉的抽搐（30%）、抑郁（26%）、特殊的发展缺陷如智障或自闭症（24%）、特殊恐惧（17%）、广泛性焦虑障碍（16%）、适应困难（13%）、挑衅行为（11%）、注意力缺陷障碍（10%）、反社会行为（7%）、分离焦虑症（7%）、遗尿（4%）、酗酒（4%）、大小便失禁（3%）。

（3）根据霍兰达（Hollander）的研究，OCD孩子的神经系统往往有轻微的损伤。其表现在外的情况是肌肉的知觉和运动有协调困难的现象，同时有空间视觉与语言的障碍、学习能力的障碍、社会技能的缺乏，以及情绪无法做适当的发泄。

（二）OCD的起因

1. 遗传的因素

遗传因素与孩子OCD的症状有相当密切的关系。根据伦纳德等人提出的报告，46个患有OCD的孩子中，20%的孩子其父母或兄弟姐妹也有同样的症状。因此，他们认为遗传因素扮演着重要的角色。不过，他们认为代代相传的只是OCD的一般模式而不是某种特殊行为。例如父亲的OCD是一天花数个小时查对一项简单的家庭收支，他的儿子则会反反复复地洗手；父亲深恐家庭收支不平衡，儿子则担心吃下不干净的东西而感染重病。

2. 神经中枢的伤害

中枢神经系统的损伤可能直接引发OCD的症状。根据卡明斯与坎宁汉（Cummings & Cunningham）的研究，脑部受伤、癫痫发作、脑瘤、神经节的疾病如帕金森病和亨廷顿舞蹈症，以及脑部手术导致神经中枢受伤，都可能与OCD的症状有关。

3. 神经传导的故障

詹尼克（Jenike）和伦纳德一致认为脑部血液输送失调致使神经传导发生故障是OCD的主要病因。其他因素如生长激素失调的现象也经常会在OCD的孩子身上出现。他们使用抗抑郁类药物氯丙咪嗪以调节脑血液的循环和刺激荷尔蒙的分泌，效果显著，证明脑中化学因素的失调是OCD的重要病因。

4. 神经心理的症状

链球菌引发的喉咙发炎竟然与OCD的症状有关。斯威都发现链球菌会致使神经节发炎，其结果是病人的肌肉局部抽搐，以及引发OCD的症状。他们发现使用青霉素有治疗OCD的效果。他们认为一个人血液中的抗菌物质无法抵挡外来病菌的侵犯，会致使脑神经受伤，个人往往会出现神经心理的症状，OCD是其中明显的一种。

（三）OCD症状的评量

1. OCD行为的类型

孩子患有OCD的症状，各种不同的类型对孩子生活的影响有相当程度的差别。再者，有的孩子明知自己的强迫思想毫无事实根据，其反反复复的行为更是毫无意义，但因怕难为情，对这个蚕食心灵、耗费时光的症状常常守口如瓶。因此，OCD的评量必须深入地了解其非理性的想法是什么，强迫性的行为是什么类型，一天耗费多少时间，对生活的影响如何。同时要询问这个孩子对这种问题的了解以及他的态度。只有获得详尽的资料，才能对症下药。

2. 标准化测验

儿童焦虑障碍访谈（Anxiety Disorders Interview for Children）是一种半标准化测验工具。莫兹利强迫想法量表（The Mandsley Obsessional Inventory）、莱顿强迫问卷（Leyton Obsessional Inventory），以及耶鲁—布朗强迫症状清单（Yale-Brown Obsessive Compulsive Scale）都是标准化的等级量表。

3. 并发症的评量

OCD的并发症状对OCD本质的变化与治疗的效果有举足轻重的影响。因此，这些并发症状如抑郁、违抗、酗酒等都要深入地了解。在治疗前后相关行为资料的收集也是不可或缺的一环。例如记录一天洗手几次、一个星期有几天无法上学、对于焦虑事物的反应程度、强迫思想的持续时间、逃避的行为等都要有正确的度量。

（四）OCD的治疗

马奇（March）认为到目前为止，认知与行为的治疗仍是处理OCD最常用的工具。当然，药品的使用也有相当的效果，问题是使用药品来控制OCD还是有产生副作用的顾虑，只能当作最后不得已的处理策略。

1. 逐步地暴露

一个人与害怕的刺激接触越久，焦虑的情绪通常会逐渐地消减。因此，一个OCD的孩子特别害怕细菌的感染而一再地洗手或更换衣服，可以要他接触那些似有毒菌的物品，而且要保持接触，一直到他的焦虑情绪完全清除。这种暴露的方法要逐步渐进，先从恐惧程度最低的刺激物开始接触，一直到完全释然于怀，再升高一级触摸较害怕的事物。

2. 反应的阻止

暴露的方法之外，往往还要阻止孩子从事强迫行为。例如一个怕细菌的孩子不但要接触他认为带菌的东西，而且在接触之后不准他去洗手，要他忍受心理的煎熬，一直到焦虑消失为止。这种方法更可使他了解到并不是每一种东西都带菌，饭前便后必定要洗手，拿铅笔再拿笔记本则没有洗手的必要。迈耶斯（Mills）用反应的阻止来处理小民睡前的繁文缛节以及半夜醒来再反复从事这些无意义的行为。他的方法是有一个人每晚守候在小民床边，不准他做那些不必要也没有意义的习惯性动作。结果才10天便完全消除这种习惯。不但如此，半夜也不再起来东摸西摸。他自己因为行为有进步，睡眠改善，白天活力增加，阻止反应的行为获得相当的自我强化。不过，他的OCD症状又转移到洗澡。他的父母以同样的方法来监视和禁止这种无意义的举动，浴室中OCD的症状同样也很快消除。

3. 行为的减少

火焰得不到氧气就无法再燃烧，一个人的行为得不到强化也会减少。这是行为分析中常用的策略，用来处理OCD的问题也有相当的效果。例如小明有寻求保证的行为。因为过分地担忧自己的安危，一再地问人他是不是快要死去。弗朗西斯（Francis）特别教小明的父母和老师，小明每次提到这种问题，就掉头而去完全不予理会，但如有适当的交谈就特别地和他恳谈。结果这种OCD的行为大为消减。哈勒姆（Hallam）也使用行为的消减来处理小欣寻求保证的行为。他特别指示疗养院的护理人员，每次小欣询问是不是有人说她的坏话时都要回复她："我不能回答这个问题。"这种策略对小欣的行为并无显著的效果。哈勒姆因此改用行为消减的办法，每次小欣问这个傻问题的时候，护理人员就转头不予理会。起初她为此大为恼火，但4个星期后这种行为完全消除。

4. 综合性的处理与训练

肯德尔认为综合性的处理和训练是一个比较周全的策略。所谓的综合性处理是可同时使用放松的训练、呼吸控制的训练、认知的改造、暴露的方法以及正面强化。此外，思考的转变、示范以及药品的使用都可用来消除OCD和相关的症状。

5. 药品的使用

通过药品的使用加上认知与行为的治疗，大约75%患有OCD的孩子会有长足的进步。种种抗抑郁类药物如氯丙咪嗪、氟西汀、盐酸舍曲林片，不但对成人有效，也曾广泛地用来控制孩子OCD的症状。如果这种孩子兼带有精神病，氟哌啶醇是最常用的药品。神经手术对18%的成人病患有良好的效果，马奇认为如果其他方法用尽，这种症状对患有严重OCD的青少年的生活还是存在严重的威胁，神经手术的办法也可列入考虑。

5 创伤后应激障碍

小南是一个6岁的男孩，他曾在战乱中度过一个惊心动魄的夏季。从此以后他每次遇到类似的情况就不能自已。根据塞倚（Saigh）的报告，这个孩子每听到猛烈的爆炸声、看到别人受伤、看到有人抱着孩子奔跑，或是看到类似被炸毁的大楼，他就会显得很暴躁和焦急，他会设法避开这种引起痛苦回忆的刺激。躲避的行为并不能完全抹去心中的创伤和回忆，因此会有几天辗转反侧不能成眠。

阿马亚·杰克逊和马奇（Amaya-Jackson & March）特别指出，孩子遭遇灾难，尤其是11岁以下的孩子常会留下严重而深远的心理创伤。他们估计有0.4%~1.3%的孩子有创伤后应激障碍（Posttraumatic Stress Disorder，PTSD）。另外有15%的孩子虽然没有达到DSM–IV的PTSD诊断标准，但其心理上的影响依然存在。

此种创伤的情况是泛指对生命安全具有威胁的事件，如凶杀、车祸、绑架、战争、骨髓移植、严重烧伤、乘船失事、自然灾害等。其心理的影响最明显的是焦虑、抑郁、记忆的困障、认知的扭曲等。塞倚进一步指出，孩子体验到的创伤事件并不一定要亲身经历，有些孩子目睹凄惨的状况，或从第三方听到恐怖的事件，都会产生心理的紧张和焦虑。

（一）创伤后应激障碍的症状

1. 主要症状

根据美国精神病学协会的定义，PTSD是指孩子暴露在死亡或有死亡威胁的情况中，或是体验到身体受到重大的伤害，这种暴露和体验包括孩子本身或别人遭遇到重大灾难，结果引起激烈的恐惧和无助的感觉。此后，这个孩子的思绪变得杂乱无章，或是常有暴躁易怒的现象。该协会在DSM–IV中更增加急性应激障碍（Acute Stress

Disorder)。这种症状包括严重的焦虑、紧张痛苦以及思考的凌乱。

2. DSM-IV的诊断标准

(1)PTSD的诊断标准。

① 这个人曾经暴露在创伤的事件中，而且具备下列2种情况。

- 这个人亲身体验到、目击到，或是面对过死亡与重伤的事件、死亡与重伤的威胁，或是身体健康的损坏。这种事件可能涉及自己，也可以发生在别人身上。
- 这个人对这种创伤的事件产生强烈的恐惧、震惊和无助的感觉。对孩子而言，表现出来的可能是暴躁或手足无措的行为。

② 这种创伤的体验会一再地呈现。呈现的方式是下列5种当中的1种以上。

- 反复地产生对这个事件痛苦、紧张而且有干扰性的回忆。这种回忆包括想象、思考或是知觉。对年幼的孩子来说，这种创伤事件的过程和内容可能反复地在游戏中呈现。
- 一再地梦见痛苦的事件。年幼的孩子可能会有噩梦，但没有实质或与创伤事件相关的内容。
- 感觉到或表现出来好像创伤事件在重演。例如过去的体验再度出现，有幻觉、幻念或是事件的倒叙。对幼儿来说，可能会重新扮演这种创伤的事件。
- 与创伤事件相似或具有象征性的暗示，无论是内在还是外在的刺激，也会引起激烈的心理痛苦和紧张的情绪。
- 与创伤事件相似或具有象征性的暗示，无论是内在还是外在的刺激，也会引起生理上的激烈反应。

③ 一再地回避与创伤事件有关的刺激，而且有下列情况中的3种以上，表示出一般反应的僵化。这种反应的冻僵现象在创伤事件发生之前从未出现过。

- 设法回避与创伤事件有关的思考、感受或谈论。
- 设法回避引起创伤回忆的活动、地点或人物。
- 无法想起创伤事件的重要细节。

- 对重要的活动丧失兴趣或很少参与。
- 感觉到与别人漠不相干或逐渐疏远。
- 情感的范围缩小，例如不再有爱心的感觉和热心的表现。
- 感到前途已黯淡或丧失人生重大的期望，例如不想再有一番事业、不想结婚、不想再升学，或不在乎学校功课的好坏。

④ 一再地出现警觉性提高的症状。这种症状在创伤事件发生以前并没有出现。这些症状包括下列情况中的2种以上。

- 很难入睡或经常醒来。
- 暴躁或容易大发脾气。
- 很难集中注意力。
- 过分警觉。
- 过分的惊吓反应。

⑤ 症状出现1个月以上。

⑥ 情绪的困扰严重妨碍社会关系、功课以及日常生活中的重要活动。

（2）急性压力症的诊断标准。

① 这个人曾经暴露在创伤的事件中，而且具备下列2种情况。

- 这个人亲身体验到、目击到，或是面对过死亡与重伤的事件或威胁，或是身体健康的损坏。这种事件可能涉及自己，也可能发生在别人身上。
- 这个人对这种创伤事件产生强烈的恐惧、震惊和无助的感觉。对孩子而言，表现出来的可能是暴躁或手足无措的行为。

② 在创伤事件发生时，或是体验过这种事件之后，这个人有下列症状中的3种以上。

- 主观地感觉到麻木、疏远或丧失情绪反应。
- 对其四周的情况茫然无知。
- 缺乏现实感。
- 缺乏人与人之间的亲情。
- 无法想起创伤事件的重要细节。

③ 这种创伤的体验会一再地呈现，包括一再地想象其情景、思考、做梦、幻

觉、情节的突然涌现，感到再度陷入创伤事件，或是接触到创伤事件的相关事物时，会引起相当的紧张与痛苦。

④ 特别地回避引起创伤回忆的刺激或相关事物如：思考、感觉、谈论、活动、地点、人物等。

⑤ 显著的焦虑和警觉症状如：睡不着、暴躁、注意力无法集中、过分警觉、过分的惊吓反应、坐立不安等等。

⑥ 情绪的困扰严重地妨碍个人的社会关系、学校功课、正常的生活，甚至损害个人的基本能力，例如无法告诉家人自己创伤的经验、所受到的痛苦，以及需要别人协助的地方。

⑦ 这种情绪困扰持续至少2天，最久是4个星期。而且情绪困扰是在创伤事件后4个星期内发生的。

⑧ 这种情绪困扰并非由于药物对身体的作用所引起，或是一般医药上的因素，更不是其他精神症状所产生的心理反应。

3. 临床特质

（1）紧张压力的来源。面临着生死关头，一个人自然会留下惨痛的回忆。对孩子而言，经年累月地受到别人身体与性的虐待也会造成心理上的创伤而出现PTSD。塔尔（Terr）把紧张压力的来源分为两种：第一种是突然的、无法预料的、单独的事件。这种事件可能会再次出现，也可能是一生只遇到一次。第二种是长久性的，孩子会预期这种创伤事件的发生，事实上这种事件也一再地发生。例如孩子受到大人的体罚或性的凌虐等。孩子遭遇这两种情况会发展出PTSD的症状，但有的孩子单单听、闻这种情况也会造成相似的症状。塔尔研究25个学童在校车上集体被绑架的事件，发现每个小孩都出现严重的PTSD。另有一个孩子因为搭不上校车而未遭绑架，但也发展出类似的症状。有些孩子仅仅听到家里的人诉说伤害的事件，或从报纸、电视上得知创伤事件的细枝末节，同样有可能出现症状。赫尔曼（Herman）认为创伤事件的人为因素是一个重要的关键，如果创伤事件的肇事者是孩子心目中的权威人物，如父母、老师或其他与孩子相当接近的人，其所造成的心理创伤会更深更远。除了一般PTSD的症状外，这种孩子更会发生自我伤害的行为、情绪的永久伤害、生理的病痛、内疚、感到无能、感到外来的威胁持续不断，而且以前建立的信念荡然无存。

（2）**重新体验**。创伤事件的重新体验是PTSD的特殊症状，这在所有心理病态中独一无二。重新体验会在创伤事件过后自动自发地出现，也会由与创伤事件相关的暗示事物所引起。孩子做噩梦时可能会出现创伤的情景，也可能会推广到其他不幸的事件，如梦见亲人面临死亡的威胁。配诺斯和内德（Pynoos & Nader）发现年幼的孩子会反复地溯回这种创伤的情景。如果孩子演示的剧情是英雄人物成功的救难，表示这个孩子在设法掌握自己的情绪；如果孩子一再地表演受难的情节，则显示出他在心理防卫上的挣扎和挫折。这种创伤事件的演示可能会传染给他的同伴，彼此群起效尤。如果孩子因为这种演示而制造危险的动作或攻击的行为，问题就更复杂而严重。青少年往往会有冒险犯难的举止或是装腔作势的言行，这不是创伤事件的演示，而是潜意识中把心理的创伤融入实际的生活中。

（3）**逃避或麻木**。PTSD的孩子都会设法回避引起创伤回忆的思考、感觉或活动。这种回避包括实际的逃避行为或是认知的压制。由于这种逃避和压制，孩子其他生活上的功能也会波及。例如原来觉得兴致勃勃的活动，现在已感到索然无趣；以前学到的新技能也不见踪影；孩子显得沉静无语；更有的会倒退到年幼时尿床和吸手指的情况。情感的麻木也是常见的现象。这种孩子觉得和人相当疏远，甚至家人也变成路人，什么事都已无关痛痒。其情绪的表现也受到压制和约束。有些孩子觉得未来的路程已大为缩短，也不再对未来存有希望，甚至相信自己根本没有长大成人的一天。

（4）**增加体能活动与情绪的激动**。面对着外在内在的压力，孩子可能会有睡眠的困扰，暴躁、注意力分散、紧张和警觉、惊吓的反应，或是有暴力的攻击行为出现。生理上的过分活动也是常见的现象，其结果是学校的学业受到严重的影响。阿马亚·杰克逊和马奇发现梦游和噩梦也常与PTSD有关。

（5）**相关的症状**。PTSD的孩子常会兼有抑郁症。另有一些孩子因为晚上睡不着，白天看来无精打采，再加语言的减退，常会给人一种抑郁的印象。焦虑症的出现自然不在话下。这种孩子过分地担心自己和家人的安危，常会有分离的焦虑。再者，与创伤事件有关的刺激事物可能经常出现在孩子的四周，使他有草木皆兵的感觉。因此，广泛性焦虑障碍发生在这种孩子身上确是屡见不鲜。马奇发现遭受侵害的孩子可能会同时发展出PTSD和OCD（因为怕感染疾病而一再洗手、洗澡）。房子被强盗破门而入后，孩子同样会有PTSD和OCD的症状（一再地检查门窗，无法上床睡觉），以及其他相关的行为，如攻击他人、自我伤害和自杀、不顺从和向大人挑衅等。

（二）PTSD的起因

1. 孩子的特质与环境的因素

PTSD的症状自然与创伤事件有关，但与孩子的特质以及身处环境也有密切的关连。孩子本身如果有精神异常，加上心理的创伤，PTSD自然会变本加厉。此外，孩子本身生活中遇到的事故，孩子对社会的认知，以及孩子处理危机的应变能力与PTSD的形成和蔓延都有关系。马奇认为孩子不适当的社会行为是造成PTSD的危险因素，也是PTSD所造成的结果，或是两者相互助长。麦克法兰（McFarlane）认为家庭因素，如父母的教养方式，以及家庭的稳定性对孩子的PTSD有举足轻重的影响。在创伤事件发生后，整个家庭所得到的社会支持会影响家庭的应变能力，也间接地影响孩子从创伤事件中恢复正常的能力。要是孩子接二连三地受到严重的创伤打击，其内在的精力和斗志消耗殆尽，再加上外来的压力，精神自然很快崩溃。这是塔尔所称的长久性累积的创伤。

2. 学习理论与制约作用

学习理论的观点是通过刺激与反应的关系来分析PTSD的形成和维护，也就是引用经典条件反射与操作性条件反射的作用来解释PTSD的起源。根据范朋克和尼科尔森（Fairbanks & Nicholson）的理论，紧张压力的来源是非条件反射的刺激，这种刺激会引发孩子非条件反射的反应。孩子遇到这种刺激会自然地引起恐惧和无助的情绪反应。由于经典条件反射的作用，凡是与创伤事件相结合的认知、情绪、生理现象，以及环境中的暗示事物，都会变成条件反射的刺激或是创伤的提醒物（Traumatic Reminders）。由于刺激的类化，这些创伤的提醒事物也会引发条件反射的反应，造成PTSD的出现。从操作性条件反射的原理来解释，孩子通过尝试错误，学习到以逃避的行为来阻止或减少PTSD的症状，认知的压制和逃避的行为一再地获得负强化而变成固定的行为模式。

3. 神经生理的解释

佩里（Perry）提出一种新的理论，指出患病孩子的神经系统中儿茶酚胺（Catecholamine）显然有不正常的形状和活动，加上孩子在创伤事件中遭遇到激烈或长期的冲击，使孩子中枢神经系统的发展越出常轨。这种不正常的神经系统更会引发心脏和血液循环的功能失常、情绪的不稳、行为的冲动、焦虑和惊吓的反应，以及睡眠的不正常。他认为这种孩子脑部发展也可能不正常，所以容易受到神经传送系统和荷尔蒙不规律所引发的伤害。由于脑神经功能异常，孩子容易发展出PTSD。

（三）PTSD的评量

1. 综合性的询问

找心理专家做诊断和治疗时，每个人的症状和情况各不相同。例如有的孩子在创伤事件过后，父母立刻把他送去做心理辅导；有的孩子具有PTSD的症状已经有一段时间；有的是在诊治其他症状时才发现PTSD的症状。因此，阿马亚·杰克逊和马奇认为对孩子要采用多重评量的方法。治疗人员不但要询问孩子和他的父母，也要通过老师来了解孩子的情况。孩子目前的情况自然要全面地了解，但过去创伤的历史更是探询的对象。

2. 标准化测验

3种常用的量表包括：康纳父母与老师等级量表（Conner’s Parent and Teacher Rating Scale）、儿童抑郁量表（Children’s Depression Inventory），以及儿童青少年多维度焦虑量表（Multidimensional Anxiety Scale for Children）。2个常用的半标准化的临床量表包括：儿童焦虑障碍访谈表（Anxiety Disorder Interview Schedule for Children）、儿童和青少年精神病评估（Child and Adolescent Psychiatric Assessment）。

（四）PTSD的治疗

根据所罗门（Solomon）的研究，认知与行为的治疗到目前为止仍是处理PTSD

最常用的工具。药品的使用在万不得已的情况下也有治疗的价值。

1. 早期的预防

处理PTSD症状的上上策自然是在创伤事件发生之后，症状还未出现以前，至少也要在症状出现后但未定型之前做适当的预防措施和心理辅导。阿马亚·杰克逊和马奇采用预防与干预（Prevention-intervention）的模式来处理急性PTSD。他们发现孩子一暴露在创伤的情况中，立刻建立支持的系统，如其他孩子的慰问、鼓舞和探访。父母和老师也立刻就孩子可能出现的悲痛或创伤反应，给孩子提供应变能力和应付技能的训练。然后就可能出现的PTSD症状以及相关的心理症状做心理辅导。

2. 重新暴露

重新暴露的重点是在一个相当安全的情况下，让孩子重新暴露在引起创伤的事变中，期待能使孩子在第二个、第三个机会中，修正或恢复原来的信心和信念，并能主宰内在的思考和外在的刺激。塞倚认为孩子重回到创伤中时，要能得到大人的保证和支援，其症状才不会越来越严重。塞倚用满灌疗法来处理3个在战争中备受煎熬的孩子。这些孩子每听到爆炸声、看到有人受伤、看到有人抱着孩子奔跑就会惊慌失措。塞倚把这些情况一一列出来让每个孩子做惊慌的等级评分，然后给他们看战乱的影片。结果孩子对创伤事件的惊慌都大为降低。如果一群孩子受到同样的创伤，可以集体讨论事件的发生，表露自己的感受，厘清困惑，或把特殊的需要讲出来。有时候让孩子画出创伤的景象，或扮演灾难中各种人物的角色，也可协助孩子释放心中的重负。灾难过去之后，指导孩子想象倒塌的房子已经重建，受伤的孩子已经康复。灾难的后果并非一成不变，只要有决心有勇气，一切都可恢复和平正常（有关满灌疗法请见第六节）。

3. 有系统地检讨创伤事件

配诺斯和伊斯（Pynoos & Eth）认为心理辅导的重点是深入地了解孩子对创伤事件的认知、对整个事件主观的解释、他在事件中暴露的程度，以及他对事件的归因和判断。他们认为让孩子用笔画出内在与外在的刺激，用木偶或真人来表演情节，可以用来透露孩子的心声，把事件的看法和判断引出来。有时候让孩子以小组讨论的方式来透露心声，可以冲淡心中的疑云，也可以找出创伤的提醒事件，更可以消除歪曲的认知和信念。最重要的是让孩子知道：这种事件当然使人感到毛骨悚然，但是这已成过去，能看开就没事了。

4. 简短的心理治疗

孩子在毫无防备的情况下遭受身心的震撼，除了PTSD的症状，还会牵引出悲痛、抑郁、焦虑、内疚、生理的病态或其他相关的行为问题。遇到这种棘手的问题时，配诺斯和内德（Pynoos & Nader）认为由心理专家提供心理治疗是必要的。他们认为简短的治疗重点是把创伤事件划分为一系列的过程片段，然后带领孩子挣扎通过一关又一关，或是一再地暴露在创伤事件的细枝末节中，使他习惯于焦虑的情绪。他们认为这种暴露还要合并使用反应的防止、放松和呼吸的训练以及认知的改造。

5. 长期的心理治疗

要是孩子曾经长期地遭受暴力的蹂躏，体验到家中亲人的自杀或谋杀，或是一再地暴露在紧张痛苦的事件中，短期的心理治疗可能无法奏效。遇到这种激烈而顽强的症结，马奇认为长期的治疗有绝对的必要。他同时指出，有些孩子本来就有心理的症状，加上父母教养方法失当、生活环境恶劣，PTSD的情况一触即发，长期的治疗和环境的改善才是彻底的解决办法。

6. 家庭的辅导

家中有一个PTSD的孩子，其他家庭成员承受的压力和重担可想而知。有些父母根本没有特殊的技巧来处理孩子情绪与行为的问题；有的父母本身已经问题重重，根本无暇顾及孩子。遇到此类情况，不但孩子要找专家做治疗，家中主要人物，甚至整个家庭都要接受辅导。马奇认为一般父母要学习如何应付PTSD孩子所带来的额外负担，认识这个孩子创伤的刺激物，并能在孩子的生活环境中，设法排除这些引发痛苦回忆的事件。如果创伤事件涉及其他家人或孩子的同学和朋友，那么团体的治疗是一个有效的策略。通过彼此的支援、鼓励和互诉心声，可以帮助孩子建立精神的支撑力量。

7. 药品的治疗

由于PTSD与神经生理有密切的关系，药品的使用可以协助孩子减除激烈的创伤和焦虑，使心理治疗能顺利地推展。弗里德曼（Friedman）和马奇经过对研究文献的整理，发现不少药品曾广泛而有效地用来控制孩子的PTSD。抗抑郁类药物中，盐酸丙咪嗪和氟西汀是最常用的两种。抗焦虑症的丁螺环酮、抗躁郁症的锂盐、抗癫痫的卡马西平，以及调律心脏的普萘洛尔都经过科学的验证，对PTSD有相当的效果。不过，药品的治疗只是整个治疗系统中的一小部分，用法用量需谨遵医生的嘱托，此外，认知与行为的治疗以及家庭的治疗都不可偏废。

6 认知与行为治疗

认知与行为治疗通过融汇经典条件反射、操作性条件反射、认知学习原理以及社会学习理论来改造孩子的认知、情绪与行为，从而消除或控制孩子的焦虑。在这一节要介绍7种常用的治疗方法以及综合治疗的模式。

（一）逐步暴露（Gradual Exposure）

这种方法可以让孩子想象引发自己焦虑的事物，但更具体有效的办法是要孩子暴露在一连串实际的事物中。逐步暴露的第一步是把引起孩子恐惧的各种不同事物巨细无遗地列出来，并且按照这个孩子恐惧的程度，从最轻微到最严重一一排列出来。第二步是要孩子在放松而安逸的情况下暴露在最不害怕的事物中。经过持续地暴露，孩子对这个事物已不再畏惧，就可暴露在下一个较会引起恐惧的事物，如此循序渐进，一直到暴露在最感畏惧的事物中。

弗朗西斯与奥伦狄克（Francis & Ollendick）用逐渐暴露的方法来治疗一个16岁女孩拒绝上学以及逃避社交的行为问题。这个女生告诉治疗人员，她每到大众聚会的场合就会产生极端的恐惧。在3个月的治疗期间，治疗人员首先探问她害怕的是什么场合，然后编列一个社交焦虑的顺序表。她最不害怕的是陪母亲逛商场，最害怕的是独自上学而且在学校一整天。她每星期与治疗专家见面一次，由专家指定家庭作业。例如她要练习搭乘公共汽车，自己到商场买东西，到电影院排队买票然后自己进去看电影。3个月之后，这些原来使她产生畏惧的情境都能应付自如，但还是无法恢复上学，经过进一步的商议，她转学到另外一所高中，情况大有改善。最后她不但高中毕业，而且继续上了大学。

（二）系统脱敏疗法（Systematic Desensitization）

系统脱敏疗法协助孩子接触某一种特殊恐惧的事物，包含3个主要的步骤：第一步是做身心放松的训练；第二步是对某恐惧的事物依照恐惧程度列出顺序表；第三步是在身心放松的状态下逐渐地呈现引发恐惧的事物，或是逐步接近这个恐惧的事物。柯本（Koeppen）特别设计一套教孩子放松的技巧。他用想象的方法来引起孩子的兴趣。例如教孩子想象手中握着一个柠檬进行手部的拉紧和放松，他要用力把柠檬汁挤出来。脚部和腿部的拉紧则是想象涉足于深厚的泥土中，寸步难行，他认为孩子放松的训练要简洁而保持高度的兴趣。

哈戈皮安和奥伦狄克（Hagopian & Ollendick）使用系统脱敏疗法来治疗一个9岁男孩对狗的焦虑。这个孩子在6个月前被狗追咬过，虽无重大伤害，却是每每谈狗色变。治疗专家要这个孩子和他父母想出一个怕狗的焦虑顺序表。他们想出了20项。其中最轻微的一项是："和父母一道出门，一起上车去买东西"，第10项是："孩子走到以前被狗咬伤的巷口，他走到巷口时可以听到这条狗的吠声"，最后一项是："走到狗屋旁边，再走出巷口"。在未治疗之前，这个孩子由父母陪伴，可以完成第8项而不会有激烈的焦虑。治疗开始之后，心理专家告诉孩子的父母如何陪他每天做肌肉放松的练习，并在心情完全放松的时候，按顺序接触20项引起恐惧的情境或事物。这个孩子还要学习如何自我指导，亦即感到恐惧时要自我言语："不要害怕，做一个深呼吸，放松下来。"孩子在父母的陪同下每星期会见心理专家一次以面授机宜并检讨得失。但每天要在父母的陪同下，一步步地接近这条狗。心理专家和孩子的父母在旁鼓舞和奖励他的勇敢行为。到治疗的末期，这个孩子不但可以自由自在地在邻近地区走动，而且可以壮起胆轻抚这条咬过他的狗。

（三）满灌疗法（Flooding）

满灌疗法与逐步暴露的主要不同点是要孩子反复而长时间地暴露在极端恐惧的情况中，其目的在于消减焦虑的反应。这种暴露可以用想象的事物，也可以用实际的事物。在整个满灌疗法的过程中，心理专家要一再地探问孩子恐惧的程度。这个孩子要一直暴露在这种恐惧的刺激中，一直到焦虑的情绪完全消失为止。一般而言，满灌疗法要和反应的防止同时进行，孩子在恐惧的情况中，绝对不能有避开和逃脱的机会。例如塞倚用这种办法来治疗3个在战争中饱受惊慌而有PTSD的孩子。他要孩子观看战争的影片，一再地呈现恐怖的刺激，孩子最后了解这个噩梦已成过去，应该可以放心地过新生活。

麦卡锡和福阿（McCarthy & Foa）也使用这个方法来治疗一个13岁OCD的孩子。这个男孩的强迫思想是他会使父母大失所望、他学校的功课会一团糟，以及同学会取笑他。由于这些毫无理由却除之不去的意念，他会一再地复习考试的教材，一再地晃动他的手臂和头部，有时他在刷牙时心血来潮，会刷个不停。对这种强迫行为的治疗是使用想象暴露和实景暴露。想象暴露是要孩子想象他已接触到恐惧的刺激，并想象他无法从事强迫性的举动，因此造成了重大的灾难。在治疗当中把孩子的恐惧反应都录像存文件。他回家后可以重新观看自己的影片。实景暴露则要这个孩子和恐惧的刺激做直接的接触，而且不准他出现强迫行为如洗刷或摇头晃脑。他的父母和学校老师也接受特别的指导，经常鼓励他去接触害怕的刺激，同时防止他出现强迫行为。结果这个孩子不但强迫行为减少，强迫思想也有长足的改善。

（四）行为条件的处理（Contingency Management）

行为条件的处理是行为分析的主干，其基本的原理是行为前事、行为的发生以及行为后果三者之间有连带关系，一种情形发生，另一种情形也会发生。某些行为前事和行为后果是引发和维持焦虑行为的刺激因素。设法改变这些刺激因素，就会带动焦虑行为的改变。所谓刺激因素的改变包括奖励与处罚、行为的塑造与行为的消减。行为的治疗要由专家负责，但可以将行为条件的处理或行为改变的技术的要点传授给父母和老师，在家中和在学校中双管齐下，收到双倍效果。

卡尼和西尔弗曼（Kearney & Silverman）发表过一篇有关治疗孩子拒绝上学的报告。他们先用行为的功能分析来找出一个9岁的男孩拒绝上学的前事和行为后果。这个孩子有分离焦虑症，而且每到上学的日子就会有头痛、肚子痛的现象。心理专家特别指示这个孩子的母亲，如果他称病而留在家中，不但不要表示特别的关切，而且规定他白天要留在自己的房间里，晚上则要做家庭作业。同时，如果他一个星期中上学2天以上，周末可以自由活动，否则禁足不准外出。他的行为有进步后，改为一个星期上学3天以上周末才可出门。依此类推，他终于能够天天上学，也终于如愿以偿地得到一部崭新的脚踏车。

（五）行为的示范（Modeling）

根据社会学习的理论，孩子行为的形成大多来自观察和模仿他人的行为。一个焦虑的孩子看到别人接触或对付恐惧的情况，自然可以使他壮胆，甚至跃跃欲试。行为的示范可以用影片或实际人物的示范，而最有效的是由同年龄的孩子做示范，并带领这个焦虑的孩子去接触他感到恐惧的事物。

麦格林（McGlynn）使用示范的方法来治疗一个6岁女孩害怕气球的问题。这个女孩子每看到大小气球就会紧张恐惧，而且会设法避开有气球的场所。她的母亲认为怕气球事小，但因此不敢去商场、不敢上学、不敢观看游行或参加小朋友的庆生活动，给日常生活带来相当多的问题。行为示范的治疗一开始先让这个女孩看其他孩子玩气球的欢乐影片。接着看一个气球的视频，片中有一个小女孩原来也怕气球，但她克服了害怕的心理，而且学会了玩气球，到最后她还敢用一根大头针把气球戳破。实际人物的示范则是由录像片中的小女孩担当领头的地位。这个勇敢的小女孩带领着焦虑的女孩一起兴高采烈地玩气球。接着她妈妈要告诉她气球是怎么吹起来的，然后母女一起吹气球。在治疗专家的指导下，总共花6个小时，这个女孩就不再因气球而引起焦虑的情绪和逃避的行为。

（六）认知策略（Cognitive strategies）

认知策略范围很广，但最常用的是自我指导、问题的解决，以及改变不适应的自我言语。哈戈皮安和奥伦狄克把自我指导分为5个步骤：第一步是治疗专家接近孩子所恐惧的事物，并大声地说出他要如何应付这种事物，孩子在旁观看；第二步是这个孩子接近恐惧的事物，并在专家的指导下说出他要如何应付；第三步是这个孩子接近恐惧的事物，并大声地说出他要如何应付；第四步是这个孩子接近恐惧的事物，并小声说出他要如何应付；第五步是这个孩子接近恐惧的事物，而且在内心想他要如何应付。解决问题的方法首先是把问题做明确的界定，然后设想各种不同的解决办法，且决定从哪一种方法开始试用，专心一致地执行这个解决办法，并自我指导应付恐惧事物的对策，最后要评鉴这种方法的利弊得失。如果有效就要自我强化鼓舞，如果无效就要改用另外一种解决办法，一直到问题解决为止。改变不适应的自我言语，第一步是要孩子监视和断定在恐惧的情况中到底是怎么自我言语的，他如何告诉自己要从这种情况中逃脱出来。一旦找出这种不适应的自我言语，就要在专家的指导下改用另一套适应的自我言语，因而能增进应付的能力，减低焦虑的情绪，消除退缩和逃避的行为。

格拉齐亚诺和穆尼（Graziano & Mooney）使用认知的策略来治疗孩子晚上做噩梦的焦虑症。他们首先训练孩子做身心的放松，想象愉快的情景，并且自我言语："我很勇敢""爸妈不在身边我也不会害怕""我已经知道如何应付黑暗"。接着治疗专家指示这个孩子每天要反复练习这些基本的技能。他们同时指导孩子的父母如何给孩子打气，强化孩子勇敢的行为。例如设置代币制度，如果这个孩子晚上勇敢入睡，清晨起来精神焕发，他就可以得到代币，累积某个数字的代币他就可以出外旅游。这种策略有相当的效果。这个孩子不但可以安然入睡，而且不再使用各种不同的借口来拖延上床睡觉。

（七）思考的停止（Thought Stopping）

思考的停止或思考的转变是一种直截了当的方法，用来切除萦绕不去的思绪。训练的初期要孩子专心一致地想他最感焦虑的事。正当他想到最恐惧难受的时候，治疗人员大声喝令"停止"。如此反复几次之后，这个孩子困扰的思考的确因外力的干扰而中断。接着要训练孩子以自我干扰来取代外来的干扰，亦即自己大声喝令"停止"，然后则是自己不出声地喝令停止。最后要以愉快的思考来取代原来非理性的思考。

任恩（Rimm）发表过一篇临床治疗的报告，并以实例来解释思考停止的5个步骤。11岁的安妮是一个五年级的学生，她在接受治疗前几个月乘坐校车时目睹了一场惨重的车祸。从此以后每当校车开到出事的地点她都会恐慌发作。不但如此，她有时会拒绝上学，甚至因而不再与父母开车出门。任恩使用的第一步是“别人干扰公开的思考”，他要安妮想象她坐上校车，车子转了一弯又一弯，终于接近出事的地点，她已感到相当紧张。她要公开地把这一连串的想象边想边讲。当她提到她感到紧张害怕时，任恩大声喝令“停止”。第二步是“别人干扰内在的思考”，这时安妮要做同样的想象，但只保持内在的思考而不公开地讲出来。当她想到紧张害怕的情景时，她要举起一个手指头来。任恩一看到安妮举起手指头，立刻大声喝令“停止”，打断她的思考。第三步是安妮“公开地干扰自己内在的思考”，这时安妮同样地做内在的思考，当她想象到紧张害怕的情景时就举起手指头，并且自己大声地喝令“停止”。第四步是安妮“内在地干扰内在的思考”，在这个时候安妮已有效地大声干扰自己的思考，因此可以自己内在而无声地喝令停止。第五步是从非理性的思考转入健康愉快的思考，以填补恐惧思考停止后的真空。

（八）认知与行为治疗综合性的处理方案

上述7种治疗焦虑症的策略并不相互排斥，事实上，大部分的治疗都是综合数种方法，统筹兼顾以达成最大的效果。这种综合性的处理方案有3个主要的目标：一是要孩子学习如何认识、体验以及应付自己的焦虑情绪；二是要孩子减轻焦虑的程度；三是要孩子学习以积极而适当的方法来面对挑战，克服困难。为了达成这些目标，治疗的方法可以分为两方面：一方面是特殊应付技能的训练，包括：（1）能够了解自己产生焦虑的情绪时，生理上有什么特殊的反应；（2）能够了解到面对焦虑的情况时如何自我言语；（3）培养解决问题的技能，修正焦虑的自我言语，并增进应付的技能；（4）自我评鉴与自我强化。另一方面是新技能的实际应用，包括想象与实际事物的逐渐暴露或接触；在这个暴露中孩子要把所学到的技能一一派上用场。

弗朗西斯和贝都（Francis & Beidel）采用综合方法来治疗一个13岁女孩的极端分离焦虑症。这个一向害羞的女孩是一个品学兼优的学生。她在一次看到一个亲戚癫痫发作后，从此就爆发出严重的焦虑症状。她会一再地查问她自己的健康情况，而且为父母和哥哥的安危而忧心忡忡。即使有一点小毛病或皮肉之伤她也会焦急万分，甚至一再地联想到她会因此而一命呜呼。由于这些非理性的自动思考，她会拒绝离开家，而且缠住家人不放。例如她自己一个人在房间里一定要有家人陪伴，所以她母亲每晚要陪她，一直到入睡为止。后来因为怕母亲半夜走开，都无法入睡，或小睡片刻又会惊醒。治疗这种焦虑症状的重点是采取实际情况的逐渐暴露以及修改不适当的自我言语。

治疗的第一步是向这个女孩详尽地解释焦虑的形成以及持续出现的原因，同时将逃避行为与不适应自我陈述的来龙去脉解释清楚。接着是心理专家和这个女孩共同鉴定使她感到焦虑恐惧的事物，并且要她监视自己。面对焦虑情况时有什么想法？焦虑程度如何？她找出来的焦虑情况是：独自睡觉、自己一个人在房间里、自己一个人到楼上去。她面临焦虑情况时的自我言语是：她触摸到手臂上的硬块时就想到她会得癌症而死去，而且她一离开家人，他们就会死去。再接着是心理专家和这个女孩子共同拟定一个焦虑情况的顺序表。最轻微的是独自在楼下的房间里，接着是自己一个人上楼待一会儿、独自上楼并待很长时间、自己上床睡觉，而最害怕的是半夜醒来独自一个人在房间里。最后这个女孩要参与设计一些认知的应付语言。这时她已深深地体会到她对自己说的话会影响自己的情绪，因此自己也急于换一套健康的自我言语，以面对焦虑的情况。她设想出来的自我陈述是："我有一点害怕并不证明天大的事就要发生。""我一再尝试，结果进入害怕的地方都没事，我就觉得好多了。""如果我开始有点担心，就想一些好玩的事，那么我就不再担心了。"依照心理专家的指示，她一步步地暴露在焦虑的情况中，并以健康而积极的自我言语来应付内在与外在的紧张压力。经过5个星期的治疗，她可以自己一人留在房间里，而且可以独自上床睡觉。同时，她一再忧虑和探问自己和家人健康的现象也逐渐消失。第6星期一开始，从一个星期治疗一次改为两星期治疗一次。第10星期开始又改为一个月一次的追踪观察。经过3个月的追踪观察，她的焦虑症状都未再出现。只有一次她家的狗生病时她有点不安心，但她立刻以新学到的应付技能来自我言语："医生一定有办法把它医好，它很快会恢复健康。"

CHAPTER SIX

第六章

儿童精神分裂症

儿童精神分裂症的病例并不多，根据沃克马（Volkmar）的报告，10000个孩子中可能出现1~4个。但是，精神分裂症长久以来一直是最严重的心理疾病。最早的记载可追溯到15世纪初，当时欧洲的精神病患和罪犯被一起关在监狱或仓库中，受尽虐待和酷刑。一直到19世纪初，一位法国医生发现他们并非罪犯也不是魔鬼缠身，因此设法把他们从疯人院中释放出来，而且解除他们的手铐脚镣。近年来，抗精神病药的发现，更使千千万万的患者从精神病医院中走出来，融入社会中过正常的生活。孩子患有这种难缠的心理疾病更是遭受到折磨和误解，甚至到19世纪还有文献称他们为“野孩子”。一直到1980年美国精神病学协会出版的DSM–III才给予儿童精神分裂症（Childhood Schizophrenia）的正式名称和诊断。

在1980年以前，心理专家和精神科医生遇到儿童心理上棘手的疑难杂症时，往往把他们冠上精神分裂症的名称，然后弃之不顾。根据贝尔拉克和缪塞尔（Bellack & Mueser）的看法，这种垃圾筒（Wastebasket）式分类法有几个可能的原因：一是精神分裂症涵盖的范围太广，一般的从业人员很难找到一致而实在的症状；二是一般认为精神分裂症是一种生理上的疾病，心理与行为的治疗无能为力；三是一般认为对付精神分裂症时，使用药品的治疗绰绰有余；四是一般认为精神分裂症的症状过于严重，没有白费力气的必要。但过去几十年来的努力并没有白费，DSM–III和DSM–IV提供了相当精密的诊断标准，加上药品使用、心理治疗以及教育功能的发挥，患有精神分裂症的孩子终于有了适当诊断与治疗的机会。

儿童精神分裂症的诊断和鉴定相当困难，因为他们语言表达能力有限，无法说出脑中的想法和看法，而且一般孩子本来就充满了想象和奇异的念头，这往往和精神症状混淆不清。再者，很多精神分裂症的孩子成长在贫穷而破碎的家庭中，智力又偏低，他们往往生活在一个少有人知的世界中。成人患有精神分裂症大多发病于青少年晚期或成人初期（19岁到21岁之间）。至于儿童精神分裂症的发病时间，因为语言、思考以及情绪的混杂，很难有明确的推论。沃克马根据DSM–IV较严格的诊断标准来推断，儿童精神分裂症很少在5岁以前发病。他认为儿童精神病的发生有三种形态：第一种是孩子原来没有任何心理病态，但精神症状急性而全面地爆发开来；第二种是最常见的潜伏症状，这种孩子的各种心理功能在不知不觉中逐渐退化，终至与现实完全脱节；第三种是潜伏发作，孩子已经病发一段时期才全面爆发。康托（Cantor）认为目前的专业知识和诊断技术还无法断定5岁以下的孩子是不是已经有精神分裂症。她认为将来可以用生理和行为的表现作为诊断而不需依靠语言的陈述。这可能对提早做诊断和治疗有所帮助。

到目前为止，长期而综合性的治疗似乎是最好的策略。艾格斯（Eggers）对57个患有儿童精神分裂症的孩子进行调查研究，发现他们的长期症状分析呈现一个相当悲观的结果。经过近20年的追踪调查，研究人员发现，这些14岁以前就发病的孩子中，有20%症状完全消失，有30%稍有进步，但50%保持中度和严重的症状。孩子发病时的年龄愈小、发病前已有其他心理症状、具有潜伏症状和逐渐恶化的现象，或是未得到适当诊治，都造成了较悲观的结果。

1 儿童精神分裂症的症状与征候

根据沃克马的定义，儿童精神分裂症是指儿童呈现精神症状的主要特征以及适应性功能的缺陷，而且这些症状已有6个月以上的历史。精神症状（Psychotic Symptoms）包括幻觉、妄想、思考的散乱或前后不一、语言动作的迟钝以及不适当或晦暗而无生气的情绪。这些心理情况连续出现一个星期以上。适应性功能的缺陷是指这个孩子无法达成正常的成长目标，包括人际关系的建立、学校功课的学习，以及日常生活的技能都远落在同龄儿童之后。

（一）主要症状

康托根据她15年中治疗54个精神分裂症孩子的临床经验，综合整理出4项主要的症状。

1. 矛盾心理、妄想与幻觉

矛盾心理（Ambivalence）是指同时存在两种相互冲突矛盾的感觉或想法。例如爱恨交集、忧喜参半或是进退维谷的思绪。矛盾心理需要有复杂的思考能力，一个人必须能同时产生两种不同的想法。因此，学龄前的孩子较少有这种症状，到青少年阶段这种矛盾冲突的思考就渐趋明显。不过年幼的孩子往往在游戏当中表现出这种症状。例如，一个6岁的孩子玩一个小汽车时突然冒出来："我希望这个车子不要撞坏了。……它不该在这里撞坏。"精神分裂症的孩子常有严重的矛盾心理。这种现象甚至延伸到孩子的意志和果断，以及动作的组织和功能。例如：一个14岁的孩子在一个小时的治疗期间，会花上半个小时三心二意不知玩什么玩具；另一个16岁的孩子经常失去动作的控制，如坐也不是站也不对，坐校车上学时则要上车下车好几次。

妄想（Delusions）通常指一个人感觉到别人会迫害他甚至毒杀他、对自己身体发肤超乎常理的关切、自认为是至高无上的人物或是万能的神仙。妄想需要复杂而细腻的思考过程，所以学龄前的儿童较少出现妄想。但就精神分裂症患者整体而言，有55%~60%会有妄想症状。一个6岁孩子妄想他是毒草的克星，就因如此，他常碰触毒草，结果需要一再送医院急救。另一个8岁的孩子说他是超人，他能做大人办不到的事，例如单手捏死一只小鸟。到儿童晚期青少年初期，孩子的妄想大都集中在超人的力量或是非凡的身份。有个8岁的孩子读过人神同形的故事后，他一再声称自己是一个茄子。一个14岁女孩妄想她和一个歌星结了婚。到青少年阶段，妄想的内容往往偏向被迫害的妄想，例如受到别人的监视、控制、驱使甚至谋杀。

幻觉（Hallucinations）是指听到、看到或接触到实质并不存在的事物。根据沃克马的统计，患有精神分裂症的孩子中，80%有幻听。这种幻觉通常是逼迫、命令或是批评的声音。50%的孩子会有视觉或触觉的幻觉。例如一个孩子“看”到一只米老鼠站在他父亲汽车的前方，因此坚持要他父亲把车子停下来。一个15岁的孩子说他经常听到音乐，还有人会和他谈话。一个5岁的孩子常会扭转自己的身体，因为他的身上爬满了小虫令他发痒。

2. 思维障碍（Thought Disorder）

思考程序凌乱不堪，思考内容支离破碎是精神分裂症孩子的主要症状。根据卡普兰（Caplan）的研究，这种孩子在思考上有3个主要的缺陷：一是非逻辑的想法。这是因为这种孩子对外来的信息无法做适当的整理，而且在认知上有超载的现象。二是思考不连贯。这是因为他们内在与外在的刺激太多，使他们分神而无法固定在同一个主题上。三是表达能力的欠缺。这是因为他们无法整理和追踪自己的思考、不能理解听话的人的心态、不知如何表达，也记不清什么已经说过了、什么还没有说，更不知道如何顺应情势与别人对谈。

康托根据自己的临床经验，认为精神分裂症的孩子谈话内容支离破碎，用语都是单字或词组而很少成句。这显示孩子对外来消息的收集，包括知觉和观察都有偏差。同时，孩子往往因为分不清整体与部分的关系，常会出现怪异的想法。例如一个8岁的孩子画一个长方形表示一面墙，就说这是他的房子；画一部汽车后，却在上面添加一些无关紧要的东西。一个6岁的孩子画了一块墓地说他亲眼看到一件意外的死亡，但突然间冒出来："我妈妈忘了生日蛋糕。"这种孩子往往给人一种有理说不清的感觉。一个4岁的孩子说她的洋娃娃要去商场买东西，但在商场中洋娃娃掉到山谷底下。她妈妈告诉她商场中不会有山谷，她说商场有电视，电视中有山谷，所以商场有山谷。显然她没有办法建立逻辑关系。

康托认为年纪较大的孩子会渐渐地集中注意力，但这不一定能改进他们的症状。事实上，他们看得越多越感到迷惑，尤其是人与人之间的关系、功课与娱乐、男女的两性关系等会使他们感到进退维谷。如果遇到他信得过的人，他会一再地追问"为什么？""这是什么意思？"或干脆说："我实在搞不清楚。"这种孩子往往会专注于自己内在的刺激。例如，一个5岁的男孩看到街上有两辆车相撞，他转头问他母亲："是不是我们把他们撞坏的？"康托认为年幼的孩子语言前后不连贯的情形较多，青少年的孩子在遇到紧张的情况或是身心相当疲倦的时候，谈话也会显得牛头不对马嘴。

3. 语言内容贫乏

和同年龄的孩子相比较，精神分裂症的孩子会显得语言能力特别贫乏，谈话内容空洞而且离谱。这种孩子在交谈中往往以单字对答，而且很少主动找人谈话。到青少年阶段，其认知能力有进步，语言能力也随之增进，但谈话内容依然是东鳞西爪。模仿言语（Echolalia）则是另一个特殊的语言现象。年幼的孩子会完全重复别人的谈话或问话，面部却呈现茫然无知的表情。孩子年纪较大，语言能力较发达后，则重复他不能了解的部分。但是，精神分裂症的孩子到青少年以后，通常会以重复别人的话来表示他对别人谈话的反感、对指令的反抗，或是以此表示他的愤怒。有些孩子会突然冒出一句话来，常被误认为是有幻觉或妄想。事实上，他是把以前听人说过的话或是在电视上听到的对谈重复一遍。对精神分裂症的孩子而言，这种延迟的重复言语是很普遍的现象。

4. 情绪的问题

患有精神分裂症的孩子显然失去了童年的欢乐，他们的情绪受到极度压制，通常都显示出平淡和忧虑的表情。有时孩子会显露一丝笑容，但可看出其勉强或是不合时宜。有的孩子偶尔会和其他孩子玩在一起，但动作常会粗鲁并涉及暴力，虽然对方玩得心惊胆颤，他却以此为乐。有些孩子的哭笑与外在的情景完全无关，似乎只有他自己知道笑什么哭什么。焦虑和容易受惊是这种孩子情绪上的另一个问题，他们尤其会对那些没有看过的人物或事物感到极度的震惊。一个女孩子看到一部玩具电话，因为形状颜色和铃声都与她家里的电话不一样，竟吓得直呼："我只是一个小女孩。"并拿起一些木头把它遮住才放心。根据康托的观察，这种孩子最害怕的是他无法了解的事情，他们似乎对智力的挑战感到不胜负荷。一个5岁的孩子听到新的事物都会高声叫喊："我不行！""我不知道！"青少年阶段的孩子则对日常生活的压力和紧张的情况容易产生焦虑的情绪。

精神分裂症的孩子谈话时一个明显的特征是缺乏抑扬顿挫，尤其青少年阶段的孩子，可以明显地看出来他们言谈中缺乏情感的流露。他们的声音不是太大就是太小。有时候说出一些字，但真正问他到底那是什么意思，他往往会不知所云。

（二）DSM-IV的诊断标准

1. 特殊症状

下列症状中至少有2种以上。在一个月的期间中，每一种症状的出现占去相当长的时间。如果治疗效果良好，出现的时间会减少。

（1）妄想。

（2）幻觉。

（3）语言没有组织，包括经常离题或是前后不一致。

（4）整个生活秩序紊乱不堪，或是有语言动作迟缓的现象。

（5）有负面的症状，如情绪的僵化、思考的迟钝，以及生活功能的退化。

2. 社会关系与学业的退化

自从孩子发病之后，大部分的时间显示生活上有显著的退化，如与同龄的孩子相比，他们的学校功课、人际关系以及自我照顾的能力有显著的落后现象。

3. 期间

症状的出现持续6个月以上。这6个月当中，至少有一个月的时间出现第一项标准中的特殊症状。其他时间可包括发病前的征兆或是病情减轻后的症状，包括特殊症状中（5）的负面症状，或是（1）到（4）中的轻微症状，如奇异的想法或是非比寻常的知觉。

4. 并不包括分裂情感障碍（Schizoaffective Disorder）和心境障碍（Mood Disorder）

分裂情感障碍虽为精神病态，但不能算是精神分裂症，因为：

（1）精神分裂症的特殊症状发生时并没有同时发生抑郁症、躁郁症或是混合的症状发作。

（2）如果心情的症状与精神分裂症的特殊症状同时发生，其发生时间相当短暂。

5. 并不包括药物引发的症状

精神分裂症的症状并不包括由药物引起的生理现象。例如吸食某种药物引起的幻觉、使用其他药品造成的思维障碍，或是一般生理疾病的结果，都不能算是精神分裂症。

6. 与一般发展迟缓的关系

如果这个孩子原有智力障碍或自闭症的诊断，但他也出现妄想或幻觉，而且出现有一个月以上，这个孩子可以在智力障碍或自闭症的基础上加入精神分裂症的诊断。

7. 精神分裂症的类型

在做诊断的时候，可以根据孩子的特殊症状，再细分为5种类型：

（1）妄想型（Paranoid Type）。这种类型的精神分裂症符合下列2种标准：

①整个心神被妄想或幻听所占据。

②下列几种症状并不显著：语言无组织、生活秩序紊乱、语言动作迟缓或情绪

的僵化。

（2）紊乱型（Disorganized Type）。这种类型的精神分裂症要符合下列2种标准：

① 下列各种症状都很显著：语言无组织、生活秩序紊乱以及情绪的僵化。

② 行为表现并不符合紧张型精神分裂症的标准。

（3）紧张型（Catatonic Type）。这种类型的精神分裂症在临床的症状上至少有下列症状中的2种以上：

① 动作迟钝。看似癫痫发作或不省人事，动作缺乏弹性。

② 过度的肢体活动。这种活动并不是对外界刺激的反应，而是毫无目的地制造一些无意义的动作。

③ 极度的违抗或把别人的谈话完全当成耳边风。例如对大人的指示置之不理，大人要他移动身体他也一动不动。

④ 怪异的动作或体态。反复固定而无意义的动作，例如一再地来回踱步或挥手、怪异的生活习惯，或是显著的面部扭曲。

⑤ 重复别人的语言或动作。

（4）未分化型（Undifferentiated Type）。这种类型的精神分裂症是指精神症状符合诊断标准第一项特殊的症状，但不符合妄想型、紊乱型以及紧张型的症状。

（5）残余型（Residual Type）。这种类型的精神分裂症要符合下列2种标准：

① 妄想、幻觉、无组织的语言，以及紊乱和迟钝的行为动作并不显著。

② 继续出现精神分裂症中的负面症状，如情绪的僵化、思考的迟钝以及生活功能的退化。或是有较轻微的症状，如怪异的想法，或是非比寻常的知觉。

（三）相关的特质

康托在临床诊治中，除了深入了解孩子妄想、幻觉以及思绪凌乱的主要症状外，还特别观察记录孩子的生活状况、生理特征、神经肌肉的功能以及智力的发展。这些特质不一定出现在每一个精神分裂的孩子身上。根据她的比较与统计，下列各种特质发生在一般儿童身上的比例大约只占10%；但有50%左右精神分裂的孩子出现了这些相关的特质。这种特质的发现不但有助于诊断，还对及早预防与治疗有莫大的益处。

1. 与同龄幼儿的比较

康托发现精神分裂的孩子和同年龄的孩子从幼年开始，在生理的功能、成长的过程以及行为情绪各方面就有显著的差异。

（1）**基本生理的功能**。精神分裂症的孩子第一个出现的征兆是饮食的障碍，这包括基本吸吮的困难、无法专心于饮食、拒绝食用固体食物，或是极度的偏食和怪僻的嗜好。另一个明显的异状是睡眠，这种孩子不容易入睡却容易惊醒。这种孩子一出生时，可能会出现沉睡的状况，而且在2岁以前就会开始做噩梦。大小便方面，大约一半的孩子有相当的困难，这包括不肯大小便、拒绝大小便的训练，或根本无法接受训练。

（2）**特异的成长过程**。精神分裂的孩子从婴儿时期就显示出社会行为的差异，例如不喜欢大人把他抱起来，也很少期待大人把他抱起来，甚至拒绝大人的陪伴。孩子较大以后，缺乏好奇心和新鲜感。上床睡觉时不喜欢携带柔软的东西，如布做的小狗熊，而偏爱硬质的东西来陪伴入睡。同时，他们从小就缺少人际的交往，并不明显区分亲生父母或陌生人。孩子有了玩伴以后，往往对玩伴置之不理而独自游戏。如有交往，常会以独断游戏的方式，不听别人的想法和意见。在游戏行为方面，婴儿对摇篮的装饰物缺乏兴趣，幼童对玩具不感兴趣。有时虽会玩弄一下玩具，但时间很短，很快就把注意力移转到其他方面。语言成长的缓慢是另一个显著的现象。婴儿时期未出现牙牙学语的过程；孩子年纪增长后，很少跟着父母说话，但会自己创造一些别人无法理解的词汇。很多孩子3岁以后还无法用成句的语言来表达意思。在动作方面，3岁的孩子还无法自己上下楼梯，走路的步伐也相当怪异。这类孩子在站立、起步、走路和奔跑方面都远落在一般孩子之后。他们的手脚显得软弱无力，举动笨拙而且常发生意外。此外，他们有一些怪异的行为和动作，如摇摆身体、以头碰撞东西、2岁以后还吸吮手指或口含东西、挥动手臂、来回踱步或跳跃、无目的的动作、制造响声、作出喷鼻声、自我停止呼吸，以及其他自我伤害的行为。

（3）**特异的情绪与行为**。与同年龄的孩子比较，精神分裂症的孩子显得容易受惊。活动的玩具和小丑会让他们相当恐惧，甚至害怕别人的接近与身体接触。其他外来刺激包括突如其来的噪声、衣服上的商标、怪物、阴影或人多的地方。相反地，这类孩子会去嗅、闻，用舌头去舔，或用手去摸东西，不管会不会有危险性，什么东西都要探其究竟。对于不如意的事很容易暴跳如雷、自我伤害、退缩到自己的生活空间，或是完全麻木而不知所措。所谓不如意的事包括欲望无法立刻获得满足、无法表达意思，或被人取笑等。

2. 生理的特征

康托发现患有精神分裂症的孩子在生理上有几个突出的特征，而其中肌肉不结实是幼儿精神症状最早期的征兆。与此有关的是筋肉松弛、手肘和手腕无力。年纪较大的孩子，尤其青少年阶段的孩子走路时，双臂下垂而不前后摆动是一种常见的现象。有的孩子走路有如冲刺，有的则是步步小心，有的以脚尖走路，更有的是两脚开叉行走，弯腰驼背。从外表看来，这种孩子的头显得短而大，手掌长而手指短。皮肤到青少年期以后还是相当细嫩，也可能因此不喜欢别人的碰触。他们的脸色苍白，有时则双颊泛红，眼神时而迟钝无光，时而闪烁有神。康托更发现这种孩子有特殊的体臭。更值得一提的是，孩子服用抗精神病药后心智情况有所改进，体臭也随之消失。

康托测验精神分裂症孩子15米短跑，发现他们比同年龄的孩子慢很多。他们跑步时双臂有如被人绑着而不会摆动。相反地，身躯却左右摆动得很厉害。他们显然尽力地奔跑，所以经常跑完后会喘不过气来。单脚站立、走直线或跨步的测验，暴露出他们在身体平衡上有很大困难。闭上眼睛的单脚站立持续时间比一般孩子短暂许多。走直线和跨越障碍的测验，暴露出他们眼睛和肢体的协调有问题。就算简单的走直线也会使他们紧握双拳，脸部扭曲绷紧。年幼孩子不太能原地跳高，但年纪较大的孩子则与同年龄的孩子不相上下。体力的测验如仰卧起坐、伏地挺身和原地跳远显示精神分裂症的孩子差人甚远，但是经过训练后却有长足的进步。手臂的力量测验，如拍球、丢球、接球等也显示出他们手眼协调有重大困难。这种现象直接影响到体能和游乐的活动，也间接影响其人际关系。

对于细微动作的评量，康托要孩子伸手去接掉落的尺子，结果发现精神分裂症的孩子与普通的孩子一样敏捷。此外，她要孩子用剪刀剪出一个圆圈、顺着弯曲的小径画线、模仿画圆圈等。学龄前的患儿对此有特别的困难，但学龄患儿和青少年患者在这方面的表现并不逊于一般孩子。至于较复杂的动作如扑克牌的分类、串小珠子，或把小铜板放在盒子里，精神分裂症的孩子显然比一般孩子缓慢，但康托认为这是因为思考的缓慢和疑惑所致，与细微的动作似乎没有太大的关系。总体而言，康托发现精神分裂症的孩子在大的动作方面，如跑步、平衡、力气的使用等较有困难，细微的动作如画线、剪纸、用手接物等与普通孩子相比，没有明显差别。

3. 认知与智能

康托治疗过的孩子中，有23个孩子接受过智力测验。测验工具是韦氏儿童智力量表修订版（Wechsler Intelligence Scale for Children-Revised）。大约40%的孩子智力水平偏低，显示这种孩子学校教育的缺失。有的孩子上学时断时续，有的上特殊班，并不强调知识的传授。有一半的孩子在事物异同的比较上有显著的缺陷，这表示他们对口语和图形的了解有歪曲，而且思考的程序和消息的储存与运用都有相当大的障碍。基本算术的演算情况也类似，再度显示教育的缺失。词句测验也显示出他们语言和词汇的匮乏、自我为中心的想法以及离题的思考方式。康托发现精神分裂的孩子最严重的智力缺陷是在事物的了解、情况的分析以及应变的能力这些方面。他们显得迷惑、抓不住要点、似是而非、相互矛盾以及词不达意。

在演示的测验当中，大约1/3的孩子对图片中缺失部分的指认存在困难。这些孩子的毛病是心不在焉而且不会深思熟虑，甚至对这些新鲜的图片感到畏惧或厌恶。照故事安排图片的顺序也是如此，约有1/3的孩子得分偏低。其原因与图片缺失的指认很相似。整体而言，他们在图案的模仿设计部分超过了一般孩子，也是所有测验当中得分最高的一项。拼图的测验与一般孩子的得分相去不远。符号代替数字的测验，大半都得分甚低。他们在这方面做得相当准确，但速度太慢。在时间紧迫的情况下，他们的应对能力显著降低。根据韦氏儿童智力量表的结果，康托认为精神分裂症的孩子演示的测验比语言思考的表现好，但就整体而言，还是不如一般的孩子。显然地，这种孩子的认知和智能深受精神病态的影响，或是彼此互为因果。

2 儿童精神分裂症的病因

先天不足、后天失调似乎可以用来解释儿童精神分裂症的病源。祖宾和斯普林（Zubin & Spring）所建立的易感性—应激模型（Vulnerability-Stress Model）到现在还被经常用来解释精神分裂症的起源。所谓易感性（Vulnerability）是指一个人对于应激压力（Stress）的情况特别敏感，而且有因此而引发精神症状的倾向。他们认为患有精神分裂的孩子生而具有生物上的异常现象，他们遭遇到激烈的刺激时精神会完全崩溃。然而，单单有这些生物上的症状不一定会发病；后天恶劣的环境加上先天的缺陷才是发病的因素。佩尔穆特（Perlmutter）则用生物心理社会（Biopsychosocial）的观念来解释精神分裂症多重角度的病因，它包括个人生物上的异常、社会与环境的冲击以及本身心理防卫系统的缺乏，如此内外夹攻，把一个人逼出现实的世界。这一节就从生物机制（Biological Mechanisms）、心理过程（Psychological Processes）、家庭人际动力（Family and Interpersonal Dynamics），以及环境与社会的影响（Environmental and Social Influences）4个方面来推断儿童精神分裂症的病因。

（一）生物机制

根据沃克马的研究，精神分裂症的孩子普遍存在神经系统不成熟的现象，例如肢体动作的迟缓以及神经的疲弱现象，康托称之为精力不足或反应迟钝。此外，通过脑波活动的检查，她常发现他们的中枢神经系统有功能失常的迹象。神经心理的研究则发现神经功能失常致使心理功能的缺陷。例如注意力无法集中，脑中所得到的消息无法适当地传递、解释、储存或是加以使用。

贝尔拉克与缪塞尔（Bellack & Mueser）把一个孩子的易感性归之于脑部结构的不正常。例如大脑脑室肿大、脑部生化功能失常。他们引用多巴胺（Dopamine）的理论来解释精神分裂症的形成。这种理论是指脑中化学物质的调配功能失常，造成多巴胺的过分活跃，激发脑部消息的盲目传送；或是多巴胺的分泌使神经末梢过分敏感。结果一个人无法正常接收外界真正的消息，而且激起自动的反应，甚至有人格分裂的倾向。

遗传与家庭的研究提供另一个最有力的佐证，支持生物机制不健全造成精神分裂症的理论。精神分裂症孩子的父母有精神异状的数量远远超出一般孩子的父母。根据沃克马的统计，患有精神分裂症的孩子中，大约有10%的孩子父母也患有精神分裂症，同卵双胞胎患有同样的症状比率更高。显然地，父母的遗传基因所造成的生理结构的不健全，加上后天环境的影响是主要的病因。

（二）心理过程

沃克马引用各种研究的结果来解释精神分裂症儿童心理过程的异状。他发现这种孩子感官神经和动作神经缺陷的情形比一般的孩子普遍且严重。他们所表现出来的行为异状是注意力集中的能力和外来消息的接收受到神经系统故障的干扰。事实上，这种心理过程可能早在精神分裂症的症状未出现以前就已有迹象。当然，不一定所有动作迟缓、反应迟钝的孩子都会患上精神分裂症，但精神分裂症的孩子在发病前常有这种心智的过程。沃克马认为这种孩子入学以后会发现跟不上学校功课，他们的注意力无法集中，有的甚至有轻微的智力障碍。不过，智力障碍的孩子不一定有精神分裂症，反之亦然。

贝尔拉克与缪塞尔从易感性的理论来分析心理过程的缺陷。这种解释与佩尔穆特等人所提生物心理与社会的观念不谋而合。他们认为个人的易感性，如中枢神经系统的迟钝或过度敏感，加上外来刺激和压力的冲击不一定会造成精神分裂，因为还有一个重要的心理过程要列入考虑，那就是个人应变和处理问题的能力。这种能力包括个人解决问题的能力、缓和本身的冲动与高涨的情绪、建立和谐而密切的人际关系、自我照料的技能以及生活的适应。如果这些技能发展相当健全，孩子遇到外来的压力时，可以减轻其冲击的力量，甚至整个阻遏压力的侵袭。不幸的是这种孩子除非经过特殊的训练，一般都无法建立这些应变的能力，只好任由内外压迫而与现实脱节。

（三）家庭人际动力

家庭不健全显然是精神分裂症的温床。众多的研究文献显示有精神分裂症的孩子较常出现在贫困而破碎的家庭中，也常出现在父母使用毒品或以酗酒为乐的家庭中，这种家庭对孩子的教与养往往超乎常规。例如孩子完全得不到父母的关切和亲情，生理上更是饥寒交迫。有的孩子甚至受到家人的虐待或是不合理的处罚。另有一些孩子则缺乏固定的家庭，领养的家庭更换频繁，甚至流离失所，其生活上的压力加上先天中枢神经系统的缺陷，使精神症状一触即发。

沃克马认为有些精神分裂症的孩子虽然成长在正常的家庭中，但在家中的人际关系显然有异常。其中最明显的是彼此的沟通不良，或是沟通不良时常引起冲突。他特别指出父母对子女的态度前后不一致，常使孩子无所适从。同时，家中成员彼此情感的表达往往超出常理之外。例如情感的表达太离谱、时有冲突，或是毫无亲情的流露。不过，沃克马认为父母的沟通和对孩子的态度到底是造成孩子精神分裂症的病因，还是孩子心理疾病所带来的结果，到目前为止并没有一致的定论。一个比较保险的说法是彼此互为因果，甚至变成恶性循环。他认为父母也会受易感性影响，孩子有了严重的心理疾病，对父母的冲击可想而知。

（四）环境与社会的影响

贝尔拉克与缪塞尔认为触发精神病的压力源（Stressors）主要有两个：第一个是环境中的重大事件给个人产生致命的打击。例如父母的离异、家庭重大的灾难、家庭中充满暴戾、挫折和冲突、贫穷和毫无规律的生活环境等。第二个是个人内在的事件。例如久病、使用刺激的药物或非法毒品引起心理的迷幻和思考的紊乱。他们认为孩子易感性越明显，生物机制越失常，引发精神症状所需要的压力越小。换句话说，一个易感性很高的孩子受到一点点刺激也会病情发作；一个易感性不高的孩子若一再受到压力的猛烈轰击，迟早也会引发精神分裂症的症状。沃克马也指出孩子在病情全面发作之前，他的周遭往往发生重大的不幸事件，或是孩子本身陷入无法解除的困境。这些事件的发生不一定是精神分裂症的直接病因，但可能因而触发潜在的生物因素，致使一发不可收拾。沃克马特别指出：很多精神分裂症的孩子生长在经济、社会地位较低的家庭中，但他无法肯定经济与社会地位偏低是孩子精神分裂症的起因。因为这种家庭的父母往往本身也有心理症状，因此经济与社会地位的偏低也许是结果而非原因。我们目前所能做的结论是经济与社会地位偏低与孩子的精神分裂症有密切的关系。

3 儿童精神分裂症与相关因素的评量

第一节和第二节的分析显示：儿童精神分裂症带给孩子多重的心智障碍，其病因与相关因素更是错综复杂。因此，要对症状的变化、儿童身心的发展与家庭环境做深入的评量（有关行为背景的评量请参见第二章）。

（一）评量的范围

孩子一旦出现精神分裂症的征兆或可疑的症状，首先要追溯这个孩子成长的历史，包括出生的状况、幼年智力语言的发展、生活与适应的能力、心理症状的出现和演变，以及情况的恶化及旧病复发的现象。沃克马认为年纪较大的孩子是否饮酒或使用非法毒品，以及家人是否有类似的问题事关紧要，也必须深入地调查。详细的身体检查包括脑波检测、腺体的分泌以及糖尿的化验。这个孩子使用的药品、药量以及每种药可能引起的副作用也是相当重要的线索。智力测验、学校功课、人际关系以及语言的能力也与精神症状息息相关。再者，这个孩子对整个家庭的影响，以及家庭生活的质量也有深入了解的必要。

（二）长处与缺陷的评量

康托认为治疗孩子精神分裂症的第一步是评量这个孩子目前生理、生活、社会关系、语言以及学业等功能，然后根据这项评量的结果找出他的长处与缺陷，再来设计处理的策略。她认为这种评量至少一年做一次，以便比较进步的情形，并鉴定治疗的效果。她把孩子行为功能的评量分为7项：

1. 整体动作。评量的项目包括：步行、姿态、跑步、爬、跳和丢球等能力；手与脚的偏向如右手写字右脚踢球等；身体的平衡、双边的协调、肌肉的力量、肌肉的结实，以及动作准备和控制的能力。此外，如果孩子有显著的动作迟钝、整体动作的异常，以及呼吸系统的症状，也要特别注明。

2. 精细动作。评量的项目包括握钳子的手势、捕抓的能力、运用铅笔的能力、使用剪刀的能力、画人的能力等。此外，如有细微动作的异常，也要特别注明。

3. 感官功能。评量的项目包括观察的能力尤其是注意力是否集中、听觉的区别能力、对于身体接触的反应、视线的追踪技能，以及自愿动手去探摸东西。此外，如有原始或强迫性的反应，如把东西含在口中或不断地嗅东西，也要特别注明。

4. 适应能力。评量的项目包括饮食、穿着、大小便、梳洗清洁、对挫折的容忍度、对改变的反应如恐慌或不知所措、记忆能力如机械式的强记或短期记忆的缺陷、驾驭的观念如解决问题的技能。此外，如有自动的反射活动如容易惊动或瞳孔放大缩小等，也要特别注明。

5. 社会能力。评量的项目包括：自我界线的了解、情感的反应如过分压制或不适当的表达、社会的反应如过分拘谨或友善；主要的态度如被动、反抗或合作；主要的情绪如好哭或是喜怒无常；游戏的行为如固定玩一样东西、能够想象或参与团体游戏。

6. 语言。评量的项目包括使用口语表达、词汇、语法结构、文意、使用语言来满足欲求、使用语言来获得消息、语言的理解能力等。此外，要注明这个孩子从语言表达中所显示的思考过程，同时注明口语的异常如音调和音质的独特之处。

7. 学业。评量的项目包括学业的长短处、阅读的能力、一般学习的态度。

康托根据以上项目来评量她所治疗的孩子。她特别举出一个5岁男孩小杰经过一年治疗后重新评估的结果。在此仅举出社会与语言的评量结果以及最后的综合评语。

小杰社会能力的长处是有良好的动机和态度。缺陷是自我观念相当模糊，有时重复别人的语言和动作，有时显得情绪不稳定。

语言能力的长处是了解语法的用意、使用字词很恰当、语言的使用适当、语意清楚。缺陷是无法使用语言来达成社会功能或满足认知与情绪的需要，并且一再地追问为什么。由于经常焦虑，他的理解能力和思考的功能受到影响，偶尔在语言中显示精神症状，以单调的声音唱歌。

综合评语：小杰这一学年对自我概念的理解有相当大的进步。例如他比较喜欢他自己的形象和作为，而且相信他如果用心，一定会达成学习的目标。然而，这一年来他精神分裂症的症状日趋明显，例如动作的协调已有退化、整体的动作不如去年、情绪的表达减少而且更不稳定、精力也有显著的衰退。

（三）行为与症状的观察

行为的直接观察是具体而可靠的方法。行为检核表的时间抽样（Time-Sample Behavior Checklist）给专业人员提供一个全面的观察工具。这个行为观察分为69项，包括行为发生的地点、身体的姿态、清醒或入睡、面部表情、社会关系、合适而和谐的活动以及怪异的行为等。每一种行为都经过具体的界定，而且只用2秒钟的时间来观察记录行为是否发生。至于多久观察一次要根据个别的案例而定。

贝尔拉克和缪塞尔认为有组织的会谈是比较实际的方法，尤其在社会能力的评量和家庭交往关系的观察方面，诊断会谈越来越普遍。这种方法是观察记录两场家庭成员解决问题的讨论会，每场10分钟。在讨论会开始之前，专业人员事先和这个孩子、他的父母或兄弟姐妹分别一一会谈，找到家中的问题或冲突，然后全家一起共商问题的解决办法。经过10分钟的讨论，专业人员中止家庭讨论，然后呈现第二个问题。两场讨论要录像，然后共同讨论分析家中成员彼此的交往关系。分析的项目包括情绪的表达、语言的使用、社会的亲密关系、父母教养的方法以及孩子对家庭的态度。

康托特别强调学龄前儿童精神分裂症状的评量最好是在没有组织的情况下进行，让孩子在游戏的场合中自然地呈现他们的行为。至于青少年阶段的孩子，也应该在半组织的情况中做非正式的访谈，让他们舒适而无拘束地畅谈或无掩饰地表现自然的行为形态。康托所用的精神分裂症状量表分为18项，其中有8项是主要症状（用星标★注明）。每一项有加分的评量（加分在括号中）。要达到儿童精神分裂症的诊断标准，至少要有9项出现，其中至少有4项是主要的症状，加分之后，总分要在30分以上，而且这些症状要出现6个月以上。这18项症状是：

严重压抑的情绪★（5）

固执于某一活动或举止★（5）

表露他的需要时没有良好的视线接触（5）

情绪的不当表现如傻笑或无故哭泣★（4）

间歇性的高度焦虑（4）

思考支离破碎★（4）

过分敏感（4）

语言音调没有变化或抑扬顿挫（3）

思考不连贯或突然离题★（3）

抄袭或制造别人听不懂的字词（2）

重复别人的语言或延迟重复别人的语言（2）

思考缺乏逻辑★（2）

怪异行为如发出怪声或反复无意义的动作（2）

面部的歪扭★（2）

对外界事物的困惑（2）

沉溺于自己内在的刺激（2）

对声响的联想（1）

思考缺乏协调一致★（1）

此外，康托列出6项儿童精神分裂症的症状，她称之为相关的症状，也列入评量的范围：语言字词的匮乏、语言内容的匮乏、双重矛盾的想法、妄想、妄念、幻觉。

（四）观察访谈等级量表

专业人员严密设计的等级评量表，逐项访谈精神病患是常用的评量方法。这种标准化的评量工具最常使用的包括简明精神科评定量表（Brief Psychiatric Rating Scale）、阴性症状评定量表（Scale for the Assessment of Negative Symptoms）、社会适应量表（Social Adjustment Scale）、全面适应量表（Global Adjust Scale），以及评量药品副作用的异常不自主运动量表（Abnormal Involuntary Movement Scale）等。

这几个评量工具中，简明精神科评定量表自从1962年出版以后，曾被广泛地采纳使用。在美国明尼苏达州的州立精神病院也以此为根据，加以修订为主要的评量工具。这个量表分为18项。每一项分为7个评分等级：0=没有评量，1=症状没有出现，2=症状很轻微，3=症状轻微，4=症状中度，5=症状有些严重，6=症状严重，7=症状非常严重。18项评量的结果总分超过35分即有精神病态。

1. 身体健康的关切。评量这个病患对身体健康关切的程度。不管这个人对身体的顾虑或病痛的陈述是不是有实际根据，都要看他对自己的身体健康是否太过忧虑，或认为自己的健康有严重的问题。

2. 焦虑。焦虑的情绪泛指对目前对未来过分地关切，无理由地忧虑或恐惧。评量的主要依据是病患自己主观的口头报告。但是不要从这个人生理的表现或心理防卫机制来推论。

3. 情绪的畏缩。在访谈或观察的情况中，这个病患所显示的情绪畏缩程度，评量他是否缺乏情绪的表达或情绪上与别人的接触。

4. 概念的松散。评量病患的思考过程中，困惑、脱离主题，或是支离破碎的程度。评量是根据这个人语言谈吐的内容是否有组织，而不是根据他本身对自己思考功能主观的印象或判断。

5. 内疚的感觉。过分地关怀或懊悔自己过去的行为。评量的重点在于病患本身口头报告有关他主观的经验。但是不要从他的抑郁、焦虑或心理的防卫来推断。

6. 紧张。生理和动作显示出紧张、不安和高涨的情绪。评量的依据是生理的表现和动作，而不是这个人报告说他体验到紧张的情况。

7. 动作与体态的怪异。异常或是不自然的动作，这种动作使人一看就知道是精神病患。评量的依据是动作的异常程度，而不是单看动作的出现频率。

8. 自夸。对自己的看法或意见夸大其词，坚信自己有超越寻常的权威和力量。评量的重点在于病患有关自己的说法或想法，或是口头提到他自己与别人之间的关系，而不是他在访谈时所表现的举动或态度。

9. 抑郁的情绪。情绪上的消沉、丧气或忧伤。评量的重点在于消沉的程度，而不要从言行的迟钝或生理的病痛来推论抑郁的情绪。

10. 敌意。对别人的憎恨、轻蔑、侮辱和争斗。评量的依据是病患口头报告他的敌意或是他对别人采取的实际行动。不要从这个人的心理防卫、焦虑或生理的病痛来推断他对别人的敌意。

11. 猜疑。病患有妄想，说是现在有人，或是过去有人恶意地伤害他。评量的依据是这个人报告说他目前心中存在的猜疑。这种猜疑的对象可能是过去的事，也可能是目前的事。

12. 幻觉。没有外在的刺激却是亲身体验到的知觉。评量的依据只限于病患所报告他在过去一个星期之内体验到的听觉、视觉或触觉。这种知觉与正常人所想象到的事情有明显的差别。

13. 动作的迟钝。动作的迟缓显示出精力的衰退。评量的重点只限于这个病患所显示的行为形态。不要根据这个人有关自己精力低落的说法来做判断。

14. 不合作。对于访谈的安排显示出抗拒、敌视、反叛或不合作的心理状态。评量的依据只限于这次访谈时，病患对访谈人所持的态度和反应的形式，不要根据这次访谈之外的行为下判断。

15. 异常的思考内容。非比寻常、奇特或古怪的想法。评量的重点在于奇特的程度而不在于思考程序是否紊乱。

16. 情感的迟钝。情绪的低落，显示出病患缺乏正常的感受或参与感。

17. 激动。情绪的高涨。病患容易暴躁，对外界的刺激引起特别强烈的反应。

18. 迷惑。对人物、时间、地点、情况等感到混淆不清，或是缺乏适当的关连。

这种等级量表通常供诊断之用，但在治疗当中、之后，也用来评价治疗效果。在治疗当中一般是一个月评量一次，但如果病情起伏不定，一个星期评量一次更佳。除了上述18项精神病态的症状外，评量的人更可根据主观的印象做整体的评鉴。这个综合评鉴是根据病患目前的情况，把病情分为7个等级：1=正常，2=似有似无，3=轻微，4=中度，5=明显，6=严重，7=极度严重。

（五）其他关系人的报告

评量儿童精神分裂症的症状，孩子本身所提供的数据可靠性相当低。年幼的孩子语言能力有限，一再追问他们的感受，所得到的结果还是很难做定论。就算青少年阶段的孩子，要他们供述本身内在的世界，如妄想或其他怪异的感受，也无法做完整的报告。这是因为精神分裂症的孩子很难详记事情的细枝末节，无法分析因果关系，更因思考的凌乱，无法抓住事情的重点，或有偏倚的看法。因此，从其他关系人那里了解孩子的病情是可行的，也是必需的途径。孩子的父母自然是最好的消息来源。但是，有些父母本身也有严重的心理问题，或有不得已的隐情，甚至太痛苦而无法坦然告知孩子的情况。如果有此现象，家中其他的人，甚至老师都可以是补充孩子症状的消息来源。评量的重点在于可疑的精神症状、学业与社会关系、药品的使用与可能的副作用、生活能力与家庭的生活状况等。如果是青少年，还要追查是否有使用毒品的情形。

关系人的报告可以采用卡兹适应量表（Katz Adjustment Scales）和社会适应量表（Social Adjustment Scale）来评量精神症状和一般生活状态。坎伯威尔家庭访谈（Camperwell Family Interview）则用来评量家庭的生活状况，譬如彼此的批评、敌意的表现，或是感情上的过分介入。

康托在诊断精神分裂症的孩子时，通过对患儿父母进行问卷调查来获得孩子症状的详细历史和目前各方面的功能。她特别告诉父母，在填此问卷时必然会引发痛苦的回忆，但是为了有效地处理孩子的问题，父母的合作和忍痛牺牲是必要的。这个问卷分为9个项目，其重点是：

1. 家庭背景。孩子受到父母的影响深远。询问的重点包括：父母何时，什么年龄结婚？一共有几个孩子？父母的教育程度以及目前的工作情形如何？家中有什么人？孩子的父母、祖父母、兄弟姐妹、父母的兄弟姐妹是否有下列的情形：智力障碍、学习障碍、语言迟缓、癫痫、精神心理症状、自杀、酗酒等问题？

2. 怀孕。母亲怀这个孩子时是否使用节育环或使用避孕药？怀孕期间使用过什么药品？是否抽烟或喝酒？是否做定期的产前检查？是否有生理的症状（如呕吐、出血、水肿、小便糖分过多、高血压、血糖过高、肾脏的病症）以及其他长期的病痛？

3. 分娩。母亲生产这个孩子时是否使用催生的方法？生产时有没有特殊的困难？孩子出生时有什么特别的畸形（如特别大的胎记、心脏不健全、病毒或是畸形足）？

4. 婴儿早期。这个孩子在6个月以前饮食有什么特别困难？睡眠是不是不正常，如容易惊醒或是吵闹不肯入睡？

5. 出生第一年。这个孩子有没有重大的疾病？是否因病住院？他什么时候第一次出现下列成长过程中的里程：微笑、抬起头来、自己坐着、自己站着、走出第一步、自己走动、模仿父母的声音？他是不是爱被人抱起来？会不会期待别人把他抱起来？他的睡姿是怎么样？会不会牙牙学语？对四周是不是好奇？是不是喜欢有人陪伴？是不是特别容易受惊？他什么时候开始分辨生人？对生人的反应如何？是不是能吃固体的食物？他是不是喜欢床边的小玩具？是不是显示出好奇或玩耍的倾向？

6. 1岁到4岁。在一岁到两岁之间这个孩子如何和父母沟通（如用体态、拉着父母的手、口语或其他方法）？孩子渐渐长大后好奇心是否增加？这个孩子对父母、熟人、其他孩子或是陌生人采取什么态度（如随和、不理会或畏惧）？他是否喜欢玩玩具？最喜欢哪些玩具？他最不喜欢或最逃避哪些事物？什么事物最会使他心生畏惧？什么时候开始出现下列行为：视线的接触、用手势或姿态来引起别人的注意、模仿别人说话、开始自己说话、使用字词、使用语法？是否因严重的病痛而住院？是否发高烧？什么时候开始爬楼梯？他的步伐有什么特别的地方？是不是有异常的行为（如摇摆身体、撞头、咬自己或抓自己、把东西放在口中）？这个孩子遇到不如意的事会有什么反应？什么年纪最不容易入睡、能够一觉睡到天亮、早上6点钟以前就醒来？什么时候开始训练大小便？什么时候能够自理大小便？训练过程如何？这个孩子清醒的时候大都在做什么（如无所事事、安静地自己玩、安静地和别人玩、兴高采烈地自己玩、活跃地和别人一起玩）？

7. 5岁到6岁。这个孩子什么时候开始上学？什么学校？他对学校的反应如何？这种反应有没有改变？如果有所改变，上学几个月以后才开始改变？为什么会改变？他在学校中有什么困难（如同学相处的问题、情绪的问题或是功课有困难）？他喜欢哪种玩具？玩玩具的方式是否适当？会不会和其他孩子一起玩？他和其他孩子的交往是什么方式（如没有兴趣、好奇、顺从、控制别人、合作、有敌意）？他是不是无法和一群孩子一起玩？他和其他大人的关系如何？是不是特别胆小？是不是有饮食问题（如吃太多、吃太少、偏食、特别避开某种食物）？是不是有睡眠问题（如入睡特别困难、经常醒来、早醒、在不寻常的时候入睡，或是一天睡12小时以上）？是否有重病或动手术？

8. 语言的发展。这个孩子是否会把代名词颠倒，如你我对调？他到4岁以后，是使用句子还是使用3~4个字的词组？如果使用口语他会不会使用别人听不懂的字？他对语法结构有没有混淆不清的现象？他有没有接受过语言治疗？

9. 成长的异状。为了了解孩子心理问题的历史，专业人员要探询父母，他们什么时候注意到孩子有了异状？第一次注意到的异状是什么？其他还有什么值得特别关切的地方？以前找过什么专家来处理孩子的问题？其结果如何？父母或其他关系人对这个孩子目前的问题有多少了解？他们的态度如何？

4 儿童精神分裂症的治疗

儿童精神分裂症的症状一旦发作，就是一种长期的病态，需要长期的治疗。治疗的重点不在根除心理疾病，而在处理和控制症状的发作，传授给孩子生活与应付内外压力的技能，期望他能有一个美满的人生。自从抗精神病药（Antipsychotic）问世之后，精神病患如获救星，纷纷从精神病院释放出来，过比较正常的生活。不过，这种药品并非根治疾病，而是抑制症状的发作，如果停止使用，很快就会旧病复发。甚至有些病人并不适合药物的使用，或是毫无效果。根据卡朋特（Carpenter）的报告，抗精神病药只能改善妄想、幻觉以及思维障碍等正面的症状，对负面的症状如冷漠无生气、情绪的消沉障碍、社会关系的恶化以及生活的潦倒等都无裨益。因此，对这种严重的心理病态，必须采用多重治疗的模式，除了医药的治疗外，心理治疗、教育训练都是不可缺少的环节。组合各方面的人力与智慧，从认知、感官、情绪以及语言动作上改变孩子的人生。

（一）自律与自爱

弗里曼（Freeman）把精神分裂症喻为自我残缺症（Ego-deficit Syndrome），孩子自然也不例外。康托认为孩子固执不变的个性、无法自制的焦虑、思考的凌乱，和自我角色的紊乱一再证明自我残缺的现象的确存在于精神分裂症的孩子身上。她认为对年幼的孩子而言，大人要作为孩子的辅助自我（Auxiliary Ego），替他辨别是非，划分生活的界限，但又不妨碍他的自主权和成长的过程。孩子到9岁、10岁以后，智力渐开，一方面慢慢地建立自我的观点，遇到事情会缓和下来想一想，建立自律的雏形；另一方面他也慢慢地了解到自己的症状，了解到自己心智的障碍。这时候孩子语言表达能力有限，对于矛盾冲突的情况束手无策，甚至产生思考的真空。在自我了解的过程中，自怨自艾的心理油然而生。一个9岁的孩子说他宁愿死掉也不愿意和其他的孩子不一样。由于怨恨自己和别人不一样，怨恨自己的残障，愤怒往往随之而来。康托认为治疗专家的当务之急是协助这个孩子建立一个健康的自我概念，虽然心中伤痕累累，但要协助他面对现实，从事建设性的自我认知；虽然无法与其他孩子相比，但要协助他克服困难，接纳自己的缺陷，爱护自己所拥有的一切。

（二）社会技能的训练

辅助精神分裂症的孩子发展自我规律，接触现实的世界，这是治疗的理想目标。所谓现实的世界，99%是人与人之间的交往；要实现这个理想，最实际而有效的办法是传授给孩子适当的社会技能，帮他建立和谐而密切的人际关系。一个公认的事实是：患有精神分裂症的人，从儿童时期开始，一般的社会能力就受到严重的伤害，其生活质量也因而每况愈下。提到生活质量的改善，必须从社会技能的训练着手。贝尔拉克与缪塞尔认为精神分裂症儿童所要学习的社会技能当然因人而异，但总体而言它包括语言的表达、非语言的表达如视线的接触以及身体的姿态、半语言的表达如音调音质和抑扬顿挫等、人与人之间的沟通，以及彼此情感的表达。此外，社会知觉的技能如察言观色、知所进退也是相当重要的训练项目。由于这种孩子对外界信息的解释、储存和应用都有困难，必须特别训练他们适当谈吐和应对的技能，适时地表达他的情绪或意愿。

研究人员从事社会技能的训练主要采用下列的策略：（1）对孩子的社会能力、社会关系、长处与短处做深入的评量；（2）采用示范与角色扮演的方式来传授适当的技能；（3）提供语言的提示，要孩子反复演练各种技能；（4）采用角色扮演的方式，要孩子在假设的情况中学以致用；（5）提供语言的强化和建议；（6）把所学的新技能带回家应用在实际的生活情况中（有关社会技能的训练请参考第三章）。

（三）语言的训练

孩子语言能力的发展自然与社会能力社会关系息息相关。只有培养适当的语言能力才能增进人际的接触，也才能使他们有适当的工具来表达愿望，满足基本的需要。布罗贝肯（Brubakken）在威斯康星州所设的治疗中心，专门治疗5—8岁患有精神障碍的儿童。这些孩子大都有语言的障碍。他们把孩子语言的表达能力分为4组：第一组的孩子只会口出声音，但毫无语意，更无沟通的用途。第二组的孩子只会说出两个字的词组，大都是名词与动词，或是动词与宾语的混合。这种孩子的口语只是表达他们的需要而没有社会接触的功能。第三组的孩子会自动自发地使用语言来引起社会接触，也能使用比较复杂的句子。但他们的语言能力还是无法达成普通的交谈，或是用以探询、解疑。第四组的孩子则显示出怪异的语言模式，如自己制造文字、倒转意义，或只是重复别人的语言。

在这个中心，几乎每个孩子都要由语言专家做语言的训练。训练的内容和方法完全依据孩子的个别差异来设计不同的课程。以下是3个不同语言训练课程的实例：

第一个课程是教无语言能力的孩子做口语发音，这种训练是综合使用触觉、视觉以及听觉的提示教孩子模仿语言专家的发音。这种训练分为3个阶段：

1. 语言专家用手操纵孩子的嘴、唇和舌头来发出4种最基本的声音。

2. 语言专家发出基本的声音，要孩子发出同样的声音。如果孩子发出相同的声音，立刻得到奖励；如果两秒钟过后还无法发出相同的声音，语言专家则操纵孩子的嘴、唇和舌头来发出同样的声音。

3. 孩子能够自己发音后，语言专家要把字义加在口音上。不但要学会“妈妈”的发音，而且要拿妈妈的照片给孩子看，然后问他：“这是谁？”如果孩子答对了，自然要立刻给予奖励。

第二个课程是教没有语言能力的孩子表示“是”与“不是”。这个训练分为4个阶段：

1. 孩子要模仿语言专家用点头表示是；用摇头表示不是。

2. 语言专家用口头的提示，要孩子“点头说是”，然后要“摇头说不是”，如果孩子做对了，立刻给予奖励。如果在两秒钟过后还无法产生适当的反应，语言专家再示范一次。

3. 语言专家呈现一些图片然后问孩子，孩子要用点头或摇头来回答。例如语言专家拿出一个茶杯的图片给孩子看，然后问孩子：“这是不是茶杯？”如果孩子点头，立刻给予奖励。

4. 在日常生活中，大人先以具体的东西来问孩子，然后以事或活动来问孩子，例如“是不是要睡一会儿？”“要不要帮妈妈扫地？”等。

第三个课程是字词的增加和句子的结构，以建立名词+动词+形容词+宾语的用法。这个训练分为2个阶段：

1. 语言专家呈现一个动作的图片，并示范解释图片中的动作。例如图片上显示一个女孩骑脚踏车。语言专家呈现图片后自我发问：“这个女孩在做什么？”并示范回答：“这个女孩在骑一辆蓝色的脚踏车”；然后问孩子：“这个女孩在做什么？”如果孩子以完整的句子来回答，立刻给予奖赏。如果孩子无法说出完整的句子，则提示他说出完整的句子。如果提示无效，则重新示范一次，然后要孩子回答。

2. 孩子学会解释图片的动作之后，语言专家拿出15张动作的卡片，一一呈现给孩子，要孩子使用名词、动词、形容词以及宾语来解释图片中的动作。孩子一旦学会语句的结构后，字词的增加和语言的使用远比大人所预料的还要神速，孩子自己觉得有进步，更会专心注意去学习新的词汇。

（四）自理能力的训练

所谓自理能力（Self-help Skills）一般包括穿衣服、洗脸、洗手、洗澡、使用厕所、刷牙、梳头发，以及饮食的技能如使用碗筷和饭桌的礼貌等。布罗贝肯把社会技能如玩玩具、和人交往也包括在自理能力的范围内。这些复杂的技能要从简单的技巧教起。从口语讲授、示范到身体接触的引导，让孩子反复地练习基本的动作，然后一步步地塑造一贯性的技能。以下是两个训练自理能力的实例：

第一个例子是一个什么事都要依赖大人的孩子。训练的目标是要自己穿衣服、脱衣服。训练的第一项是脱掉袜子。这项技能再细分为5个步骤：（1）一只宽松的袜子套在孩子脚部的前半段，他要把袜子拿掉；（2）一只宽松的袜子套在孩子的整个脚部包括脚跟，他要把袜子脱掉；（3）一只宽松的袜子套在孩子的脚上但未盖过脚踝，他要把袜子脱掉；（4）一只宽松的袜子整个穿在孩子的脚上，他要把袜子脱掉；（5）孩子自己的袜子整个穿在脚上，他要把袜子脱掉。这是一个智力相当低的孩子，因此把脱袜子的技能细分为他能够做到的动作，然后以反向链接（Backward Chaining）的方法，从整个脱袜连续过程中的最后一步开始训练。大人把一只宽松的袜子放在孩子脚部的前半段，口语提示“把袜子拿掉”，并示范用手轻轻一拉，就把袜子拿掉。然后要孩子自己动手重复操作。如果他做对了，立刻给予鼓励。如果两秒钟过后还未行动，大人再示范一次，并重新指示孩子。如果10次试探都成功，则以同样的训练方法，从第二步训练，直到完成最后一步。

第二个例子是训练孩子减少尿裤子的现象。这些学龄的孩子在家都还穿尿不湿，在治疗中心住院期间，孩子要在固定的时间上厕所。上厕所时如果孩子乖顺地走到厕所，把裤子拉下，以及小便在马桶里，大人就给他夸奖并且给他一点小饼干或小糖果。如果他平时把裤子尿湿了，大人一声不响地把孩子的裤子换掉，绝不给他额外的关切或责备，因为有时孩子会故意把裤子尿湿来引起大人的注意。

（五）应付技能的训练

孩子中枢神经系统功能失常往往是精神分裂症的主因，环境中生活压力的冲击则是这种精神症状的触发因素。致力于生活环境的改善，排除生活的压力自然有助于病情的好转。然而，生活环境的转变谈何容易！应付技能的训练旨在把孩子装备起来，与恶劣的环境搏斗。

1. 认知的改造

精神分裂症的孩子其抽象的思考与逻辑的推理显然有迟钝和混沌的现象。这是因为他们对外界所传达的消息无法适当地接收、储存和应用。通过对具体事物的剖析，他们能够清楚而适当地解释身边发生的事件，排除负面的认知和记忆，因而缓和外来刺激的冲击，建立健康而乐观的信念。就以青少年饮酒和吸毒为例，如果孩子能够了解到暂时的麻醉或愉快可能把他带入万劫不复的地步，使他永无从心理病态中逃脱出来的希望，他就更能抵挡外来的诱惑和本身的渴望，逐步走向健康大道。

2. 果敢行为的训练

前述社会与语言能力的训练旨在促进孩子以适当的途径来表达愿望，满足基本的需要，并建立密切的社会关系。果敢行为的训练则授以适当的语言和社会技能来争取福利，保卫权益。由于精神分裂症的孩子常常缺乏适当的照顾、关切以及适当的行为支持，他们不得已而诉诸攻击行为、破坏行为、自伤行为或是哭闹行为来表达内心的委屈，引起别人的注意。为了消除这些不适当行为，大人必须鼓励他们以语言来表达他们的情绪，倾听他们的心声，并保卫他们的基本权益（有关果敢行为的训练，请见第三章）。

3. 解决问题技能的训练

尽管父母和学校老师想尽办法排除孩子生活中的压力，精神分裂症的孩子依然会把鸡毛蒜皮的小事看成天大的灾难。面对层出不穷的压力或是本身无中生有的问题，孩子需要别人协助他认清问题，解决问题。这种训练的第一步是教孩子把所面临的问题做明确而具体的界定，并拟出所要达成的目标；第二步是设想解决的途径，不管好坏，一一记录下来，办法越多越好；第三步是就想出来的办法依照利弊得失一一做比较检讨，并排成一个优先等级表，利益最多且坏处最少的办法排列第一；第四步是按照拟定的办法，从第一项开始试用，并检讨得失。如果方法用对，问题获得解决，孩子要自我强化；如果无法达成原先拟定的目标，则按顺序采取第二个办法，直到问题解决为止。如果办法用尽问题依然存在，就要从第二步重新做起（有关解决问题技能的训练请见第三章及第八章）。

4. 自我控制的训练

精神分裂症的孩子常出现反复而无意义的语言或动作，诸如旧事一再重提、傻笑、吼叫、踱步、打人、摇晃双手等。这些举动看起来似乎是明知故犯，但事实上他们常有无法自制的苦衷。自我控制的训练旨在协助孩子了解内在与外在的刺激，并控制这些刺激而产生适当的反应。训练的第一步是要孩子减少对内在和外在刺激的反应。孩子要了解到这些无意义的行为大都是对外界刺激的反应或是内在的冲动，要革除这些不良行为，首先要把刺激因素找出来，例如看到熟人就会一再地提出毫无意义的问题，自己无聊时就挥动双手来自我刺激。一旦找出内在外在的刺激因素，就要特别留意这些刺激的出现，甚至由大人提示刺激的出现。每次这些刺激出现，孩子要从事新的而且适当的行为来取代旧的无意义行为。例如遇到舅舅来访，应该问候一声就到旁边去做自己的事，不再把人缠住不放；自己感到无聊时就打开电视、看书或其他适当的活动来取代出怪声或摇头晃脑。第二步是监督自己的行为。大人可以协助孩子设立自我监督的系统，例如录音、录像、记录自己所说的话、记录一个月看几个小时的电视，甚至把糖果的包装纸留下来算算一个星期吃了多少颗糖果。第三步是建立行为的目标和行为的准则。孩子对自己的行为有了初步的概念后，就要制定所要达成的目标。例如无所事事的时间要从每天平均3小时减到30分钟之内，吃糖果从一个星期50颗减到15颗以下。第四步是自我强化。孩子从行为的监督到减少对内在外在刺激的反应，转移到建设性的行为模式，并达成预定的行为目标后，要自我奖励，提醒自己的成就，并从父母或老师处得到实质的强化。

5. 放松的训练

抑郁、焦虑、愤怒、过分兴奋的情绪经常伴随着精神分裂症的孩子。放松的训练旨在协助孩子了解情绪与肌肉的关系。一个人情绪高涨时，肌肉都会缩紧，呼吸短促。通过肌肉的放松可以带动情绪的平静，建立安逸和舒坦的感觉，甚至面对着内外的重重压力，也可泰然处之。每天20~30分钟的训练可列为必修的课程。一旦遇到忧虑或愤怒等不愉快的情绪，立刻派上用场，把情绪缓和下来（有关放松训练的细节请见第三章）。

（六）行为问题的处理

精神分裂症的孩子不但自己受苦，其呈现的行为问题更让教育者感到棘手，尤其孩子进入青少年阶段后人高马大，父母或老师常感束手无策。这种孩子的行为问题大多偏重违抗、哭闹发脾气、怪异的举止体态、攻击别人以及自我摧残自我伤害的行为。针对这些行为问题，布罗贝肯在他们的治疗中心采用两种处理的策略：一是强化适当的行为；二是问题行为发生时给予暂停正强化（Time-out）的处罚。

基本上行为包括：以适当的语言来表达内心的感受、听话的行为、独立自主和自我照顾的行为，以及和同伴共同游戏的行为。这些行为经过充分的强化会一再滋长，将不良的行为取而代之。

针对孩子个别的行为问题，每次孩子有不适当的行为发生，大人立刻把他带到隔离的房间去静坐一两分钟，或是就地坐在地板上一两分钟，作为轻微的处罚。在静坐的时间里，大人与孩子不做任何交谈，更不给予任何强化物，把孩子从强化的环境中挪开，在短暂的时间中这个孩子不能得到鼓励与支持。布罗贝肯认为暂停正强化的办法是否有效，关键在于这个孩子身处的环境中是否有充分的支持。要是这个孩子平时有适当的行为出现却甚少有大人注意和鼓励，不但这种好行为会渐渐枯萎，暂停正强化对他而言根本无关痛痒。更有甚者，这个孩子甚至会故意制造不良行为来引起大人的注意。相反地，如果孩子好的行为能够引起大人的注意，并且一再地得到支持与鼓励，那么因为坏行为出现而被人带到别的房间去静坐，自然会暂时丧失强化的机会。孩子为了避免受到处罚，其不良行为也会渐渐地消失。

布罗贝肯等人治疗的是5—8岁的孩子，口头与食物的奖励加上暂停正强化的策略自然有其治疗的效果。对于青少年阶段的孩子可改用代币制度（Token Economy）。当孩子有适当的行为出现时，立刻按照原先拟定的行为处理方案给予适当数量的代币，如小星星、记点记分或是大人的签名盖章。在固定的时间如一天一次或一星期一次，孩子可用代币换取实物或活动。同时，如果孩子有不良行为出现，则采取反应代价（Response Cost）的方法，收回固定数目的代币。要是一个孩子的确想要累积足够的代币，周末好出去逛街看电影，他自然舍不得上交代币。对他而言，反应的代价或罚款是一种强有力的处罚工具，可以有效地减除这个孩子的不良行为（有关行为的处理，请见第二章、第三章、第八章和第九章）。

（七）家庭的治疗

一个家庭中出现一个精神分裂症的孩子，其父母和其他亲人在精神上和财务上的重担常使人产生不堪负荷的感慨。一般家庭对孩子正面的症状如幻觉、妄想或是思维障碍还可忍受，但对其行为问题和负面的症状如人际关系的恶化、情绪的不稳定，以及生活的懒散常会严加指责，甚至有体罚的情况出现。这些节外生枝的现象不但无助于孩子的复健，甚至可能把他推入万劫不复的境地。无可否认的是，大人教养方法的失当，甚至父母本身就有心理和行为的病态，一再证明家庭的教育和治疗是对孩子心理复健举足轻重的环节。

1. 应付技能的训练

法隆（Falloon）所提倡的人际关系技能和应付技能的训练，不但要用来增进精神分裂症孩子应付内外压力的技能，更要用来教育孩子身边的人，如何明智而有效地处理这个孩子所带来的问题。

（1）研究人员认为在教育或治疗之前、之中、之后要对家中每一个与孩子有接触的人做彻底而深入的评量。评量的内容包括每个人对儿童精神分裂症状与治疗的认识、对这个孩子心理疾病主观上所承担的重负以及他个人对孩子治疗的期望。同时，要通过现场实际的观察来了解家中彼此的沟通方式、沟通的技能和缺陷，以及遇到问题时共同协商解决问题的技能。

（2）对家庭成员的教育包括3个主要的课题：

① 对儿童精神分裂症的认识，包括这种心理疾病的了解、诊断、症状、发病与过程以及遗传的关系。

② 治疗精神分裂症的药品，包括抗精神症状药品的类别、副作用、使用、效果以及可能的药品滥用。

③ 家庭所应扮演的角色，包括早期症状的发现、症状复发的辨认、生活压力的减除，以及对精神分裂症孩子的支持等。

（3）对家庭成员做沟通技能的训练是解决问题和应付困境的基石。法隆等人把沟通的训练分为4个方面：倾听的技能、表达正面的感受、提出要求以及表达负面的感受。他们把这4项沟通技能加上磋商的技术加以如下简要的说明。

① 倾听：眼睛正视说话的人，点点头表示听进去，有不清楚的地方迅速提出疑问以便澄清，复述对方的话以印证彼此的沟通，能够将心比心，设法了解彼此的问题。

② 表达正面的感受：以和颜悦色正视对方，直截了当地告诉对方他做了什么事

使你很高兴。告诉对方你心中愉快的感受。

③ 提出要求：以和颜悦色正视对方，直截了当地告诉对方你希望他做什么事。告诉对方如果他做了这些事你会有什么愉快的感受。

④ 表达负面的感受：以和颜悦色正视对方，但以坚定的口吻来说话，直截了当地告诉对方他做了什么事使你感到不高兴。告诉对方你心中不愉快的感受，建议对方要如何防止这种情形再度出现。

⑤ 磋商与协调：眼睛正视对方，解释自己的立场，倾听对方的观点，重复对方的观点以确保彼此的沟通。

⑥ 要求休息：表示目前的情况太过紧张，告诉对方在这种情况下无法进行建设性的沟通。告诉对方你要暂时离开。告诉对方什么时候会回来恢复彼此的会谈，共商问题的解决。

（4）集体解决问题的训练。法隆认为全家建立沟通的系统之后，就要从事集体解决问题的训练。这个训练特别强调以有组织有系统的方式一步步地达成共同问题的解决。这些基本的步骤是：

① 把问题做明确的界定并制定每个人都能满意的目标。

② 共商解决的途径。

③ 对每一个解决的办法就其利弊得失做深入的评鉴。

④ 选择最适当的办法或综合不同的办法。

⑤ 设计办法的执行。

⑥ 检讨执行的结果，共商改弦更张之道。

要是某些特殊的问题无法解决，可以请教专家以行为的契约来革除彼此不适当的行为，从事放松的训练来应付焦虑的情绪，或增强社会技能来改善人际关系。

2. 紧张与压力的处理

塔里耶（Tarrier）针对精神分裂症的孩子给家庭所带来的压力或是这个家庭本来就存在的重重危机，设计一套处理压力的教育课程。他们首先也是对每个家庭成员就精神分裂症的起源、症状和治疗做详尽的解释。然后要每一个人把家中的问题和压力做详尽的记录，并把记录带去和专家共同做进一步的分析检讨。检讨的重点是就每一个问题的前因和后果做深入的功能分析。根据这个分析的结果，共同商议如何排除引发家庭问题的前因，以及致使问题绵延不断的后果。例如经过讨论后发现每次提到孩子的功课问题就会闹得不欢而散，其结果是父母彼此指责，孩子乘机起哄，隔天更称病拒绝上学。对此情形，功课问题讨论的时机、讨论的方式、讨论的结果都有修正的必要。一家人学会分析压力的来源并处理压力情况后，就要共同制定长期与短期的目标，同心协力帮助这个孩子增进生活的技能，朝向独立自主的人生目标。

3. 家庭气氛的改变

与紧张压力息息相关的是家中气氛的凝滞、缺乏生气。伯林和克里奇利（Berlin & Critchley）发现精神分裂症孩子的父母大都显得木然而无情，甚至不知道如何和孩子打交道，所谓天伦之乐和生活的情趣早已无影无踪。这些现象可能是孩子病症所带来的结果，也可能是触发孩子精神分裂症的病因。但不管是因是果，对孩子的复健都是极大的妨碍。伯林和克里奇利认为父母肩负生活的重担，有这样的反应也可以理解，但他们特别强调这种家庭需要在专家的指导下从事游戏的治疗，把欢笑带入日常生活中。所谓游戏是一种有趣而自动自发的活动，让人自由自在地表露情绪，解除压力；以兴奋、新颖而富有创意的活动来改变枯躁的现状。父母与孩子一起玩乐是一种特殊而有效的治疗。他们认为游戏的方法俯拾即是，比较文静的活动包括玩纸牌、玩橡皮筋、弹珠、手工艺、唱歌、绘画以及计算机游戏等。他们认为父母与孩子身体接触的游戏，对彼此都有相当的益处，这包括舞蹈、摔跤、按摩、捉迷藏等。讲故事、化装表演、演戏、朗诵也可带来欢乐。再如全家外出旅行、爬山踏青、露营、钓鱼、打球、逛街等都是相当可行的选择。

（八）药品的治疗

对大部分的精神病患而言，抗精神病药无疑是他们的救星，自从1952年这种药品问世之后，长期患者的主要症状如妄想、幻觉以及思绪紊乱的情况大有改善，因而从精神病院走出来，过正常的生活。

近40年来最常用的抗精神病药包括氯丙嗪、洛沙平、奋乃静、三氟啦嗪、氟哌啶醇等。这种药品的主要功效是控制幻觉、妄想、思考紊乱、暴躁、敌意、攻击行为、猜疑以及妄想症状。不过，这种药并非根治精神症状，而是压制症状的发作，使教育与心理治疗可以有效介入。因此，这种药要长期使用。长期使用抗精神病药的主要顾虑是副作用。最常见的副作用包括口干、便秘、视线模糊、泌尿、困惑或是智力减退。其他副作用包括疲倦困顿、站立时血压突然下降，以及容易在日晒中产生黑斑及皮裂的现象。长久使用抗精神病药最严重的副作用是脸部、舌头和嘴部以及四肢不由自主地晃动。这群症状统称为迟发性运动障碍（Tardive Dyskinesia）。最值得注意的是，一旦这些结果出现就无挽回或治疗的余地，变成终身的问题。另一组类似的副作用称为锥体外系症状（Extrapyramidal Symptoms），它包括类似帕金森氏症的症状，如身体僵化、颤抖、动作迟缓、步行和身体平衡有困难、流口水以及面部缺乏表情，包括下颚、脖子、眼睛、背部以及喉咙等部位的肌肉抽搐，以及主观上感觉到无法静下来。这一组副作用可以使用抗副作用的药如甲磺酸苯扎托品或苯海拉明来控制，不幸的是这种抗副作用的药本身也有副作用。因此，用药之前、之中要对利弊得失权衡轻重，作明智的抉择，尤其用在孩子身上更要谨慎。

氯氮平对于长年使用传统抗精神病药而无显著效果的病患而言，是第二个获救的良机。这种药除了对正面的症状如妄想、幻觉和紊乱作有效控制外，对负面的症状如情感呆滞、不合作的行为、缺乏活力以及动作的迟钝等传统抗精神病药无法触及的症状有相当良好的效果。另一个好处是这种药没有迟发性运动障碍和锥体外系症状的严重副作用。不过，氯氮平也有其特殊而严重的副作用，最引起关切的是引发癫痫和白血球过低的现象，甚至有因此而致命的病例。其他的副作用包括发高烧、流口水、困倦以及站立时血压降低的现象。基于这些副作用的考虑，病患使用这种药通常都要经过严密的观察和定期血液检验以防万一。与氯氮平药性相近的是维思通。这种药也常用来替代传统的抗精神病药。它的副作用不如氯氮平严重，但其治疗效果也比较逊色。另两种与氯氮平效果相近，对正面、负面的精神症状都有效果，而且不会引发迟发性运动障碍和锥体外系症状的是1996年上市的奥氮平以及1997年上市的思瑞康。这种非传统的抗精神病药也有造成动作迟缓、暴躁、紧张、失眠、焦虑以及头晕等副作用。

5 结　语

5位精神科医生于1989年在美国儿童与青少年精神病学会杂志（Journal of the American Academy of Child and Adolescent Psychiatry）上发表一篇临床的报告，介绍8岁男孩迈可精神分裂症的症状、病因、诊断以及这5位医生和其他专业人员共同在纽约罗克兰儿童精神病中心（Rockland Children's Psychiatric Center）治疗迈可精神症状的经过。这份报告偏重药品处理的策略，但因其具有代表性，在此摘要转述，作为本章的结语。这5位执笔的医生是：威纳（Wiener）、佩尔穆特（Perlmutter）、格林希尔（Greenhill）、钱伯斯（Chambers）以及凯斯滕鲍姆（Kestenbaum）。以下是迈可的案例。

迈可是一个8岁的男孩，他进入罗克兰儿童精神病中心时，精神病症状明显，而且症状日益恶化，在诊断与治疗上给治疗小组带来严重的挑战。再者，这个案例在生物心理社会模式（Biopsychosocial Model）中，凸显出一些具有相当启发性的问题：迈可的精神症状显然得自遗传的因素，他的父母本身有相当严重的心理病态；在成长的过程中，他遭遇到多重而且长期的心理创伤与紧张压力；他本身有心理功能迟缓和易感性，还因使用过刺激性药品造成心理症状的加剧。因此，需要从多方面探究他精神分裂症的病源，更需要采取多重治疗的策略。同时，由于病情病因的错综复杂，除了长期住院由儿童精神科医生治疗小组共同做严密的观察治疗外，似乎别无他途。

迈可刚进入这个中心时，主要的症状是幻听和幻视。他有多动的行为，并有梦游、遗尿以及无神的瞪眼凝视。他进入治疗中心之后，继续出现思维障碍，而且黏住大人不放，要大人把他当婴孩一样抱得紧紧的，跟其他的孩子处不来，到处冲撞，而且宣称他是一个名叫珍妮的女孩子，说他一定要死掉才能真正恢复女儿身。医生针对这些症状试过几种控制心理症状的药，但都没有效果。

迈可才半岁时曾因支气管炎而住院治疗。当时医生还发现他有中耳炎，甚至怀疑他有丧失听觉的可能。早期的评量发现他有语言和知觉动作迟缓的现象。他从小就会发呆凝视，但在脑波检验中查不出有癫痫的迹象。他入学以后，由于一再出现攻击行为和破坏行为，加上语言的障碍，因此一直在特殊班级受教育。智力测验的结果是语言智商52、操作智商90、总智商81。虽然智力偏低，但未诊断为智力障碍。

在迈可幼小的生命史上，从幼龄开始就受到家庭与社会关系上的重重挫折。他的父母在他5岁时就已离婚。不但如此，这个家庭亲族之间存在长辈对孩子性虐待的情况。社会服务单位还经常调查这个家庭对孩子的教养和虐待问题。在他们的血缘亲族之中，也存在不少精神不正常的亲戚。例如：迈可的父亲有酗酒和使用多种非法毒品的行为；他的母亲有思考紊乱的症状；他的外祖母有幻听、酗酒以及攻击他人的行为；他的外祖父有酗酒行为；他的舅父曾因精神病而入院治疗，并且曾经对迈可以及他的弟弟妹妹性虐待；他有一个姑妈曾因精神病而住院治疗，并有自杀的前例，兼带有攻击行为和破坏行为；另一个姑妈也有长期住院治疗精神病的记录。迈可的父亲本身小时候也有发呆凝视、多动以及无法适应学校生活的问题。

迈可在进入这个治疗中心的3个月前，心智与行为突然恶化。他变得相当困惑、无法入睡、大小便失禁、过分活动、喃喃自语，而且语无伦次，同时对弟弟妹妹拳打脚踢。当时他还住在家中，这个家包括他的母亲、母亲的未婚夫、11岁的哥哥（他母亲与第一个男朋友所生）、9岁的姐姐（同父同母）、1岁半的妹妹（母亲与她的未婚夫所生）。他一年前曾要求和他的父亲同住，但他的父亲一向以毒打孩子出名，而且对孩子一点也不照顾，有一次甚至不小心让迈可从卡车上摔下来。进入中心的前一个月，医生使用利他林（Ritalin）来控制他的多动（利他林的使用请见第七章）。但这种兴奋剂对他的行为症状毫无帮助，反而使他更加疯癫。在最恶劣的情况中，他有与魔鬼搭上了关系的幻觉。因为如此，他搬回与母亲同住，但情况并未好转。

在进入罗克兰儿童精神病中心时，精神科医生认为他是一个相当友善的孩子，看起来比实际年龄稚嫩，而且有点女性化。他在诊疗室跑来跑去，而且一直在哼着曲子或说些别人听不懂的话，有时则会突然停下来凝视空间好几秒钟。他的情绪变换无常，有时显得很幼稚而不得体，他的语言发音不准而且用语东拼西凑。他的思考过程显得杂乱而无头绪，而且常常离题。当医生探询他的想法时，他说他常常听到去世多年的祖父在呼叫他的名字，有时则听到上帝和魔鬼的声音，白天晚上都会听到。他说在出生以前他和上帝住在天堂中，他原本是个名叫珍妮的女孩。后来他转世来到这个世界，但在他母亲的肚子里上帝给了他一件衣服，把他变成一个男孩。他说他一直祈祷，但上帝不准他把衣服拿掉还他女儿身，他只有再死掉一次才能变成原本的珍妮。迈可似乎懂得不少事情，但他说不出今天是星期几，不知道这是哪一个月，也不知道自己的出生年月日。他开始在这个治疗中心的学校上学，功课一塌糊涂，他根本无法集中精神做功课，一般的知识和判断力也相当差。

在这个中心的最初6个月，虽然精神科医疗小组设法调整他的医药，心理专家也倾力做心理治疗，但他的病情起伏不定。在刚进入中心时，医生继续给他服用利他林控制他的注意力缺陷障碍和攻击行为。不幸的是在最初37天中，利他林不但无法控制他的攻击行为，反而显得使他语言失常、行为怪诞、幻听变本加厉，而且他一再宣称他是一个女孩子。治疗小组一致认为利他林对迈可完全有害无益，因此这种药逐渐减低药量，两个星期后完全停止使用。他每个星期有两次个别心理治疗，两次团体的治疗，同时治疗小组决定改用抗精神病药来控制他的精神症状和攻击行为。进入中心后第55天治疗小组开始使用硫利达嗪（Mellaril）来治疗，并逐渐地增加药量，到第89天时硫利达嗪的药量增到每天150毫克。治疗小组选用硫利达嗪的主要因素是，这种药的镇定效果可以用来控制迈可在学校、在宿舍以及在自由活动中几乎无法控制的扰乱以及乱冲、乱闯的行为。

在使用硫利达嗪的一个月中，迈可显得比较宁静，没有以往冲动，攻击行为也大幅减少。但是他变得很依赖，经常黏住大人不放，而且充满了妄想。到第120天时，他转变为狂暴不安，扰乱别人的生活起居，而且把日常生活的规律完全置之度外。做心理治疗时本该是最能安分守己的时刻，但他在诊疗室跳来跳去，学猛兽的吼叫，而且说他是一个国王。他思考程序更加凌乱，谈话都是牛头不对马嘴。有一次一个心理专家问他要不要化妆并和其他的孩子去参加万圣节的活动，他抓抓自己的皮肤然后说："我已经化妆了，我已打扮成为一个男孩。"不但如此，他不断地说他听到上帝和魔鬼的声音。显然地，硫利达嗪起初似乎有些效果，但对精神症状无法做全面的控制。也因如此，心理治疗殊难发挥作用，治疗小组于是决定改用氟哌啶醇。硫利达嗪逐渐减低药量，两个星期后完全停用。在这两个星期中，由于硫利达嗪的药量减低，身体中存药量清除，病情再度恶化，他的攻击行为死灰复燃，一再地傻笑、吼叫、胡言乱语，而且作势打人。

从第138天起，迈可开始使用氟哌啶醇，并且逐渐增加到每天6毫克，此外每天另加半毫克甲磺酸苯扎托品以控制氟哌啶醇所引起的副作用。由于届临圣诞节，他回家和母亲团圆几天。他回到中心以后，病情再度恶化。他变得很困惑、昏沉欲睡、流口水、疲惫无力，而且双手有颤抖的现象，这似乎是氟哌啶醇所造成的副作用。因此，氟哌啶醇减为每天4毫克。这个时候他开始承认，他说他是珍妮完全是骗人的，这是用来迷惑人的。这种转变证明抗精神病药有了反应，氟哌啶醇控制了他的妄想。但他还是有流口水、困倦、身体僵硬等副作用的症状。因此，氟哌啶醇开始减少药量，到181天时，氟哌啶醇完全停用。在这个完全不用药的期间，迈可再度出现症状，他说他和魔鬼交谈过，魔鬼说要侵入迈可的身体，要把他的身体撕得粉碎。

基于病情的需要，医生改用盐酸吗啉吲酮。开始是每天25毫克，两个星期后增高为每天75毫克。这个药量持续了4个月。这期间他和病友有了交往，攻击和扰乱的行为减少，而且能和大人做一段时间的交谈。他在言谈中，幻觉妄想的情况完全消失。在他进入中心9个月后，治疗小组还是以盐酸吗啉吲酮来控制迈可的精神症状，但这时他又出现了抗精神病药的副作用，亦即双手颤抖、感到困惑，而且有昏睡的现象。在第306天时，盐酸吗啉吲酮减少为每天50毫克。从此之后有6个月的时间，他的情况相当稳定。

迈可在一年之中回家几次。他每次从家里回到治疗中心都带回来困惑、思维障碍、多动以及妄想幻觉的现象。与他破碎的家庭相比较，治疗中心有相当规律的生活方式，他可以得到治疗人员的悉心照顾以及药品的使用，保持情况的稳定。因此，他可能要在这个中心做长期的住宿和治疗。

CHAPTER SEVEN

第七章

注意力缺陷障碍与多动

一个中年人把他10岁的儿子带去看心理专家。经过2个星期的观察诊断，这个心理专家告诉他，他的儿子有注意力缺陷障碍与多动症。他听到这个诊断后掩不住心中的悲伤，失声痛哭。心理专家告诉他，孩子患有这种行为症状相当普遍，只要方法用对，并不难治疗。他说他并不是为儿子伤心，而是为自己的不幸流泪。他说30年前他的行为问题和儿子目前的情形如出一辙。当时他日日挣扎，对自己的行为毫无自制的能力。但是当时父母、老师都把他当作坏孩子，不但从未协助他，而且天天责备他处罚他。更不幸的是被人冠上一个坏孩子的头衔后，几乎断送了一生。他高中没有念完就辍学，并且开始喝酒和吸毒，结果因抢劫加油站而锒铛入狱长达5年之久。

的确，患有注意力缺陷障碍与多动的孩子过去受到无尽的误解与委屈。这种症状确实是孩子学习与行为问题的根源，但在几十年以前这种孩子都被称为是未成熟、冲动、不听话、不用心或是没有教养、惹是生非、捣乱，甚至是学习障碍的孩子。20世纪70年代特殊教育普遍化，这种孩子也渐渐地受到重视，教育与心理专家开始研究他们特殊的问题。最初这些学者把他们取名为轻微脑伤（Minimal Brain Injury）并与学习障碍混在一起。后来以他们的行为特征——多动（Hyperactivity）来给他们取名。一直到1980年美国精神病学协会出版的DSM-III才正式命名为注意力缺陷障碍（Attention Deficit Disorder）。到1987年又修正为注意力缺陷障碍与多动障碍（Attention Deficit/Hyperactivity Disorder），简称ADHD。这种孩子往往暴露出学习障碍、低成就、反社会行为以及情绪障碍等问题。如果不及早治疗纠正，进入青少年阶段后很容易演变为更严重的问题。根据美国医学协会（American Medical Association）的报告，这种孩子的出现比例每4~7年就增加一倍。到1987年，大约6%的孩子患有这种行为症状。目前国内教育界，尤其特殊教育的专家对此问题也日益重视。

1 注意力缺陷障碍与多动的症状

ADHD症状的诊断相当困难，误解的地方很多，这也是过去忽略这种孩子的主要原因。根据努斯鲍姆和比格勒（Nussbaum & Bigler）的分析，ADHD很难确认的原因有4个，必须对这些原因有充分的了解才能继续分析症状。

第一，往往只有在有秩序、有组织的情况中才会显示问题的存在。例如小孩子在家中、在公园里蹦蹦跳跳并无不对，在教室中坐立不安才会成为问题。因此，对学龄前的儿童，父母和老师要深入观察孩子日常生活中的举止动态才能看出ADHD的征兆。例如吃饭看电视时是不是无法集中注意力；或是在幼儿园里是不是无法完成一件简单的工作或游戏。

第二，一般儿童的发展在1岁半到4岁之间总会显得精力特别充沛，活跃好动。这和ADHD往往混淆不清。3岁到5岁以后的孩子注意力才会慢慢集中。如果5岁以后还无法坐下来静静地听一段故事，就显示出ADHD的征兆。

第三，过去学校认为孩子学习有障碍，行为有问题，并不是学校的责任。老师对这种小孩的问题有的不闻不问，有的采取强制压抑和处罚的方法。如果方法无效，只好让他们在学校中听之任之，甚至让他们辍学回家，以免妨碍其他学生的学习活动。20世纪80年代发现一般孩子中2%~10%的孩子竟然存在这种问题，从此特殊教育才对此普遍地重视，也才注意到适当的诊断、治疗和补救教学。

第四，研究儿童学习与行为问题的专家对这个问题的研究已有几十年的历史，但始终找不到一个合适的名称来称呼这种恼人的症状，最初称为轻微脑伤或轻微脑部功能失常（Minimal Cerebral Dysfunction），后来又改称为儿童多动反应（Hyperkinetic Reaction of Children）。1980年，DSM–III正式将其命名为注意力缺陷障碍症，简称ADD。1987年修订的DSM–III再加上多动，改称为注意力缺陷障碍与多动障碍，也就是现在的ADHD。

除了努斯鲍姆和比格勒的解释之外，有些专家特别指出ADHD往往与学习障碍、智力障碍或精神症状混淆不清。比德曼（Biederman）特别指出，学习障碍通常是指孩子在学校学业读写算各方面中，有某一项特别落后或困难。智力障碍则是指孩子一般智能和学校功课都有全面性的迟缓。有些智力障碍的孩子也有ADHD的症状，如果有这种情形，两种诊断可以同时并列。另有些孩子可能有精神症状但也有ADHD的行为特性，遇到这种情况则以精神症状为主要诊断。

（一）DSM-IV的诊断标准

患有ADHD的孩子最显著的症状是注意力没有办法集中，有的则兼具有多动的症状，更有孩子虽有多动，但注意力缺陷障碍并不严重。就是注意力缺陷障碍与多动本身也有一定程度上的差别。例如较轻微的多动表现为坐立不安，最严重的可能会横冲直撞；轻微注意力缺陷障碍的孩子，其注意力随时在转移，最严重的可能是无法做功课，东西随拿随丢。注意力缺陷障碍与多动合起来又有不同的程度（请见注意力缺陷障碍与多动的行为形态一节）。

1. 注意力缺陷障碍要在下列症状中出现6种以上，而且这些症状已有6个月以上的历史。这些症状的出现与正常儿童的成长应有相当大的差别。

- 经常对事物的细枝末节掉以轻心。做功课时、玩游戏时或其他活动时，经常出现无心的错误。
- 经常对工作、功课或游戏无法保持注意。
- 当别人对他说话时，经常看似无法听进去。
- 经常无法完成指定的功课、游戏或日常事务。
- 经常无法把事物或活动连贯起来。
- 经常避免或拖延一些需要费精神的活动，如学校功课或是动脑筋的游戏。
- 经常弄丢日常必需的东西如玩具、文具、书本。
- 外界稍有动静就会转移注意力。
- 经常忘记日常的事务。

2. 多动要在下列症状中出现6种以上，而且这些症状已有6个月以上的历史。这些症状的出现与正常儿童的成长有相当大的差别：

- 经常坐立不安，手足无措；勉强坐在椅子上也是不断扭动身体。
- 在教室中或是其他需要静坐的地方，会经常离开座位。
- 经常跑来跑去，爬上爬下。
- 无法安静地玩游戏或是从事休闲活动。
- 就如身上带着一个马达，时时都在转动。
- 口无遮拦，早上一觉醒来就讲个没完。
- 在教室中，老师的问题还没有说清楚，孩子就抢着发言回答。
- 没有办法等待，没有轮流的观念。
- 别人谈话或玩游戏时，插手打搅别人的活动。

3. ADHD的症状在7岁以前就已出现。

4. ADHD症状所造成的行为问题要在两种以上的场合出现。例如在学校、家中或工作场所都会出现同样的症状。

5. 孩子的行为症状对人际关系、功课或是职业功能以及日常生活有相当的妨碍。

6. 这些症状的发生并非智力发展的问题、精神分裂或其他精神症状，也不能用其他情绪问题、焦虑症状或人格差异来解释。

7. 有的孩子注意力缺陷障碍与多动二者兼而有之，有的主要症状是注意力缺陷障碍，有的则是以多动为主要症状。

（二）注意力缺陷障碍与多动的行为形态

美国精神病学协会修订第三版DSM时，曾把注意力缺陷障碍加上多动所造成的问题，依其严重性综合为16级，排在前面的症状轻微，越往后越严重。不管轻微还是严重，下列的行为是ADHD的最好写照：

1. 幼小的孩子显得烦燥不安，在座位上经常蠕动或扭曲身体。青少年的孩子不一定会坐立不安或不时地蠕动，但会在主观上觉得无法静坐下来。

2. 在某些需要静坐的场合如看电影、在餐馆吃饭等，无法坐在自己的座位上，经常爬上爬下跑来跑去。

3. 外面稍微有点动静就会使他分神。甚至无关紧要的刺激，例如街上有人按汽车喇叭或教室前有人走过，一般孩子都是视若无睹，这种孩子却会把功课丢在一边，赶快跑出去看到底是怎么一回事。

4. 无法耐心等待，尤其在团体游戏中，往往还未轮到他，就会按捺不住，抢先去玩。这种孩子没有轮流的习惯，更无法排队等候。

5. 由于一股无法自制的冲动，经常未经思考就脱口而出；甚至别人的问题还未说完，他已开始回答。

6. 没有办法把别人交代的事或把大人的教导贯彻实施，所以他不照规定做功课，也无法完成父母交代的小差事。这种情形的发生是因为这个孩子注意力缺陷障碍，因而无法牢记工作或活动的内容，也无法采取适当的步骤来完成。这种情形与不听话或是无法了解大人的意思不能混为一谈。

7. 无法注意事物的细节，因此做事、做功课错误百出，或是把事情弄得杂乱无章。由于注意力缺陷障碍，经常一件事还未做完就开始另外一件事，到头来费了九牛二虎之力还是一事无成。

8. 看起来他根本心不在焉，人在心不在，所以别人说什么就很难听进去，或是别人话还未说完他已开始行动。

9. 对于需要动脑筋的事感到为难。因此，他会设法逃避这些事，例如做功课、下棋、画图等。不过，他之所以讨厌这些事并不是因为他对别人的反抗，而是因为他无法专心做这种事。

10. 即使是他最喜欢的游戏或休闲活动，也无法专心玩耍。就算是安静的游戏他也会喧哗吵闹。

11. 一打开话闸子就不能罢休，而且经常文不对题，不管有没有人听，只顾倾泻。

12. 在行动上也是一发动就不休不止。例如衣鞋还没穿好就已冲出大门，在室内横冲直撞，经常把东西碰撞得东倒西歪。

13. 经常在学校的学习活动中、社会交游的活动中，或其他休闲活动中，干扰他人的工作或游戏，使人感到不悦。例如在谈话中插嘴批评、不听别人的指示、拿走别人的东西、触摸不该碰的东西、扮鬼脸等。

14. 在社交场合中，不能倾听别人的谈话，经常变换谈话的主题，无法配合别人的谈话，或是不遵守习俗和常规，因此引起别人的厌烦。

15. 无法建立良好的工作习惯。工作的工具或学校的课本不是损坏就是东丢西放，事物的安排也是杂乱无章。

16. 由于多动和冲动，经常作出危险的举动。例如冲入街道而发生意外、打破贵重的东西、无缘无故打开燃气灶，或是抓起火热的铁锅等。

（三）注意力缺陷障碍与多动的连带问题

孩子ADHD的轻重虽有不同，但对孩子生活上的影响深远。这些影响最深远的是孩子学校功课赶不上，人际关系与情绪上的障碍以及反社会行为的发展。根据努斯鲍姆和比格勒的研究，有3个主要的问题父母和老师要特别关切。

1. 学习活动

绝大多数的孩子有了ADHD的症状后，学校的功课就一塌糊涂。这个道理相当浅显：学校功课最需要孩子注意老师的教学，专心地阅读和思考问题，尤其在一定的时间限度内要完成作业或试题。对这种孩子来讲，其困难之处可想而知。如果ADHD的孩子能够得到一对一的教学，把学习活动细分为数个小单元，并适当地控制环境，他的学习活动依然可以达到相当的成就。要是这种孩子加上智力障碍或是有学习障碍的症状，那么学习活动就难上加难。事实上，这种双重诊断的案例还相当多。

2. 社会关系与情绪的问题

ADHD的主要症状中，冲动是一个大问题，这种问题对于社会关系和情绪的发展有重大的妨害。冲动莽撞的孩子没有办法和人和谐相处，因此常受排挤。他们常会抢第一、插队、拿走别人的东西，和人讲话无头无绪，或在游戏中容易感到厌倦因而翻来覆去。这种种细小却恼人的言行很惹人厌恶，因此找不到知心的朋友，结果是孩子的自尊心受到严重的打击。同样的道理，这种问题也给父母、老师或其他负责教养的大人带来极大的困扰。没有受过训练的父母不知道如何引导这种孩子，只好采取安抚的办法，只要孩子能静下来就让他随心所欲，其结果是强化孩子的多动。教室中的情况不同，但结果也好不到哪里去，老师遇到这种孩子往往使用处罚和高压的手段迫使孩子暂时平静下来，忽略了孩子无法自我控制的苦衷。由于在学校中、在家中、在游戏场合中一再地受到排挤、压制或冷眼相向，再加上一再地挫折，各种情绪问题油然而生，最显著的是抑郁、焦虑以及自尊心受损。这些情绪问题又会升高为其他更严重的行为问题。

3. 违规与少年犯罪

ADHD的孩子如果没有好好规范，极有可能会节外生枝而发展出不适当或触犯法令的行为。有些孩子虽然没有存心作恶，但会因其冲动的本性而做出犯法的行为。例如破坏别人的东西、逃学、偷窃等。再者，有些孩子ADHD加上情绪的困扰，可能会引发憎恨和反抗，甚至进一步有计划有预谋地作出侵犯他人权益、危害公众安全的事件。一旦注意力缺陷障碍加上情绪问题，又出现违规的行为，问题层层叠叠，处理就相当困难。

2 注意力缺陷障碍与多动的起因

到目前为止，有关ADHD的起因众说纷纭。目前最受重视的解释是：脑部功能失常以致无法产生适当的刺激，或是无法整理和控制外来的刺激。其他如遗传因素、敏感的反应以及环境的因素也不可忽视。

（一）脑部功能失常

最早也是最有力的理论是孩子在出生时，或是出生后因为感染疾病或发烧过度以致脑受伤，因而引起多动的毛病。最近的理论则认为ADHD的孩子脑组织并没有受到伤害，而是神经的连接或传送系统发生故障。

1. 神经传递素（Neurotransmitter）

努斯鲍姆等人认为神经传送系统的功能失常或不平衡是造成ADHD的主要因素。神经传递素是指脑中的一些化学因素，它的功能是传送整个脑部的消息，并建立一个生化的脑部组织。这个组织的重要职责是控制个人的警觉、兴奋以及语言动作。如果这个组织因为化学因素不平衡，整个神经传送系统就失去控制，这个人的警觉性、注意力，甚至身体的举动都不听从指挥。有些专家使用药品来控制孩子ADHD的症状，就是因为这种药品可以纠正神经系统中化学因素不平衡的问题。

2. 脑部网状激活系统（Reticular Activating System，RAS）

另有一些专家认为RAS的功能失常是ADHD的主要原因。RAS是指大脑下端脑干中的一个组织或系统，能调节一个人的警觉和兴奋状态。例如有人在车祸中伤到RAS系统，可能会降低其警觉性，甚至陷入昏迷状态。同样的道理，拳击选手脑部受到重击时也会头昏眼花而失去知觉。一个人如果一再承受这种重击，迟早会造成永久性的脑部伤害，因此警觉性和注意力会涣散下来。另外，一个人饮用提神的咖啡、茶、可口可乐等含有大量咖啡因的饮料，也能刺激RAS系统。孩子RAS的功能失常会影响他注意力的集中。再者，RAS在神经系统中用来过滤一些杂乱无章的刺激，选择有意义的刺激才产生反应。要是这个系统有故障，孩子对外来千千万万的刺激会无所适从。例如孩子在教室中应该注意老师的教学，然后写自己的习题，但是RAS有故障的孩子可能会因一点风吹草动就分心，教室里的一点小声音就会引他跑去看，有人从走廊走过他也会探头探脑，甚至同学谈话他也要插上一句。刺激性的药品有助于控制孩子多动的毛病，主要是增强RAS的功能以发挥过滤和澄清的作用。

3. 脑部发展迟缓（Lag in Brain Development）

根据马斯曼（Massman）的看法，额叶（Frontal Lobe）与一个人的注意力有密切的关系。有人脑受伤损坏了前额的脑部因而发生容易分神和冲动的现象，就是一个明显的证明。1981年美国总统里根的新闻秘书在枪击中伤及额叶，后来逐渐康复，但是注意力缺陷障碍的情况毫无改变。马斯曼等人进一步指出，孩子脑部的发展要经过几个阶段：孩子出生后最先成熟的是主管感觉和动作的部位，控制手眼的协调、手指的灵活运用等；然后是主管思考与行为的部位，诸如逻辑的思考、注意力的集中、冲动的控制都是在额叶成熟之后才有控制的能力。额叶的发展相当缓慢，一般都要到青少年阶段才完全成熟。因此，4~5岁的孩子就比12~13岁的孩子好动而且容易分神。以这个道理来分析，有些孩子因为额叶的发展迟缓，虽已10岁，言行举止却如5岁的孩子。这也说明为什么有的孩子注意力缺陷障碍和多动的症状到青少年期以后会慢慢地消失。

（二）遗传的因素

ADHD有代代相传的可能。努斯鲍姆与比格勒指出：20%~30%ADHD的孩子之中，其父母或兄弟姐妹也有同样的问题。因此，有些ADHD孩子的神经系统受到遗传因素的影响，生而具有心神不定和好动、冲动的倾向。就以本章一开头所举出的例子而言，有些父母带孩子去求诊，发现孩子有ADHD的症状，其实这些父母本身往往也是过来人，只是他们幼年的时候，大人都把他们误认为调皮捣蛋的坏孩子，使他们蒙受太多的委屈。

（三）敏感的反应

一般提到孩子无法专心，有人常会联想到是因为食物所引起的敏感反应。经过多年印证，这种说法似有几分道理，但也不尽然如此。20世纪70年代盛行的说法是日光灯会造成孩子多动的毛病，但经过严密的科学实验，这种理论已遭推翻。至于食物中的色素、味精、糖分、食用香精以及防腐剂等对孩子的影响，经过深入的研究，发现只有少数孩子的ADHD与食物有关，而受影响较深的往往只局限于6岁以下的幼童。有些父母把孩子的多动归罪于糖吃太多，这可能只有表面的根据，因为这些父母发现他们的孩子都多动，也都视糖如命。但是专家的解释是几乎每个孩子都爱吃甜食，只是这种孩子无法自我节制，一吃就停不下来，而且父母往往以糖果来换取孩子片刻的安静。因此，糖吃多了常是多动的结果而不是起因。话说回来，一般专家认为减少糖分、色素、食用香精等不一定会减少孩子ADHD的症状，但对孩子的健康确实有好处，何乐而不为?

最新的说法是环境的污染会造成孩子的敏感，因而使孩子无法专心。目前最受重视的是汽车尾气，以及自来水管中含带的铅。这种有害的矿物质吸入肺部或喝入胃肠，积少成多，对脑部有极大的影响。再如有些幼童吃下含铅量甚高的脱落油漆片，有的会造成严重的智力障碍，有的会造成ADHD。同样的道理，孩子吃下含有农药的食物和其他的毒品也可能引发无法自我控制的症状。

（四）环境的因素

有些孩子非常好动，大人越是制止，孩子越是变本加厉。这种行为似在引起大人的注意，也有可能是对大人的反抗。但不管如何，这种好动往往来自外在环境的刺激和强化。基于这种观察，一般人会认为是父母把孩子宠坏了，或是不知道怎么教孩子。有的父母相互责怪，有的父母与老师指责对方未尽教导之责。事实上，真正ADHD的孩子与大人的教养并无直接的关系。外界环境的刺激因素和大人教养方法不当可能会给问题火上浇油，但这不一定是问题的根源。因为孩子多动和注意力缺陷障碍早在幼儿时期（7岁以前）就已出现，而且症状的出现超越了时空的限制，这个孩子无论在家中、在学校中、在电影院里、在运动场上都是一样的心神不定。努斯鲍姆和比格勒认为父母对ADHD的孩子往往感到无能为力，教养方法也往往出乎常轨。但是，孩子在使用药品的治疗并且有明显的改善后，父母的教养方法也随之改善。这证明父母或老师的教育方法或其他环境因素，如功课的压力、不和谐的人际关系等并不是孩子ADHD的主要起因。话说回来，孩子如有ADHD的行为倾向，这些环境因素会致使问题一再恶化。

3 注意力缺陷障碍与多动的诊断

孩子有ADHD的症状，但父母往往看不出来这个孩子的行为有问题。这是因为一般父母对孩子的日常生活和行为动态习以为常，日日所见所闻都属正常。尤其如果这个孩子是他们第一个或是唯一的子女，父母没有养育子女的经验，又无从比较，就更难看出孩子有什么异状。这种蒙在鼓里的情形会一直持续到孩子和别人有了比较，例如在教室中别人都静坐听讲或做功课，唯有自己的孩子坐立不安，父母才会恍然大悟。有些父母还会回想到在某某人的喜宴上，或是在某个音乐会中，孩子都闹翻了天，也才猛然发现这个孩子过去几年的言行举止都是冲动、多动和注意力不能集中所造成的结果。因此，大部分ADHD的孩子都是在5岁到8岁之间才诊断出来。

根据温德（Wender）的研究，有一些情况特别突出的孩子在2岁半到5岁之间就表现出很明显的ADHD的症状，这些孩子在婴儿期间就显得异常的活跃。这种早期出现症状的孩子如果没有及早治疗，其症状往往会持续，到了青少年阶段还无法安定下来。

孩子有ADHD的症状，自己也有难言的苦衷。他们何尝不想和其他的孩子一样安静地做功课或玩游戏，无奈生理化学因素的功能失常使自己的行为失去了控制。因此，ADHD的发现相当倚重医药方面的诊断。当然，行为的观察和心理发展的评量也不可忽视。

（一）医学的诊断

一旦父母发觉子女行为异常，通常选择把孩子带去看儿科医生。这是相当合乎逻辑的做法，因为一般父母多多少少听过多动症状与医药的关系，例如甲状腺分泌过多、癫痫发作、铅中毒或是农药的影响等。父母第一步自然是找医生治疗生理异状。

不过，如果ADHD的症状的确是由这些因素所引起，这些症状往往出现的时间不长，而是突然地发生或是时断时续。例如癫痫发作时因为脑波活动不正常而引发多动和分神的现象，癫痫平息以后又恢复了正常。这是短暂的多动，但有分别诊断和治疗的必要。

我们最关切的是孩子早年就有症状出现，且有长期多动和注意力缺陷障碍的现象。绝对有必要对孩子进行完完全全的身体检查，这当然包括仔细的脑神经检验和生化的检查，从而彻底地清查其病源。

（二）行为的评量

DSM–IV的诊断标准中，对ADHD的症状有详细的描述。孩子的行为模式和出现的时间要符合这些标准，才能诊断这个孩子有ADHD症状。另有一些似是而非的行为并不符合这些标准，这就不算是ADHD。例如特别害羞和焦虑的孩子刚刚进学校可能无法在教室中专心做功课，另有一些具有分离焦虑的孩子在学校里也会坐立不安。这些孩子的分神和多动完全是情绪因素所引起，与ADHD无关。再如学习障碍的孩子遇到读写算感到相当为难而无法做功课，症状与ADHD相似，却不是真正的注意力缺陷障碍，而是知觉的障碍，两者不能混为一谈。真正ADHD的孩子其行为问题不但在教室中出现，在操场上、在饭桌上、在电视机前，照样会出现。因此，确切的行为诊断有赖于父母、老师收集孩子的行为资料，两方面所得结果一致才能提供做可靠的诊断。除了DSM–IV的诊断标准外，佛蒙特大学（University of Vermont）给老师和父母设计了一个判断量表，曾被广泛地使用。其中与ADHD相关的行为包括下列22个项目。

1. 言行动作显得比实际的年龄幼稚
2. 在安静的情境中如教室或电影院哼唱或出怪声
3. 喜欢和人斗嘴
4. 做事有头无尾
5. 不听话或公然违抗
6. 注意力无法集中很长一段时间（与同龄儿童比较而言）

7. 无法长时间保持坐姿（与同龄儿童比较而言）

8. 做事杂乱无章

9. 做事冲动或不加思考

10. 被同学或同伴排挤

11. 没有办法做功课

12. 话太多而且毫无组织

13. 攻击别人

14. 显得忧伤、气恼或急躁不安

15. 使用烟酒和毒品

16. 扰乱别人的功课或活动

17. 无法遵守规定或大人的指示

18. 思考毫无头绪，显示出没头没脑的模样

19. 破坏自己或别人的东西

20. 经常发生意外事件

21. 喜欢扮演丑角

22. 对学校功课显示厌倦

（三）心理的测量

一旦老师和父母发现孩子在学校、在家中都有注意力缺陷障碍或多动的现象，就有进一步做心理测量的必要。这包括学校学业与一般学习活动的调查：智力、情绪与其他心理症状的测量，以及神经心理的测量。ADHD的孩子在学校功课跟不上其他同学，在同学当中又受到排挤和歧视，如果父母、老师再不理解和同情他，只会让其心理上遭遇更大的打击，情绪问题常成为并发症，这种情绪问题又与原来的行为问题纠缠在一起。因此，心理专家要能剥茧抽丝，把学习活动、人际关系以及情绪上的各种问题与ADHD症状的因果关系清清楚楚地理出来。这方面有两个常用的等级量表：儿童行为量表（Child Behavior Checklist）和家庭与学校情况问卷（Home and School Situations Questionnaires）。此外，评量孩子注意力、冲动的控制以及动作频繁

的现象，常用的是戈登诊断系统（Gordon Diagnostic System），以及常见图形配对测验（Marching Familiar Figures Test）。

（四）注意力缺陷障碍与多动的测量

孩子ADHD的症状诊断以后，开始治疗之前，主要行为症状的观察、测量和记录是一个容易被忽略却相当重要的步骤。这种客观的行为测量是一个重要的指针，有了正确的行为数据，才能断定行为的动向，也才能及时评鉴和调整治疗的策略。在做行为测量之前，先要把行为具体地界定出来。例如小山多动的行为是指他发出无意义的声音、来回疾步冲撞、打翻桌椅等，扰乱的行为则界定为：拿走别人使用的工具、别人谈话时发出怪声、别人看电视时把电源关掉等。对ADHD的行为观察、测量与记录，可以采取下列4种方法。

1. 间段的记录（Interval Recording）

这种方法是测量在某一段时间中，行为发生的频率有多少。所谓一段时间可定为一整天、一天8小时，或是一节课45分钟。决定时间段落后，再把这段时间等分为数个小段落。观察行为的人在每一个小段落当中，记录这个孩子的目标行为是否发生。例如一位母亲决定记录小山每晚8点到9点之间到底花多少时间做功课。她把60分钟等分为12个小段落，每小段5分钟。时间一到，她就在预先准备好的行为记录表上画个“○”，表示小山这5分钟做了功课；如果他做了其他事就打上“×”。如果1个小时的记录有6个“○”、6个“×”，表示他有50%的时间在做功课，另外一半的时间在做其他事。当然，小山的母亲也可以在这1个小时中观察和记录小山离开书桌、开冰箱吃东西、来回踱步等3种行为。间段的记录又可分为整段的记录（Whole Interval Recording）和部分的间段记录（Partial Interval Recording）。以小山的行为记录为例，如果他母亲决定采用整段的记录，小山要在一个小段落中整整做5分钟功课，他母亲才画个“○”。如果她采用部分的间段记录，只要小山在一个小段落中做1分钟或3分钟功课，就画上一个“○”。这两种方法哪一种较适当完全看行为的性质而定。例如小山做功课最好用整段记录，他开冰箱吃东西用部分的间段记录较适合。

2. 片刻的时间抽样（Momentary Time Sampling）

对持续时间很长的行为，这是最简捷实用的方法。这种方法与间段的记录很相似，主要的不同点是不需要连续不断地观察行为，所以用起来比较省时省事。这种方法也是把行为观察的时间等分为数个小段落，观察行为的人只要在每一个小段落的最后几秒钟看看行为是否发生。例如老师要测量小山上课中走动的行为，她把一节课45分钟分为15个小段落，每小段3分钟。她用小闹钟计时，3分钟响一次。每次钟响她就抬头看小山是否在走动，并用“○”表示他走动，“×”表示他没有走动。如果在15个小段落中，总共有6个“○”、9个“×”，表示小山有40%的时间在走动。

3. 永久性产物的直接测量（Direct Measurement of Permanent Products）

有时我们不可能或没有需要直接观察行为的发生，有些行为会制造相当持久的结果，只要测量这些结果就会知道行为的动态。学生交作业老师批阅作业，母亲记录小山一个月中有几次忘了把饭盒带回家都是明显的例子。如果问题相当严重，这种测量所得到的资料只能提供一个线索或作为辅助，我们还是要着重行为的直接观察和记录。例如小山常和人打架，老师和父母不但要记录他一个月受伤几次，还要详细了解打架的原委和过程，才能设想周全的处理策略。

4. 等级的评量（Rating Scale）

实际的经验告诉我们：很多行为方面的疑难杂症实在找不出恰当的测量方法，或是单靠一种方法不足以收集可靠的行为数据。另外一个情形是大人实在无法分出太多的时间来观察记录。如果设计一个行为等级的评量表，每小时或每天评量一次，有时是实际而且省时的方法。这种方法主要的缺点是过分依赖记忆和主观的判断，误差较大。这种方法要根据孩子的行为特性做个别的设计。下列的等级可提供一个例子。

0级：没有行为问题，衣食住行和学校学业都能自理。

1级：有时会坐立不安，口出怪声。这些行为发生合计不超过半小时，而且大人叫他停止他就停止。

2级：有时会疾步冲撞，大声叫嚷，打翻桌椅。这些行为发生合计不超过半小时，而且大人叫他停止他就停止。

3级：大部分的时间在疾步冲撞或是爬上爬下，同时大声叫嚷，打翻桌椅。大人叫他停止他就停止，但不到一分钟就故态复萌。

4级：不停疾步冲撞，跳上跳下，大声叫嚷，打翻桌椅。这些行为大人无法阻止。

这个例子是用来记录小山多动的行为。每隔一小时，他母亲会根据过去这一个小时综合的主观印象，从0到4之间，选择最适合的一项来记录小山的行为。

不管采用哪一种测量的方法，经常性是一个重要的关键。而且，ADHD的行为在治疗之前、之中和之后都要持续地进行测量，才能了解行为的变化，评鉴治疗的效果。

4 注意力缺陷障碍与多动的处理

温德（Wender）在十年前为ADHD的孩子描绘出一个相当悲观的远景。他认为ADHD并无治愈的可能，有的孩子年纪渐大后，其严重性会渐渐减低，但对大部分的孩子而言，如果没有适当的治疗，这种行为症状会继续存在，而且影响他的一生。这种说法到目前还是颠扑不破的。然而，ADHD可以通过各种治疗的途径加以控制，大部分的人依然可以过相当正常的一生。这一节所要介绍的处理策略包括医药的治疗、行为处理的策略、社会技能的训练与情绪的疏导、家庭的辅导、教育的补救，以及注意力的训练与饮食的控制。

（一）医药的治疗

前面论述ADHD的起因时，曾经提到神经系统故障在此症状中所扮演的角色。医药的治疗旨在弥补神经系统的缺陷，控制孩子无法自制的行为问题，因此能让孩子过上比较正常的生活。

1. 药品的功能

根据美国医学协会（American Medical Association）发表的报告，利他林可以协助孩子激活中枢神经系统，使其功能正常化，进而使孩子能够集中注意力并且减少多动的现象。为什么孩子已经多动而且无法安定下来还要使用药物刺激其神经系统？根据努斯鲍姆和比格勒的解释，脑部网状激活系统（RAS）的功能失常，致使孩子无法把外来千千万万的刺激加以过滤，因此稍有一点点风吹草动就会使他手忙脚乱。药物的作用是唤醒RAS的过滤功能，所以孩子的注意力可以集中在有意义的刺激上，把无关紧要的刺激过滤除去。这就是所谓“认知的集中焦点”。同时，刺激药物会减少孩子的冲动，所以孩子能够三思而后行。如此一来孩子的学校功课会有进步，人与人之间的相处也能顺利。70%~80%的孩子使用上述药品之后，ADHD的症状都有明显的改善。如果药品没有效果或副作用太大，美国医学协会建议试用抗抑郁的药品盐酸丙咪嗪，再不然抗精神病药当中的氟哌啶醇也可使用。不过，使用这两种药的案例不多，因为其副作用可能更严重。

2. 使用药品的顾虑

使用药品来控制孩子的行为本来就是一个经常引起争论的焦点。幼小的孩子只是注意力缺陷障碍和多动，对自己、对别人都没有什么严重的危害，更无生命的威胁，是否真有使用药品来控制的必要？对这个问题各方面见仁见智，一直争执不休。因此，以下就药品使用正反两面的看法以及特别的注意事项摘要提出讨论。

前面提到70%~80%的ADHD孩子使用刺激药品控制冲动和注意力，效果显著，这是不容置疑的事实。再者，孩子多动和分神的结果在家给父母带来的困扰，在学校给老师和同学造成的不便，以及孩子本身遭受外来的排斥会引起心理的痛楚和情绪的创伤。如果能借药品来减轻彼此的痛苦，解除负面的恶性循环，使孩子能够和其他的孩子一样享有愉快的童年和未来正常的生活，何乐而不为？

当然，使用药品最大的顾虑是副作用。刺激性药品最普通的副作用包括：失眠、胃口减低、体重减轻或成长减慢、情绪飘忽不定、局部肌肉抽搐以及焦虑。另外值得重视的是长期使用有可能上瘾，心理上产生药物依赖，或是因而转入其他非法毒品。

基于使用这些药品长处和短处的判断，父母、老师和医生必须对药品的性质、功能和副作用再三斟酌，权衡轻重才做决定。根据努斯鲍姆和比格勒的经验，一般的副作用如胃口降低、失眠和情绪问题往往在使用药品一到两个星期之间会自然消失。要是胃口降低的问题没有改善，这种药应改在饭中或饭后立刻使用。同样地，药物如果继续影响睡眠，下午的用药尽量挪前，或只限上午使用。他们认为孩子如果本来就有肌肉抽搐的毛病，或是使用刺激药品后引发这种毛病，应该停止使用这种药。至于上瘾的问题，研究人员建议最好要减少使用，例如寒暑假或其他不上学的日子最好让孩子有休息的机会。同时，父母和老师要特别教育孩子使用药品的用意以及安全的用法。伯克莱（Barkley）建议父母和老师特别留意孩子使用刺激药品后可能出现的身心异状：失眠、做噩梦、凝视或做白日梦、不和人说话、对外界事物不感兴趣、胃口减少、暴躁、胃痛、头痛、困倦、忧伤、好哭、紧张、咬指甲、情绪高涨或过度高兴、发晕等。如果情况严重，要立刻和医生共商补救的办法。

药品的使用有其不可取代的贡献。但一般的准则是先用行为处理的策略；直到方法用尽依然没有改进的迹象才考虑到用药的办法。但是，使用药品不是治疗ADHD的唯一途径，行为处理的策略、技能的训练等依然要照常去做。

（二）行为处理的策略

到此为止，我们对ADHD的症状应该已了然于胸。由于内在的冲动，孩子实在没有能力控制自己的行为；更因为注意力缺陷障碍，他不会从失败、挫折和错误中汲取经验。因此一错再错变成一种负面的行为模式，更无法建立良好的行为规范。一般儿童看到父母把脸拉下来会立刻收敛；但ADHD的孩子常常把父母、老师逼得大声吼叫，或采取打骂的方法来制止坏行为的持续发生。这种恶劣的关系和行为模式如果不及早改善，问题日日恶化，终至成为永远无法弥补的状态。行为的处理旨在改变孩子的行为模式，亦即消除负面的行为，建立和增进正面的行为，从而建立良好的人际关系和正常的生活方式。下列是5项常见的处理策略。

1. 刺激控制法（Stimulus Control）

用行为分析的术语来解释刺激控制法：在某种刺激出现时发生一种行为，这种行为获得强化；因此，每当同样的刺激出现时，这种行为发生的可能性会大为增加。例如一条狗每要出去就汪汪叫，主人不胜其烦，于是设计一块绿牌，可以随时挂在门上，也可以随时取下，当他把绿牌挂上时，这条狗汪汪叫就可以出去，门上没有牌子时汪汪叫就没有用处。这条狗很快将绿牌、汪汪叫与出去联系起来。它学会只有在绿牌挂上又要出去时才叫。它的主人有效地运用刺激控制法来约束狗的行为。这种刺激控制法也经常运用在每一个人的身上：一位英明的领袖一定先探听民意才做重大的决定；5岁的小敦知道察言观色，在妈妈心情愉快时才敢伸手要零用钱。

我们来看一个用刺激控制处理多动症状的实例：12岁的小钦在教室中口不择言，

不停地讲话。老师提出问题时，他会以问东答西来取乐。这种行为不但严重妨碍教室秩序，也使他无法和同学建立友好的关系。为此，老师在教室的一个角落上放两张椅子，每一节课后老师告诉他现在可以自由发言，并把他带到这个角落上，把定时器定在5分钟，并在角落上挂一个红色的纸牌，上面写“自由发言”。他只要坐在这个角落上，不管说什么，老师都会回应，而且还会夸奖他。5分钟过后，老师取下牌子，并告诉他要等到下一次红牌挂起来才可自由发言。如果他在正常的教学活动中胡言乱语，老师就提醒他，要等到下课后到特别的角落上，而且老师要挂起红牌，他才可以发言。经过两个半月的时间，他胡言乱语从一天平均63次减为11次。

2. 替代行为的区别性强化（Differential Reinforcement of Incompatible Behavior，DRI）

强化孩子的好行为，使这种行为一再滋长，很有可能把不良的行为取而代之。DRI的策略是选择一种或数种与多动不同的行为，并特别给予奖赏。这种行为与多动不能同时存在，或者说是不能兼容。例如小慧的问题是上课或是吃饭时，无故离开桌子。老师和父母特别规定：她只要坐上3分钟不离开桌子，就可以得到1颗星星；坐上5分钟可以得到2颗星星；坐上10分钟可以得到5颗星星。累积100颗星星就可以换糖果、铅笔或玩具。老师和父母也可以采用抽查的方式，每10分钟查一次，如果在抽查时小慧坐在座位上，她就可以得到奖励。很明显，小慧坐在座位上与离开座位是不能同时存在的行为。其他如打字与动手推人；吹口琴与大声喊叫都是彼此不能兼容的行为。

3. 其他行为的区别性强化（Differential Reinforcement of Other Behavior，DRO）

要减少多动的行为，不一定要处罚孩子。DRO的策略是使用强化的方法来消减多动的行为。例如小方平均每10分钟就大声怪叫一次，老师特地和他约法三章，他超过5分钟没有怪叫，就可以得到1颗星星。如果一节课45分钟一直都没有怪叫，他可以得到10颗星星。这种策略是指在某一个特定的时间内，如果所要消除的目标行为不出现，这个孩子就可得到奖励。至于他在这个期间是不是有其他行为，与之无关。

4. 低频率的行为的区别性强化（Differential Reinforcement of Low Rates of Behavior，DRL）

有的孩子多动行为的频率实在太高，DRO的策略行不通，另外有些案例是行为本身并无不对，只是发生次数太多，大人穷于应付。例如孩子上课举手发言本身并不是问题，但不管青红皂白他都要插上一嘴就是行为问题。遇到这种情况时，不须完全消除这种行为，而是要把发生的次数降到可以容忍的频率。DRL的基本原则是在一个特定的时间内，所要减少的目标行为发生的次数不超过一个特定的数字，这个孩子就可以得到奖励。例如小江平均每小时骂人9次，只要他在一小时内将骂人的次数控制在5次以下，就可以得到1颗星星。由于小江有中度智力障碍，无法了解每小时5次的意义，所以监护人每小时给他5张纸条，小江每次骂人就拿走1张。他如果手上没有纸条还在骂人，这个小时就得不到星星。小江的行为进步迅速，两个星期以后将标准降为每小时3次以下。以此类推，在两个月以后，小江的行为改变策略由DRL调整为DRO。

5. 暂停正强化（Time-out from Positive Reinforcement，Time-out）

要是孩子捣乱的行为已经超越了父母、老师和同学所能忍受的范围，例如吃东西时抢走别人的食物，看电视时扰乱别人的视听，以轻微的处罚来压制这种问题行为亦无不可。暂停正强化是一种相当温和的处罚，很适用于控制多动和扰乱的行为。这种策略是把孩子从原来的环境中撤离到房间的角落或另外一个房间，而且在指定的时间中（通常是5~10分钟），孩子不准回到原来的地方。例如小京在家中看电视时，一直在打他妹妹，母亲把他带到房间去安静5分钟。一旦目标行为发生，这种惩罚要坚决执行。如果口语命令没有效果，立刻采取行动，强制执行，绝不容延误或讨价还价。因此，采用这种方法时，要确保有执行到底的能力。在执行过程中，尽量保持中性的态度，就事论事，不必表示生气，也不必显示怜悯，而且双方语言和身体的接触越少越好，因为这些社会接触反而会强化目标行为。另外值得一提的是，目标行为发生的现场要比他所要去的地方更有吸引力，才算是暂停正强化，也才算是处罚。

（三）社会技能的训练与情绪的疏导

ADHD的孩子由于无法自制的冲动，经常招致同伴的疏远或排挤，因而造成社会的孤立以及抑郁的情绪，进而形成更严重的行为问题。前述行为处理策略的运用属于治标的方法，希望在短时间内扭转这些层层叠叠的行为问题。社会技能的训练和情绪的疏导则是治本的方法；虽然不一定有立竿见影的效果，却是促成行为长久性改变的奠基工作。

1. 社会技能的训练

社会技能的训练可以采用小组教学的方式，5~10个行为问题相似的孩子定期聚会，相互切磋。其最主要的用意是让孩子了解自己的行为给别人带来困扰，也造成自己的孤立，因此他会急于学习新的技能来改善社会关系。老师或父母可以先解释某种技能的用意和重要性，并示范适当的言行举止，然后要孩子轮流并反复地练习新的技能。其他的孩子要注意观察，而且要提出善意的批评和建议。经过不断地学习新技能，孩子旧的不良的行为模式可以得到改善，新的、健康的行为也随之建立。使用小组训练的一个好处是让孩子知道，别的孩子也会有相似的行为问题，如果这个问题有所改善，人际关系自然会好转。这种领悟有助于扭转孤独和悲伤的感受，对情绪的辅导有不少帮助。

根据努斯鲍姆和比格勒的建议，ADHD的孩子社会技能的训练应该分为两类：第一类是孩子与大人相处的社会技能，第二类是孩子与同伴相处的社会技能。

孩子与大人相处的社会技能包括：

- 倾听父母和老师讲话。
- 遵守大人的指示。
- 提出问题和回答问题。
- 遵守教室和家中的常规。
- 完成分内的工作。
- 轮流和等候。
- 帮助别人。

孩子与同伴相处的社会技能包括：

- 和别人交换经验。
- 赞美别人。
- 说出自己的感受。
- 结交新朋友。
- 应对冲突的情况。
- 与别人分享。
- 应对别人的嘲弄。

2. 情绪的疏导

ADHD的孩子日日承受内外的冲突和压力，其挫折、抑郁和焦虑的情绪日积月累，总有一日会达到极限。再者，有些孩子自认为是一无是处的坏孩子，因此其举止也朝向坏孩子的行为方式发展。这种孩子的情绪问题往往需要由受过专业训练的心理专家做心理辅导。但是，父母和老师可以留意孩子情绪困扰的症状，及早把孩子送交专家做心理的辅导。这些症候包括：

- 行为的突然改变。
- 显露自己不值一文的感觉。
- 表示生不如死。
- 和别人疏远。
- 经常抱怨身体不舒服。
- 经常发生意外的伤害。
- 偷窃、说谎、作弊。
- 打斗和破坏物品

克莱因和蒂芬巴卡（Klein & Deffenbacker）使用放松的方法来减低ADHD孩子的紧张和冲动，并增进认知的能力来应付本身与外来的压力。他们让三年级的孩子每天抽出10分钟的时间，躺在海棉垫上或坐在用枕头垫起来的椅子上，教他们放松自己的肌肉，想象在一个无忧无虑的海岛美景中。才3个星期的时间，孩子的注意力可以更集中，解决问题的能力提高，行为问题则有显著的减少。不过，他们认为原来用来训练大人放松的方法要稍加修正，以适合孩子的能力和兴趣（放松训练的细节请参考第三章）。

（四）家庭的辅导

除了孩子本身要接受团体和个别的训练和辅导外，父母或其他家庭成员也要接受专家的协助和指导。ADHD的孩子无论到哪里都坐立不安、心神不定，这在家中给父母带来相当沉重的负担。有的家庭因而发生婚姻的决裂、手足关系的恶化；有的父母因为孩子的行为问题而感到内疚和自责。因此，父母要了解孩子的行为问题并非父母造成，内疚和自责反而对孩子不利，因为放纵或疏于管教都是这种心理所引起。再者，父母或其他肩负教养职责的人对孩子的问题要有明确的认识，并需要有一套特殊的技巧来应付这个孩子的问题和需要。施米特（Schmitt）为父母提供一些管教孩子的建议。

1. 面对现实，接纳孩子的缺陷。父母必须接受摆在面前的事实：这个孩子生性好动，似有消耗不完的精力，而且可能一辈子都是如此。孩子并非有意如此，而是有不得已的苦衷。父母只能把孩子的多动控制在一个合理的范围内而不能期望完全消除这种问题。要是父母严厉指责，或想把孩子塑造为安安静静的“乖孩子”，这种教养的方法对孩子反而有害无益。最好的教养态度是充分的包容、忍耐、温和而仁慈。

2. 提供适当的活动让孩子有机会释放精力。孩子的精力不能装瓶更不能储存，他们最好每天都可以参加户外的活动如跑步、打球或长距离的散步。如果室外活动有困难，应该有室内的体能活动，而且不会受到牵制和指责。父母只是提供这种场所和机会，但不特意鼓励孩子去做体能的活动，尤其要尽量避免兄弟间的追逐游戏和喧嚣打斗，否则这个孩子将以这种行为进行社会接触，会进一步破坏人际关系。

3. 家中维持固定的秩序。每天固定的活动安排得井井有条，会协助这个孩子遵从家庭的秩序。例如一日三餐、洗刷清洁、大小杂务，甚至睡觉时间都要尽量固定下来。父母的反应和管教的方法也要前后一致，孩子的行为才能建立固定的模式。

4. 尽量避免让孩子过分疲劳。当ADHD的孩子精疲力竭的时候，自我控制的系统完全崩溃，反而会更加多动。

5. 避免让孩子涉足正式的场合。如果父母知道孩子的多动在某种场合中会造成尴尬的场面，例如婚丧典礼等，孩子能不出席就不出席。等到孩子年纪较大，多动现象有所改善，再逐步地让他进入这种严肃的场合。

6. 建立家庭常规，坚持纪律。ADHD的孩子管教自然相当费力，所以父母要特别小心地谋求对策。例如伤害别人、破坏东西或伤害自己的身体是绝对不容发生的；遇到这种行为要全面制止，毫无例外。相反地，无关紧要的枝节问题尽量减少干预，尤其是整天盯着孩子，这个不能动、那个不能摸，事无大小都要管，结果会越来越糟。所以，父母要把孩子绝对不能做的事作明显而具体的规定，清楚地告诉孩子，而且要执行到底。

7. 不要体罚。在家中准备一个安静的房间或角落，作为暂停正强化（Time-out）的地方。孩子违反家庭的纪律经过警告后依然不改，就送到这个地方去静坐，一直到坏行为改变过来。相反地，体罚的方法往往会给孩子提供一个坏的榜样，不但无法消除孩子的攻击行为，反而助长孩子的攻击性。因此，父母在教养中要自我约束，不可轻易动手。

8. 设法延伸孩子的注意力。奖励安静地完成分内的工作是一个重要的关键。父母在家中可以慢慢训练孩子延伸注意力并且持续地从事自己的活动。例如父母特别鼓励幼龄的孩子看图画书刊、填色、听故事等。但是活动的花样不可太杂，玩具不可太多，以免孩子分心（有关注意力的训练请参见“注意力的训练”一节）。

9. 冲淡邻居或亲友的过度反应。由于孩子的冲动，左邻右舍和亲朋好友可能给这个孩子冠上问题儿童或坏孩子的头衔。邻居和亲友的误解不一定能完全消除，但是绝对不能将这种误解带入家庭生活中。父母的态度应该是“我们的孩子精力充沛”。父母绝对不能放弃对孩子教养的责任和对孩子未来的期望。不管孩子如何冲动，家中每一个人都要无条件地接纳，才能建立和维护孩子的自尊和自信。

10. 与孩子短暂地分离。父母与极端多动的孩子日日相随，时时如履薄冰，要长久维持耐力就相当困难。为了保持充沛的精力和一贯的教养态度，父母最好能轮流照顾孩子，让对方偷得半日闲，做家庭以外的事或是什么事都不做。更有甚者，父母应该找机会把孩子托人照顾，享受一下孩子不在身边的清闲日子，以松懈疲劳和紧张的情绪。

（五）教育的补救

ADHD的孩子本身的问题包括注意力缺陷障碍和盲目冲撞，在学校的学习活动本来就感到吃力，如果还有学习障碍，学业自然会落后甚远，也因而连带发生情绪与行为的问题。近年来特殊教育的提倡，特殊班级与资源教室的设立，给这种孩子提供了合适的教育机会。面对着无法自我约束的孩子，老师必须表示对孩子的了解和支持，但也要把教室的规则和行为的标准交代得清清楚楚。无论采用何种教学方法，一定要有组织有结构，把孩子系统地引导到学习的情境中。

伯恩斯坦和凯维永（Bornstein & Quevillon）发表一篇论文，用“自我教学”的方法来教3个幼儿园的孩子克服多动的毛病，正常学习与生活。他们训练的第一步是大人做某一种活动，同时大声地说出自己的动作，这时孩子只在旁边观看。第二步是孩子做同一种活动，大人在旁大声地说出孩子的动作。第三步是孩子做一种活动，大人小声地说出孩子的动作。第四步是大人只动嘴唇但不出声音，孩子照着做活动同时小声说出自己的动作。第五步是大人只动嘴唇但不出声音，孩子照着做活动，同时也动嘴唇在内心说出自己的动作。第六步是孩子自己内心想所要做的动作，然后照这个想法去活动。

在这种训练中，大人可以先示范要如何自我发问（老师到底要我做什么呢）；然后示范认知的预演（喔，对了，老师要我照这个样子画一张图）；接着示范自我教学（好，我现在先画这一条线）；最后要自我强化（我这张图画得真好）。在示范当中，大人可以故意弄点小差错然后立刻更正过来。在训练当中，大人可以用糖果来奖励孩子的观察和模仿，但要特别强调自我强化的方法，以建立他们的自信。孩子模仿大人的活动包括画线、画图、堆积木、用积木设计图样或是颜色和形状的分类组合。在开始训练时，活动很简单，不用太多思考，有了进步以后，活动可以逐渐加大难度，孩子也要真正地思考和自我教学。

努斯鲍姆和比格勒对学校的教育提出下列建议，供老师们参考。

1. 为了增强ADHD孩子的学习效果，尽量少用演讲式的教学，多用手脑并用的实际操作教学。

2. 当孩子出现行为问题时，不要以取消课余的活动作为处罚。ADHD的孩子过一段时间就要把精力发泄出来，而且要利用课余的时间和其他的孩子打交道。

3. 利用屏风在教室隔出一个小间，或在走廊的角落给ADHD的孩子设置一个小办公室，他可以独自一个人在这个安静的地方做功课，免除外界的打搅。但不要把这个办公室当作处罚的地方。

4. 在每天固定的教学活动中，穿插一些需要活动筋骨的活动。

5. 帮助孩子把身边的环境安排得有条不紊。例如书桌里外的书本文具用不同的颜色来分组。

6. 多提供休息的机会。上课一段时间看孩子有点不专心，就让他起来走动一下，伸伸懒腰，唱唱歌，或听个小故事。

7. 教室中的活动要有固定的顺序。每天一开始就从事同样的功课或活动，从固定的活动转入新的活动时，可以提供一些预备的动作，例如站起来，摸摸脚趾头，闭起眼睛，做3次深呼吸。这些操作表示孩子要静下心来，从事一项新的学习活动。

8. 把每一节课缩短或细分为几个小段。例如30分钟的数学可以分为各10分钟的3小节或各15分钟的2小节，以便更换教学的内容。

9. 教孩子检查自己的作业，并改正自己的错误。

10. 考试或测验要放宽时间的限制，并提供休息的机会，才能真正测出他们的能力或学习的效果。

11. 在孩子自修或自己做作业的时候，老师要先引起孩子的注意再把功课交给他。在做功课的过程中，随时留意孩子是不是有分神的现象，并提醒他要专心完成指定的功课。

12. 老师的教学要简洁明了。如果孩子很不专心，老师在交代功课之后，要孩子大声重复老师交代的功课。但这样做要避免造成难堪的场面。

13. 老师要特别教孩子“停下来、想一想、说一说、再来做”的策略，以控制无法自制的冲动。也就是孩子采取行动之前先“停下来”，“想一想”我到底要做什么，“说”出我要去做的事，然后照自己所说的去做。

14. 对于比较费神的功课如数学和作文，可以教孩子边说边做，以激发和维持注意力。

15. 在教学当中，尽量减少时间限制的压力。同时要缓和同学之间的激烈竞争。

因为这种情形会使ADHD的孩子更难自我控制。

16. ADHD的孩子遇到一再反复而且索然无味的教材会使注意力更加涣散。相反地，新鲜而有趣的事物能保持他们的注意力。同时，对孩子功课的要求要重质不重量。例如少做几道数学题，但要孩子自己核对答案。这比多做问题而不知对错有益处。

17. 孩子是否完成指定的功课，要有具体的查对系统。例如孩子每完成一项功课，老师就给他1颗小星星，一方面是奖励功课的完成，另一方面可以让孩子和老师知道一天当中完成多少功课。

18. 接纳孩子的建议并尊重他的选择，看他喜欢哪些功课、活动和奖励，他又不喜欢什么。

19. 抓住孩子行为表现良好的机会，多给予注意和夸奖。

20. 把教室中课堂外合适与不合适的行为交代得清清楚楚。

21. 老师对孩子行为的期望要有清楚的交代。好的行为会得到什么奖赏，坏的行为会得到什么后果，要让孩子牢记在心中。

22. 孩子有不好的行为发生时，老师要立刻照规定呈现行为的后果，毫不含糊，毫无例外。

23. 老师使用的奖励要经常变换，因而不会因为孩子生厌而丧失强化效果。

24. 使用暂停正强化的角落来作为不良行为的后果。这个角落刺激物越少越好。孩子在这个角落的时间长短不要根据老师的规定，而是依据孩子在这个角落中的行为表现。只有行为良好，才可以回到原来的地方。

25. 教ADHD孩子的老师需要大量的支持。要是老师觉得教学有窒碍难行之处，或是感到身心过分疲惫，最好寻求其他老师、学校行政人员或是ADHD专家的协助。老师也要和孩子的父母沟通彼此的期望，设立合理的教学目标。最重要的是父母与老师密切合作相互支援。

对于幼龄的ADHD孩子，纽约的一家幼儿园为儿童设计了一套特殊的教学方案，用来克服孩子的行为问题。这个方案曾广受应用。其要点如下：

1. 在幼儿园中废除作业簿、画有格子的书写纸张以及铅笔等。孩子全部改用蜡笔、粉笔、手指图画。使用的纸张只画出底线，孩子只要注意到书写和图画在底线之上，至于大小完全看孩子的自然反应，不加限制。所有的学习活动都使用多重感官，适合于孩子的年龄，而且引发孩子内在强烈的学习动机。

2. 孩子的书写只用手腕的动作而少用指尖的动作。

3. 每天有一段时间要把孩子的眼睛蒙起来，听老师讲故事，学习写字和画图。由于视觉受到限制，孩子会专心去听，也会更集中注意。他们会注意到以前经常忽略的细节，因而建立一些前所未有的新技能。老师把蒙眼睛的布条放在孩子的头上和脖子上，时间合适就可以把他们的眼睛蒙起来，协助孩子减少外来的干扰，控制其冲动。但是这种蒙眼睛的教学必须当作一种好玩的游戏，对孩子毫无心理的威胁。要是孩子显示犹豫或害怕，不能强迫，让他们恢复视觉，以后有机会再尝试。

4. 语言的训练是根据儿童的发展来设计课程。这种训练要列入每天必须修习的课程。在语言的练习中同时学习用听觉和视觉来辨别环境当中相同和相异的事物。

（六）注意力的训练

和一般的孩子比较起来，ADHD的孩子很少产生讨人喜欢的行为，也很难引起父母正面的注意和接触。这种孩子与父母如有接触，往往局限于父母纠正孩子的举动、大声斥责，或提出令人感到不愉快的指令。正因如此，ADHD的孩子容易产生不听话和反抗的行为，也显得没头没脑，缺乏从事好行为的动机。有鉴于这种亲子之间的不良接触，阿纳斯托普洛斯和伯克莱（Anastopoulos & Barkley）认为孩子要接受注意力的训练，父母也要学习如何注意到孩子正面的行为。

他们认为父母每天要挪出15~20分钟，称为特殊时间。在此期间，父母尽量避免纠正或指导孩子。相反地，孩子要在一个宽松的活动范围内，全权决定他在这段时间内要做什么。对于孩子的决定，父母不必探问为什么，更不要建议或影响孩子做其他的活动。孩子从事活动时，父母在旁观看，并说出孩子在做什么事，但对轻微的不良举动完全不予理会。一向管教孩子一丝不苟的父母对这种新的尝试往往感到难以适从，但这种做法确有增进父母与孩子正面接触的机会，更让父母领悟到孩子也有正面的行为，甚至注意到孩子良好的行为远远超过不良行为。

一旦父母对于这种特殊时间的训练有心得，就要推广到整个家庭生活中，孩子有轻微的行为问题（打人、撕破衣服或打自己都不算是轻微）时，要忍下一口气，不去理会他，但是专心地留意孩子的好行为，而且一找到机会就强化这种行为。唯有如此，好行为才会滋长，坏行为才会消失。

对于孩子注意力的训练，努斯鲍姆和比格勒建议下列几种常见的活动：

1.“老师说”游戏。这种原属于团体活动的游戏是大人给一个命令，孩子做一个动作。但大人在施令之前加上一个“老师说”，孩子的动作才能得到奖励；如果只听到普通命令就有动作，孩子就要被淘汰出局。这种游戏是训练孩子注意听老师或父母的口语。起先只给一个命令，如果孩子的技能和反应越来越成熟，命令可以加多或变得更复杂。

2. 寻宝的游戏。在一张地图中把关键的地点标示出来，然后要孩子照这张地图到各个地点去找东西。例如在爸爸的衣橱中找到一件黑色大衣，把口袋中的纸条找出来等。在最后一个地方应该可以找到这个孩子最喜欢的饼干或小玩具。

3. 闪示卡片。让孩子迅速过目卡片上面的文字或图画后，要他说出卡片上的内容。这不但训练孩子视觉的记忆，更可以训练他们集中注意力。大人可以把闪示卡片的辨认当作一种游戏。根据他们答对的次数，给予奖品。最好的办法是让孩子参与卡片的制作，以引起兴趣并提高辨别的机会。卡片上的事物包罗万象，有卡通、动物、地理、数学等，而且可以和其他课程的学习活动一并实施。

4. 韵律的儿歌。教孩子轻唱一些好玩而有韵律的儿歌。每日一小段，可以锻炼孩子的倾听、注意和记忆。

5. 猜谜游戏。收集一些好玩的谜题来考孩子，同时鼓励孩子自己设计谜题来考父母或老师。这种训练对孩子的倾听和思考很有益处。

6. 玩纸牌和掷骰子的游戏。这种游戏需要孩子集中注意力，更有助于数字的计算。

7. 计算机的游戏。在适度的范围内计算机的游戏对孩子有很大的帮助，尤其是手眼协调、注意力集中以及视觉的辨别，对孩子的学习活动有相当的教育意义。

8. 社会交往的活动。对年纪较大的孩子而言，参加正式的社团活动，如夏令营，对孩子的社交和冲动的控制有相当的好处。

（七）饮食的控制

到目前为止，有不少理论把ADHD与孩子的饮食连接在一起。例如血糖过高过低、食品中的添加剂、食物的过敏等都有引发ADHD的嫌疑。这种理论到目前为止并没有充分的科学根据，往往流于传说而已。但少数ADHD的孩子确实对某些食物会有敏感。要是遇到这种情形，找专门的医生，经过仔细的诊断后发现饮食的控制实有必要。话说回来，不管孩子是不是有ADHD的症状，某些食物本来对健康就是有害无益的，这种食物能免则免。

5 结　语

注意力缺陷障碍与多动的孩子长久以来曾经遭受到不少的误解和无尽的委屈。由于本身无法自制的冲动，言行举止毫无头绪，甚至心神不定、坐立不安。学龄儿童有此症状其学业的荒废自然不在话下。由于言行冲撞，经常受到同学的回避或排挤，人际关系难以建立。因此，抑郁与焦虑的情绪以及严重的行为问题接踵而至。这一连串的问题给家庭和学校带来相当大的困扰。如果不及时处理，甚至会变成严重的社会负担。

经过几十年的探讨研究，教育与心理专家发现ADHD的孩子的确有难言的苦衷。这种行为问题主要起因于脑部功能的失常，孩子的脑神经传送系统、脑部网状激活系统和额叶无法管制警觉、兴奋和冲动。同时，因为脑部对外来的刺激无法做有效的过滤，孩子对任何刺激都会反应，注意力自然无法集中。根据无数临床治疗的报告，有75%的孩子对刺激药品有良好的反应，另有一些孩子比较适合于某些抗抑郁的药和抗精神症状的药品。然而，这些药品都有可能引起不良的副作用，医生和父母对用药的利弊得失要再三斟酌。**就算药品能够控制孩子的症状，其他行为处理的策略依然不可忽略**。此外，社会技能的训练使孩子待人接物知所进退、情绪的辅导以建立自尊自信、学校和家中特殊的教学和辅导、对父母和老师的协助和支援，以及饮食的控制等，都能给孩子提供适当的方法，迈向正常的人生。

医药、教育以及行为的控制就算设计得天衣无缝，也不能保证这个孩子将来一定走向人生的坦途。但是家庭、学校、社会应该携手合作，使一个人的生活不至于那么坎坷。在此以一个实际的例子作为本章的结束：

小雯高中念到一半就因为行为问题和功课不佳而辍学。她到一家旅行社工作，担任卷宗的归类。她是一个好动的女孩子，有空就跑出去自己一个人抱着篮球投篮，或是骑脚踏车到处游荡。她的上司对她的工作态度相当不满意。她的确是坐立不安，工作不到5分钟就不见踪影，稍一被责备还会大发脾气。经过学校辅导人员的推荐，她转到一个大工厂，负责运送零件到各个部门，或把成品运到门市部。因为工作内容的转换适合她的行为倾向，以前在学校和在旅行社的行为问题完全消失，她变成一个非常负责的工作人员。

CHAPTER EIGHT

第八章

社会行为失调

青少年犯罪的案件日日增加，孩子犯罪的年龄年年降低。这种使人战栗的行为问题，中外皆然。说谎、偷窃、欺骗、逃学和离家出走、打斗杀人、纵火破坏等行为会不会出现在同一个人的身上？不幸的是，一个5~6岁的孩子可能就会出现这些社会行为的症状。当然，并不是所有患有**社会行为失调**的孩子都会出现这一连串的行为问题，但他们给家庭、社会、学校以及治安机构带来了严重的挑战。不但如此，一旦暴露出问题，证明这些孩子往往积习甚深，甚至打斗偷窃已经成为日常，纠正与治疗谈何容易。更使人寒心的是这种症状的产生涉及孩子本身的特质，更与家庭组织和父母的教养方式，以及社会结构和社会风气息息相关。家庭的重组与社会的改革其艰难，千百倍于孩子个别行为问题的处理。因此，社会行为失调的控制有赖于及早预防以及家庭与社会集体的努力。否则孩子一旦触犯法令，身陷囹圄，一切都已太晚。

孩子有社会行为失调，其对自己、家庭、学校、社会的影响既深且广。孩子本身学业荒废固然是事实，因为处处树敌，结果一事无成，甚至终身遭受监禁。对家庭而言，一个家庭有此孩子往往把全家弄得天翻地覆，父母为孩子的教养问题造成无止境的纠纷，甚至祖父母也卷入旋涡，指责孩子父母的无能。其他的孩子受到波及自然不在话下。至于学校，可能忙于纠正和处罚而忽略了正常的教学，如果行为问题发生在学校里，学校更会难辞其咎。至于凶杀、盗窃、纵火、强暴等行为更是严重的社会问题。

存在社会行为问题的孩子有各种不同的名称。我们常以问题儿童（Problem Children）来指称这种行为有问题的孩子，甚至直呼为不良青少年（Bad Adolescents）。从法律的观点来看，这种孩子一旦触犯法令就称为少年犯罪（Juvenile Delinquent）。有些学校或心理专家把这种孩子称为社会适应不良的孩子（Socially Maladjusted Children）。美国精神病学协会把这种行为问题称为行为失调（Conduct

Disorder）。因为行为失调范围太广，往往与其他行为症状混淆不清，而且这一类行为的发生都涉及侵犯他人的权益，所以本书以社会行为失调来指称这种特别的行为问题。

在所有孩子之中，患有社会行为失调的比例是4%~10%。根据美国精神病学协会的统计，孩子的性别与家庭的社会经济情况对这种症状的发生有举足轻重的影响。18岁以下男孩子患有社会行为失调的比例是6%~16%，女孩子则在2%~9%之间。开始出现这种行为的平均年龄是8~10岁，最早的则是5~6岁间。男孩子平均7岁就开始会出现这种行为，女孩子则平均开始于13岁。孩子开始出现社会行为失调的年龄越小，其症状越容易包括攻击他人、扰乱别人、反抗和挑衅的举动，而且这些症状往往延续到成年。从社会结构的观点来看，孩子出身于社会经济地位较低家庭的，发生社会行为失调的比率远超过成长于社会经济地位中上家庭的孩子。因此，有些人陷入社会行为失调的旋涡中，甚至数代都无法翻身。

1 社会行为失调的界定

根据托特（Toth）概括的定义，社会行为失调泛指一组反社会的行为（Antisocial Behaviors），这种行为违背了社会常规、触犯了法令，而且损害他人的权益。但她特别警告父母、老师以及专业人员不可随随便便给孩子贴上社会行为失调的标签。这样做不但于事无补，而且可能会耽误孩子终身。她认为给孩子一个行为的记号并不是专业人员的主要职责。这种孩子有严重的行为问题，最需要有人伸出援手，帮助他们摒弃旧的生活方式，迈向光明的前途。

（一）社会行为失调的界定

美国精神病学协会把社会行为失调界定为持续的行为模式，这种行为违背了同年龄孩子的行为常模而且侵犯到别人的权益。换句话说，这个孩子的行为已超越出他这个年龄、这个环境中应有的行为表现，而且这种行为已出现6个月以上。这种孩子常有攻击他人的行为，包括恃强凌弱、恐吓威胁或其他致使别人身心伤害的行为。他们经常引起械斗，使用武器，如棒棍、砖块石头、破瓶以及刀枪致使别人受到严重的伤害。他们常常对人或对动物做惨无人道的虐待或伤害，他们会面对着受害者，当面袭击抢劫、强取勒索，会胁迫他人参与性活动，甚至伤及他人生命。

财物破坏也是社会行为失调的重要表现。财物的破坏包括纵火并蓄意造成严重的损失，或是其他破坏的举动，如打破汽车玻璃、损毁学校设备等。偷窃是另一种明显的行为问题，例如闯入别人的家中、进入学校的办公室，或是打开别人的车门、偷窃别人的财物。诈骗是指非法获取利益或是逃避责任，这包括设陷阱使人入瓮、伪造证明或假传命令，甚至顺手牵羊拿走别人的财物。

社会行为失调的患者另一个常见的问题是严重违反学校的规定或家庭的禁令。

例如晚上出门时完全无视父母的交代而迟迟不归，甚至把在外过夜当成家常便饭，旷课逃学，较大的孩子已经就业却对工作场所的规矩完全置之不理。

（二）社会行为失调的特质与分类

孩子有了反社会的行为出现，使他在家中、在学校中、在左邻右舍的孩童玩伴中与人格格不入；日常生活中冲突迭起；学校与家庭都认为此子不可教，只好让他在外为所欲为。

1. 症状的特质

卡兹汀（Kazdin）认为患有社会行为失调的孩子与普通孩子相比较，其行为问题有几个相当突出的特质。

（1）大部分的行为问题，如打架滋事，对父母、老师大发雷霆，抢劫，偷窃等行为发生的次数相当频繁，甚至成为这个孩子生活的重心或固定的行为模式。另有一些行为发生的次数不多但相当严重。例如放火烧掉学校教室、故意伤害同学，都构成对社会的重大威胁。

（2）孩子出现某一些行为之后，还会继续反复地出现，变成慢性而长期的行为问题。这种行为不是单独或偶发的事件，也不是在短时间内暂时出现的行为现象。例如家庭迁居、父母离婚等环境的变迁，使孩子无所适从而做出违规的行为，这并不算是社会行为失调，因为孩子适应了新的情况后，问题行为就消失，所以显然不能算是一种症状。

（3）社会行为失调的范围相当广泛。一个孩子不会只出现一种行为问题或是一种症状，而是几种问题行为同时出现在同一个孩子身上。例如一个孩子逃学后在外面打架或破坏别人的财物，与父母呕气后离家出走以偷窃或抢劫维生，甚至结成帮派来扩张势力，为非作歹。

2. 症状的分类

就如前述，社会行为失调是一组反社会的行为，侵犯他人的权益，构成社会安全的威胁。不过，这种孩子所表现的行为问题彼此之间有相当的差异。卡兹汀分3方面来分类：

（1）**集体的攻击与个别的攻击**。集体的攻击是指一群伙伴集体从事某些反社会的活动。往往有一个不法组织，每一个成员都表示对该组织的效忠，而且采取一致的行动。个别的攻击是指孩子单独行动，但也是对他人的身体、财物或是精神上进行攻击。这种孩子常常独来独往，其人际关系显然有严重的缺陷。

（2）**攻击与偷窃的孩子**。这是两种区分明显的行为形态。有些孩子的行为问题偏向于打斗、攻击、向别人施加暴力。这种孩子与家人的关系也不和谐，对父母的管教置之不理。相对地，父母的管教也倾向于强制、暴力或是采取处罚而少用鼓励的方式。偷窃的孩子则常因偷人东西或欺瞒诈骗而与警察和法院打交道。这种孩子在家中与父母常有貌合神离的关系，父母对这种孩子偏向于疏远冷淡而且对行为问题不闻不问。攻击的孩子改过自新的可能性较大，偷窃的孩子可能积恶难除，一生进出监牢，习以为常。有少数的孩子攻击与偷窃兼而有之，但大部分患有社会行为失调的孩子都偏向其中的一种。

（3）**明显与隐藏的症状**。明显的反社会行为是指与受害者正面的冲突，如打架、争吵、抢劫或是破坏。隐藏的反社会行为外人往往无法看到其发生，如暗中偷窃、逃学、说谎、纵火等。孩子从事明显的反社会行为大多是一连串的行为问题公开出现；隐藏的行为也是和其他隐藏的行为一起暗地里进行。最难治疗的是少数孩子两种行为兼而有之；这种孩子往往成长于破碎的家庭或是父母本身也是为非作歹之徒，孩子完全不知道是非对错。

（三）鉴定与诊断的考虑因素

及早鉴定与及早治疗是处理社会行为失调的不二法门。然而，社会行为失调的范围极广，牵涉因素又多，鉴定与诊断是一件相当困难的工作。托特根据自己的临床经验特别指出一些似是而非的行为问题，必须严密地注意。例如孩子说话不实在是成长中必经的过程。对幼小的孩子而言，这是相当正常的现象，只是在年岁渐渐增长后，说谎固定成行为模式才成为真正的问题。另外，某些行为不管年纪大小都是问题，逃学就是一个明显的例子。另一个需要提出的是，以行为症状来称呼孩子会造成不良的反效果。例如“问题儿童”与“这个孩子有打架与逃学的记录”两者之间意义完全不同。**诊断的目的在于找出孩子需要协助和补救的地方，希望引导他们走向正当的人生旅途**。此外，有些行为问题和社会行为失调混淆不清，切忌张冠李戴。例如多动、冲动、注意力无法集中、学业荒废、反抗大人的指示、不能合群、酗酒等可能与社会行为失调有关，但并非社会行为失调。托特认为孩子成长中的问题、社会对孩子行为的期望以及行为的性质都要列入鉴定与诊断的考虑因素。

1. 孩子成长中的问题

由于孩子的年龄、性别、家庭的背景以及社会期望的不同，有些行为是正常的现象，另有一些则是行为症状。有些行为问题相当轻微，并不显示残酷的本质，也没有其他并发的行为问题，更没有继续恶化的现象，甚至有好转的趋势。这种行为值得注意，但不能冠以社会行为失调。相反地，如果孩子的行为问题日益严重，看不出有好转的迹象，而且妨害到学校、家庭以及社会交往的关系，就值得进一步的诊断。就以孩子偷窃的行为来说，偷窃行为是社会行为失调的诊断标准之一，但在孩子未建立物权观念以前，你我不分的情况下拿走别人的东西根本谈不上偷窃。上幼儿园的小孩开始学习到尊重别人的权益与财物，“偷东西”的情况自然会慢慢会消失。到6岁以后还经常拿人家的东西就值得留意。但是，少数智力发展迟缓的孩子可能要经历更长的学习阶段才能知道拿别人的东西这种行为是不应该的。有些患有抑郁症的孩子明知不该拿人东西，但是在极度忧伤时拿走别人的东西可缓和内心的悲痛或空虚；有些孩子在极度愤怒时拿走别人的东西泄恨；有些孩子目睹父母或其他成人以行窃为业就以为这是正当的行为。这些例子虽然超越孩子正常成长的过程，但如果硬指为社会行为失调就显得牵强附会。相反地，一个正常智力的青少年在自己的房间中收集不少他人的物品，或是经常在商场顺手牵羊，就不能以成长因素或偶发的事件来解说，也就有了社会行为失调的可能性。

2. 社会对孩子行为的期望

无论古今中外，社会对男女行为的期望或要求有相当大的差别。一般社会对男孩子粗野的举动有较高的容忍度。例如男孩在学校打架，父母、老师都可把它大事化小。女孩子打架可能会闹得满城风云，因为女孩子"应该"温柔优雅，大打出手已违反了社会的禁忌。根据托特的研究，男孩子往往以拳头和怒骂来解决问题；女孩子则往往增加性活动作为对现实的反抗。因此，行为问题的鉴定和诊断必须考虑到性别的差异以及社会对这些差异的期望。

在某种社会家庭中，某些问题行为甚至得到鼓励，另有些行为虽然被社会所唾弃，却得到父母的允许。例如：有的父母鼓励儿子在外面要能自卫，哪怕以牙还牙，也绝对不可受人欺负；另有些父母则告诫孩子不可惹是生非，凡事要逆来顺受；更有些父母不容孩子有任何行为的瑕疵。在穷困的国家或都市中的贫民区，孩子学会偷窃是谋生的技能，打斗是自卫的途径。这些行为在特殊的家庭和社会环境中是适当的求生之道，自然不能说成是社会行为失调。

3. 行为的性质

孩子问题行为发生的频率是重要的鉴定因素，一个孩子天天和人打架，或是每个星期至少有一次会破坏左邻右舍的财物，就显示出问题的严重性。一个孩子换到新学校时和人打架一次，或是打棒球时把教室玻璃打破，从此以后类似情形不再发生，就很难说是行为症状。另一个关键问题是孩子的行为是不是持久不变。一个孩子在遭受到重大的压力时会有问题行为出现，压力消失，行为问题也随之冰消瓦解，这就缺乏持续性。例如孩子在家中和父母有严重的冲突，因而离家出走，但问题解决后，从此不再出走，就不属于严重问题。但是，如果这个孩子不管家中有无问题，出走的行为完全是随心所欲，反复出现，这种持久不变的行止就构成社会行为失调的条件。根据美国精神病学协会的诊断标准，这种行为模式要持续出现6个月以上。行为强度也是重要的考虑因素。例如一个孩子放火把房子烧掉，或是用刀把同学刺伤，虽然一年发生一次，但因其高度的严重性，一定要尽快展开严密的防范措施和治疗。前面提到过社会行为失调是一组反社会的行为，根据美国精神病学协会的诊断标准，在纵火、逃学、偷窃、破坏、说谎、攻击行为等问题行为中至少出现3种才构成社会行为失调。话说回来，一个孩子的问题行为也许只有一种或两种。这自然没有达到社会行为失调的诊断标准，但却依然是父母、老师以及治安机关关切的问题。

现在来看一个实际的个案。小捷是一个10岁的男孩。他的母亲告诉心理专家，小捷从小就相当的好动。两年前父母分居以后，他的行为就日日恶化。有时候除非母亲大发脾气，否则小捷根本就不听她的话。她经常打他的屁股或不准他出门作为处罚。他在学校的功课日日退步，还学会在成绩单上伪签母亲的名字。有一次学校教室和办公室遭到一群孩子的破坏；虽然没有人亲眼看到小捷参与破坏活动，但他是这个小集团的一分子。最近几个月来问题变本加厉，他开始找比他瘦小的孩子打架，经常被人送到训导人员的办公室。老师也发现他伪造母亲的签名，而且有逃学的现象。这是典型的社会行为失调，他的行为问题从8岁开始出现，到母亲向心理专家求助为止，已有两年。他的行为问题包括逃学、说谎、打架、放火以及破坏学校教室。相关的行为问题是学业的荒废和反抗的行为。这些行为不但不容于学校，他的母亲也不能一再宽容。而且，对一个10岁的孩子来讲，这早已超出孩子正常成长的模式。小捷的行为不但造成学业的问题、人际关系的破裂、家庭生活的不稳定，也侵犯了他人的权益。

（四）DSM-IV的诊断标准

1. 社会行为失调是指一种反复而持续的行为模式。由于这种行为的出现，别人基本的权益受到侵犯，社会对孩子所定的行为规范受到违背。诊断标准为在过去12个月里曾出现以下14种行为中的3种以上，而且在过去6个月里至少出现1种。

（1）对别人和对动物的攻击：

- 经常恃强凌弱和威胁恐吓他人。
- 经常引起打斗。
- 曾经使用武器对付他人。
- 曾经对别人做出残忍的事。
- 曾经对动物做出残忍的事。
- 曾经面对受害者抢人财物。
- 曾经强迫他人做色情活动。

（2）对财物的破坏：

- 曾经蓄意纵火，意图对财物造成严重的损坏。
- 曾经蓄意破坏别人的财物。

（3）欺骗或偷窃：

- 曾经破门闯入别人的房屋、办公室或汽车。
- 经常通过说谎来骗取他人的物品，获得好处，或是用以逃避责任，窃取贵重的物品但不和受害人发生正面冲突。

（4）严重地违反规定：

- 在13岁以前就在父母的禁令之下经常过夜不回家。
- 至少有两次离家出走而且在外面过夜。
- 在13岁以前就经常逃学。

2. 这种行为问题造成社会关系、学校学业或是工作上的严重后果。

3. DSM–IV把社会行为失调的严重程度分为3级。

（1）轻微：行为问题对别人造成轻微的伤害，如说谎、逃学或是未经许可而在入夜后才回家。

（2）中度：行为问题对别人造成不算轻微但也不太严重的伤害，如偷窃财物而未与受害人发生正面冲突，或是破坏别人的财物。

（3）严重：行为的发生对别人造成重大的伤害，如强迫他人从事性活动、残酷地攻击别人的身体、使用武器对付他人、偷窃并公然与受害者对抗，或是破门而强行进入别人的房屋或汽车。

（五）相关的特质与症状

根据美国精神病学协会的报告，患有社会行为失调的孩子可能对别人的感受漠不关心，也无法体谅别人的处境。尤其是在模棱两可的情况中，往往会错意，把别人的举动解释为敌对的行动，因而攻击对方。这种认知上的误解产生错误的推论，自认为反社会的行为是正当的防卫，甚至自认为是路见不平拔刀相助的英勇举动。由于日积月累的挫折和创伤，这种孩子显得铁石心肠，当他加害于别人时，毫无内疚与悔意。有些孩子可能会装出忏悔模样，事实上这种表现往往是用来避免处罚。当然，有的孩子坏事做了之后会再施瞒骗之术嫁祸于人，自己装出一副清白模样。有些孩子表现得英勇坚强，事实上内心可能相当脆弱，自尊心很低，无法承担压力，动辄大发雷霆，或是不顾后果而鲁莽行事。

另外，患有社会行为失调的孩子容易提早有性行为。也曾出现过早年抽烟、喝酒加上吸毒的案例。使用非法毒品的孩子往往使反社会行为变本加厉，不但犯罪性质恶化，发生的次数增高，而且固执、不易教诲。这种行为的结果是孩子遭学校开除、被人解雇、关进监狱、染上顽疾、未婚生子，或是孩子本身受到身体的严重伤害。有些孩子在陷入泥沼之后往往因为无法自拔而产生厌世的念头，有的确实以自杀求得解脱。患有社会行为失调的孩子中，有的兼有注意力缺陷障碍与多动症，有的同时患有焦虑症状或其他情绪的问题。

2 社会行为失调的形成

患有社会行为失调的孩子，有如过街的老鼠人人喊打。一般社会也是以除尽不良行为为快。但唯有深入地了解这种症状的形成，我们才会建立一个健康的观念：**这种孩子需要社会伸出援手，提供必需的协助和治疗**。同时，家庭、学校和社会必须通力合作，预防这种症状的发生。托特明确地指出：社会行为失调绝非单一因素所造成，也不能单单要求孩子本身肩负一切行为责任。她认为问题的形成涉及家庭的结构与教养、遗传基因、社会环境的因素、生理的因素，以及孩子成长过程中所遭遇到的变故。

（一）孩子成长中的基本需要无法得到满足

每一个孩子都需要亲情、鼓舞、安全感、公平对待，在家中、在学校中有一致的规矩可以依循，有充分的机会可以创新和舒展才华，更有自由的气氛可以自在地表露他的想法和感受。缺乏这些心理上、精神上的支柱，孩子的行为很容易出现偏差。当然，单单缺乏这些基本需要的满足不一定是行为症状的起因，这只是其中一个因素而已。因为很多孩子出淤泥而不染，证明还有其他原因共同导致症状的形成。另外特别需要指出的是：探寻症状的形成应该避免把责任归诸某一个人或某一些人，而是找出问题的根源，改善孩子的生活环境，满足个人的基本需要，进而提供自新的机会，并防范类似症状的发生。

根据美国精神病学协会的分析，下列几种因素应列入慎重的考虑。

1. 孩子遭受到严厉的制裁和行为的限制。
2. 孩子经常体验到父母的排斥和指责，家中缺乏温暖。
3. 孩子早年无法体验到正常家庭的生活。例如在孤儿院长大。

4. 孩子有多动与注意力缺陷障碍的症状。

5. 经常更换抚养人。

6. 失去父亲，或是父亲酗酒。

7. 家庭中人口太多，孩子得不到适当的教养和关切。

8. 孩子从小就有反抗的行为。

9. 与行为有问题的孩子结伴。

的确，孩子得不到父母的欢心和亲情或是受到严厉的处罚，必然感到被人排斥或遗弃，更产生极度的焦虑。一方面是基本的需要无法得到满足；另一方面是焦虑与恐惧一再地蚕食孩子的心灵，反抗或骚扰的行为油然而生。尤其如果这种行为得到强化，就变成一种行为的失调。小洁是一个15岁的女孩子，在学校中人缘不佳，交不到知心的朋友，功课更是一落千丈。她深深地感到处处被人排挤，更是有苦无处诉。她母亲不了解小洁为什么被同学拒于千里之外，有时她向母亲提到交朋友的事，母亲总是嫌她唠叨，一天到晚说这个不是那个不对，训诫她少管别人的闲事，还是专心学习要紧。殊不知她母亲小时候也是人缘不佳，所以总是设法避免提到交朋友的事。小洁不知母亲的这段往事，总以为自己有什么大问题，不但在外面得不到友情，连自己的母亲也是爱搭不理。唯一能够引起母亲注意的是考试不及格，小洁为此让学业一再荒废。每个孩子都需要大人的关切，也会想办法来讨父母的欢心。但是以正当途径无法获得大人的疼爱，这个孩子丧失了讨大人欢心的能力与意图，只好以非常的手段来满足自己的需要。

（二）孩子的气质与亲子的关系

每个孩子一出生就会显示出不同的气质。根据托特的定义，气质（Temperament）是指孩子的心情或行为的特质。有的婴儿成天哭闹，再怎么抱怎么摇都无法使他满意；有的婴儿内向怕生；有的婴儿非常随和，人见人爱。孩子渐渐长大，也渐渐地受到环境的感化。但不管问题如何形成，孩子的行为问题与他的气质有密切的关系。一个孩子的气质深深地影响大人的抚养态度，这种态度又反过来塑造不同的行为。这种关系尤其影响到婴儿与母亲之间的交往。如果母亲与孩子的气质相近，关系融洽密切，孩子很少发生行为问题。如果双方性格南辕北辙，这种关系常常导致孩子的行为问题。例如孩子的性格活泼好动，常要有人陪伴，母亲则为繁重的家事或柴米油盐而感到精疲力竭，哪有时间和精神整天陪着孩子嬉戏游乐？甚至看来不懂事的婴儿也会感受到母亲的冷漠，因此更加想要得到母亲的关切，也变得暴躁易怒。其结果是彼此距离愈拉愈远，终至种下未来社会行为失调的祸根。

托特一再指出：孩子如果把父母的繁忙视为排挤、情绪的表现太过强烈，以及生而具有顽强固执的气质，往往会造成大人与孩子之间的隔阂。这种早年的亲子关系影响到将来孩子与他人之间的交往，也左右行为的偏向。从另外一个角度来看，要是大人与孩子的关系疏远，大人的训示可能会成为孩子的耳边风，孩子不但学不会分辨是非，甚至无法建立道德观念。因此，如果父母在孩子幼小的时候发现彼此有若即若离的现象，必须及早设法弥补，建立亲密而和谐的亲子关系。

（三）家庭与社会的因素

孩子行为症状的形成虽然与本身的气质和个性有关，但扰乱社会安宁侵犯他人权益的勾当是不是孩子要负全部的责任？如果深一层地探讨家庭的结构和社会的特质，我们会猛然发现这些因素与孩子社会行为失调有不可分离的关系。孩子之所以出现不当言行，处处为非作歹，家中的父母甚至社会中的每一分子都难辞其咎。当然，这种论调并非用来责备或归罪于某些人，而是说每一个有关的人都有责任改善目前的环境，让孩子适当地成长为堂堂正正的公民。

卡兹汀发现孩子患有社会行为失调，其父母本身常有各种不同的心理问题。这种情形尤其发生在父亲身上。要是他酗酒、赌博或从事其他不法勾当，不但无心于教养子女，更给孩子提供一个恶劣的榜样。孩子在这种情况下很难分辨对错，更难建立道德的观念和正确的价值观。卡兹汀甚至发现如果家中有人从事违法活动，即便这个人不是孩子的父母，但仍然会对孩子的行为发展产生深远的影响。也曾有不少研究报告指出社会行为失调与父母管教方法的关系。卡兹汀综合这些研究的结果指出，如果父母采取苛刻严厉的处罚方式，很容易导致孩子的反抗，造成人际关系的决裂，以及仇恨心理的养成。托特认为处罚（Punishment）与教训（Discipline）是两种截然不同的教养方法。教训是指大人提供说明和指示来协助孩子辨别是非，同时划定行为的界限，因此孩子会学习如何遵从家庭和社会的规范，建立循规蹈矩的行为模式。处罚则是负面的教养方法，使用身心的痛楚迫使孩子就范，但孩子没有真正地学习和成长。她认为父母采用激烈的处罚方式往往会把孩子逼入违反常态的行为模式中去。由于孩子认为他遭受大人的排挤，心生怀恨，因而容易出现扰乱秩序的行为，有的是公然攻击他人，有的则转入暗地，为非作歹。另一个重要的因素是孩子会模仿大人的体罚或辱骂，以相同的行为伤害其他弱小的孩子。卡兹汀进一步指出：大人教养方式前后不一也是一个严重的问题。他认为父母之间的教养方法，如果一个放任一个严厉，或是前后不一致，很容易使孩子感到迷惑，甚至学会钻漏洞来取得好处并避免处罚。他认为管教的另一个漏洞是大人太专心注意孩子的坏行为，其结果是这种行为一再地得到注意和强化，反而逐渐加剧；相反地，孩子有好行为出现时，大人视为当然，不但不加鼓励，反而置之不理，结果好行为反而日渐式微。

戈德斯坦（Goldstein）认为父母对孩子监督的疏忽与孩子社会行为失调的形成不无关联。他发现有的父母本身沉溺于饮酒、牌局和游乐，另有一些父母为事业而忙碌，根本无心管束孩子，连孩子在哪里都毫不知情。这种父母对孩子离家在外做些什么事完全不闻不问，也不明确规定什么时候可以出门，什么时候应该回来。有的孩子回家时鼻青脸肿或带回来新衣美食，父母也不追究到底是怎么一回事。

卡兹汀进一步指出：破碎的家庭和功能不健全的家庭往往是孩子养成社会行为失调的温床。他认为这种家庭中大人不会宽容孩子行为的瑕疵，不会安抚孩子的创伤，彼此不表示亲情，喜怒哀乐也深藏不露。而且在这种家庭中，家庭成员之间的语言沟通多倾向于攻击与防卫的关系；彼此挑剔和归咎对方。另有一种家庭往往有一个主宰的人物，其他的人则唯唯诺诺，但缺少共同的活动和欢乐的气息。根据拉特和吉勒（Rutter & Giller）的研究，父母的婚姻不美满，家中成员的冲突不和，或是彼此动武，是孩子反社会行为的导火线。他们认为父母离婚或分居当然给孩子带来相当的打击，但更严重的是家庭的纷争给孩子最恶劣的影响。他们发现社会行为失调的患者常常有智力迟缓的父母、早婚的父母，父母对孩子的学校生活和交友情况漠不关心，从未与孩子一起从事休闲活动。其他家庭的因素包括家中人多屋子小、三餐不继、衣不蔽体、父母本身从事非法行为以及家庭支离破碎等。

我们知道家庭的组织与管教的方式对孩子行为问题的形成有深远的影响。事实上，社会风气的败坏也难辞其咎。有识者为社会的急速变迁感到忧心忡忡，因为有人追逐物质的享受而不择手段。社会的暗中鼓励和大众媒介的传播暴力事件，给涉世未深的孩子提供了非法行为的动机和借口。孩子可能从小就建立一个相当不健全的观念：“他们都这样做，为什么我不可以？”

（四）认知、情绪与行为的因素

患有社会行为失调的孩子一再从事一连串的反社会行为，其认知上的差异是一个重要的关键。这种因素包括外界事情发生时，或是他自己有特殊的行为出现时，他对这种事情的知觉、了解、前因后果的解释、责任的追究，以及问题的解决都可能有相当的偏差。例如在路上遇到陌生人斜眼相视，立刻解释为敌对的态度，并告诉自己非给予这种不友善的姿态一点教训不可，并且在加害于他人的举动发生后，把责任完完全全推到受害人身上。卡兹汀认为这种孩子经常心存怀恨，猜疑心很重，而且动辄引发暴怒，寻机报复。佩里和奥查德（Perry & Orchard）认为这种孩子认知的特色是否认行为的发生或严重性，把行为的责任与受害者的感受完全置之度外。这种否认的现象或是对自己不良行为的合理化，如果得到父母的支持和掩饰，行为问题更难根除。他们认为这种孩子的另一特色是对犯罪或其他不法行为存有幻想。这个孩子可能把自己想成无敌的英雄好汉，或是一匹不受约束的野马，可以为所欲为。有的孩子显然缺乏自尊自信，从事反社会行为是他提高自我价值和控制外界环境的有效手段。

缺乏感情的流露是社会行为失调的典型特征。这有可能是情绪的枯竭，也可能是缺乏适当的语言能力来表达内心的感受，更有可能是在孩子一生中从来没有人真心地倾听他的感受。这种情绪上的压抑可能有两种不良的结果：一是借着反社会行为发泄，尤其以攻击和破坏的行为来发泄积郁和憎恨；二是这种孩子无法了解受害者所遭遇的惨痛经验和内心的感受。其最后的结果是反社会行为发生后完全没有悔意，更没有怜悯和同情。因此，只要不被人察觉，只要不受处罚，他们认为行为无所谓对错。

佩里和奥查德根据他们多年诊断青少年犯罪的经验，发现这种孩子大多缺乏适当的行为技能。最明显的行为缺陷是社会技能的缺失，因此在家中与父母格格不入，在外面交不到知心的朋友。尤其是青少年阶段的孩子，这种情形很容易引发情绪与行为的不平衡。与社会技能有关的是沟通技能的缺乏，这在情绪的适当表露方面使这种孩子往往居于劣势。果敢技能的缺乏也是一项行为的重要缺陷。他们无法理直气壮地自卫，因而以反社会行为来讨回公道或伺机在暗中报复。孩子缺乏自我控制的能力、没有应付压力的技能、无法掌握自己暴怒的情绪，都是与社会行为失调有关的重要因素。要是孩子从小接触烟酒毒品，早年有色情活动，或是与人成帮结派，情况则更趋复杂。

（五）继发性获益

托特认为另一个举足轻重的因素是继发性获益（Secondary Gain）。这种行为现象是指孩子出现不良的行为时，反而可以获得他所期望的事物。例如一个学龄前的孩子把碗盘丢在地上因而引起母亲的注意。丢碗盘可能会引来母亲的处罚，但处罚也是一种注意，这正是孩子所渴求的。对一个从未得到大人关切的孩子而言，负面的注意也比没人注意好。一个青少年可能故意违反父母的规定，结果他被禁足一个星期，但他可能因此而不必参加某亲友的聚会。他的不良行为避过了他厌恶的活动。继发性获益很可能成为孩子从事反社会行为的强烈动机。孩子如果在自然的环境中感到自己的需要无法得到满足，例如没有父母的关切、缺乏安全感、物质上无法满足，他会设法来引起大人的注意，避免可能的伤害，或是获取期望的事物。如果他的反社会行为一再满足他的欲望，这种行为就会定型而变成一种症状。

3 社会行为失调的评量

社会行为失调的评量最主要的用意是对孩子本身、对他的行为、对他的生活环境有深入的了解，以作为处理和治疗的依据。要是孩子的行为已经触犯法律，评量的结果还要送到法院作为判决的参考。要是孩子目前的生活环境太恶劣，行为的评量还会影响到孩子的去留以及未来安置和教养。因此，评量的范围必须包括这个孩子社会行为失调目前的情况与过去的表现、家庭背景、一般社会的期望、孩子的情绪、认知、智能、相关行为以及人际关系。这项工作相当艰巨，因为涉及孩子教养的历史以及“家丑不可外扬”的忌讳，父母往往三缄其口。因此，治疗人员首先要劝服父母，评量的用意不是掀开家中的隐私，更不是找借口来归罪，而是要评量主、客观的情况，协助孩子革除症状。治疗人员也有保卫社会安全的责任，所以评量中所得到的数据并非完全机密。例如孩子预谋放火烧掉某人的房屋或有计划偷窃某人的汽车，遇到这种消息要立刻报警以保卫潜在的受害者。另外一个复杂的问题是孩子参与评量并接受治疗往往非出于己愿，而是父母或法院强迫其与治疗人员接触，因此他必然会不合作、避重就轻以及设法掩饰，尤其孩子过去行为的历史和所做的违法事件可能会影响到未来，甚至判刑入狱，他们吐露真情的可能性不大。因此，评量的对象必须扩大，相互印证，以求得正确的评量数据（有关行为背景的评量请参见第二章）。

（一）临床的访谈

对于社会行为失调的评量，临床的访谈是最有效的方法。罗斯（Ross）特别指出，这种孩子不容易吐露违法行为的真相；相反地，他们会想尽办法来否认、掩饰、避重就轻，或是找理由来证明自己的清白。基于这种心态，由孩子自我报告的方式显然有相当多的漏洞。直接探访孩子要能明察秋毫，如果有怀疑，还要从其他方面来求证。罗斯又把临床的访谈称为调查的访谈。由于反社会的行为涉及法律问题，心理专家得到法院的授权，以相当的权威来指导，当面对质，并善用这种孩子的焦虑情绪来冲破其防卫系统，以切入行为问题的核心。

临床访谈的范围包括情绪的状态、认知的功能、行为的长处与短处、学业与智力的发展、家庭的关系、社会的交际、酒类与毒品的使用、反社会行为的历史、治疗史，以及再度犯法的可能性。除了这些基本的资料以外，心理专业人员更要探询孩子从事反社会行为的时候，到底心存什么想法？感受又如何？他对这种不法行为如何辩解？有没有歪曲事实？对受害者是否怀有敌意？对被害人有没有恻隐之心？是不是能了解其行为的严重性？否认和抵赖的程度以及道德价值观念又如何？是否有怪异的想法？反社会行为是否有一定的模式？必须不厌其烦地探问这种情绪、思考以及行为的细枝末节，并反复地试探真假虚实。

临床访谈当中可以同时从事教育的工作。一方面探问孩子，另一方面则根据社会行为失调的特质与形成的因素给孩子好好地上一课。尤其对青少年，可以开门见山地告诉他们说谎、欺骗、抵赖以及避重就轻的特性，所以孩子了解到自己无法隐遁，只能依实全盘托出。要是孩子对自己行为的严重性以及受害人的痛苦一无所知，亦可乘机给予教训。不过，佩里和奥查德认为在访谈中切忌把孩子逼入墙角。教育的方式必须温和而理性，以谆谆善诱的方式来说明社会行为失调的事实。他们强调在初步访谈时也要借机建立亲善、信赖的治疗关系，为将来治疗的工作奠定稳固的基础。在这个场合中，心理专家可以向孩子说明访谈最主要的目的在于协助他走向正途，访谈的目的不在于断定他是一个坏孩子，而是要决定他的哪种行为需要改变。心理专家要承认这种访谈对孩子构成心理的威胁，会引起孩子的焦虑和不安，但这是必经的过程，必须把事情弄得水落石出。当然，如果孩子照实报告，应予特别的称赞。

（二）对父母与老师的访谈

对孩子临床访谈可能无法了解全局。年纪较大而且狡猾的孩子会歪曲事实，掩盖真相；年纪小的孩子词汇有限、思考不够严密，更可能答非所问。因此，可通过有组织的访谈，让比较了解孩子的父母、老师以及其他有关的教养人员提供有价值的数据，以供相互印证。当然，在访谈当中，心理专家除了收集有关的资料外，也可从事教育的工作，并建立亲善、相互信赖的治疗关系。

访谈父母的主要目的是深入评量父母对孩子反社会行为的了解程度，以及他们对孩子违规行为的态度。父母的掩饰或设法为孩子辩护事关未来对孩子的管束，因此也要深入探询。父母对子女的管教方法、父母本身的生活形态如用毒、酗酒、社会关系、工作与财务情况都要不厌其详地查问。如果父母不肯透露真相，专业人员可以用权威的立场来取得父母的合作。对学校老师或其他有关人员，可以从中了解孩子在学校中的功课、孩子的人际交往以及一般行为的状态。当然，他们也可以从旁观的立场解释这个孩子与父母的关系、父母的态度以及一般家庭的情况。

（三）正式的心理测验

标准化的心理测验可以用来评量孩子的智慧、学业、抑郁与焦虑的情绪、犯罪的倾向、思考的过程、社会技能、精神症状、人格差异以及家庭的组织与关系。佩里和奥查德认为下列5种心理测验对社会行为失调的孩子最恰当。

（1）**杰仕那斯量表**（Jesness Inventory）。这个量表共有155个是非题，用来度量、分类以及治疗儿童与青少年的骚扰行为和犯罪的倾向。孩子测验的结果可以提供11种人格特性的分数，包括社会的不良适应、不成熟的想法和做法、攻击行为、退缩或抑郁、否认不良行为以及神经症状等。

（2）**杰仕那斯行为量表**（Jesness Behavior Checklist）。这个检核表共有80个项目，用来度量14种相对的行为，例如负责任与不负责任、愤怒的自制与过分敏感等。孩子接受测验要逐项回答，但也有一种相关的观察量表，供父母或老师回答有关孩子的行为现象。这两种量表一并使用，可以比较孩子自我评量与别人评量孩子的结果。

（3）**家庭评量**（Family Assessment Measure）。这种自我报告的测验是用来度量家庭品质的优点和缺点。测验的重点包括家庭的组合与功能、家庭成员的关系以及每个人自认为在家庭中所扮演的角色。

（4）**韦氏成人智力量表以及韦氏儿童智力量表**（Wechsler Adult Intelligence

Scale-Ⅲ；Wechsler Intelligence Scale for Children）。在常用的智力测验中，佩里和奥查德认为韦氏智力测验最适合患有社会行为失调的孩子。韦氏成人智力测验适用于17岁以上的青少年，韦氏儿童智力量表则适用于6—17岁的孩子。这两种都是个体测验，不但可以测验一般的智力，也可作为诊断精神症状的辅助。

（5）青少年版明尼苏达多相人格测验（Minnesota Multiphasic Personality Inventory-Adolescents）。这个广泛使用的量表被用于评量心理病态的特性、少年犯罪、人格差异以及精神症状。心理症状的测验包括焦虑、抑郁、健康的顾虑、人际关系的疏远、愤怒、讥讽、怪异的心态、反社会行为、自尊心低落、缺乏雄心壮志、社会适应不良、家庭问题、学校问题以及治疗效果不乐观的预兆。

（四）危险性的评量

孩子出现社会行为失调之后，累犯的可能性很高。根据佩里和奥查德的临床经验，孩子出现下列情况时，累犯的危险性会加倍地增高。这些危险的征兆是：孩子从事多种反社会的行为、具有强迫性的犯罪倾向、侵犯或骚扰别人的举动节节升高、有长久的犯罪历史、多重技能的障碍（如语言能力差交不到朋友、缺乏适当的娱乐活动）、在学校困难重重、无法了解自己的过错、在家中问题频出、父母无法控制孩子的行为。为了增强治疗的效果，防范问题的一再发生，危险性的评量是一系列评量中不可缺少的一环。佩里和奥查德认为行为的危险性应该分两方面来评量：

（1）评量孩子的行为特征：

① 孩子是不是否认他的不良举动？否认的程度如何？

② 侵犯和攻击行为的严重性如何？

③ 社会行为失调涉及的范围有多大？有哪些不当行为？

④ 受害人的分布如何？如同学、邻居、熟人、陌生人。

⑤ 对受害人所遭受到的损害有多少了解？

⑥ 以前是否接受治疗？效果如何？

⑦ 反社会行为的历史有多久？行为形态又如何？

⑧ 评量的过程中是否采取合作的态度？

⑨ 接受治疗的动机如何？是不是被迫接受治疗？

⑩ 其他犯罪的历史有多久？

⑪ 有没有使用毒品的记录？如果有，历史有多久？

⑫ 与同伴的关系如何？社会技能如何？

⑬ 学校或工作的情况如何？

⑭ 有没有思维障碍的症状？

（2）评量父母和家庭的特征：

① 父母对孩子社会行为失调采取什么态度？例如否认事情的发生或是淡化孩子的过错。

② 父母对这个孩子平常如何管教？他们是否与孩子同一个鼻孔出气？

③ 父母的智力水平如何？

④ 父母彼此间的关系如何？

⑤ 过去是否有虐待孩子的历史？目前是否有以暴力压制孩子的行为？

⑥ 父母是否酗酒或使用毒品？

⑦ 这个家庭在社会上的地位、适应情况以及功能如何？

⑧ 父母对孩子接受治疗的态度如何？有什么特别的期望？

4 社会行为失调的治疗

既然造成社会行为失调的原因多而复杂，治疗这种行为症状也必须从多方面着手，汇集家庭、学校以及社会的力量，共同展开行为症状的防范和处理。处理社会行为失调的当务之急是根据行为评量的结果，改善孩子的生活环境，包括家庭教养方法的改变、学校学习活动与人际关系的改善，以及社会生活形态的改进。如有必要甚至要转至一个新的生活环境或进入严密管束的治疗机构。

（一）行为的直接处理

赏罚分明是处理反社会行为的不二法门，孩子行为的发生与行为后果的处理要紧紧扣住。从行为分析的术语来解释，行为的直接处理是运用操作性条件反射（Operant Conditioning）原理，强化适当的行为，减弱不适当的行为。

1. 强化的技术

操作性条件反射的重点是由父母和老师使用强化的技术（Reinforcement Techniques）来建立并维护适当的社会行为。在大人与孩子日常交往的关系中，大人要费心注意孩子的一举一动，而且一发现有适当的社会行为，如待人有礼貌、协助他人、遇到挫折时不大发脾气而用口语来表达心声等，大人立刻给予口头的奖励。从较严密的行为强化来看，大人可以和孩子约法三章，孩子出现好行为，例如听父母、老师的指示、依照规定上学、按时回家、完成学校功课、协助父母做家事，就可以得到正强化，例如大人的赞扬、享有周末的特权、得到物质的奖赏。再者，家庭与学校更可通力合作，由老师、父母和孩子共同制定行为契约，如果孩子在某事件限度内未出现不适当的社会行为，例如一个星期之中没有打架，没有逃学，也没有偷东西等，可以由父母带去看一场电影，去一次饭店；如果3个月不制造这些社会行为问题，可以给他买一部渴望已久的脚踏车。

小文是一个8岁的男孩，正在读小学二年级，在学校中经常和人打架。老师和他的父母设计了一个行为改变方案，并取得小文的同意和合作。每天早上他一到学校老师就给他一张印有一个大笑脸的卡片。上午10点钟，午饭后，下午放学以前，小文如果没有和人打架，老师就在上面签名，小文每天在学校有3次得到正强化的机会。每次签名就累积1分。分数积到某种程度，小文就可以用分数来兑换事物，如当老师的助理、自由上图书馆看喜欢的书刊，或是带回家向父母领取奖品。不到3个月的时间，小文的打架行为几乎绝迹。

布鲁、马德森以及亨贝格（Blue，Madsen & Heimberg）特别设计一种“讥笑辱骂游戏”来建立并增强孩子忍辱负重的态度。面对一些容易激动、暴怒并攻击他人的孩子，这3位心理专家找出另外一组孩子来和这些暴躁的孩子玩“讥笑辱骂游戏”。被特别挑选的孩子要向这些容易激动的孩子挑战，想尽办法来讥讽、取笑、大声叫骂。另外，如果这些孩子能够忍住一口气，不回嘴对骂，也不大打出手，老师就以代币作为奖励。如果这些孩子以口语理直气壮地讲理但不动气，则可以得到加倍的奖励。这种正面强化的方法相当有效。不但如此，这些孩子还可以把游戏当中学到的容忍态度运用在日常生活中。

墨菲、哈奇森以及贝利（Murphy，Hutchison & Bailey）认为孩子无所事事是惹是生非的温床。他们主张大人要设计有意义的游戏和活动，和孩子同乐。有时候可以让孩子出主意，或是大人与孩子共同设想有益身心的活动，如打球、郊游、爬山、钓鱼、游泳等。在起步阶段，大人要使用社会和物质的奖励来塑造孩子从事正当娱乐的行为。一旦孩子对此产生兴趣，内在的动机就可取代外来的奖励。

2. 处罚的技术

以暴制暴是处理反社会行为的大忌。这里说的所谓处罚的技术（Punishment Techniques）与一般所谓打骂的教养方法大不相同。要是大人对孩子有适当的爱心和关切，给孩子的奖励又正中下怀，那么只要大人显示不悦，并且撤除奖励就是有力的处罚，可以用来减弱不适当的行为。

对年纪较小的孩子来讲，**暂停正强化**（Time-out from Positive Reinforcement）是常用的方法。使用这种方法的先决条件是孩子所处的环境中，一定是充满了奖励和有趣的事物，例如看电视、和其他孩子一起玩、做功课或家事，有机会可以得到奖赏。在这种环境中，孩子如果出现反社会的行为，如破坏东西、扰乱别人的活动、抓人的头发等，大人立刻喝令停止，让孩子到一个得不到强化的房间或角落去静坐5—10分钟。在这短暂的时间中，大人必须确保这个孩子所得到的强化与大人的注意已减到最低限度。大人使用这种方法常犯的错误是孩子起身扰乱别人，是已经对当时正在进行的活动产生了厌烦，这时大人把孩子送到别的地方去，孩子反而获得休息的机会。如果被送去的地方可以看电视，或在教室的走廊上可看别班的同学做比赛，这种所谓的“暂停正强化”实质上是鼓励孩子起身扰乱别人。有的父母在实施暂停正强化的过程中唠叨说教，或是和孩子发生争论，其结果自然是适得其反。

反应的代价（Response Cost）是另一种温和的处罚策略。这种方法往往与代币制度（Token Economy）联合使用。就以前述小文的打架行为为例，他在学校中一整天都未打架可以赚得3分，但是每次打架就要扣5分，作为惩戒。有的老师甚至和孩子签订行为契约，明确规定孩子如何赚取代币、代币如何换取实物，以及反社会行为发生时如何“罚款”。这种反应的代价与一般社会中开车超速被交通警察开单罚款形式不同，意义则一。大人使用这种处罚的策略时，要尽量协助孩子打开赚代币的渠道，所以这个孩子可以有很多机会表现良好的行为，取代反社会行为，也相对地减少被处罚的机会。

过度纠正（Overcorrection）是一种轻微的处罚，但如果应用得法，对减弱不适当的行为有相当的效果。过度纠正又分为恢复原状的过度纠正（Restitutional Overcorrection）和正面练习的过度纠正（Positive-Practice Overcorrection）。前者是指如果孩子的行为破坏了环境，他不但要恢复原状，而且要以数倍以上的工夫来改进这个环境。例如一个孩子以油漆涂抹人家的墙壁，可以罚他把墙壁洗刷干净，而且要把整条街扫干净。如果是累犯，还要罚他把水沟清理得干干净净。正面练习的过度纠正则是要孩子反复练习正面的社会行为。例如小文以粗话骂同学，老师罚他向全班同学一一表示歉意。

3. 综合性的行为处理策略

面对沉疴已深的社会行为失调，尤其是抢劫、强奸、杀人放火等犯罪行为，单单靠行为的强化和处罚，显然无济于事。卡兹汀特别为此推荐一个青少年犯罪管教中心的综合性行为处理策略。这个中心收容10~16岁的孩子，这些孩子男女都有，而且都犯过重罪。在这个中心，孩子言行举止都有明确的规范，每个孩子都加入代币制度。孩子如果依照规定打扫洗刷整理内务、与同学友好沟通、参与团体的活动、做功课等，都可以得到代币。这些代币可以折换现金作为零用钱、可以买看电视的时间、从事不同的游戏、上街看电影，或是外出时特准延迟返回。但是，如果学校功课不及格，违反中心的规定，则要扣回原先所赚的代币。孩子赚代币，以此换取奖励，以及反应的代价都依个别情况而定，有的赚得不多罚得很重，有的可以赚得很多，但也罚得很重。除此之外，中心还特别强调特殊技能的训练如功课的补救教学、职业训练、社会能力与沟通能力的训练、娱乐活动以及自我管理的训练。孩子有充分的自由，也可自己做选择和决定；但最重要的是孩子要对自己的行为负全部责任，赏罚分明，绝不含糊。

（二）行为的训练

上述行为直接处理是一种治标的策略；强化适当的行为和减弱反社会的行为，只是在短期内压制社会行为失调的发生。这常有头痛医头、脚痛医脚的意味，因为这些策略不再使用时，孩子的行为问题常会卷土重来，或是节外生枝，衍生其他行为问题。行为训练则是治本的策略，把孩子装备起来与自己的行为症状抗争。这种策略相当费时费力，但如果训练有绩效，常有一劳永逸的结果。

1. 社会技能的训练

社会技能的训练旨在增进孩子语言与行为能力，以促进正当的社会交往。换句话说，我们要训练孩子，协助他们建立适当的能力来影响或改变他的环境，取得他所需要的事物，并且对外来的要求有适当的反应。这种特殊技能的训练，最适合情绪与行为有问题的孩子，患有社会行为失调的孩子在这方面的技能训练更是不可或缺。孩子的不良行为如攻击、破坏、违规、偷窃、说谎、逃学，甚至持械打杀，不仅扰乱治安环境，还会损害他人的权益。这些行为的发生可能是缺乏社会技能所致，孩子在遇到棘手的社会情况时不知所措，只好以最原始的手段来处理目前的问题。

卡兹汀认为社会技能训练的内容因人而异，所以社会技能的评量是必经的程序。一旦找出其长处与短处，就可设计训练的课程（有关社会技能训练的内容请参考第三章）。至于训练的方法和过程都是大同小异。卡兹汀的训练方法，第一步是就社会技能的课程和重要性做简要的解释，然后把每一项特殊的技能一一做深入的说明。第二步是由大人示范适当的社会技能，同时要孩子逐一反复练习，大人则适时给予指正，但更重要的是奖励新的适当的社会行为。第三步是要孩子与大人彼此扮演不同的角色，在不同的场合中，处理不同的社会情况。例如父母、老师扮演孩子的角色，孩子也可充当老师和父母，彼此揣摩孩子在家中、在学校中、在社会上如何与父母、老师、同学和其他相关的人建立友善而和谐的人际关系。第四步是孩子要把新学到的社会技能运用到日常生活中。卡兹汀把这一步称为孩子的家庭作业。孩子要把日常生活中实际运用的结果做成报告，然后与大人共同磋商研讨，期望能更有精进。

适当的社会技能范围很广，但根据卡兹汀的经验，应用社会技能训练来处理社会行为失调，应当以下列几项为重点：开启社会交谈的能力、革除言谈中敌对的态度和伤人的言语、交谈中与人坦然建立并保持视线的接触、改进谈话的内容并维持社会交谈的流畅、理直气壮地提出自己的意见以取代污言秽语或对人发动口头攻击、以适当方式拒绝别人无理的要求、向别人提出要求但无逼迫或强求的意味，以及能妥善地接纳处置别人友善的建议等。

2. 解决问题能力的训练

卡兹汀认为处理社会行为失调，大人使用的解决问题的技能与传统的解决问题技能应该稍有不同。他主张训练孩子解决问题的能力应该从认知程序着手，处理眼前人际关系的问题。他发现这种孩子在处理人与人之间的摩擦时，常常陷入偏执，执着于那些不适当的方法上，殊少有变通的余地。他们往往只顾达到既定的目的，但不会遵循适当的步骤。他们无法看清制造不适当的行为会给自己带来相当严重的后果，也无法了解自己的所作所为会给别人带来无限的痛苦，尤其是对人际关系上的矛盾、冲突茫然无知。

卡兹汀主张以解决问题能力的训练来协助孩子处理人与人之间的冲突，应该特别强调五个特点。第一，训练的重点在于协助孩子建立健康的思考过程，而不必对特殊的行为方式斤斤计较。只要孩子对问题的存在与性质有清楚的认识和正确的认知，他就会有适当的态度来面对，适当的技能也会顺理成章地建立起来。第二，大人要教孩子使用循序渐进的方式来处理人与人之间的冲突情况。孩子要学习如何以自我言语和自我指示来分析问题的细枝末节。第三，使用游戏、讲故事以及做功课的方法来开启孩子的思路，设想变通而健康的办法来取代原始的方法，进而改善人际关系。第四，由大人扮演孩子的角色，给孩子做示范，要如何自我言语，对问题做适当的分析，提醒自己设想适当有效的变通办法，并把这些办法应用在日常生活的问题中。第五，孩子要不断地演练，扮演不同的角色能从不同的角度来体会问题。另外，大人要强化孩子的努力以及新学到的技能。

事实上，史毕瓦克、柏拉特以及舒尔（Spivock, Platt & Shure）提倡以认知的问题解决技能来处理人际关系的摩擦。他们认为要处理孩子适应人际关系的问题，应该重视一下5种基本技能的训练：

（1）**解决问题的变通思考**。面对人际关系的冲突，能够从不同的角度来分析，产生不同的解决办法，一步步地解决问题。

（2）**目的与手段的分析**。能够了解一个重要的事实：要达成个人的目的必须通过一层层的步骤，付出相当的代价，不可不择手段强求满足个人的愿望。

（3）**行为后果的考虑**。孩子要能够事先周详地考虑到某种行为或某种解决途径可能产生的结果，并且能截长补短，找出最能利己又利人的途径。

（4）**因果关系的分析思考**。有适当的能力了解到某一件事与其他多种事件的长久关系，能够看出一件事会牵引出另一件事或某一种行为，并且能够了解到别人行动的理由或其来龙去脉。

（5）**提高人际关系问题的敏感度**。孩子要能敏锐地意识到人与人之间存在联系，也会发生冲突，并且在这种冲突当中意识到人为因素的存在，如各人观点的不同和立场的迥异。

11岁的小凯在学校中常和人打架。他在上课中不断地扰乱教室秩序，课后则在暗中破坏教室里的教学器材。老师问他为什么会经常制造问题，他在老师面前只是沉默。但是通过说故事、画画和演戏的活动，他间接透露他常常感到挫折和愤怒。每次同学取笑他，或是老师处罚他，他就要设法报复。经过老师的开导，他体会到这些不良行为是导致别人取笑他和老师处罚他的真正原因。接着老师运用解决问题能力的训练，协助小凯学习到如何控制自己的脾气和行为。他了解到所有的问题都是因为他存有报复的心理，结果越来越糟糕。所以遇到不如意的事，他只在内心嘀咕一下，而不再制造事端，结果行为大为改善，师生关系也有重大转变。

13岁的小茜动不动就大声吼叫。她总是认为别人讨厌她，一想到这一点她就生气，一生气就来一个爆炸式的脾气大发作。通过认知的剖析与解决问题能力的训练，她了解到大声吼叫不是解决别人讨厌她的办法，反而是造成别人疏远她的主要原因。基于这个认识，她生气时不再大发雷霆，而把内心的感受告诉父母或老师。同时，每次她想要发脾气时就要提醒自己，大叫大闹的结果会使人更厌恶她。因此，她的行为大有进步，人际关系大有改善。认知的改变可以适当地处理她的情绪问题，解决问题能力的训练则改善她的行为问题。

3. 果敢行为的训练

果敢行为（Assertive Behavior）是人与人交往的行为形态；它涉及诚恳而直截了当地表达个人的想法和感受。这是一种适当的社会行为，不但用来保卫个人的权益，也特别顾及别人的感受与权益。上述小凯和小茜两个例子证明有苦无处诉，或是不知如何倾诉是造成行为症状的主因。患有社会行为失调的孩子接受果敢行为的训练，旨在把委屈和不当的行为转变成正当的发泄行为。果敢行为不但涉及口语的能力，更与社会能力与情绪的控制有密切的关系。孩子不但可以表达负面的情绪如愤怒和怨恨，更可以表示正面的情绪如欢欣、赞美或关爱。一个人适当地倾吐内心的感受之后，所得到的是内心的平静以及情绪的缓和。果敢行为的训练通常是经过实际行为的演练来促成行为的改变。大人与孩子相互交换角色，并由大人讲解示范也是可行的办法。

就读高中二年级的小汉一向逆来顺受，被同学欺负也都是忍气吞声。有一段时间一个同学一再诬赖指控他偷了另一个同学的衬衫，他实在忍无可忍，于是拿起一把铁锹把这个同学打成重伤。学校的辅导人员以果敢行为的训练来预防未来类似粗暴事件的发生。辅导人员首先鼓励小汉平时要把不满和不平以口语适当地表达出来，然后教他如何否认和辩驳别人的诬赖，保卫自己的清白。由于小汉自小怯懦，训练成果不佳，辅导人员于是扮演小汉的身份，示范给他看，如何控制自己的愤怒，并以口语来反驳同学的诬赖。然后辅导人员又扮演同学的角色，一再地控诉小汉的偷窃行为，然后要小汉演练如何挺身自卫。一旦小汉的果敢行为有进步，就要把这种新的技能应用到日常生活中，取代不适当的行为。

戈登（Gordon）认为在果敢行为训练之外，还要加上大人的倾听，只有倾诉与倾听合二为一，才能真正达到解决问题的效果。**他认为人与人之间关系恶化的关键在于语言沟通的失灵**。就大人与孩子之间的关系而言，语言沟通失灵的主要原因是大人重在管与教而忽略了一个相当重要的职责，那就是用心去听孩子的心声。他说孩子有事向大人倾诉时，大人不外乎给予指示、警告、训诫、劝导、指责、取笑、分析解释、询问、保证或是干脆置之不理。他认为这些反应看似没有问题，但事实上这些反应可能会破坏亲子之间的关系。因为这些方式常把孩子的感受推到一边，使他们自觉无用且渺小，使用这些方法不但得不到理想的结果，甚至可能使孩子在心理问题的泥淖中越陷越深，大人与孩子之间的心理围墙越筑越高。戈登主张家长和教师要敞开大门，让孩子畅所欲言，把心中的积郁全部倾吐出来。也就是说，大人把自己的成见或感受摆在一边，专心地听孩子的陈述，设法了解孩子真正的意思，更深入地了解其内心深处的感受，诚心地协助孩子解决面临的问题，取得孩子的信赖。

4. 其他基本能力的训练

患有社会行为失调的孩子大都缺乏自信和自尊。这种心理现象与他们一般行为能力的缺陷有密切的关系。他们的学业落后，在职的青少年则因无法称职以致工作情况飘摇不定。更严重的是他们无法与家人或同伴和谐相处，并且以不适当而且激烈的手段来表达他们的挫折与愤怒。前述社会技能的训练、解决问题能力的培养，以及沟通能力与果敢行为的训练可以解决人与人之间的冲突，但是其他基本能力的培养依然不可忽视。教育的功能与学业的额外辅导不但能够促进学业进步，而且还能增进自信与自尊。职业训练与职业辅导也兼具同样的效果。再者，应付生活压力的技巧、愤怒的控制、挫折的处理以及情绪的适当发泄都是相当重要的课题。

（三）认知的改造

孩子误入歧途与认知的错误息息相关。所谓认知错误是指对事物的解释、事情发生的归因以及对问题解决的思考都有相当的偏差。例如15岁的小山认为同学多看他一眼就是看不起他，这个同学自讨苦吃，该好好给他一顿教训。这种攻击性行为的发生并非源自环境因素，而是小山自己想出来或编出来的说辞。认知的改造是训练孩子对外界事件的发生做理智的审视和分析，并以自我语言对事件的原委作健康的解释，然后以适当的办法来处理这个特殊的事件。

认知的改造可以由训练有素的心理专家做个别的辅导，也可采取团体治疗的方式。托特认为对患有社会行为失调的孩子而言，6个到10个行为问题相似的孩子集体做心理辅导有相当多的好处。孩子在小组讨论时通过大人的辅导可以产生正面的社会行为；彼此学习切磋如何适当地解决人际关系的问题，如果自己的想法或做法有差错，可以由同伴来更正而无须大人说教，还可以彼此鼓励。她认为团体治疗的最大好处是给孩子提供了适当的机会来倾吐心声，并且体会到世界上不单单他一个人会感到挫折和愤怒。认知的改造应用在社会行为失调的治疗可以从以下4点来展开。

1. 承担行为的责任

孩子出现反社会行为后，经常会推诿行为的责任，否认自己的错误，或是设法淡化行为的结果。为此，佩里和奥查德认为下列项目要提出来和孩子面对面做深入的检讨。

（1）孩子对自己侵犯别人权益的行为应当承担一切行为后果。

（2）孩子思考的错误、对于事物的误解，以及对犯罪行为的迷妄要有彻底的觉悟。

（3）要有承担行为责任的勇气，并且以实际行动来预防类似行为的发生。

（4）彻底消除不负责任的想法和做法。

（5）解决权势与控制的冲突；以适当的方法来建立和谐的人际关系。

（6）孩子对自己的冲动和错误的判断要有充分的了解，并且建立三思而后行的习惯。

（7）了解在家中与父母和兄弟姐妹的关系；反省在学校中与老师和同学相处的情况。检讨自己在这些关系中所扮演的角色以及自己应负的责任。

佩里和奥查德认为心理治疗的重点，在于唤起孩子密切地注意到反社会行为发生之前自己的思考和感觉，以及外界触发行为的情况。孩子在从事反社会行为之前必然有一连串的决定过程，或是预谋的过程。在治疗当中要孩子把这种决定和选择的过程一五一十、不分巨细全盘托出，然后设想有效的办法来打断这种思考和决定的过程。孩子矢口否认自己的过错或是推诿责任的说辞则要通过团体讨论或是当面对质的方法来加以辩驳。最后要孩子驳斥自己不合理的思考过程，改造错误的认知，承担行为的责任。

2. 培养对受害者的同理心

孩子深切地体验到受害者的痛苦是预防累犯的关键。患有社会行为失调的孩子只求解决本身的痛苦而将受害人的感受置之不顾。佩里和奥查德认为培养孩子对受害者的同理心或移情（Empathy），要孩子设身处地为受害人想一想，才能消除“别人的痛苦与自己所作所为无关痛痒的心态”。他们认为下列项目能够帮助建立孩子的同理心，要和孩子反复研讨。

（1）能够发掘并且表达自己各种情绪和感受，例如憎恨、愤怒、痛苦、忧伤、爱心、期待等。

（2）建立倾听的技能，用自己的心去听别人的心声，因此能认定别人的情绪和感受。

（3）体会到自己的行为给别人所带来的负面冲击。

（4）培养出悔意，并设想向受害人道歉的措辞。

（5）如果自己是一个受害者，要培养处理内心痛苦的建设性策略，以打断因果相报的循环。

（6）认清自己从事反社会行为之前、之中以及事后的情绪。

（7）体验到自己如何让愤怒、冲动以及错误的信念主宰自己的行为，因而加害于别人。

佩里和奥查德把受害人的控诉录成影片，然后放给孩子看。这些受害人把自己亲身的体验、情绪上的折磨、长远而严重的冲击据实陈述，希望能讨回公道。加害于他人的孩子看完影片后要做口头和书面的报告，把自己的观感提出来，然后和治疗人员或有同样行为问题的孩子共同讨论自己对受害人的感受和态度的改变。要是受害者能够面对面向患有社会行为失调的孩子指控其行为的危害，强烈地表露自己的情绪，质问其行为的动机和行为的责任，治疗的效果会更好。佩里和奥查德发现，这种孩子面对受害者时，没有逃避的余地，也能实际地体会到受害者的感受。卡兹汀则要这种孩子扮演受害者的角色，让他亲身进入实际的情况中，体验自己权益被人强夺以后的悲痛和憎恨。基于这种体验，他才能真正下定决心改头换面，彻底改变原来的态度和不良行为。

3. 了解症状的典型以减低累犯的危险性

一旦孩子了解到自己的行为给别人带来的痛苦，也愿意承担责任，就要引导他去了解自己社会行为失调的典型，并设法防止类似行为的一再发生。所谓行为的典型是指反社会行为发生之前，他个人有什么想法或特殊的感受，外在的情况又有什么特殊的变化。佩里和奥查德认为孩子在大人的指导下，反省自己从事不当的社会行为时，可以从以下几个问题入手：

孩子从事这种不正当的行为经过多久的预谋？

在他做这件事以前，到底什么事触发他的行动？

这个孩子是不是常惹人生气？

这个孩子是不是感到悲伤或孤单？

这个孩子是不是感到自己一无是处？或是比不上别人？

这个孩子如何选定他的受害者？为什么做此选择？

孩子在大人的指导下，一一思考这些问题，然后要自己寻求问题的答案。最好能书写下来供反复检讨，以牢记在心中。佩里和奥查德认为提供孩子反省的机会有几个好处：第一，孩子会了解到社会行为失调是一连串事物和思考过程结合而成的行为典型；孩子往往跟着这种典型一错再错。第二，根据自己的反省与思考，孩子能够顿悟到自己要跳出这个行为的旋涡，必须设想一些有效的策略，中止行为问题的一再发生。第三，孩子能够预测暴风雨的来临，在一系列的行为典型中，设法打断或中止不良行为的产生，因而防患于未然。第四，了解到危险的信号，并在必要时向权威人物如父母或老师求援，从而不会因贸然行事而使自己陷入更深的泥沼中。

4. 社会价值的判断与道德观念的建立

患有社会行为失调的孩子基本上犯了认知歪曲和缺乏道德观念的错误。道德推理（Moral Reasoning）和价值观辨析（Values Clarification）犹如铁道双轨，能把孩子的思考和行为引到正当而健康的生活形态。佩里和奥查德认为这种认知和心智的练习不但可以用来了解孩子的想法、信念以及行为背后的真正动机，更可以用来端正孩子的思考，协助他们改头换面，完全摒弃反社会的行为模式。

价值观辨析的思考练习原是由西蒙、豪以及基尔申鲍姆（Simon, Howe & Kirschenbaum）所设计。他们编制一套名叫“鳄鱼河”的故事，供患有社会行为失调的孩子讨论。在讨论中每个孩子要对故事里5个主角的所作所为加以评论。首先他们要把这5个人的行为按最卑鄙到最不卑鄙的顺序排序，并分析为什么这个人最卑鄙，哪一个人最不卑鄙。然后要说出这些人到底要怎么做才符合道德标准。最后则要报告或写出自己的感想，到底一个人的人生价值是什么？我们要采取什么道德标准，彼此才能相安无事，过着快乐的日子？

鳄鱼河的故事是这样：很久很久以前有一个名叫阿菊的16岁乡村姑娘。她深深地爱上了隔河对岸的青年阿雄。这条分隔两个情人的河流到处都是吃人的鳄鱼。阿菊很想过河去看阿雄。不幸的是唯一的桥梁被大水冲走后，渡河比登天还难。阿菊于是找渡船的老板阿坚，拜托他把她载到河流的对岸。阿坚告诉她：如果她在渡河以前陪他一晚，他才会帮她。阿菊听后大为恼火，一口拒绝阿坚的要求，并且找村长阿坌诉说困境。但是村长不愿管闲事，对她的困境视若无睹。这时阿菊感到唯一的办法是屈从船老板阿坚的要求。阿坚满足了私欲之后就把阿菊送到河流对岸阿雄的怀中。但是当阿菊把自己委曲求全渡河找情人的经过告诉阿雄后，阿雄立刻把阿菊抛弃了。在心碎与走投无路的情况之下，阿菊找阿初相助，希望能讨回公道。阿初相当同情阿菊的处境，并找到阿雄，把他打得死去活来。阿菊见状大为高兴。在落日余晖中，受重伤的阿雄清楚地听到阿菊的阵阵笑声。

孩子反复分析判断故事中5个角色的所作所为，判断谁是受害者。一个人的行为责任是什么？什么是同情与同理心？什么是合作与公道？让孩子发表他们的看法，并且引导他们改邪归正。

（四）家庭、学校以及社会的参与

深入地追究孩子行为问题的发生过程，社会风气的败坏则难辞其咎。每当青少年犯罪案件发生后，总会有人登高一呼，要求社会道德的重整，充分凸显社会的责任。至于家庭环境的好坏更与孩子的行为唇齿相关。我们除了给孩子提供行为治疗，给予自新的机会外，还要加上家庭、学校以及社会的参与，这样才能达成孩子永久性的行为改变。

1. 父母管教技能的训练

当老师需要考取资格证书，开车需要考取驾照。但是，当父母不需训练也不必考试。当然，绝大多数的年轻父母在不知不觉中把孩子抚养成人，光耀门楣，一切功德圆满。不幸的是有些父母，尤其是遇到行为乖张的孩子，往往感到力不从心，虽然尽最大的努力来教养，但结果事与愿违。有些患有社会行为失调孩子的父母经常会在教养方式上悔不当初，但是错误已经形成。从这些不幸的情况中，我们得到一个教训，有些父母的确需要特别的训练才能学会管教孩子的技能。

（1）**父母本身作风的改变**。托特明确指出：父母很可能在不知不觉中造成孩子的行为问题，或是在孩子行为问题形成后想不出适当的办法来纠正。她认为父母与孩子日日相处，如入森林之中，只看到树木而看不到森林的全貌，对孩子的行为问题无法进行客观分析和理智处理。这种父母需要专家的指点，改变本身的行为和作风，从而带动孩子行为的改变。

托特以小莉的例子来解释父母本身立场不适当的现象。小莉的父母严厉地规定，上学日晚上不准小莉外出。但是，电影院有好影片，或是亲友邀宴，为了自己的方便，父母就破例把小莉带着到处跑。小莉的学校有特殊的活动，或是朋友相邀，小莉要求特准在周日晚上外出，她父母则严辞拒绝，并给予一顿教训。这显示父母虽然设立了规矩，但执行标准前后不一，不但不能彻底执行，反以愤怒来掩饰自己的理亏。

在这种教养作风之下，小莉的反叛，甚至产生反社会的行为是情有可原的。托特进一步指出，父母无法给孩子制定行为的准则、无法执行准则、彼此态度不一、以愤怒来压制孩子的行为问题，或是对孩子的言行举止不闻不问，都需要检讨改进。父母应该表示爱心关切，提供安全而自由的环境，让孩子建立责任感，而且能获得大人的了解与支持。

托特特别强调父母与孩子直接沟通的重要性。父母基于公正与理性的原则，与孩子共同协商建立彼此遵循的行为准则，而且双方都要尊重行为的约定，负担行为的责任。如果彼此发现有窒碍难行之处，要以解决问题为目的，共商解决的途径。但更重要的是父母本身的立场要能站得住脚，才能彻底执行管教的职责。从行为准则的建立、执行、沟通、一直到问题的解决，父母往往要经过特殊的训练，指点迷津，才能有效地处理孩子的问题。

（2）处理孩子行为问题特殊技能的培养。一般父母对孩子行为的赏与罚都有基本的概念，但在处理孩子反社会的行为时，往往只注重压制问题行为，忽略了孩子正面的行为。这是行为处理技术上一个重大的错误。托特特别强调强化正面行为在整个行为处理当中所占的地位。她认为处理社会行为失调特殊技能的训练应该包括：行为问题成因的追溯、行为的基本原理原则、行为分析的实施、强化与处罚的技术以及行为契约的制定等。例如8岁的小李在他妹妹出生以后突生行为问题。他晚上拒绝上床睡觉，早上无法起床。他在家中经常大吵大闹，而且在家里偷钱买东西送给朋友。他也偷学校的书本、用具，而且常和其他孩子成群结队破坏学校的公物。他父亲每听到他有坏行为就把他毒打一顿，结果他的行为症状日益恶化，父母感到束手无策。经过心理专家的分析，小李的父母才恍然大悟，父母不但因小李的妹妹手忙脚乱，更使小李感到落寞，只好想尽办法来挽回父母往日的钟爱。基于这个认识，父母听从专家的指导，放弃打骂的方式，并且恢复往日的关切和爱心。他父母设立一个行为的图表，小李如果早上按时起床晚上按时睡觉，他父母就在这个图表上贴上一颗小星星。如果他帮母亲照顾小妹妹，也可以赚到小星星。每星期结算一次，如果小星星的数字达到预先制定的标准，他就可以赚到他期望的事物，如电动玩具、看电影、和父亲去钓鱼等。相反地，如果小李出现不良行为，他父亲就要扣回小星星，以示惩戒。结果在两个星期之内，小李的行为就大有改善。

（3）**相互支持的小团体**。家庭中出现一个患有社会行为失调的孩子，家庭生活秩序的扰乱、父母的困惑无助是自然的结果。有些父母为孩子的行为问题而上法庭，更有父母因管教失当而被判刑的例子。这些坐困愁城的父母如果能组成一个小团体，定期聚会，交换经验，互吐心声，对孩子、对家庭都有相当的好处。托特认为这种小团体的聚会最大的好处是减轻父母的心理压力。父母在走投无路当中，听到别人也陷入同样的困境，感到世界上不单单只有他们挣扎于孩子的行为问题。心中的苦处有地方倾诉，自然会减低心理的负担。此外，几对父母定期聚在一起，分享彼此第一手的经验，也协助其他的父母处理他们的困境。

2. 父母的心理咨询

上述父母管教技能的训练是协助父母处理孩子的行为问题。无可讳言的是父母本身可能也是问题重重；如果父母确实有问题，心理咨询是可行也是必需的途径。根据托特的临床经验，这种孩子的父母本身日常生活中也是困难重重，这种压力会间接造成孩子的行为问题。她发现生活压力最常见的来源是单亲父母独自抚养子女、财务上的困境、婚姻的触礁、婆媳关系或家族关系的不圆满、身体和心理的病态、酗酒的问题等。

家中出现一个行为有问题的孩子，情况更复杂，压力更沉重。生活负担越沉重，父母越无法处理孩子的问题。如果没有专家的指导，这个家庭往往陷入无法自拔的地步。

（1）**支援性的心理咨询**。提醒父母他们也需要专家的心理咨询，其反应总是相当消极，甚至引起他们的反感。有时专家告诉父母他们本身也有问题，而这些问题是造成孩子行为问题的来源，父母往往会否认这个事实，拒绝外来的干预。父母日日面临着生活的危机，更因孩子的行为问题而引起无限的忧伤、挫折以及愤怒的情绪，实在无法面对现实，因此，否认与回避变成他们的主要工具。在此情况下，支援性的心理咨询应运而生。托特认为这种心理咨询的重点是以倾听的技巧，让父母发泄心中的积郁。因此，父母知道心理专家或其他相关的重要人物能够了解他们的苦衷，接纳他们的缺陷，并能确保在紧急的情况中伸出援手。其目的在于建立父母的安全感，并减轻焦虑的情绪。而最重要的是建立勇气和信心，面对现实的挑战，一再地尝试，一再克服困难。

（2）团体的心理咨询。团体心理咨询与前述相互支持的小团体性质相近。主要的不同点是前者重在解决父母的问题，后者重在解决孩子的问题。家庭问题相近的父母定期聚会，交换日常生活压力的应付心得，彼此鼓舞和支持，而不再陷入孤立无助的情况。莉丝太太在丈夫抛弃家庭后，独自扶养小莱和小琳。这两个孩子一向品学兼优，一家其乐融融。后来莉丝太太获得一个升迁的机会，举家搬到一个新的城市。这时小莱13岁，小琳16岁。小莱对新的环境适应得很好，小琳却不然。莉丝太太的新工作给她带来相当的压力，而且上班时间日日延长，小琳的情况日益恶化。她已是高中三年级，功课负担很沉重，而且交不到知心的朋友，感到非常挫败和孤立。她母亲日夜为工作卖力，根本无暇顾及小琳学校的问题。更不幸的是莉丝太太的母亲出现老年痴呆症，这给她带来无限的焦虑和忧愁。这时小琳开始逃学，而且和一群行为有问题的青少年日夜混在一起。她经常半夜里从家中溜走。她开始到商场偷窃衣物，结果莉丝太太被传到警察局去把女儿领回来。她除了气愤与伤心之外，不知如何是好。恰巧在这个时候，学校也发现小琳在学校以及校外的行为问题。通过学校的安排，莉丝太太和几位单亲妈妈定期碰头聚会，更由这几位妈妈联名向莉丝服务的公司陈情，期能减轻她的工作负担，以便有较多的时间在家照顾孩子。她的公司欣然同意，并帮她找到一个心理专家，共同设想处理小琳行为问题的策略。

3. 家庭的治疗

家庭治疗是指患有社会行为失调的孩子、他的父母以及家中相关的成员，一起接受专家的指导，期能改善彼此的沟通方式以及人际关系，进而改善孩子的行为形态。卡兹汀所提倡的功能性家庭治疗（Functional Family Therapy）是最常用的治疗方法。

卡兹汀等人认为问题行为在家中可能有特殊的功能。例如小哲从未得到父母的关切和鼓励，只有在犯法被人送到警察局时，他父母才如热锅上的蚂蚁，设法把他保释出来。小哲犯法行为的功能似在引起父母的注意。再如小川每次被父亲严厉苛责就离家出走，在外面与一些青少年成群结队而且抽烟喝酒，并在酒后以破坏公物为乐。看来小川是以反社会行为来反抗父亲的责骂，逃避家中的压力，也在外面寻求情绪的发泄。功能性家庭治疗的第一步是由心理专家实地观察这个家庭中彼此交往的情形，对行为功能进行假设，然后寻求变通的办法来改变彼此的关系；一方面改变孩子的行为，另一方面对行为功能的假设加以求证。例如小哲的父母平时对子女应该多表示亲情、关切和支援，因此小哲不必以犯法的行径来引起父母的注意。一旦他犯法，就让他接受法律的制裁，让他自食其果，也学会对自己的行为负责。小川的父亲则应该放弃愤怒和辱骂的教养方法。他可以在平常对小川进行适当的约束，提出行为的准则，言出必行。小川可以自己决定行为的方式，但要承担行为的后果。

行为问题相当复杂，行为的原理原则相当浅显。家庭治疗的另一个要务是教会父母与家中主要成员相关行为的原理原则与行为分析的技能。例如界定特殊的行为，强化新的适当的行为来取代不适当的行为，并且不断地评鉴彼此行为改变的情形。家庭治疗的重点不单单是促成孩子行为的改变，更要促成每个家庭成员行为与生活形态的改变。

卡兹汀认为功能性家庭治疗最重要的目的是建立互惠的家庭关系，彼此鼓励和支持，开放自由自在的沟通渠道，彼此通过建设性的磋商，对行为的期望能达成深切的共识，甚至明文规定行为的细枝末节。通过整个家庭行为模式的改变来妥善地处理孩子的行为问题。

4. 学校的职责

站在教育的角度，学校老师对患有社会行为失调的孩子肩负着相当重要的责任。根据卡兹汀的看法，老师最重要的职责是和家庭取得密切的联系，双方对孩子的行为行踪、言谈虚实都要了如指掌，绝对不容孩子在家庭与学校之间存有空隙。就老师与孩子的关系而言，老师要尽量充实学业与课外的活动，把孩子的注意力和精力引导到正确的生活方式上去。老师自然要增加与孩子的接触并表示关切。当然，老师也是行为的主要塑造者，利用行为分析与行为训练的方法来建立适当的行为，并且一再地强化这些适当的行为。卡兹汀认为老师一项重要的职责是鼓励并且用心倾听孩子诉说，让孩子发泄心中的感受。师生的关系应该建立在彼此接纳、彼此关怀，以及彼此鼓励的社会行为形态上。

5. 社会的职责

孩子的行为发生问题，整个社会也难辞其咎。从广义的职责来看，整个社会要改善不良的风气，大人要给孩子提供良好的行为榜样。从狭义的职责来看，费尔德曼（Feldman）认为整个社会整个小区要在主治心理专家的协调下，动用可能的社会资源，改善孩子的生活环境，支持孩子适当的社会行为。社会资源包括医院、警察机构、慈善机构、学校等所能提供的人力与物力。他们认为把患有社会行为失调的孩子深锁在管教所中，绝对不是一个上乘的策略。他们认为少年管教所只是整个治疗系统中一个暂时而局部的措施。这种孩子终究还是要生活在正常的社会环境中，和正常的孩子接触，并且建立深厚的友谊。这往往要看社会是否愿意伸出援手，把这种孩子纳入自己的生活环境中。费尔德曼等人认为社会所能提供的最具体的帮助是举办健康有益的活动，而且把这种孩子纳入活动的对象。对年纪比较大的孩子来讲，提供职业技能的训练和青少年的就业机会自然也有相当的裨益。

（五）药品的治疗

根据托特的经验，药品的使用对患有社会行为失调的孩子而言，并没有什么功效。不过，她认为这种孩子如果带有精神症状、注意力缺陷障碍与多动的症状或是抑郁症等，使用药品来控制这些症状，亦无不可。再者，有些孩子经常出现剧烈的暴行，对别人的生命直接构成威胁，药品使用往往有消除暴虐、缓和行为冲动的效果。

5 结语

随着工业的起飞与社会价值急剧变迁，患有社会行为失调的孩子不但数量日益上升，其加害于家庭、学校以及整个社会的行为也逐渐恶化。整顿处理孩子反社会行为的呼声甚嚣尘上，但大部分的人却是抱着袖手旁观的态度，希望这种问题能自然地好转和消失，再不然把他们监禁起来，眼不见为净。小杰是一个15岁的男孩，我们可以从他的例子来给社会行为失调与治疗做一个总结。

小杰的父母自己无法生育。12年前，小杰才3岁，这对夫妇把他领养过来。对这对夫妇而言，这12年日日艰辛，时时为他的行为牵肠挂肚。小杰从小就有典型的多动症状，他在家中根本无法安静坐上10秒钟，他母亲因此整天跟着他团团转。随着年岁逐渐增长，他的行为问题变本加厉。他在3~5岁时就开始在家里的墙壁上涂抹，经常故意打破家中的东西，虐待家里的猫，而且有几次放火烧毁家具。最近几年来，他的反叛行为给父母带来更大的困扰。他开始逃学，而且和同伴打破汽车玻璃，窃取车中的财物。他父母从未有养育子女的经验，对小杰的行为也不知所措，对他未来会变成怎么样更是毫无头绪。他母亲为此日日忧愁，他父亲则认为船到桥头自然直，一切顺其自然。他说他自己小时候也常为非作歹，到懂事的年龄就会痛改前非。为了小杰的行为问题，父母意见相左，也常为此引起冲突。更糟糕的是他父亲外出做生意，经常不在家，小杰的行为问题都由他母亲一人面对。她深深感到身心疲惫不堪，感到对小杰的绝望，也感到她已被丈夫遗弃。她的心情日益沉重，小杰的行为问题日形恶化。在极端无奈之下，她只好求助于心理专家。

经过仔细而深入的行为评量，这位心理专家把小杰行为形成的来龙去脉向他的父母做客观的分析，然后传授特殊的行为处理策略，以操纵行为后果这种方式来控制他的行为。同时，这位心理专家将这对夫妇推荐给另外一位心理专家做婚姻的心理咨询和治疗，期能改善夫妇的关系，建立和谐美满的家庭生活。对小杰本身的行为问题，这位心理专家以认知与行为治疗为基础，首先做认知的改变，扭转其自卑的心理，并就其行为问题的归因与行为的后果与小杰做深入的讨论。在小杰的观念开始转变之后，紧接着展开行为训练。这位心理专家安排的行为训练包括解决问题的技能、社会技能、沟通技能、自我控制的能力以及正当休闲活动的能力。在小杰学习新技能的过程中，这位心理专家与学校老师取得合作，帮助小杰建立了一段新的友谊。老师每月与小杰商定课外活动以及学业辅导的日程表。为了维护行为改变的效果，小杰分别和父母与学校老师签订了行为契约，不断地强化适当的行为，同时有效地处罚不良行为。与此同时，小杰的父母也建立一个相当重要的观点：**管教孩子要是非分明，奖与惩绝对不含糊；父母要显示威严但不失仁慈；流露慈爱但不陷入软弱与放纵**。在多方面的配合之下，小杰的行为逐渐好转，并且成为学校中的摔跤明星。

CHAPTER NINE

第九章

自我摧残与自我伤害的行为

为什么一个人会跟自己过不去，竟然把自己打得鼻青脸肿，甚至冒着生命的危险，把自己的手腕割得鲜血淋漓？这是一个相当复杂而且难以理解的事实。克拉布特里（Crabtree）把自我摧残的行为（Self-Mutilation Behavior）形容为心理病态中，最具挑战性，且最使人感到焦急与痛苦的问题。卡尔（Carr）则把自我伤害的行为（Self-Injurious Behavior）列为人类行为痼疾中最极端而且最发人深省的问题。

沃尔什和罗森（Walsh & Rosen）认为，自我摧残与自我伤害两种行为的严重性与复杂性可以从5个临床治疗的观点来分析。

第一，寻求欢乐、避免疼痛是人类行为的基本原则，使人百思不解的是有些人竟然违背了这个原则。为解释这种扑朔迷离的行为症状，提供治疗的策略，研究人员延伸出不少理论。在众说纷纭而且彼此矛盾的理论中，找出一个可靠而能遵行的理论是一件相当困难的事。

第二，自我摧残与自我伤害是一个血淋淋的事实。这种具体而骇人听闻的行为给自己带来肉体上的痛楚，更给四周的人带来心理上的创伤。

第三，对行为治疗的专业人员而言，这是一个永无止境的噩梦。虽然他们绞尽脑汁，挫折与失败是治疗自我伤害与自我摧残的标志。

第四，孩子的父母尤其受到这种行为的冲击。他们会感到内疚、困惑，而且对治疗的机构失去信心。父母之间争吵不断，造成相当不利于治疗的环境。

第五，自我摧残与自我伤害具有传染性，尤其一起接受治疗的孩子会彼此学习模仿，甚至从未有这种行为的孩子耳濡目染，也会出现同样的问题。

自我摧残与自我伤害的病例并不多见，但有逐渐增加的趋势。根据沃尔什与罗森的研究，10000个人之中，有14~600人会存在这种问题。摩根（Morgan）发表的统计是10000人中约有14人会出现这种问题。他是以最保守的估计，只有造成身体上的伤害才计算在内。但是卡汉和帕蒂森（Kahan & Pattison）估计10000人中有400~600人会出现这种问题。他们是把所有自我摧残和自我伤害的行为都列入统计，而不考虑行为结果所造成的伤害。尽管一般人之中患有这种行为症状的比例不高，在智力障碍与自闭症的孩子中，自我伤害的行为却是普遍而严重的问题。格烈芬（Griffin）调查美国得克萨斯州智障者教养院的1万个院民。他们发现13.6%的住院者出现自我伤害的行为。另一个不争的事实是：孩子的智力越低，自我伤害行为的发生率越高。格烈芬的研究发现，轻度智障孩子自我伤害的发生率是4.6%，中度智障患者的发生率是9%，重度智障患者的发生率是19.4%，而极重度智障患者中有65.9%有自我伤害的行为。

自我摧残与自我伤害是其他心理病态引发出来的症状。本章仅就行为本身的界定、起因、评量以及治疗4个方面加以介绍，但是如果要更深入探究其问题的病根，了解相关的心理症状，本书第四章、第五章以及第六章就抑郁与自杀、焦虑与恐惧以及儿童精神分裂症加以介绍。至于智力障碍、自闭症以及边缘型人格障碍等心智状况，则要另找书刊，寻找数据。

1 自我摧残与自我伤害行为的界定

一个孩子把自己撞得头破血流，一个青少年自我摧残，这是使人无法置信的事。但我们必须接受这个事实，而且深入去了解行为的性质。为了便于了解，本节除了对此行为做具体的界定外，还要把自杀、自我摧残以及自我伤害加以比较。

（一）自我摧残与自我伤害行为的定义

沃尔什和罗森对自我摧残行为所下的定义是蓄意地造成非致命的身体伤害，或是从事社会不能接受的毁容破相。根据这个定义，自我摧残有3个主要的条件：第一，这个人的行为造成自己身体的伤害，例如切断手指、烧伤皮肉等；第二，这种行为是有计划、有目的的举动，但其目的不在于造成自己的死亡；第三，它是一般社会不能接受的行为，例如用刀在身上刻字，但是打耳洞或文身不在其中。

阿兹林（Azrin）对自我伤害行为所下的定义是一些广泛的行为反应，这包括外在刺激所引起的反应以及内在身心因素所引发的反应。这种反应会造成行为个体生理上的伤害。这种行为具有持久性而且会反复出现，例如一个小时发生几百次到一个月发生几次。自我伤害行为日积月累会造成永久性的伤害，如耳聋、目盲、脑受伤等。但是，大部分的行为会造成立刻的伤害，如皮肉咬破、面额发肿等。

（二）自我摧残与自我伤害的形态

自我摧残的行为最常见的是自己用刀割伤自己、刺伤身体，或是用香烟触烧皮肤。比较少见的行为包括拔掉头发、抓破头皮等。此外，罗森与霍夫曼（Rosen & Hoffman）和明茨（Mintz）所发表的文献曾对极端而特殊的病例作详细的记录。这种病例虽然属于少数，但其严重性远远超出想象之外。这些行为包括自己挖出眼球、自己割去肿瘤以及自我咬食皮肉。

自我伤害的行为比较单纯，但行为形态也相当繁杂。根据格烈芬等人在美国得克萨斯州教养院的调查，智力障碍的住院者自我伤害行为最多的是自我咬伤（38.8%），其次是打自己的头和脸部（37.3%），再次是撞头（29.1%）、抓破皮肉（26.3%），接下来是打自己的手或用手撞击东西、口中含吮东西、用手抓破口腔内的肌肉、拔头发、强作呕吐以及吃下不能吃的东西等。阿兹林等人的研究还将捏、挤或是拉身体各种器官，呕吐后再吞食呕吐的东西，以及玩弄或吞食自己的粪便计入其中。

（三）自我摧残与自我伤害行为的分类

1. 早期的分类

门宁格（Menninger）对自我摧残与自我伤害做深入的分析研究。他把这种行为分为6类：

（1）**神经质的自我摧残和伤害**。这种行为包括咬自己的指甲、抓破皮肤，或是做不必要的自我整容等。

（2）**宗教性质的自我摧残和伤害**。例如修道者和苦行僧的自我鞭笞等。

（3）**青春期的惯例或仪式**。但是，这些仪式大都是由别人代办，如果照现代的定义，不能算是自我摧残的行为。

（4）**精神病患的自我摧残和伤害**。例如自己用刀割破自己等。

（5）**脑功能疾病的自我摧残和伤害**。例如自己故意折断手指，或是割除身上的器官。

（6）**正常人的自我摧残与伤害**。正常而正当的行为，例如修剪指甲、理发、文身等。严格来说，这不能算是摧残或伤害。

2. 行为状况的分类

罗斯和麦凯（Rose & Mckay）完全以行为的状态为出发点，把自我摧残与自我伤害的行为分为9类：

（1）切割身体。

（2）咬破皮肉。

（3）割除皮肉。

（4）切断肢体。

（5）刺伤皮肉。

（6）烧伤身体。

（7）吞食或吸进毒药。

（8）打击身体。

（9）压迫或缩紧生理器官。

3. 严重性的分类

沃尔什和罗森依行为的严重性来检讨孩子从事这种行为的心理状态，以及这种行为被社会接受的程度。他们把这些行为改称为自我改造的行为，而不称为自我摧残或自我伤害的行为。他们把这种行为分为4类。

（1）表面或轻微的伤害。如穿耳洞、咬指甲、请专业人员做局部的文身或是整容。这个人做此行为时心态平静，这种行为大部分社会都会认可。

（2）轻微到中度的伤害。如刺伤身体来穿挂饰物、在身上用刀刻痕结疤，全身文身且造成了伤害。这个人做此行为时的心态从平静到暴躁不等。这种行为只有在极少数的社会或小生活圈中获得认可。

（3）中度的伤害。如用刀割伤自己、刺割身体、烧灼皮肉、自我文身。这个人做此行为时已经处于精神上的危机，这种行为绝大部分的社会都不会接受；只有具有同样行为问题的人才会彼此认可。

（4）严重的伤害。如自我去势、以头撞壁、自我切除肢体。这个人做此行为时显然有精神病发作的现象。无论哪一种社会都不会接受这种行为。

在这4种自我改造的行为当中，第1种和第2种是属习俗、美观或是象征性的改造。第3种和第4种才是真正的自我摧残，这已构成情绪与行为的病态。

（四）自我摧残与自杀的区别

自我摧残与自杀在表面上有诸多雷同之处，但这两者之间从行为的动机、情绪、方法、认知以及行为的结果都有相当的差别。近几十年来，相当多的专家和学者就这两种行为的区别作深入的比较研究。沃尔什和罗森把这半个世纪以来所发表的文献加以综合整理。其重点可以从以下5个角度来剖析。

1. 意图与目的

有些孩子一再从事自我摧残的行为，但如果追问他们为什么会做这种事，他们也不知所以然。不过，大部分的青少年会毫不迟疑地解释他们的生活中有太多的压力，而自我摧残的主要目的在于舒缓内在的压力和痛苦。这种孩子有特别的心理需求，尤其渴望密切的人际关系，却又无法忍受一时的挫折和创伤。为了暂时缓和这种压力，自我摧残对他们而言是最方便最有效的方法。他们出此下策的意图在于改变自己的情绪和意识，但很少有结束生命的意图。当然，有些孩子因自我摧残而丧生，但它往往是意外而非真正的目的。

基本上自杀也源自心理需要无法得到满足。主要的不同点在于，这种孩子长期忍受痛苦和挫折，其压力已经达到饱和点，遂认为自杀是唯一出路。他们的目的不在暂时的舒缓而在求得永久的解脱；不在改变意识而在停止意识。他们采取社会完全不能接受的激烈手段，但从孩子本身的角度来看，他们是以自杀来解决无法解决的问题，解答一连串的疑问，结束人生中进退维谷的困境，也永久地扫除痛苦的心态。

2. 刺激与压力的来源

自我摧残的青少年之所以会有这种极端的举动，主要是因为心理的需要一时无法获得满足。这种需要包括人与人之间亲密的关系、别人的支持与鼓励以及大人的注意等。由于无法立刻满足心理需要，挫折的心理油然而生，进而产生间歇性的心理痛苦。这种孩子一再地体验到心理压力的累积，当它累积到无法忍受的程度时，就以自我摧残的行为来求得舒缓。格鲁内鲍姆和基尔曼（Grunebaum & Kierman）发现这些孩子心理压力的累积和消除都经过下列几个程序：（1）亲密的人际关系已经决裂，或是面临着中断的威胁；（2）心理压力一再高筑，但对这种难忍的情况却是有口难言，无处倾诉；（3）进入一种迷惑的状态，而且事件的发生似乎与自己无关；（4）产生自我伤害的冲动，这种冲动自己也无法抵挡；（5）自我摧残，却没有肉体疼痛的感觉；（6）压力消除，回到正常的生活。

自我摧残的孩子其心理需要集中在对亲密的人际关系的渴求；自杀的孩子的心理需要则无所不包，从最基本的需要如避免身体的痛楚、人际关系的满足、体能或学业的成就到崇高理想的实现等。一个孩子经年累月，一再地受别人的虐待、长年卧病，或是杰出的才华从未得到赏识，都属于心理长期压抑。这种挫折所引起的心理痛苦是持续的，而且毫无解决的可能。这种痛苦使孩子忍无可忍，甚至觉得人生已没有任何价值，只有死亡才能使自己获得解脱。

3. 情绪、态度以及认知的状态

自我摧残的孩子在心理压力渐渐升高的同时，他也感到自己与别人慢慢地疏远。这些孩子认为自己被遗弃，人生变成一片空虚。他们深切地感到别人的排斥，自己完全变成一个局外人。他们希望这种心理压力尽快解除，同时结束孤立的状态，重新回到亲密的人际关系中。他们有一个相当明显的目标：要舒缓心中的痛苦、压力、愤怒、急躁以及空虚的感觉。为了达到这个目标，可以不择手段，甚至自我摧残感受疼痛、事后留下疤痕也在所不惜。在极度压力之下，他们的认知变得支离破碎，思考毫无头绪，眼光狭窄而且无法专心寻找理性与适当的解决途径。他们一心想要解除痛苦，但解除的途径常是东拼西凑，例如自我摧残、攻击别人、向人逞凶、酗酒用毒等。

蓄意自杀的孩子最大的感受是无助与绝望。在情绪上他们感到羞辱、内疚、激怒、悲伤、孤独等。他们感到无助是因为觉得无法控制内在恶劣的感受，而外在环境一再施加压力。他们感到绝望是因为觉得这种无法忍受的罹难层出不穷，永远没有了结的可能。他们对于自杀的态度相当暧昧矛盾。他们一方面是以寻死作为解除痛苦唯一也是最后的途径；另一方面则寄望着别人的拯救，期能有一个比较美好的人生。他们的认知是绝对的二分法，不生则死，没有其他的解决途径。

4. 自我伤害的方法与伤害的程度

一旦孩子开始出现自我摧残的行为，其所使用的方法往往花样百出。根据帕蒂森和卡汉（Pattison & Kahan）的统计，63%的孩子自我摧残的途径不止一种。只有37%的孩子一再地使用同样的方法。另一个特殊的地方是这种孩子过一段平静的生活之后，心理的痛苦和压力再度升高，他们又会重施故技来解除压力。因此，自我摧残的行为会变成一种痼疾，每过一段时间就会反复出现。不过，这种伤害往往流于表面的形式，殊少造成重大的伤害或有生命的危险。大部分的身体伤害只要包扎敷药就可以脱险，而少有需要住院治疗的案例。当然，有极少数的孩子从自我摧残而走入绝路，这往往是失算和意外。

孩子决定结束自己的生命，大都采取激烈而致命的方法。如果自杀身亡自然没有重复的机会；如果自杀未果，因其严重的行为后果，大人都会全力防范，再度自杀的机会不大。当然，有些孩子会屡次寻求解脱。由于寻死的决心，其使用的方法大多是惨不忍睹，最终要么结束生命，要么带来重大的生理痛苦。

5. 行为的结果

自我摧残的举动在人与人之间的关系上会造成强有力的冲击。与这个孩子有直接关系的人，如父母、老师或是亲近的朋友都把这种举动视为极端厌恶的事件，这个孩子的人际关系也因此产生重大的改变。例如父母可能不再强求其做功课，或是大幅度地改变对这个孩子的态度。孩子也深深体会到这种行为对别人的震撼。一旦尝到甜头，他会故技重施来引发或终止别人的反应，也就是用苦肉计来迫使别人对他同情和关切、控制别人、支使别人，甚至以引起别人的愤怒、痛苦、忧虑作为报复。自我摧残的行为自然在消除内心的压力和痛苦，但孩子更以此来中止孤立，促成别人的接纳，建立亲密的关系。自我摧残是社会不能接受的行为；对孩子来讲，这却是他们适应与生存的有效方法。换句话说，他们以这种激烈手段来控制和操纵别人，建立他所期望的亲密关系。

自杀的举动大都在解决自己内心的绝望。这种感觉自然受到外界环境的影响，但自杀的目的并不完全针对人际关系的冲突、求取别人的同情和关切，或是用以建立亲密的关系。自杀的孩子一般而言对四周的人并无敌意，不引发别人的愤怒，也不从事破坏的行动。有些孩子甚至直接间接地向他亲近的人做最后道别，把自己最珍贵的东西分赠给要好的友人。自杀并没有积极的目的或用来获得好处、建立亲密关系。它是一种消极的逃避，在终局孤注一掷，结束忍无可忍的痛苦，免除无助与绝望的感觉，也避免暗淡的未来。自杀的孩子不再适应和求取生存，而在终止一连串失败的适应过程（有关自杀的企图请见第四章）。

（五）自我摧残与自我伤害的区别

自我摧残与自我伤害都是行为个体自己引发身体的伤害，其目的不外乎发泄心中的苦闷和痛苦、与人沟通，甚至借以控制外界的环境，获取益处。不过，处理学术问题和处理实际问题之间存在一定的差别。首先是行为个体的不同。自我摧残是指精神状态异常、不稳定的人所做的行为，自我伤害则是指智力障碍与自闭症的人所做的行为。在行为本身的状态上，沃尔什和罗森举出4项明显的区别：

1. 智力障碍的孩子所出现的行为通常是比较原始的自我伤害，例如撞头、咬手、抓破皮肤、扭拧等。精神异常或情绪障碍的人也会出现这种行为，但他们通常使用比较复杂的方法，以工具来造成自我伤害，例如以刀片、碎玻璃或毒药来造成比较严重的伤害。这种行为需要经过设计，而且要有较好的精细动作如持刀割伤、剥去皮肤等等。

2. 智力障碍或自闭症的孩子所做的自我伤害行为，次数远超过精神异常的孩子所做的自我摧残。自我伤害的行为每小时发生数十次的案例所在多有。相反地，一个人从事自我摧残的行为次数相当少。一般而言，这种行为可能几天或是几个月才会发生一次。

3. 自我伤害的行为深受即时后果和环境因素的影响，例如一个自闭症的孩子以头撞壁，立刻得到生理上的刺激，或是得到外来的干预。这种自我刺激和外来的干预可能会有强化作用，因而自我伤害的行为一再发生。自我摧残的行为自然也受到外在环境的影响，但其发生常有行为个体经过三思及计谋的过程。行为后果大多会推迟出现。

4. 自我伤害的行为常可明显地断定其来自器质性的病态如脑受伤，或脑部化学因素的不平衡。但是自我摧残的行为殊难找出其器官上的病态。自我摧残的孩子大多数倾向于精神异常或有人格异常症状。

2 自我摧残与自我伤害的起因

典型的自我摧残大多开始发病于青少年时期，处在这个阶段的孩子无论生理、心理还是社会关系都在迅速成长。这种急速的变化常使孩子措手不及而迷失方向，而且遇到创伤的经验时，问题行为一触即发。然而，不少研究文献显示出这种行为的病根大多在儿童时期就已种下。诸如家庭的破碎、孩子本身的健康问题、心理的病态与无法自制的冲动，或是从小受到别人的虐待，都是自我摧残的潜在病根。至于自我伤害行为的发病则散布在各种年龄阶段，有些孩子从婴儿时期就出现撞头或拔头发等自我伤害的行为。其目的大都在缓解挫折和苦闷的感受，或用以引起别人的注意和照顾。这一节从儿童与青少年的创伤经验、边缘型人格障碍与精神症状的自我摧残，以及智力障碍与自闭症的自我摧残与自我伤害的起因来加以说明。

（一）儿童与青少年的创伤经验与触发因素

沃尔什和罗森明确指出儿童时期的创伤经验是自我摧残的病根。这种潜在的因素加上青少年时期的激发因素，两者之间相互呼应，迫使孩子走上自我摧残的道路。

1. 儿童时期的创伤经验

（1）与父母的分离。父母离婚、父母本身有问题，孩子必须寄养在别人家中，或是被人送入孤儿院中，对孩子而言是最大的打击。这种打击远甚于父母的死亡，而且影响孩子的一生。

（2）孩子的生病或手术。孩子久病不愈或是需要动手术，甚至变成肢体残障，久而久之会憎恨自己的身体，更产生思想与身体分离的感觉。这种感觉使孩子将来进行自我摧残时，常有与自己无关的感受。另外，孩子生病与手术总是会得到大人的悉心照顾。这种关切对孩子而言是有力的强化与吸引，日后病愈但特殊的照顾已经不复存在，孩子会重复模仿，以自我摧残迫使大人再度给予关切和照顾，也用以增进亲密的人际关系。

（3）**性与生理的虐待。**孩子自小遭遇性虐待，会自觉身体已受感染，认为这个污秽的身躯并没有值得珍惜的地方，而且产生自己与身躯已经互不关联的想法。有的孩子甚至责怪身体的不忠和背叛，因此惩罚身体对他们来讲是理所当然的事。虽然受皮肉之痛，但心理上的满足远甚于自我摧残所付出的代价。父母暴戾的婚姻关系，以及对孩子生理上的体罚会在孩子心理上烙印永不磨灭的伤痕。这种创伤的体验使孩子认为暴力和加害于人是可以接受的行为，甚至能够接受将自己作为攻击的对象。

（4）**家中其他人自我伤害的行为。**孩子的父母酗酒与用毒属于自我伤害的行为，对孩子而言，这种行为与割掉自己的耳朵并无不同。孩子日日目睹父母的沉沦，由观察学习转向亲身实践。家中如果有人发生自杀或其他自我摧残的行为，也会给孩子提供范例或暗示。

（5）**生活环境中的暴力事件。**在孩子的生活环境中，如果攻击行为或破坏行为不断发生，孩子本身不一定是直接受害者，但耳濡目染也会导致模仿。孩子不但模仿暴力行为，也模仿受害者忍受身体疼痛的情况。日后一再自我摧残与儿童时期的经验有不可分离的关系。

2. 青少年时期的触发因素

（1）**最近的丧失体验。**青少年新愁加旧恨是自我摧残的爆发点。无数的研究文献一再指出青少年从事这种行为之前，都体验过额外的丧失。对这种孩子来讲最严重的是友谊的决裂，尤其是男女关系的中断。此外，孩子与父母的强行分离，家庭的迁居都会触发孩子走向极端的行为。

（2）**同辈的冲突。**青少年非常重视社会关系的建立。但是，有些青少年由于从小受到虐待和心理上的创伤，很难建立长久而亲密的友谊。他们对同辈常缺乏信赖，对别人的言行疑心重重，因此在交往过程中冲突迭起。更不幸的是他们缺乏解决问题的能力，无法以适当的方法来化解嫌隙，重修友好。这种孩子又特别不甘寂寞。他们往往以自我摧残的激烈手段来挽回失去的友情或暂时维护亲密的关系，尤以男女之间的关系为甚。

（3）身体的嫌弃。青少年青春初动，对身体突然的变化需要一段适应时期。这个时期，孩子会体验到高度的焦虑。要是他们在这段时期中发生重病、重大的手术，或是比其他的孩子较慢出现第二性征，往往会造成羞耻、内疚、嫌弃自己不完美的形象、自贬身价，甚至想要遗弃自己的身体。这些不正常的心理使孩子糟蹋自己的身体发泄情绪。

（4）无法抗拒的冲动。青少年目睹自己的父母以高度的冲动处理生活的压力，例如毒打孩子、酗酒、以暴力解决问题，等等。青少年耳濡目染，也会以暴虐的方法来解除日日高涨的压力。因为他们势单力薄无法攻击别人，只好把矛头指向自己。有的孩子则兼带有饮酒寻求麻醉、离家出走或是暴力举动。

3. 同伴的感染

（1）同伴的教唆与模仿。在亲密的好友中，如果有人开始自我摧残，其同伴很有可能会模仿，甚至感染到这个小社会圈中的每一分子。沃尔什和罗森报道过一个骇人听闻的事件：某私立学校5个品学兼优的女生，住在同一寝室，同属体操代表队，每日彼此形影相随。不幸的是5个孩子都有自我切割的行为。所不同的是她们切割的部位不一。

（2）情绪的发泄。自我摧残的孩子一般都缺乏口语沟通的能力，很难表达内心的感受。自我摧残的行为提供具体、明显而且戏剧化的方式帮助孩子表达内心的痛苦、愤怒、孤单或其他激烈的感受，以获得同伴的同情与关切。

（3）把自我摧残当作惩罚同伴的利器。自我摧残用来发泄愤怒的同时也可用来报复和反击。在一群同好和知己当中，彼此需要感情的扶持，但有的孩子过去被人虐待、遗弃或是忽视，他们很难建立永久而值得信赖的友谊。只要一群孩子中有人惹起人际关系的动荡，那么疑心、嫉妒、恐惧的情绪立刻掀起更大的动荡。在这种情形下，自我摧残变成彼此攻击、压抑或是泄恨的工具。只要有人出此下策，其他人也会起而效尤，甚至变本加厉。

（4）造成同伴的震惊。有些自我摧残的青少年以暴露伤口来造成同伴的震惊。有时彼此以最狠毒的手段来取得最后的“胜利”。同时，这种小团体的成员会使用骇人听闻而且暴虐的手段来驱逐局外人，保护社交圈的纯粹和完整。

（5）**以自我摧残来操纵别人。**自我摧残的行为自然会给别人带来强烈的震撼，引起别人的同情。一旦尝到甜头，他们会进一步以这种激烈的手段来控制别人，操纵、支使他人。一个常见的操纵方式是迫使别人恢复原已破裂的友情，或是在冲突的人际关系中迫使别人让步而自己独占上风。另一个常见的操纵方式是以自我摧残来威胁别人，使别人屈从自己的要求。

（6）**以自我摧残团结同伙。**自我摧残也可以用来团结小团体。这种激烈的手段会引起强烈的情绪，就如在战场上同生死共患难的伙伴，这种情绪和行为变成结合彼此感情的有效途径。这个小团体的成员以高涨的情绪，甚至以悲痛与震撼的情绪来驱逐彼此之间无聊、无生气，以及暗淡的气氛。

（7）**彼此提供无拘无束的榜样。**怕痛是人的天性，也是保卫生命不可或缺的心理状况。自我摧残不但产生剧烈的疼痛，孩子也会担心生命的危险，顾虑到面子问题，更可能遭到大人的责备。这种种情形自然会阻止一般人进行自我摧残。但是，一群“志同道合”的青少年集体从事这类的活动时，往往会将这些顾虑置诸脑后。孩子彼此提供无拘无束的范例，不但能看到他人自我摧残后那种心平气和的心态，也看到这个孩子事后所得到的关切和照顾。再者，有的孩子会告诉他的同伴，割破手腕并不觉得痛。同伴之间传布一个不合理的事实：自我摧残的结果“利多于弊”。

（8）**以自我摧残来争取更高的地位。**在小团体中，孩子都想取得领导地位。这种地位的获得要看谁的自我摧残次数最多、手段最狠、所造成的伤害最严重。在危急的情况中谁最能提供协助和照顾，使同伴免予遭受严重的行为后果。除了争取领导地位外，这些孩子也面临着同伴的压力，每一个人都要有自我摧残的表现，而且对别人提供支持与协助，才能继续成为组织当中的一分子。

（二）边缘型人格障碍与自我摧残

患有边缘型人格障碍（Borderline Personality Disorder）的孩子往往与自我摧残结下不解之缘。这种密切的关系来自两个方向：边缘型人格障碍的孩子常出现自我摧残的行为；自我摧残的孩子常诊断出边缘型人格障碍的症状。沃尔什和罗森根据美国精神病学协会给边缘型人格障碍所订的诊断标准分析这种孩子的特质，以及这种孩子容易造成自我摧残的原因。

1. 一再出现自杀的威胁、姿态或行为

患有边缘型人格障碍的孩子常以一哭二闹三上吊的方式来引起别人的同情和援救的反应。他们有老练的手法，以自我摧残的方式来取得同情，建立短暂但亲密的关系。他们看似采用自杀的行为，其实并无死亡的企图，只是用以引起别人的反应，改变人际关系，以产生满足而和平的心理状态。

2. 长久性的空虚与无聊

患有边缘型人格障碍的孩子经常感到生活中死气沉沉，而且无法忍受这种空虚与无聊。为此，他们会想尽办法激起生活的浪花，尤其是把别人拉入风暴中，驱除空虚和落寞的感觉。他们知道制造自杀和自我摧残的事件并不舒服，甚至有严重的伤害，但不甘寂寞的特质促使他们追求新鲜与生气，满足内在的心理需要，也增进人与人之间的接触。他们认为以皮肉之痛来换取难得的惊讶和关切是值得的。

3. 避免真实的或是想象的遗弃

不甘寂寞是边缘型人格障碍孩子的特质，孤单无伴是不可容忍的事实。他们最怕的是生命如无波的死水，被人遗弃，或是自己觉得已被人遗弃。他们认为自杀或自我摧残是最激烈也是最有效的策略，因为一般人眼见生死攸关的情况都会不惜一切全力抢救。这种自然的反应对边缘型人格障碍的孩子而言，正中下怀。无论是家中的父母、学校的老师、医院的医护人员还是伙伴，都不得已而一再地陷入其圈套中，而这种孩子一旦食髓知味，就会一再地布下自我摧残的陷阱。

4. 摇摆不定的人际关系

固定而长期的友谊使边缘型人格障碍的孩子感到不安，他们渴望富有戏剧性、非比寻常的人际关系。这种人际关系尤其出现在男女之间的感情中。他们在一段时期之后，就要制造一阵暴风雨来重修新的、富有刺激性的关系。自我摧残在此情况中最

能派上用场。

5. 情绪的动荡

情绪的变换无常自然也会影响到人际关系，而自我摧残常用来暂时维系摇摇欲坠的友情。边缘型人格障碍的孩子除了空虚与无聊的感觉外，还受到抑郁与焦虑情绪的困扰。他们为了尽快结束这些痛苦的心理状态，常会不择手段，例如饮酒吸毒以求麻醉、攻击别人以泄恨，更以自我摧残的方式来改变痛苦的心态。这些情绪和行为常会把伴侣吓跑，而自我摧残则常用来挽回伴侣的心或是使对方不得不重修旧好。

6. 无法控制愤怒

愤怒是这种孩子的标志，也是人际关系冷热无常的结果。他们有不吐不快的强迫性倾向。因此，发脾气、攻击别人或是自我摧残都是发泄愤怒的方法。边缘型人格障碍的孩子深深地体会到自我摧残的手段也是一种攻击他人的策略。他们以这种激烈的手法来伤害别人，尤其是父母或关爱他的人。这些孩子甚至发现以自我摧残为手段不但不会受到别人的反击，反而会得到同情和安慰。对他们而言，这是一种快速有效而且“相当安全”的方法，可以信手拈来，达成目的。

7. 自我意识的迷失

患有边缘型人格障碍的孩子往往迷失在自我观感、性别的适应、人生目标的追求、终身伴侣的追寻以及道德价值的判断中。他们时而自视至高无上，时而感到卑贱庸俗，时而不知自己是何种人物。自我摧残常赋予自我意识和自我定位，尤其属于自我摧残小团体的孩子似乎从此认清了自己是何种人物。这是不健康的想法和做法，但对孩子而言，这是他们明显的标志。有些孩子以自我摧残来惩罚自己的无能和困惑。

8. 自我放纵的行为倾向

边缘型人格障碍的人常不知自我节制为何物，有钱就挥霍、暴饮暴食、酗酒吸毒、偷窃或破坏。自我摧残也是冲动的结果，这种行为与其他放纵的行为都是在寻找刺激；有所不同的是自我摧残可以就地取材，可以说做就做，成本代价极低。

（三）精神症状与自我摧残

自我摧残是人类最极端的异常行为，精神症状则是最严重的心理与情绪问题。犯有精神症状的人如果兼有自我摧残的行为，则是雪上加霜，最为惨重。沃尔什和罗森特别指出：惨绝人寰的自我摧残，往往都是精神病患在思维障碍的情况下或在妄想、幻觉驱使下所做出的惊人举动。精神症状是广泛的心理病态，包括精神分裂症（请见第六章）、精神病症和躁郁症中的抑郁症（请见第四章），以及急性的精神症状，如毒品引发的妄想和幻觉。这些精神症状的表现各有不同，但有一个共同的特色，那就是思考涣散，甚至与现实完全脱节。例如一个男孩子，一向认为自己是一个罪恶满贯的坏蛋，摘除生殖器官是为了防止犯罪；一个把头撞破的女孩子以这种极端的办法来驱除脑中的魔鬼。

沃尔什和罗森发现精神病患的自我摧残花样百出，而且彼此之间行为出现的次数有相当的差距。他们根据临床治疗的经验，指出一个浅显的事实：自我摧残的结果越严重，发生的次数越稀少。另一个因素是严重的伤害招致严密的监视，累犯的机会自然大为减少。沃尔什和罗森依据精神症状的特性分析自我摧残发生的因素。

1. 妄想

妄想是精神症状的通病。妄想的内容不一，但是自我摧残经常来自妄想所带来的逼迫感或是从妄想中得到灵感。自觉魔鬼占据头脑的病患选择打破头颅来驱除魔鬼。一个25岁患有精神分裂症的女病人最近才生下一个男孩。社会工作人员认为这个病人并无养育子女的能力，因此把孩子送到另一个家庭中去寄养。这个病患由于妄想作祟，一直认为孩子被人带走，是因为自己无法喂乳，而她无法喂乳则是因为乳头堵塞。为此，她一再用针刺她的乳头。这种由妄想与思考紊乱所引起的自我摧残持续了几个月，直到服用抗精神病药后才缓和下来。

2. 幻觉

自我摧残的孩子总有难言的苦衷。有个孩子把指甲拔掉，还想在头上挖个洞，因为他听到一个不可抗拒的命令，不得不这样做。这种孩子面对幻觉的指令总是感到自己很渺小，完全无法违抗这些命令。这些指令大都是来自“天神”“魔鬼”或至高无上的权威。要是病患有妄想再加上幻觉，其自我摧残的行为会有更严重的后果。

3. 精神病态的感情转移

精神病患，如边缘型人格障碍患者，借着自我摧残的行为来建立亲密的人际关系。这种情况最常体现在病人与医护人员的关系中。精神病患常把感情转移到某一个医护人员的身上，并设法建立频繁接触。一个30多岁的女性因精神分裂症而住院治疗。她开始对一个医生产生感情的转移。她在晚上听到有人在播音器中呼叫这位医生，知道他是唯一值班的医生，立刻割破自己的手臂，召来这位医生做紧急缝合与医疗。另有一个40岁的病人，每当某一护士到他的病床巡视时就故意暴露自己的身体。后来更一不做二不休，把自己割得鲜血淋漓，好让这位护士给他特别的照顾。精神病患以自我摧残的方法来操纵影响四周的人，这一点与边缘型人格障碍患者自我摧残的目的有相似之处，但实质上有相当的差异。精神病患的自我摧残都来自幻觉或妄想，而且有特殊象征性的意义，例如摧残的部位是眼睛、生殖器官或是头部。

4. 特殊的仪式

精神症状引发的自我摧残往往基于迷幻的信念，且有特殊仪式的意义。例如有的病人在身体上用刀刻上十字架或其他复杂的图案自然有其用意与背景，而不像普通人的自我摧残纯在造成身体上的伤害。这种行为常是宗教仪式的产物，与宗教上自我鞭挞的行为并无二致。

（四）智力障碍与自我伤害

智力障碍的孩子从事自我伤害的行为是普遍的现象，智力越低越容易攻击自己的身体。严重智力障碍的孩子一半以上会出现这种行为，甚至会以自我伤害为每日例行活动。这种异常的行为现象曾经引起广泛注意和深入研究。卡尔针对自我伤害的行为做综合研究时，发现智力障碍的孩子从事自我伤害，其理由往往不止一个。例如在婴儿时期一个孩子以咬手来引起大人的注意，年岁渐大后这个孩子发现打头可以阻止耳朵发炎引起的耳痛，更可以用来表达心中的不满。因此，卡尔认为自我伤害行为的起因应该从多重相关的因素去了解。阿兹林和卡尔从生理因素与行为功能的角度分析智力障碍孩子与自闭症孩子从事自我伤害的原因。

1. 生理与生化的因素

卡尔认为某些生化因素不但造成智力障碍，也造成自我伤害，即自我伤害是生化因素所引起的症状。这种理论最有力的证明是莱斯和纳恩（Lesch & Nyhan）两位医生发现的自毁容貌症（Lesch-Nyhan syndrome）。患有这种症状的孩子有轻度智力障碍，生理上的症状包括尿酸过多、肾脏结石、痛风等。行为上的特征是破口骂人（事后立刻向人道歉表示毫无恶意）、打自己的身体、撞头以及咬破自己的舌头、嘴唇和口腔内的肌肉。为了处理严重而无法自我控制的咬伤，唯一有效的途径是把牙齿拔光。脆性X综合征（Fragile X Syndrome）患者除了智力障碍和精神异常外，还时常出现咬伤手臂的行为。再如德朗热综合征（Cornelia De lange Syndrome）的患者智力障碍与严重咬伤的行为兼而有之。生理上这种孩子会有胃酸过多的症状，而这种症状又与自我咬伤的行为有关。幼龄的孩子或中重度智力障碍的孩子在生理上有病痛时，如头痛、胃痛、耳朵发炎，往往会以自我伤害产生的感觉来克服生理上的不舒服，或是用以告诉大人自己的病痛。

2. 感官的需要

智力障碍的孩子普遍缺乏文化和感官的刺激。这一方面可能是其生长的环境中并未提供适当感官的刺激，例如父母的抱、摇、逗笑等身体的接触；声、光或是其他文化心灵上的激发和情绪的触动。另一方面，这个孩子本身可能无法消受外来的刺激，或是无法把刺激转化成有意义的感受。为此，这些孩子经常从事自我刺激的活动来满足感官上的需要，例如摇摆身体，口出噪声等千篇一律而没有意义的活动。自我伤害的行为则是这些活动的延伸。另一个理论是自我伤害的行为制造身体的疼痛，但也会产生麻醉的感觉。神经科的专家发现，一个人突然受到重伤时，中枢神经系统立刻分泌出一种名为脑内吗啡（Endorphins）的化学因素。这种分泌物的功能是阻止极端痛楚的感觉输送到脑部，所以人会因此有一种宁静的感觉，不致无法忍受身体的伤痛。自我伤害的行为也可能会促成脑内吗啡的分泌而产生麻醉或宁静的感觉，这种感觉变成自我伤害的有力强化。智力障碍的人在百无聊赖或孤单无伴时，常会以自我刺激和自我伤害的行为来消磨时光。有些孩子把自己打得鼻青脸肿却表现得悠然自得，可能也与感官的刺激有关。

3. 外来的正强化

婴儿一呱呱坠地就要人抱、要人摇、要人陪伴逗笑，可见大人的注意和身体的接触是孩子成长中不可缺少的要素，也是行为的有力强化物。智力障碍的孩子得到的照顾如果只限于一日三餐，其他心理上的需要完全得不到满足，甚至哭声也无法引起大人的注意，但以头撞壁的行为却迫使大人抽出时间来给予特别的照顾。这种照顾和关切便成为以头撞壁行为的强化和支持。孩子也往往会学到一个基本的原则：只要从事自我伤害的行为，大人就会尽一切力量，包括以糖果饼干来阻止这种行为，或是屈从他的要求，给他喜爱的事物以换来平静。糖果饼干和喜爱的事物对孩子而言是正中下怀，更是自我伤害行为的具体强化。日后他想吃糖果饼干，就会如法炮制来骗取大人的强化物。

4. 负强化

好逸恶劳是人的天性，智力障碍的孩子有特别喜爱的事物，更有特别厌恶的事物。他们从经验中学到另一个行为的原则：只要从事自我伤害的行为，就能逃避嫌恶的事物或情况。大人要孩子洗脸刷牙上床睡觉，孩子开始咬手，父母只好让步。让步或撤除原来的要求是对孩子咬手行为的负强化。同样的道理，孩子感到太吵、太热、功课做太久，也会以自我伤害的行为来改变现状。孩子的自我伤害具有逃避的功能，现状的改变或嫌恶刺激的转移则是这种行为的负强化。

5. 沟通的功能

近十几年来很多行为分析专家和语言学家发现孩子发生自我伤害的行为时，总是在传递一些讯息。行为就是他的语言，它具有沟通的功能。例如幼小而无语言能力的孩子打自己的脸来告诉父母“我肚子饿了”“我累了”“来陪我玩”“来帮我忙”等。

当然，父母在孩子打自己的脸时，就给他饼干、让他放下功课休息一下、陪他玩一会儿，或是帮他把毛衣脱掉等。孩子沟通的结果满足了他的需要，这种行为得到了强化。缺乏生活能力和语言能力的孩子最容易以自我伤害的行为来达成沟通的目的。很多孩子在出现自我伤害的行为时，会和攻击行为、破坏行为、哭闹行为一并发生。显然地，这些孩子是以自我伤害来表示心中的愤怒。同样的道理，当孩子感到忧伤、困惑、挫折或害怕等不愉快的情绪时，也会借着自我伤害来发泄。

3 自我摧残与自我伤害的评量

高效的治疗有赖于详尽的行为评量。这包括深入地了解孩子本身的特质、行为的状态以及环境的影响因素。孩子的神经病理以及生理状况也要做详细的检查，但这是医疗的范围，在此不作特别介绍（有关行为背景的评量请参见第二章）。

（一）心理症状的评量

自我摧残与自我伤害的行为是各种不同心智症状的产物。要了解孩子的行为问题首先要设法了解孩子的背景与特殊的心智障碍。

1. 边缘型人格异常的评量

边缘型人格障碍与自我摧残的行为有直接的关联，尤其人际关系的纠葛常是自我摧残的导火线。依据DSM–IV的诊断标准，应通过直接与间接的访谈来判断一个孩子是否具有边缘型人格障碍的症状。

（1）这个孩子是不是误认为他遭人遗弃？如果的确与关系密切的人发生决裂，他是不是想尽办法期望能重修于好，甚至牺牲生命或身体受到伤害也在所不惜？

（2）这个孩子是否在人际关系上遭遇困难，或是关系摇摆不定？尤其青少年男女之间的关系有无特殊变化？

（3）这个孩子是否对自己的身份模糊不清？时而孤芳自赏，时而自贬身价？

（4）这个孩子是否有无法自我节制的冲动导致出现不良行为，如酗酒、嗜赌、暴饮暴食或是挥霍无度等行为？

（5）这个孩子是不是有自杀未遂的记录？自杀的举动或姿态是不是反复出现？

（6）这个孩子的情绪是不是很不稳定？例如时而惊慌不定，时而大发雷霆，时而温柔体贴，或是反应过分敏感，凡事夸大其词。

（7）这个孩子是否觉得生活空虚无聊？他是不是一再地追寻刺激并渴求亲密的人际关系？

（8）这个孩子除了自我摧残的行为外，有没有出现攻击别人或是无法控制愤怒的行为？

（9）这个孩子是否神志不清、惊慌发作，或是感到生活中的压力已不堪重负？

2. 精神症状的评量

有些自我摧残行为的发生是因为孩子的思维障碍，甚至完全受妄想或幻觉的左右。精神症状的评量重点是找出孩子激起自我摧残的思考过程、幻觉或妄想。沃尔什和罗森主张精神症状的评量应从以下4个方面着手。

（1）幻听。这个孩子是不是听到实际并不存在的声音？是谁的声音？内容是什么？是不是告诉这个孩子去伤害自己的身体？或是要求他做其他事情？孩子自我摧残的行为发生后这个声音又说些什么？这个声音有什么权威？是不是一定要服从？如果不遵照指示会有什么结果？孩子对自己的行动有没有控制的余地？

（2）妄想。这个孩子有什么宗教信仰？他是否相信神和魔鬼的存在？这个孩子是否相信神或魔鬼要他自我鞭挞？这个孩子与四周的人有什么特殊的关系？这个孩子是不是幻想有人要陷害他？为什么这些人要他自我摧残？他为什么无法拒绝？这个孩子是不是幻想自己的身体有毛病？是不是因为这些毛病使他一再戕害自己的身体？他有什么特殊的本事？是不是用自我摧残来表示非凡的特质？

（3）思考的内容与程序。这个孩子的思考程序是不是凌乱而毫无头绪？他的思考内容是不是东拼西凑？他的言谈是否与事实脱节？他会不会语无伦次？他对自我摧残的行为作何解释？在自我摧残之前、之后心中存有什么想法？这个孩子是不是在神志不清楚的情况下做出的行为？

（4）情绪的影响。这个孩子是不是情绪起伏不定？他是不是有抑郁、焦虑或是无法自我控制的冲动？他感到愤怒或挫折时如何发泄？他会不会倾吐心中的苦闷？或是一向把苦楚闷在心中？

3. 智力障碍孩子的行为评量

智力障碍的孩子中约有1/4的人会有自我伤害的行为。智力越低，自我伤害的行为发生比率越高。因此，其行为能力与情绪变化都应列入评量的范围。

（1）**智力的测验**。正式的智力测验可以提供智力商数，用来诊断一个孩子智力水平。其结果也可供了解孩子一般的知识、推理能力、观察能力、了解因果关系的能力、辨别情况的能力、解决问题的能力、语言理解能力、数理的观念以及记忆的能力。

（2）**沟通的能力**。这个孩子如何表达他的愿望和需要，例如想休息一下、想喝汽水、想要大人陪他玩一会儿？他是否有口语的能力？如果没有口语的能力，他是否会使用手语？或是使用身体的姿态来表达自己的愿望？他自我伤害的行为是否用来引起别人的注意，获得别人的照顾，或是表示愤怒和不满？这个孩子对别人的口语沟通是否完全了解？了解程度有多少？

（3）**生活的基本能力**。这个孩子有没有自我照顾的基本能力，包括衣食住行等例行的生活能力？他日常的基本需要如饮食衣着是否依赖别人的照料？日常生活中的例行活动能不能自己做决定？他有多少自由选择的余地？他在学校中的学习活动是否满足他学习的愿望？是否适合于他的能力？

（4）**休闲活动**。这个孩子是否有能力从事适当的休闲活动？他一天当中是否有太多空闲的时间需要消磨？他无所事事时如何打发时间？他有没有知心的朋友可以结伴从事娱乐活动？他有没有特别的嗜好？有没有喜爱的玩具？

（5）**社会技能**。这个孩子与人相处的情况如何？他有没有知心的好友？他日常应对的社会技能是否完善？他自我伤害的行为是否用来引起别人的重视，增进人际的接触？

（6）**其他情绪与行为问题**。这个孩子有没有特殊的情绪障碍，如焦虑、抑郁、愤怒、恐惧等？他除了自我伤害以外，有没有其他的行为问题，如攻击别人、破坏东西、吵闹、离家出走，发出怪声，或是从事反反复复但是毫无意义的动作？如果有其他情绪与行为问题，这个孩子的自我伤害是否和其他问题行为一并发生？

（7）**身体健康的情况**。这个孩子是不是有生理的病痛？他感到身体不舒服时会不会告诉别人？他是不是用自我伤害来缓和生理上的疼痛？孩子生理的疾病需要医生做详细的检查，包括神经、癫痫以及身体各器官的检查。

（二）行为的评量

自我摧残与自我伤害都是具体而明确的行为。行为的直接观察与记录是最常用的评量方法。年纪稍长且懂事的孩子如果能从事自我观察与记录，不但可以提供行为的资料，还可以协助孩子了解本身的行为问题，促成不良行为的改变。处理行为问题的专家通常要研读这个孩子的行为评量数据，或是询问对这个孩子相当熟悉的人，才能做综合判断，拟定行为处理的策略。

1. 行为形态的评量

评量问题行为的第一个要素是了解这个孩子到底从事哪一种自我摧残或自我伤害的行为。行为形态的评量可以经由直接的观察，也可以通过访谈。访谈的对象包括对孩子熟悉的人，也可直接询问孩子。评量行为的基本问题是到底这个孩子伤害身体哪一部分？为什么要伤害这个地方？他所使用的是哪一种方法？这些方法是不是一成不变？孩子从事自我伤害会不会感到疼痛？或是他会不会表现出疼痛的表情？事后他是不是把紧张的情绪缓和下来？

2. 行为的直接度量

根据直接的观察和记录，可以收集行为的资料，并计算出行为发生的频率，例如咬手平均每天发生3次，割手每年发生7次。行为资料也可以显示行为持续的时间长度，例如平均每次大声喊叫长达15分钟。时间长度的评量也可以计算两次不良行为之间的时间距离。例如平均每3个月撞头1次，或是每隔2分钟打头1次。行为的强度也是评量的对象，例如记载小欣自己咬手的行为，要注明他的咬手只出现齿痕并没有伤害、造成皮肤出现伤口出血但只需敷药、咬破手臂需要动手术缝合伤口或是伤势严重要住院治疗。

3. 行为的历史与周期性

历史是一面镜子，行为周期是钟表或日历，镜子与钟表都是生活中的必需品，行为的历史和周期性也是行为评量之中不可或缺的一环，有助于行为的预测和控制。

行为的历史要追问这个孩子：自我摧残或自我伤害最初是在什么时候发生的？总共有多久的历史？这期间自我摧残或自我伤害的行为是保持同样的频率还是有变化？如果有变化，是变好还是变坏？考察行为的周期性则要问：这个孩子的自我摧残和自我伤害是不是在某一个时段会频频发生，另一个时段则销声匿迹？如有周期性，一个周期的时间有多长？行为发生与不发生的期间各有多长？这种周期性有没有固定的轨迹可循？

4. 行为危机的评量

自我摧残与自我伤害的危机是指：这种行为对孩子本身会造成生命的威胁或身体的重大伤害，这种行为来去无踪使人防不胜防，而且这个孩子有强烈的冲动，他自己和别人都难以制止。为了解这种危机，有3个关键的问题必须尽快得到答案。如果发现危机重重，则要有严密的防范措施，例如一天24小时看管，或是住院治疗。危机的评量首先要问自我摧残与自我伤害的行为一旦发生对身体会有多大危害。例如割断动脉会有生命危险；头撞在尖硬的墙角会造成脑震荡。在自我摧残或自我伤害发生之前有没有什么信号或征兆？例如胃口减退、失眠、高声嚷叫或是闷声不响。如果这个孩子出现自我摧残或自我伤害的念头，这种冲动会维持多久？

（三）行为功能的分析

每一种行为对孩子而言都有其存在的价值，每一种行为都有固定的功能。孩子从事自我摧残和自我伤害之后，总会引起大人的注意和照顾。如果这种关切是孩子求之不得的心理需要，那么他受到一点皮肉之痛，却发挥了行为的功能，达到了目的。换句话说，大人的关切变成孩子自我摧残和自我伤害的有力强化，或是说大人的关切是导致这不良行为绵延不断的重要因素。行为功能的分析可以找出引发行为的因素（前事）以及维护行为的因素（后果）。根据此分析的结果，可以建立行为功能的假设，然后从事行为的处理以求验证。例如一个智力障碍的孩子每在孤单无聊时就会咬手，他每次咬手老师立刻出面制止。这种行为功能的假设是他以咬手来引起老师的注意。如果老师一反往常的做法，平时给予充分的注意，孩子咬手的行为因此完全消失，证明行为功能的假设能够成立。根据这项分析，这位老师平时该多给他注意，不要等到他咬手才出面干预。行为功能的分析一般是采用以下4种方法中的1~2种。如果加上环境的评量，更可找出问题行为的根源。

1. 前事、行为、后果关系的分析

每次自我摧残或自我伤害的行为发生时，不但要记录行为的发生，也要把行为发生之前所发生的事情以及行为发生之后所发生的事情详细地记载下来。经过一段时间的记录，可以整理出一套前事与后果和自我摧残或自我伤害的关系模式。例如10岁的小琳80%的撞头都发生在早上她父母叫她起床时；另有20%发生在吃饭时看到不对胃口的食物时。她撞头之后父母就让她继续睡觉；如在吃饭时撞头，她父亲就把她带离饭桌让她看电视。经过深入查问，发现她有中度智力障碍，而且时有癫痫发作，抗癫痫药的使用使她早上昏昏欲睡实在无法起床，也不愿意去上学。撞头可免除这两种她最讨厌的事。再如15岁的小洋每在和朋友闹翻时就会割伤自己。结果她的朋友每次都为此向她赔不是而且要求重修于好。从这两个例子的行为动机可以明显地看出来：一个是以撞头来逃避父母叫她起床的要求，一个是以割伤自己来获得朋友的屈服以及关系的恢复。

2. 访谈熟悉孩子的人

一般而言，孩子的父母和老师，或是其他负责教养的人，都是可靠的消息来源。访谈这些对孩子行为知之甚详的人，到底这个孩子的自我摧残或自我伤害在什么情况下最可能发生？什么情况下最不可能发生？其他相关的问题包括：问题行为发生时谁在场？在哪种场合中？一天当中的什么时候？一个星期当中的哪些天？以及一年当中的哪些时节？这个孩子最喜欢什么？最厌恶什么？他的喜爱或厌恶与自我摧残或自我伤害有没有关系？这个孩子有没有生理的病痛或情绪的困扰？这种生理与心理的症状与这个孩子的行为问题有没有关系？

3. 时间分布的分析

根据长期的观察和记录，可以整理出行为发生的时间分布。有些孩子的问题行为一天24小时随时都会发生，有的行为则集中发生在一天当中的某一个时段。这种时间的分布情况可以提供重要的线索，供更深入的研究。例如小南的自我伤害大部分集中在上学前半小时、放学前半小时以及上床前半小时。这表示活动的转换使他感到无所适从，只好以打击头部来发泄挫折感。再如小清每在过年过节时最容易发生自我摧残的行为，因为这种时节大人都忙于准备年节的事务，常把小清丢在脑后。别人兴高采烈地准备过节时正是小清感到特别落寞，也最需要别人注意的时候。

4. 情境的布置

为了探求行为的功能，可以布置各种不同的情境，让孩子身临其境，产生不同的反应，从而看出问题行为的来龙去脉。例如把15岁重度智力障碍的小江安排在4种不同的情境中。每一种情境要停留2次，每次1小时。这些情境是：要他做颜色的分类、把他安置在空无一物的教室中、老师陪他玩玩具，以及让他独自一人在教室玩各种玩具。结果发现小江在空洞的教室中无所事事时最容易抓破脸皮，但老师陪他玩时则很少这样做。以情境的布置来分析行为的功能不但费时费事而且难以操作，尤其面对严重的问题行为时，不可能只为了功能分析而让行为一再发生。这种方法往往只作为实验研究之用，少有实际应用的价值。

5. 环境的评量

生活环境对一个人行为的影响至深且巨。通过改变环境来改变行为是可行也是良好的策略。在从事环境的改变之前自然要把环境中有利与有害的因素一一鉴定出来。环境的评量包罗万象，但一般的评量集中在下列几个基本的问题：这个孩子是否获得充分的亲情？遇到困难时是否能得到实时的协助和支持？他有没有亲密的友谊作为情感的依赖？有没有人真正倾听他的苦衷，了解他的困难？他在日常生活中享有多少自由？自己能做多少决定？他是否能和其他人一样平起平坐而不受歧视？他有没有自己的私生活，还是时时受人牵制？他在日常生活中有没有特殊的困难？衣食供应有无匮乏？温饱是不是一个问题？居住的环境会不会太冷、太热、太吵、太杂乱而使他感到不舒服？他的学业或工作是否超出其能力范围？是否符合他的兴趣？家庭和学校采取哪一种管教的方法？

4 自我摧残与自我伤害的处理

自我摧残与自我伤害的行为是其他心理症状的产物。精神异常、人格症状以及智力障碍的孩子相对地容易制造这种极端的行为。这一节提到行为问题的处理，仅涉及自我摧残与自我伤害的控制，而不涉及精神异常与人格症状的治疗，更不涉及智力障碍孩子的教育问题。事实上，单单处理这两种行为问题已够艰难，不但一般的父母老师对此行为问题感到束手无策，就是处理行为问题的专家也常感到“道高一尺，魔高一丈”。早期的学者如奥佛和巴格柔（Offer & Barglow），罗斯和麦凯（Ross & McKay），一直到心理学家沃尔什和罗森异口同声地指出自我摧残与自我伤害是心理与行为症状中最难处理的问题。综合这些专家的观点，3个主要的因素导致了这种行为问题。第一，自我摧残与自我伤害的根源错综复杂。例如有个孩子以伤害自己的身体来发泄愤怒或焦虑、操纵人际间的关系，同时以此获得平常得不到的关切。因此，在治疗当中难免有所疏漏。一旦有破绽，治疗工作就倍加费力。第二，自我摧残与自我伤害的行为往往和其他行为问题一并产生。从事自我摧残的青少年大半兼有酗酒、吸毒及暴力行为，大约2/3会有生理疾病和饮食问题。至于从事自我伤害的孩子常有攻击行为和破坏行为，如果加上冲动的人格特性，这些行为问题的消除自然难上加难。第三，孩子的行为问题是过去各种问题日积月累的结果。这种孩子有可能从小遭受虐待，家庭的破碎，以及最近的失落或关系的决裂，在走投无路的情况下，以戕害自己的身体来发泄心中的愤怒。这种心态绝非一朝一夕所能扭转。鉴于这些治疗上的绊脚石，一般要采用多重治疗的方式，包括认知的改造、生态与环境的操纵、强化作用的应用、行为训练、特殊心理症状的处理以及药品的使用。只有采取广泛的处理策略，甚至住院治疗，才能标本兼治，彻底解决行为问题。

（一）认知的治疗

除了精神病患思考错乱，或是重度智力障碍的孩子缺乏抽象的思考外，其他孩子从事自我摧残或自我伤害都犯了几个认知上的错误。根源不改，单单处理行为问题就会如隔靴搔痒，治标不治本。根据沃尔什和罗森的经验，孩子从事自我摧残和自我伤害在认知上有4个明显的错误。第一，孩子认为在不得已的情况下受到一点皮肉之痛却可获得不少精神上的安慰，利多于弊。从孩子的立场来看，这不但是可接受的行为，更是划算的举动。第二，孩子对自己的要求过高，认为自己太丑或是笨拙无能。他们的心中充满了自我憎恨和自我归罪。为此，他们认为戕害自己的身体不但可以谅解，也是罪有应得的自我鞭挞。第三，孩子面临着内外的压力，感到时时都有爆炸的可能；这种新愁旧恨必须找个出口发泄。自我伤害的行为让心中的积郁暂时得到了疏通，因此获得短暂的宁静。第四，孩子日日生活在艰难中，感到无限的愤怒、绝望、焦虑、空洞和无聊。他已经无法再忍受这种苦闷，他必须让全世界的人知道他的苦楚。唯一能够传达心声引起共鸣的是自我摧残，而且伤害越重越能引发别人的注意与关切。基于这种心理的观察和分析，沃尔什和罗森认为认知的改造必须从以下4个方面着手。

1. 协助孩子了解、思考与自我摧残、自我伤害的关联

认知与行为治疗的基本策略是清楚地点破认知与行为之间的关系。每一次这个孩子从事自我摧残的行为，大人就要协助他发掘行为发生之前他到底存有什么想法。因为有了这种想法才会触发这种行为，也只有改变这些想法才能纠正这些行为。孩子要学习如何监视自己的思考，由此了解思考在一连串行为当中所扮演的角色。一旦孩子能集中精神于自己的思考，进而改变和控制自己的思考，外在环境的形形色色，人与人之间的是是非非都可置之度外。对于沉浮于人世间冲突摩擦且挣扎于心理病痛的孩子，这种思考的觉醒可以给他一个新的方向，思考的控制更给他带来新的希望。这种希望会增进他的信心和能力，从事行为的改变。

2. 建立自尊自信的思考方式

如果孩子自嫌丑陋又低能，那么自尊与自信的低落是不争的事实。他们因此认为自我处罚是理所当然的举动。从事认知的治疗必须对这种基本的思考进行严厉驳斥。孩子更须要学习如何改变自己混沌、非理性的思考和信念。例如孩子要不断地反问自己：为什么一定要美如天仙才能得到别人的喜爱？为什么没有考第一名、没有选上班长就无法见人？在想法上有积极的改变后，就要把自尊与自信化为行动，强调心灵与身体合一的观念，自尊自重的心态要从保护自己的身体着手。“身体发肤受之父母”的古训更可在此发挥作用，只要自我摧残的行为有发生的一天，就表示他对自己的侮辱还没有消失。大人也要随时提醒孩子他有非凡的特质。只要把人格特质加以细分，每一个人总可找出可贵的长处。对这些长处的一再鼓励强化是建立孩子自信自重和扫除自卑的良好对策。

3. 思考与行动的重新组合

从事自我摧残与自我伤害的孩子，在这种行为未发生时都感到紧张的情绪已达到饱和点，只有从事这种极端的行动才能回归内心的平静。孩子要重新学习情绪的发泄，认识到不只有自我戕害一种方法。有些时候他必须忍受这种情绪的压力，要是真的忍无可忍，思考的改变也可以带动情绪的改变，无需诉诸向自己动武的手段。以思考来改变情绪并取代自我戕害的行为可以分为3个步骤：第一，孩子要学习把自己体验到的紧张情绪找出来并正确理解这种情绪。例如感到寂寞、失望、愤怒、焦虑等等。第二，孩子要学习如何控制这种情绪。虽然这种情绪很强烈，但不可以被情绪所左右，而要建立控制情绪的思考。第三，孩子要学习只有在相当安全可靠的情况下再去体验这种情绪。一旦发现情况不对，立刻转移注意力，并把困扰的情绪丢在脑后。如果能以新的思考和行动控制情绪，他就能主宰情绪，也能控制自己的行为，不再自我摧残、自我伤害。

4. 沟通与人际关系的新作风

君子动口不动手的说法对自戕行为的处理的确有所助益。孩子要重新学习用语言来表达心中的积郁，而不用激烈的手段来发泄。孩子必须建立一个新的观点：以自我摧残来维护人际关系绝对不会有圆满的结果，人与人之间关系的建立和维护必须以互相信赖、互相敬重为基础。这需要转变整个人生观和生活方式，包括改变那种朝三暮四的交往方式。要是有这种认识和适当的作风，自我摧残的行为就没有存在的价值。

（二）行为的直接处理

认知的改造是工程的基础，但这并不能保证自我摧残与自我伤害不会再发生，况且改造工程相当耗费时日，总有远水救不了近火之感。行为的直接处理旨在直捣问题的核心，就行为的前事与后果加以变换，以转变行为的动向。

1. 生态的操纵与环境的改造

在行为功能的分析中，如果发现激发行为的前事，找出维护行为问题持续不断的强化因素，这些情况必须尽快清除。例如父母的严厉斥责或体罚招致孩子的自我摧残，这种教养方式就有修正的必要，另外。如孩子以自我伤害来逃避父母的要求，父母则不能因孩子的威胁而妥协。从广义的观点来看生态的操纵与环境的改造，无论在家中、在学校里、在社交关系上，都有必要协助孩子建立一个亲密而和谐的人际关系。尤其父母要充分地流露亲情，适时地给予鼓舞，用心去倾听孩子的心声。在一个和谐而愉快的环境中，孩子自然会引发自爱与友善、快乐与和平的感觉。相反地，父母和老师应尽量地避免负面的批评和指责，在一种无拘无束而且没有畏惧的环境中，孩子才能畅所欲言，把心中的积郁倾吐出来。

2. 行为后果的安排

从行为分析的观点来解释，自我摧残的行为受到内在与外在的强化，因此它会一再地出现。所谓内在的强化是指孩子本身思考错误所产生的内疚、愤怒、悲观以及自怨自艾的情绪。一旦他采取激烈的自戕手段之后，这些情绪一扫而光，暂时回复心情的平静。显然，自我摧残得到了内在的负强化。外在的强化是指孩子平时受到大人的批评、指责、排斥或冷落。一旦他有自我摧残的举动，大人就不再责骂，反而给予悉心的照顾，表示亲情和关切。从这个角度来分析，孩子的自我摧残得到了外在的强化。基于这种分析，沃尔什和罗森提出了3个主要的对策。

（1）**改变内在的负强化**。教孩子在情绪问题累积到无法忍受的时候，以更有效的方法来发泄心中的积郁，替换掉自我摧残的做法。例如教孩子理直气壮地向别人提出口头抗议，保卫自己的权益，或是向友人倾诉真情以建立永恒的友谊。这种做法不但可以消除内心的嫌恶情绪，更可以改善生活的质量和人际关系。这种建设性的行为可以达成自我摧残所要达成的效果，却没有身体伤害的副作用。如果行之有效，自然可以将自我摧残的行为取而代之。

（2）**改变外在的正强化**。改变或消除外在的正强化道理相当浅显。大人们主要的工作是要找出孩子不良行为强化的来源在哪里。例如孩子割伤自己可能是为了引起父母的注意，也有可能是用来挽回恋人的心，更有可能是用来得到医护人员的特别照顾。在行为治疗当中，有关系的人员必须参与治疗的策划并取得一致的步骤。这个步骤是孩子从事自我摧残的行为后，大人们除非万不得已，不然就要对这种行为不予理会。一旦行为得不到强化，久而久之自然会转弱终至消失。运用这种“行为熄灭”的策略时，一般人很难狠下心来，尤其父母眼见孩子鲜血淋漓怎么可能不闻不问？从医德的观点来看，专业的医护人员怎能袖手旁观？但处理这种极端的行为问题，必须有壮士断腕的决心，而且人人如此，才有转机的希望。当然，如果孩子的自我摧残有生命危险，还是以救命为重，但在医护之外，尽量避免过分关切。从另一个角度来看，如果大人的关切和亲密的关系是孩子以自我摧残所换取的强化物，则大人有自我反省的必要：到底他是否得到足够的亲情？为什么大人平常不予关切和注意？非要弄到孩子冒着生命的危险割伤自己时才显露出怜爱？

（3）**改变外在的负强化**。外在的负强化一般是指孩子的人际关系给他带来太多痛苦的经验，而自我摧残是终止或缓和这种刺激的有效方法。改变这种负强化还是先要找出外在嫌恶的刺激，例如父母的苛责、学校的压力、友谊的破裂等。必须经过仔细观察和深入探问才能知道孩子所要逃避的是什么。一旦断定出刺激来源，就要尽快去除。当然，孩子的生活起居不能不闻不问，学校的学业不能任其荒废，友谊的建立也不容予取予求。但是，在行为问题的紧要关头，这些教养的问题可以暂时摆在一边，一旦大问题得到圆满解决，行为的训练与日常生活的教养才能步入正轨。

3. 自我伤害行为的处理

自我伤害行为发生的频率相当高，手法则是属于比较原始的反应，如撞头、咬手、抓脸等。在处理上与自我摧残的治疗也略有差异。由阿兹林、卡尔、福克斯、洛瓦斯等（Azrin，Carr，Foxx & Lovaas）14位具有学术研究与实际治疗经验的心理专家共同执笔在美国行为治疗促进学术协会（Association for Advancement of Behavior Therapy）发表的专文，至今仍然是处理自我伤害的金科玉律。近年来，虽然在实际应用的细节上更有精进，但还是脱离不了他们所提出的4个大方向。

（1）区别性的强化替代行为（Differential Reinforcement of Alternative Behavior，DRA）。这个策略的重点在于强化孩子适当的行为，尤其是与自我伤害无法同时存在的行为，例如双手插在裤袋中与咬手腕是不能同时存在的。自我伤害的行为出现时，尽量不予理会或是推迟干预，而且绝对不予强化。这种方法实施后，自我伤害的行为会逐渐转弱，而且由适当的行为取而代之。与这种方法相近的另一种策略是区别性的强化其他行为（Differential Reinforcement of Other Behavior，DRO）。又可解释为强化自我伤害不发生的情况，这是根据孩子基准数据所显示的行为状态，规定每一段时期这个孩子不出现自我伤害的行为，就可得到物质和社会奖励。

（2）刺激控制法（Stimulus Control）。自我伤害的行为在某种情况下容易发生，在另一些情况下则不易发生。仔细做行为观察和功能分析可以找出与自我伤害有关的各种情况。接下来要把引发自我伤害的情况重新安排，如有可能就完全消除这些情况。一般孩子在孤单无聊、无所事事或是感到悲伤挫折的时候最容易进行自我伤害，因此应当从环境的改造开始着手改善。要尽量增加孩子不会出现自伤行为的情况，或是刻意安排。孩子吃点心、玩玩具时通常不会出现自我伤害。大人自然无法让孩子整天吃点心、玩玩具，但是多安排有意义的活动，增进感官与文化的刺激，学校学业与家庭工作的趣味化等不但可以减少自我伤害，还可以提高生活质量。

（3）“行为熄灭”与暂停正强化（Extinction & Time-out）。熄灭的策略是指在功能分析中发现维护自我伤害的刺激之后，每在行为发生时，消除这种刺激。一旦行为得不到强化，就会逐渐消失。例如小华每次打手，母亲就喝令停止。喝令是一种注意，也是一种强化。小华经母亲责备，立刻停止打手，问题是这种行为会一再地出现，因为行为出现就会引起母亲的注意。再如小宁每在上学之前就开始哭闹还会抓头发，为此母亲就不强求他去上学。哭闹与抓头发显然是逃避的行为，得到了母亲的负强化。为了消除这些自我伤害的行为，每次小华打手，他母亲完全不予理会；小宁哭闹抓头发，他母亲依然要他洗脸刷牙穿衣上学。使用这种方法的漏洞是，有的孩子问题行为会恶化。既然打手抓头发的行为无法再强化，就改为撞头咬手。大人不能不干预那些严重的自我伤害，结果孩子的行为问题节节升高。如有这种情形，要设想不同的策略。暂停正强化的方法是平时在生活环境中提供充实而具有强化作用的活动，但是自我伤害的行为一发生，立刻将其撤除，甚至把孩子挪到一个无法得到强化的地方。最明显的例子是孩子在看电视时、吃点心时、和同伴一起游戏时，一旦发生自我伤害的行为，大人可以把电视关掉、把点心收掉，或是把孩子带到另外一个房间，不能在一起做游戏。一般而言，持续3~5分钟，时间一到，立刻让他恢复原来的活动。

（4）行为的处罚（Punishment）。行为处罚的主要意义是在行为发生之后立刻呈现一种嫌恶的刺激，久而久之这种行为就会减弱下来。嫌恶的刺激不胜枚举，用来处罚自我伤害的策略包括正面练习的过度纠正（Positive Practice Overcorrection）。例如孩子打自己的脸时，要他双臂在空中挥舞50下，到操场跑3圈，或是静坐30分钟。只有当这种过度纠正所选择的活动是这个孩子所讨厌的时候，才有处罚的效果，而且大人要有把握执行到底。使用皮肤的电击是最极端但最有效的方法。但因技术上的顾虑与职业道德上的禁忌，使用的案例非常少；除非这个孩子的自我伤害已严重到威胁生命安全，否则绝对不轻易使用。其他的刺激物如让孩子闻氨水的味道、在脸上喷水、让孩子尝浓缩的柠檬汁，都可采用。问题是处罚容易产生副作用，对身心造成其他的伤害。因此，使用这种方法之前，必须就利弊得失作深入的比较分析。

（三）行为训练

自我摧残与自我伤害行为的形成，除了认知的错误之外，行为的缺陷也是重要的因素。例如社会技能和果敢行为的缺乏使孩子无法建立友善的关系或是处处受到委屈；缺乏独立休闲活动的能力，以致时时仰仗别人提供社交活动来打发时间；缺乏自我控制的能力因而问题行为层出不穷；或是一点点芝麻小事就会弄得天翻地覆，以自我戕害的行为来收场。行为训练的基本用意是把孩子装备起来以抵挡内在外在的冲击，从根本铲除自我摧残和自我伤害的因素。行为训练的范围很广，在此仅就主要的5项略加说明。

1. 脱敏（Desensitization）

沃尔什和罗森明确指出：造成自我摧残和自我伤害最普遍的外来刺激是人与人之间的冲突、别人的批评指责、面临人际关系破裂的威胁、孤单或遭人排挤，以及别人的冷嘲热讽等。他们认为改善环境，尽量排除这种嫌恶的刺激自然是一个好办法，但完全消除谈何容易。因此，孩子要学习面对这种不友善的刺激。这种训练的第一步是把这个孩子所厌恶的刺激一一找出来，然后依其厌恶的程度列出一个顺序表。第二步是设立短期和长期的目标，决定哪些刺激应该消除，例如父母的唠叨或体罚；哪些刺激孩子要容忍，例如父母指定做功课或父母太忙时要自己玩玩具。这些目标还要制定完成的期限。第三步是要孩子在嫌恶的刺激出现时，一再地延长容忍的时间。一旦他能容忍一段期间，就要往上升级，呈现更难忍受的刺激。从事脱敏的训练时，如果孩子遇到阻力，还要协助他从事思考的改变。例如孩子可以这样想："每次爸爸指责我，我一向是反应太过激烈。现在开始他指责我，我要耐心听一听到底他批评的是什么，我的错处到底在哪里，这样子我就不会再和爸爸吵架，也就不必再气得用头撞墙壁。"如果孩子行为有进步，大人要积极给予鼓励。大人与孩子可以制定行为契约，明确规定孩子所要容忍的事项与时间长度，奖赏的标准也明文记载，则更有激励的作用。

如果孩子从事自我摧残和自我伤害是因为对自己容貌的厌恶或对自己能力的嫌弃，脱敏的第一步应该是不再回避这种问题，而且要堂堂正正提出来和大人讨论。第二步则是以建设性的态度共商改善的途径。例如17岁的小雯经常自怨自艾，嫌自己身体臃肿，容貌欠佳。她不但不敢照镜子，也懒于梳洗，甚至常常割破自己的手臂来出气。她的老师第一步是恳切地和她讨论这种她一向羞口的问题，然后鼓励她设法改变现状，例如经常保持面貌干净、天天洗澡、改变发型和穿着。她一旦发现自己的外表有改进的可能，信心大增。老师接着把她的注意力转移到功课和体能活动，她因此在意识上、行为上都有长足的进步。

2. 社会技能的训练

教孩子容忍不如意的事自然有其限度，对于不合理的情况就不能一再强求逆来顺受。社会技能的训练用意在建立果敢的行为与技能，对于不合理的情况不再消极地容忍，而要积极地争取改善。孩子通过这种社会技能的训练可以建立一些重要的信念：我有能力改变现状、我不需要再割自己的手或撞头来引人注意或是发泄愤怒。沃尔什和罗森认为这方面的训练应该包括6项主题：（1）孩子有适当的技能适度地表达内心的感受；（2）通过适当的途径来消除内心的紧张、不安或是焦虑的情绪；（3）孩子能建立并维护良好的友谊；（4）孩子有能力促进现状的改善或是别人不良行为的改变；（5）建立互信互敬的人际关系，消除内疚的心态；（6）通过互惠的人际关系，获得最大的赏赐与精神的慰藉。培养良好的人际关系要求孩子掌握特殊的技能，但也需要大人的滋养和鼓励，一旦他能维护良好的人际关系，这本身就是有力的强化（有关社会技能的内容和训练的方法，请参见第三章）。

3. 沟通能力的训练

沟通能力与社会技能有如铁道双轨，缺一不可。沟通最便捷的方法是使用口语来表达情意和愿望。训练口语表达的先决条件是大人能够倾听孩子的心声，鼓励他用语言来解决问题，以取代原始的自我戕害。有些孩子由于智力的发展迟缓或是生理上的障碍，无法用口语来沟通，可以将手语当作变通的办法。手语是以手代口，以视觉代替听觉。不过，除了沟通技能的训练外，大人更要敏感地觉察孩子脸部的表情和身体的姿态。要是口语和手语都行不通，也可使用沟通板或图片手册。训练孩子适当的沟通行为，最初的策略是对孩子有求必应，以建立新的行为。一旦建立适当的沟通系统，自我伤害的行为不再出现，或至少有适度的控制，之后可以改为间歇性的强化或是列入刺激控制法，孩子要学会在适当的时机才提出要求。

4. 休闲技能的训练

有的孩子黏着大人不放，有的孩子制造惊天动地的自我摧残来引人注意，有的孩子反反复复地摇摆身体来制造刺激，都有可能是因为他们不知道如何以适当的活动来打发时间。休闲活动训练的重点在于把孩子的心思和精力引导到有意义的活动上，不再困坐愁城，或是因为无所事事而制造自戕的事端。迈耶和埃文斯（Meyer & Evans）把休闲技能的训练分为3个主要步骤。第一步，在行为评量中找出哪一些活动或哪一些东西最能引起这个孩子的兴趣。这种评量可以观察孩子行为的倾向，也可以直接问这个孩子或对孩子相当熟悉的人。接下来要把可能的娱乐项目一一列出来。第二步，根据3个主要的标准就每一项活动加以评鉴，然后依其可行性的高低列出一个活动的表格。评定可行性的3个标准是：(1）正常化的原则：这种活动所具有的社会价值有多高？是否能长期使用？是否适合一般社会的情况？(2）个别化的原则：这种活动是否适合这个孩子的年龄和能力？是否能使孩子常保新奇并维持高度的兴趣？(3）环境的考虑因素：这种活动是否方便、安全或扰人、昂贵？第三步，实际的训练。这种训练和其他行为的训练并无二致；一般都要经过口语的指导、示范以及强化的过程。经过反复练习就会熟练并产生兴趣。这种训练的最终目标是孩子独立从事休闲活动，而且活动本身就有强烈的强化作用。一旦孩子对这些活动发生兴趣，外来的强化就可逐渐地撤除。

5. 自我控制的训练

有些自我摧残与自我伤害的行为常是出于无法自制的冲动。孩子在造成皮开肉绽的举动后，自然百般忍受生理上的疼痛。其行为的发生更有其不得已的苦衷。他需要特殊的协助和训练才能自我节制，革除自我戕害的行为。训练自我控制的第一步是减少内在和外在的刺激。例如17岁的小珠和朋友吵架三天之后，朋友一直未打电话道歉；13岁的小福因为晚归被父亲责骂一顿。这两个孩子遇到外来不如意的刺激，都心存报复。他们知道最简便的办法是割伤手腕。处在这种内外刺激的状态中，他们要立刻产生另一种想法："如果我割了手，不但自己挨痛，别人也跟着受苦，事实上没有人会得到好处。何苦？"如果孩子脑筋还是转不过来，可以教他在出现自我戕害的念头时，立刻从事与这种行为相反的活动。例如孩子在自己房间或浴室，刀片垂手可得，那他应该立刻到客厅或其他有人的房间。当然，他也可以打开电视、打球、去买一瓶饮料等。第二步是自我监督。孩子如有书写能力，要指导他把自我摧残行为发生之前、之后的事无分巨细地写下来，如果有此念头但没有自戕的行动出现，更要把前前后后、内内外外的刺激记录下来。有些孩子一旦开始记录自己的想法和行为，就会出现重大的改变。如果行为问题继续发生，自我监督可以提供行为的动态和指针。第三步是建立特殊的行为目标和行为准则。行为频率较高的自我伤害如咬手，可以把行为目标订为从目前每天10次在3个月内减为每天5次，在一年内减为每天2次以下。至于次数较低但严重性较高的自我摧残如割伤自己等，则要以彻底消除为目标。一旦目标已订，就要采取各种处理的策略，达成预期的目标。第四步是自我强化。孩子在行为改变的过程当中，如果行为的记录显示出他已按照自己预定的行为准则，朝向行为的目标迈进，他要不时地自我强化。例如告诉自己成功地遏制一次撞头是一种非凡的成就，他可以出去看一场电影，买一双新鞋，或是把喜讯告诉他的亲人。

（四）药品的使用

自我摧残的行为如果起因于精神症状如妄想、幻觉、思考错乱，那么抗精神病药的使用是可以的。自我伤害特别严重的孩子虽无明显的精神症状，但抗精神病药依然常被用来控制这种行为问题。此外，抗抑郁症与抗焦虑症的药品也常有出奇的效果。不过，药品的使用要根据孩子行为问题的特殊情况做慎重的考虑。同时也要特别注意药物带来的副作用，因此在取舍之间要做明智的决定。

5 结　语

小布个人悲剧的一再重演，向我们展露了一个自我摧残的特例，让我们了解这种行为的来龙去脉。其故事以喜剧收场给我们一个重大的启示：孩子严重的行为问题并非无计可施，只有家庭、学校以及专业人员结合所有的智慧和技能，共同努力来挽回孩子的心，才能消除自我摧残的行为。以下用小布的案例，作为本章的结束。

小布第一次交女朋友后出现了自我摧残的行为。一开始二人的感情直线上升，几乎每天都要在一起。然而，两小无猜却冲突迭起，他们彼此以绝交相互威胁，而且彼此争斗，看谁先低头道歉。在一次激烈的争吵后，他的女友阿理宣布二人关系决裂，而且整整3天不理会小布的赔罪。这时小布心慌意乱，生怕二人真的就此结束。他到阿理的家去哭诉、赔不是，但阿理完全不回应。

当天晚上小布用刀在自己的手臂刻上阿理的名字。后来他说割伤自己一点也不痛，反而觉得很不错。此后几天在学校中他不再去找阿理，但保持一段适当的距离，所以阿理可以看到他垂头丧气的样子。有一次，阿理确实注意到小布手臂上包扎的绷带。当天放学前，经过阿理的一再逼问，他才把绷带掀开，现出她的名字。她一看之下，又惊又气，但也感到非常内疚，更为小布的真情所动。两人从此又恢复来往，在此后的5个月中，两人时好时坏，小布有两次故技重演，靠割伤自己挽回阿理的心。

小布割伤自己的事一直瞒着父母，声称这完全是意外的伤害。直到有一天他母亲清理小布的房间时，看到小布与阿理之间的往返书信，才了解到事态的严重，并立刻找心理专家来协助处理。

经过心理专家的探问，更掀开了另一层问题。小布的父亲原是一个酒鬼，在小布成长的过程中，他所认识的父亲是一个整天醉醺醺的流浪汉，父母不是吵闹不休就是彼此各行其事。在这个时候小布倒是循规蹈矩，他母亲也以他为精神的慰藉，和他无所不谈。3年前他父亲戒酒成功之后，家庭产生重大的变化。他父亲完全改邪归正，一心一意补偿妻子儿女这些年来的痛苦。小布的母亲很快地重新投入先生的怀中。小布却无法接纳他的父亲，而且为母亲离他而去感到怏怏不乐。从此，他的状态每况愈下，他几次自我摧残的行为使他父母感到挫折、愤怒，更深恐有一天他们会永远失去小布。

面对着复杂的行为与家庭问题，心理专家采取了个别与家庭治疗双方并进的方式。其处理的策略可综合为4个重点。

1.打开沟通的渠道，让小布毫无忌讳地对他父亲过去10年中只顾喝酒而不顾家庭的行径提出抗议，并对母亲的“背弃”表示愤怒。

2.通过个别的辅导，协助小布了解真爱的意义，传授表达情意的技巧，以及维护纯正友谊的技能。

3.在家庭的治疗中，小布的父母要给他无条件的亲情。同时小布要放弃以割破手臂来报复和操纵别人。家中每个人，以及学校的同窗挚友要以相互信赖、相互体谅的方式来维护深厚的亲情和友谊。

4.制定行为的契约：每次小布割破手臂，要被禁足3天；一个星期中如果没有割手的行为，周末可以延长外出的时间。这种行为契约不但赏罚分明，而且如有自我摧残的行为发生，他父母要加强盯梢，所以他不可随便外出。如果他能赢得父母的信赖，不出现割手行为，周末就可以享有更多自由。

由于小布父母的全面合作，小布和阿理的老师也辅导他们在学校中的行为，在6个月内小布的自我摧残逐渐减少终至完全消失。他与阿理保持同学的关系。在家中，尽管他一直没有和父母建立特别亲密的关系，但彼此都不再存有敌意。

CHAPTER TEN

第十章

饮食异常

饮食异常是工业化文明社会专有的行为病态。随着经济的蓬勃发展，大多数人丰衣足食，饮食问题接踵而来。有的父母担心孩子吃不饱长不大，学校却发现过胖的孩子日日增加；有些青少年为了苗条美观，不惜节食挨饿，损害了健康，更造成生命的威胁。

根据戴兹（Dietz）的统计，每3个孩子之中就有一个在饮食上需要特别的照顾。其他在身高、体重方面使父母操心的孩子还不计算在内。美国精神病学协会把饮食异常局限在厌食症和贪食症两种，但本章还包括肥胖和发育停滞两种越来越使父母操心的症状。这一方面是唤醒父母及早注意孩子的饮食问题，另一方面是对饮食问题进行明确的界定，所以父母不必为孩子原本正常的饮食情况牵肠挂肚。这一章分为三节，每一节再分为行为的界定、起因、评量以及治疗的策略，就厌食症与贪食症、肥胖症以及发育停滞3个饮食异常的症状进行阐释。

1 厌食症与贪食症

一个17岁的女孩体重已减到15公斤，还嫌太胖，还要节食。这是令人费解的事。更不幸的是这个女孩本身也像活在梦中，对自己的身体和生命完全迷失了方向。孩子为了爱美而饿死的例子虽并不多见，但这种行为问题却有着漫长的历史。早在16世纪的欧洲，就屡有因节食而致死的记载，只是近年来这个问题益发严重，也引起更普遍的注意。

与其他饮食异常的症状相比较，神经性厌食症（Anorexia Nervosa）和神经性贪食症（Bulimia Nervosa）的案例并不多见，但是这种症状一旦发生，对孩子身心有重大的伤害，甚至有生命的威胁。根据美国精神病学协会的统计，每1000个青少年中，就有5~10个人会患有厌食症；其中十之八九发生在女孩子身上。贪食症发生的比例是千分之十到千分之三十。其中男孩子占少数，大约10个患者之中只有1个是男孩子。

厌食症病发的平均年龄是17岁，一般14~18岁开始出现这种问题。这种症状的起源常是罕见的压力事件，最常见的是离开家庭去上大学、第一次交异性朋友，或是参与选美活动。有的孩子饿了一阵子就恢复正常，有的会持续数年，有的因病情严重需要住院治疗，其中有10%会终告不治。贪食症病发的年龄较迟，大都在青少年晚期或成年的早期。这种症状的起源常在一阵节食之后，习惯性地暴饮暴食，之后再节食。虽然并没有确切地统计贪食症致死的案例，但其对身心的伤害却有确凿的记录。

患有厌食症的孩子随着体重逐渐减轻，抑郁的症状也一再地恶化。例如心情日益沉重、社会孤立和畏缩、心情暴躁、失眠或是对日常活动丧失了兴趣。这种孩子会出现对食物的非理性的想法和强迫性的行为，他们可能一天到晚忧虑自己太胖、太肥，身体某一部分太丑陋，或是食物中的油脂和热量太高。他们不愿在别人面前吃东西，觉得自己一无是处，一心一意地想瘦下来，甚至到骨瘦如柴还不满足。他们的思考与情绪逐渐僵化，社会行为也慢慢退化。更不幸的是，有些孩子由于无法自制而步入酗酒与吸毒的歧途，终至无法自拔。患有贪食症的孩子一般都能保持正常的体重，但是心理上的创伤却是不可避免的事实。抑郁症是患者普遍的心理症状。有的孩子会出现焦虑症状，他们尤其在社会接触的情况中感到坐立不安。他们常用刺激性药品来压制食欲，可是一旦上瘾，这种行为就会变质，他们甚至可能越界使用其他非法药物以求麻醉和解脱。大约有1/3的患者在人格特征上也会有重大的改变。例如特别渴望亲密的人际关系，对自己、对别人产生歪曲的想法，挥霍无度，豪赌豪饮，性情暴躁，甚至自杀。

生理上的伤害也是厌食症与贪食症的必然结果。患有厌食症的孩子极度缺乏营养，导致一些常见的生理症状，包括便秘、肚子痛、发冷、疲惫、憔悴、血压过低、体温过低、皮肤干燥发黄、身体长出细毛、唾液分泌过多，女孩子的经期也会中断。如果这种孩子以手指挖触喉咙来引发呕吐，则会有牙齿腐蚀以及手指结疤的现象。如果节食达到非理性的程度，更严重的生理伤害会随之而来，例如口腔败坏、贫血、肾功能衰退以及心脏衰弱。患有贪食症的孩子也有类似的生理症状。由于反复在暴饮暴食之后人工催吐，然后又节食挨饿，患者体内的血液与电流活动受到极度干扰。由于一再地呕吐，胃酸的流失造成消化不良，更严重的结果是食道的破裂、胃部溃疡以及心脏功能的衰退。这些生理症状常会威胁生命。有的孩子以泻药来排除身体内的食物，其结果因长期腹泻造成消化系统的萎缩。如果长期使用泻药，身体会习惯性地靠使用泻药来刺激排泄，这又成为医药上的复杂问题。

（一）厌食症与贪食症的界定

厌食症与贪食症的主要特征是过分担心自己身体的肥胖，从而导致过度的节食。根据贝蒙特（Beumont）的看法，这两种行为症状相似之处多于相异之处。但为了便于诊断和处理，依然有分别界定的必要。

1. 厌食症的症状

患有厌食症的青少年都有怕胖的心态。这种担忧经常演变为强迫思想（Obsession），甚至出现妄想（Delusion）。有的孩子已经骨瘦如柴，还是沉迷于如何减轻体重，甚至会公开声称：他们宁愿死也不愿成为一个胖子。贝蒙特发现这种孩子事实上各方面的表现都相当优异，甚至有完美主义的倾向。有的孩子在家中、在学校中都相当听话，而且乐于助人，有时则较内向而且感到自卑。

为了减轻体重，这种孩子都会设法减少热量的吸收或增加热量的消耗，但其使用的方法各有不同。有的孩子采用一般人使用的方法如减少食量，拒绝高热量的食物，以及时常进行激烈的运动。另有一些孩子除了节食和运动以外还会有更危险的行为，如催吐和使用泻药等。

孩子的节食行为深受时尚风向左右，例如杂志或电视节目的宣传。孩子们一窝蜂地以蔬菜和粗粮为健康的主食。这种急求减肥而盲从的心态，轻则造成偏食和营养不良，重则造成生命的损失。在饭桌上，这种孩子会使用不适当的餐具来减缓吃饭的速度，每次只盛一点点饭菜，每口饭都要细嚼慢咽，而且要细算到底吞下去多少热量。有的孩子还会偷偷把饭菜藏起来然后倒掉。这些行为常造成家庭的冲突，因而孩子更加焦虑，有的根本就不上饭桌吃饭。另外，孩子会从事激烈的运动来消耗体力和热量。他们吃多少东西要依运动量而定，要是一天的运动量不够，就无权吃饭。除了运动之外，这种孩子在体力开始衰退之后会变得坐立不安而且彻夜难眠，一直到生理状况完全瓦解才能停止。孩子要是自己造成上吐下泻以减轻体重，就会进一步将生命推到死亡的边缘。这种孩子起初用手指触挖喉咙来催吐，但在一段时期之后，他们就学会压缩胃部肌肉，随意造成呕吐。有的孩子知道可以经由呕吐和下泻的办法来减轻体重，就能比较放心地吃东西，结果并未吸收有营养的东西，却使上吐下泻的情况愈演愈烈。由于节食、激烈运动以及自我引发的上吐下泻，这种孩子的体重大约只有同年龄、同身高孩子的85%。

2. 贪食症的症状

贪食症与厌食症有相当多的不同点。其最大的区别是贪食症的孩子一般都能保持正常的体重。事实上，这种症状比厌食症还普遍。在贪食症发病之前，这个孩子其实有过长时间的节食，但在某一个特殊的场合中突然开始大快朵颐。他以催吐和使用泻药的办法来消耗这一次大吃大喝所带来的额外热量。在维持苗条与放肆大吃大喝之间，这种孩子找到了相当不健康的方法。由于一再使用这种方法，他们不再感到内疾，也不为发福而烦恼，但从生理健康的角度看，这种做法得不偿失。

这种孩子常有周密的计划。他们会把食物储藏起来，找到适当的机会再痛快吃喝。他们囤积的食物都是平时吃不到的高热量、高脂肪食品，而且容易大量吞食下咽，例如蛋糕、冰激凌。大部分的孩子靠着狼吞虎咽，可以在几分钟之内吃下大量的食物，病症已持续数年的成人可能逐渐改为细嚼慢咽，但一次可以连续吃上几个小时。患有贪食症的孩子大吃大喝与生理上的饥饿并无太大关联，他们平时储备大量食物，但都在感到焦虑、紧张或是无聊的时候，以进食来舒缓心理的压力。

有的孩子自知这是一种病态的行为，所以会设法压制暴饮暴食的冲动，例如使用抑制食欲的药品，或是避免朋友的邀约或饭局。但这种做法常会适得其反，因为在社会孤立的状态中，他们反而会更容易关起门来大吃大喝。有的孩子把东西放入口中咀嚼之后再吐出，但大部分的孩子会吞掉食物后再催吐。有的孩子甚至学会随意压缩胃部肌肉而把食物吐出来，年纪比较大的孩子则兼用泻药。孩子大吃大喝之后会感到懊恼，更怕因此增肥。但在使用形形色色的手段把食物排出体外后，又感到如释重负，而且建立一个错误而危险的想法："我可以尽管大吃大喝，只要把东西弄出来，我就不必怕胖。"但是，长久大吃大喝再加上吐下泻，孩子会认识到这种做法是危险的。他们开始感到抑郁、焦虑、紧张、无助以及产生自我贬低的想法，甚至以自杀求得解脱。

3. DSM-IV对厌食症所订的诊断标准

（1）拒绝维持最低限度的体重。例如一再节食，以致体重低于同等年龄、同等身高的孩子，或是正在成长中的孩子，其体重的增长低于正常孩子的体重增长。

（2）极端害怕自己体重增加，哪怕体重不足还是会忧心忡忡。

（3）为自己的体重或身材感到困扰；由于对自己体重和体型的不满而产生对自己有不利的评价；或是否认自己体重过低的严重性。

4. DSM-IV对贪食症所订的诊断标准

（1）一再出现暴饮暴食的情况。每一个情况包括两种主要的特点。

在一段时间之中（例如2小时内），吃下远远超出一般人在同一时段中、同一种情境中所能吃的食物。

在这种暴饮暴食的情况下，感到自己完全失去控制，例如一旦吃起来，不知道停止，也不知道什么可以吃，能吃多少。

（2）一再地使用不适当的补救办法来防止体重的增加，例如催吐、使用泻药、节食或禁食以及过分的运动。

（3）暴饮暴食和不适当的补救行为平均每星期至少发生2次，而且连续3个月以上。

（4）自我评价深受体重与体型的不利影响。

（5）身心的困扰可能发生在厌食症的情况下，但也可能会单独发生。

（二）厌食症与贪食症的起因

近几十年来欧美与日本等工业化国家的青少年崇尚苗条，视细瘦为美，造成了节食的风气，尤其是有钱有闲的妇女和青少年为了爱美而饿肚子。不幸的是有的孩子走火入魔，竟然为此断送了生命。厌食症与贪食症的起源深受社会文化因素的影响，但孩子本身生理与心理的因素，遗传与家庭的因素，都不可等闲视之。

1. 认知的因素

为什么厌食症与贪食症十之八九发生在女孩子身上？斯特里格尔·摩尔（Striegel Moore）认为这是爱美的天性加上社会观念推波助澜的结果。但是有些人走火入魔至一发不可收拾，则与自己认知的歪曲有相当的关联。她认为女孩子把人与人之间的关系视为生命中最珍贵的一部分。一个女孩子的自我评价往往来源于她是不是能够建立相互倾慕、彼此依偎的关系，要是这种关系无法建立，她会觉得羞耻、自卑，甚至怀疑自己存在的价值。初入青春期的女孩大多对人际关系的急速变化感到手忙脚乱，尤其在处理男女之间的关系时，倍感焦虑。斯特里格尔·摩尔说，这些孩子认为外表是建立亲密友谊的决定性因素。一个人或许难以改变容貌，但身材的胖瘦却有可伸缩的余地。为了迎合现代纤细为美的风尚，女孩子对节食趋之若鹜。

节食成为病态是因为有些孩子过分沉溺于外表，反而把健康与生命置之不顾。

根据美国精神病学协会所发表的报告，这种孩子（男女皆然）极端地怕肥胖，这种恐惧并未因体重减轻而消失。事实上，孩子日渐消瘦，心中的忧虑不断增加，在认知上，他们对体型与体重的想法已完全扭曲。有的甚至已经皮包骨却还自认为太胖；有的承认自己已经很瘦，但身体中某一部分还是太胖，尤其是腹部、臀部以及大腿。因为太“胖”，自尊心受到严重打击，唯有继续节食才能展现自我控制的力量，从而建立成就感。这种孩子从小就有完美主义的倾向。在追求身材的完美上，非要做到尽善尽美，否则绝不罢休。不幸的是，以他们的认知和信念，这是永远无法达成的妄想。

2. 人格的异常

翁德里希（Wonderlich）根据临床治疗的经验，指出患有厌食症与贪食症的病患中，47%有人格异常的诊断记录。这种病患往往具有不稳定与性情古怪的人格形态。例如反社会型人格障碍（Antisocial Personality Disorder）的孩子无视别人的痛苦，侵犯别人的利益；边缘型人格障碍（Borderline Personality Disorder）的孩子人际关系摇摆不定，自我观念飘浮不实，感情冲动，而且缺乏自我控制的能力；表演型人格障碍（Histrionic Personality Disorder）的孩子感情泛滥，而且经常设法引人注意；自恋型人格障碍（Narcissistic Personality Disorder）的孩子自视甚高，渴望别人的赞赏，对别人则毫无恻隐之心。这些孩子都有难以更改的行为特质，而这种特质与饮食异常有密切的关系。但是，翁德里希特别就此加以解释：**人格异常与饮食异常关系密切但不见得彼此有因果关系；也许有其他的因素，同时造成了人格异常和饮食异常**。

3. 情绪的作祟

患有厌食症与贪食症的孩子都兼带有严重的情绪问题，最明显的是抑郁、焦虑、急躁、失眠、社会退缩以及终日沉溺于减肥和食物。库珀（Cooper）认为这些情绪问题是饮食症状的起因，也是结果，更有可能相互影响而成为恶性循环。他认为这两种饮食症状最初阶段可能是理智的节食，到后期神志崩溃后，孩子经常被情绪所困，越陷越深。

4. 生理的因素

一个人因过分节食而发展出行为症状，不但有认知、人格以及情绪的因素，凯依（Kaye）认为生理上的因素也不可忽视。他发现青少年初步节食造成体重减轻和营养不良，结果使脑神经系统错乱，体重越减轻越要减肥，终至无法收拾，厌食症因而形成。这种解释也获得明尼苏达大学人体解剖学会的支持。这个学会指出迷走神经（Vagus Nerve）中的胃部分支神经由于节食，会发生神经失调的现象。一旦这个分支神经运作不健全，一个人的暴饮暴食以及引发上吐下泻的循环就会发生。这个学会发现治疗胃肠病的药品昂丹司琼片（Ondansetron）会缓和胃部迷走神经的过分活跃，因而病人可以打破暴食和节食的循环。

5. 遗传与家庭环境的因素

史绰伯（Strober）综合研究有关饮食异常的文献后，发现遗传因素深深地影响一个人人格形态的形成，以及饮食病态的可能性。他引用家庭遗传研究的结果来证明厌食症与贪食症受遗传因素影响。这些研究发现一个家庭之中，常有数个饮食异常或具有怪癖的人，这些有血缘关系的人有的虽在不同的环境中长大，但其怪异的饮食习惯依然存在。遗传因素的存在并不否定环境因素的重要性。范德雷肯（Vandereycken）发现，患有贪食症的孩子通常来自支离破碎的家庭，家庭成员冲突不断，父母对子女的饮食营养不闻不问。相反地，厌食症的孩子则常出身于组织健全、和谐而且富足的家庭，父母把家庭照顾得相当周全，而且关心子女的营养。但是这种家庭的父母常会显得过分呆板，无法与子女开诚布公地检讨彼此的问题。有时候父母在严厉管教与孩子独立自主之间摇摆不定。

（三）症状的评量

厌食症与贪食症不但是情绪与行为问题，也涉及生理的健康与成长。因此，评量的范围应该包括孩子的饮食情况、运动情况、认知、情绪、人格的发展以及生理健康的状况。唯有通过全面的了解，才能对症下药。症状评量的方法可以从访谈、身体检查以及心理测量3方面加以介绍（有关行为背景的评量请参见第二章）。

1. 访谈

要了解孩子饮食与心理情况，可以直接访谈孩子，也可以访谈熟悉孩子的人。加纳和罗森（Garner & Rosen）特别指出访谈是评量工作的第一步。访谈的目的在于收集下列数据：（1）饮食异常症状的概况：包括目前的体重、过去体重增长的情况、饮食的习惯、减肥的方法（例如节食、禁食、呕吐、咀嚼食物但不下咽、运动或是使用药物），以及这个孩子对体重、体型的看法。（2）目前或是过去心理上、社会关系上，以及家庭的情况，或是身心的病态。（3）生理上的症状，例如身体衰弱、消化器官的病症、体温降低、皮肤敏感、心脏衰弱等。（4）孩子求治的动机，到底是自己觉悟到问题的严重性主动求医还是大人带来求治。（5）病发前后，节食和暴食前后心理上的变化，例如抑郁、焦虑、愤怒、性情浮动、出现精神症状、社会退缩、精神不集中、思考紊乱、判断错误，或是情绪冷漠。

2. 体能检查

洛曼（Lohman）从医学的观点来看饮食异常的症状。他认为体能的检查主要在找出一个人体内的脂肪。目前3种最常用的方法是双能X线测量（Dual Energy X-Ray Absorptiometry），全身电能传导系数（Total Body Electrical Conductivity）以及近红外线交互作用（Near-Infrared Interactance）。玻尔曼和霍顿（Poehlman & Horton）则测量一个人能量消耗的情况与体能平衡的状态。他们使用静止新陈代谢的比率（Rest Metabolic Rate）来算出中枢神经系统、细胞、生化反应等全日所消耗的能量，从而了解这个孩子的运动能量或是体能透支的情况。他们同时使用一个人氧气的消耗量和二氧化碳的制造量来测量孩子的体能活动。

3. 心理测验

一个孩子的认知、情绪、人格以及社会关系对饮食情况有举足轻重的影响。加纳（Garner）认为除了要对一般情绪、心理压力、智力以及孩子的自我观念有所了解外，还可以用以下3种主要的心理测验来评量孩子的饮食问题：饮食症状的检查（Eating Disorder Examination）专门用来评量饮食异常的特殊症状；进食障碍调查量表（Eating Disorder Inventory）则用来测量厌食症与贪食症症状背后的特殊心理状态，包括这个人对体重体型的态度、完美主义的想法、人与人之间的信赖以及恐惧的心态；饮食态度的测验（Eating Attitude Test）一般是用来作为初步的诊断，了解一个人对饮食有没有不适当的看法和态度。

（四）厌食症与贪食症的治疗

厌食症与贪食症广泛地涉及情绪、认知、医药健康等问题，这些因素重重叠叠；因此，治疗措施必须从教育、心理治疗以及营养的调剂着手。最基本的目标是协助孩子建立和谐美满的人际关系，父母和治疗人员要能无条件地接纳，给予无限的爱心，才能促其建立合理的人生观和健康的生活方式。

1. 饮食异常的预防

预防重于治疗，这一观念在饮食异常的问题上依然是颠扑不破的原则。绝大多数的厌食症与贪食症在青少年阶段开始病发，但费尔本（Fairburn）认为最危险的时期还是涉世未深的儿童期。事实上，他认为患有饮食异常症状的孩子早在儿童时期就开始出现了症状，例如使用泻药和催吐。他主张学校必须把饮食营养与健康的观念深植在孩子的心中，才能抵挡大众媒介和时尚行业对孩子们的蛊惑。费尔本发现很多孩子已经患上了饮食症状，但大人与孩子本身都蒙在鼓里。有的孩子根本不知道自己的饮食情况已出现问题；有的虽知道有问题，却认为过一阵子会自然恢复正常；有的孩子自觉羞辱而不敢公开自己饮食的问题，等到大人发现时，为时已晚。因此，他认为需要有进一步的预防措施；除了传授饮食与健康的知识外，还要借用教育的力量，教授有关饮食异常的知识，期望已经出现问题的孩子可以尽快回头，或是大胆表明问题，寻求大人的协助。另外，父母和老师也要具备这方面的知识，以便及早觉察孩子的异状，从而能迅速介入以应对危机。再者，有些孩子经过治疗之后症状暂时消失，但稍一疏忽，又故态复萌。因此，预防旧病复发是大人与孩子不可忽略的问题。

2. 教育心理的功能

教育与预防的工作必须同时并进。教育心理的功能是针对孩子的饮食症状，给孩子和父母提供必需的知识和方法以及克服症状的方法，从而改变大人与孩子的态度与行为。奥姆斯特德和卡普兰（Olmsted & Kaplan）认为学校老师和治疗机构的专业人员需要重视以下7项重要的教育心理的观点。

（1）饮食异常有多重而复杂的导向，例如生理上的因素、心理因素、家庭因素以及社会文化因素，彼此纠缠相互影响。无论治疗或预防，都必须认清并排除可能的危险因素。

（2）过分节食、使用泻药，或是故意制造呕吐对身体会造成严重的伤害，甚至有死亡的危险，最明显的症状是心跳减慢、血压降低造成头晕和昏厥。此外，由于体温降低而使体力衰弱、便秘、消化系统故障、口腔和牙齿的败坏、肌肉萎缩以及心脏衰弱，甚至可能突发心脏病。了解到这些危险的症状，孩子才会顿悟到过度节制饮食是得不偿失的做法。

（3）体重的定点理论（Set-Point Theory）可以用来解释节食不一定能减肥，这种理论认为由于先天的遗传因素，一个人的体重和身材早已定型，节食只会导致新陈代谢作用的减慢，体重依然没有太大的变化；因此，节食往往是白费力的举动。了解到这种原理，虽然会叹息体重体型不符合理想，但不会引起孩子的羞耻或内疚。孩子从此了解到一个重要的事实：这是与生俱来的特性，并非好吃懒做的结果。

（4）基本的营养常识是纠正认知错误的有效方法。为了苗条的身段，女孩子会把食物视为大敌。但是，普通身材的年轻妇女每天需要1500卡路里到2000卡路里热量的食物。在这个大原则下，一个人可以自由搭配自己喜爱的食物和身体所需要的营养。长期超出这个范围必然构成健康的威胁。孩子必须学习在这个适度的范围内，在健康、口福以及身材美观上做适当的调整。

（5）社会文化因素的影响常把妇女推到生命攸关的边缘。妇女本身受到社会压力，追求苗条，变成牺牲者而不自知。就如古代中国妇女从小缠脚，一方面显示“女性美”，另一方面表示其出身于有钱有闲的家族。事实上，这些女性都是社会习俗的受害者。处心积虑想要节食减肥的青少年，尤其是女孩子，如果了解到自己只是盲目地追求风尚，就应该掉转头来，以健康与生命为重，不再追求虚幻的外表，更不要为此付出生命的代价。

（6）认知与行为改变的策略给沉溺于追求美观的孩子一线新的希望。无论症状深浅、历史长短，只要有适当的策略，都有挽回的空间。抓住一线希望，建立信心，就有改变饮食习惯的余地。

（7）纵使孩子已经挣脱了饮食异常的枷锁，并不保证这一生从此可以高枕无忧。孩子必须认清一个重要的事实：厌食症与贪食症随时都有旧病复发的可能。无论孩子本身或大人，都必须追踪防范。

3. 认知的改造

如果孩子已经患上厌食症或贪食症，其生理的变化导致了认知的歪曲，虽然已经骨瘦如柴，却依然认为自己太肥、太胖。遇到这种情形，单靠饮食与营养知识的传授，必然收效甚微。唯有彻底改造孩子的认知，排除其错误的想法和信念，才能真正扭转危机。

（1）对自己身材的不满是饮食异常的主要导因。罗森（Rosen）追问这些孩子，已经饿得皮包骨，为什么还嫌太肥？他们立刻指明身上的某一部分，如臀部、腹部或大腿仍然不够细美。只要还有一部分不能达到满意，就要继续节食。罗森认为这种孩子以完全不切实际的尺度来评量自己的身材，对自己的缺陷夸大其词，甚至在理想的自我与实际的自我之间造成无法弥补的差距。维托塞克（Vitousek）指出认知治疗的重点在于协助孩子仔细辨别自己思考的可靠性，把自己对身材和饮食的信念具体化，然后逐一进行批评和挑战。这种对思考与信念的质疑先由治疗人员提出，但其终极目标是要孩子自己澄清混沌的思考。在这种学习的过程中，治疗人员要一一点破孩子思考逻辑的错误，例如只注意局部而忽略全局、对别人的言谈断章取义，或是袒护自己的偏见。要是孩子依然执迷不悟，可以指导孩子自己收集数据，自己做实验来证明自己想法的错误。

（2）“唯美是图”是孩子选择节食的主要的心理因素。维托塞克认为这种孩子需要全盘分析、判断自己的人生价值，就可求与不可求的人生目标作深入的比较，并就各种可能的后果做明智的取舍。一旦孩子逐渐地领悟到人生真正而永恒的价值，大人可以鼓励他们选择适当的人生目标，体验真正的欢乐。加纳和罗森（Garner & Rosen）发现这种孩子往往有缺乏自信和自尊心偏低的现象。他们自觉只有塑造完美的身材才能抬起头来，也才能得到别人的敬爱。因此，在人生观的改变之外，还要协助他们以果敢的行为来表达他们的心声，强调个别差异的意义，发掘并发展自己的特长。而最重要的是孩子要能接纳自己，不要因为别人的眼光或闲言闲语而挨饿消瘦。现代女性早就该建立独立、自信、坚强而且理智的作风，大步地走出“小脚”的旧俗桎梏。

（3）患有厌食症与贪食症的孩子并不因为身段的细瘦而心存喜悦。事实上，随着症状的恶化，抑郁、焦虑、愤怒、暴躁、畏缩等心理症状接踵而来，把孩子推入痛苦的深渊。他们一心一意地想从这个心理困境中脱身出来，却把饮食异常的问题摆在一边，殊不知饮食问题才是这些心理痛苦的症结。认知改造的目的在于廓清情绪因素与饮食问题的因果关系。治疗人员要提供充分的证据，证明这些生理上和心理上的问题都是因为长期缺乏热量以及体重过轻的结果。只有清楚交代症状与归因，孩子才能挣脱行为的枷锁，恢复正常的饮食。加纳和罗森进一步指出，有些执迷不悟的孩子明知饮食异常所带来的痛苦，却心存幻想：不必恢复体重，不必恢复正常的饮食，也不必革除上吐下泻的病态行为，一切都会恢复正常。他们认为这种孩子因长期营养不良的结果，体内电流的活动受到严重干扰，神志不清，必须认识到认知治疗与医药治疗双管齐下才有挽回的余地。

（4）彻底革除厌食症与贪食症有赖于孩子把注意力和精力从肤浅的外在美转入内在美。这种孩子存有一种根深蒂固的想法和信念：唯有苗条才是美，肥胖令人生厌。他们一心一意地节食并进行激烈的运动，只有这样才能获得短暂的安全感、成就感以及超人一级的优越感。这些感觉会反过来增加节食的行动。加纳和罗森认为在不伤害孩子自尊心的大原则下，不断向这种想法、行为以及感受提出挑战，要孩子自己做出分析判断。治疗人员要协助孩子排除这种肤浅的想法，并深入了解人生的真谛。孩子要建立一些新的健康的想法：对肥胖的人存有偏见和歧视是不人道的行为、对自己身体过分苛责而造成长久的伤害是不智的举动、需要重新检讨把自己的身段与社会地位相提并论、因为受到社会压力而节食挨饿事实上是受害者的行为。这与中国古代女性绑小脚的做法如出一辙，这种社会风尚是不人道、不正确、不合理、自我摧残、压制女性的做法。孩子要赢得别人的喜爱，建立良好的社会关系，必须注意内在美的培养，如仁慈、大方、宽大、高洁、善解人意、友善、诚实，并且显示出能力和魄力。这种思考的转换并非一蹴而就的事。治疗人员必须以实例来分析比较内在美与外在美的区别，并把孩子引导到正确的人生旅途。

（5）有些孩子因为饮食异常致使父母忧心忡忡，甚至陷入全面戒备的状态。孩子却借此机会坐收渔利，享受前所未有的关切和照顾。在治疗过程中，孩子要学会把这种做法的利弊得失作彻底的分析：以自己的身体健康为赌注，换来一些不健康的人际关系，又把父母和家人的祸福置之不顾，显然付出了太大的代价；有一天父母从关切转为怨恨，一切都会落空。孩子不但对人际间的利害关系要有明智的了解，还要学会以互相信赖、相互支持的态度与父母和家人建立亲密的关系。

（6）加纳和罗森深深地体会到患有厌食症或贪食症的孩子往往怀有满腹苦闷却无从发泄，另有一些孩子甚至茫茫然不知道为什么彷徨，为何事感到不安。青少年阶段的孩子，尤其女孩子，特别需要和渴望有亲密的友谊，能够得到异性的青睐。但是，涉世未深的孩子对于新关系的建立常出现恐惧、顾虑以及裹足不前的现象。女孩子在人际关系的建立中，常居于被动和依赖的地位。她们一方面刻意修饰外表期能引起注意，另一方面又怕关系太过接近。加纳和罗森认为孩子的心结必须打开，心中的苦闷必须判断出来，并有适当发泄的余地。例如父母、老师、治疗人员应该设法了解孩子的处境和心境，倾听他们的心声，变成他们能够信赖的友人。专家们认为除了认知的改变，还要指点出青少年人际关系中的迷津，协助他们建立适当的社会技能，并注意才艺和品德的培养，革除不正确的想法和做法。唯有如此，孩子才能从自己的躯壳走出来，步入广大的社会。

4. 饮食与体重正常化

孩子对饮食与身材的认知与态度有适当的改变后，能够与父母或治疗人员采取同一立场，就要进入饮食与体重正常化的过程。这个过程一方面要纠正孩子暴饮暴食、不正常的节食、自我制造上吐下泻，或是疯狂式的运动；另一方面要逐渐地增加食量，吸取适当的营养，一直到体重达到正常的标准而且长久地维持这个标准。

（1）自我监督是行为处理经常使用的策略。应用在饮食异常的问题上，不但可以用来评量饮食状况，更可以用来改变饮食的行为。威尔逊（Wilson）根据这种策略要孩子详细记录每次在暴饮暴食和制造上吐下泻的过程中，自己的情绪处于哪一种状态。人与人之间的关系有什么特殊的变化。心中存有哪一种信念。此外，孩子要把每天的食量以及排泄情形做正确的记录，最好是每在事情发生之后立刻记录下来。要定期和治疗人员或是经过训练的父母检讨这个饮食、排泄、情绪、思考以及人际关系的记录。孩子可以由此了解到自己的症状、严重性，以及造成这种症状的原因。基于这种了解，自我监督和认知改造的策略同时并进，革除不合逻辑的思考和信念，大人也可以从事饮食与营养的教育工作。从此，孩子与父母共同制定饮食正常化的事宜。

（2）患有厌食症与贪食症的孩子最明显的症状是过度节食。伍利和卡尼-库克（Wooley & Kearney-Cooke）在严密控制的情况下，一步步地把新的而且富有营养的食物推荐给孩子。在治疗室之外，治疗人员要交代家庭作业，孩子每天要尝试他以前视为禁忌的食物，并把结果做成报告，然后与治疗人员共同研讨。在孩子增加食物范围的过程中，还要继续改变他对饮食、身材以及体重的信念。随着食量的增加，孩子的自尊、自信以及人际关系也同时培养起来，才能在身心的发展上相互呼应，彼此支持。

（3）体重的正常化是治疗的最后目标，但到底什么是正常的体重则有待斟酌。加纳和费尔本（Garner & Fairburn）认为必须考虑这几个主要的原则：个人的身材有高有矮、有胖有瘦，这往往由先天因素决定，不可强求一定的标准；饮食异常的孩子总是想要保持细瘦的身材，但是体重太低必然产生生理的症状和饥饿的心态；在苗条的身材与身体的健康之间，必须做明智的抉择。加纳和其他治疗饮食异常的专家都认为，孩子如果感觉有增加体重的必要，在起步的阶段应该让孩子增加少量的体重作为试验。在这期间，孩子慢慢地体验到目前心理和生理异常都是节食和挨饿造成的后遗症。此外，孩子也会体验到增加体重的好处，因而顺水推舟，带动整个认知与信念的改变。

（4）万一孩子的症状已经非常严重，住院治疗可能是挽回生命唯一的途径。在医院里可以逐渐促其恢复体重，至少不再减低体重。在医护人员的看管下，孩子无法再暴饮暴食和自我制造上吐下泻，同时可以治疗生理上的并发症以及情绪上的困扰。对某些孩子而言，离开支离破碎的家庭，换一个足以严密管制的环境就有相当的帮助。

5. 药品的使用

患有厌食症或贪食症的孩子普遍存在心理的困障。沃尔什（Walsh）发现有些孩子的思维障碍已达到妄想的程度。孩子的饮食异常也可能是妄想的结果，无论这种妄想是果还是因，可以使用抗精神病药排除妄想。沃尔什同时指出：抑郁的情绪也是与饮食症状相随的心理症状，他认为有使用抗抑郁药物的必要。他发现某些治疗过敏的药品具有促进食欲增加体重的功效。不过，药品的使用对孩子而言尤其具有严重的副作用，因此必须对饮食症状的严重性与药品可能带来的副作用仔细地考虑利弊得失才能对症下药。

2 肥胖症

社会进步、经济繁荣的结果是国民丰衣足食，出门以车代步，回到家中，打开手机，往沙发上一躺就度过了整个夜晚。这种生活的副作用是出现无数的胖子。近20年来，“发福非福”的观念已经开始发芽，甚至已深植在某些人的心中。因为发胖不但有健康上的顾虑，更是心理发展与社会关系的绊脚石，尤其孩子缺乏自我控制的能力，饭来张口，容易发胖，而且一旦发胖就有终身发胖的可能。因此，相当有必要及早调适饮食和营养。另外，孩子的饮食也不可矫枉过正，以免造成厌食症与贪食症等问题。

根据范·伊塔利（Van Itallie）的统计，20世纪80年代初期，美国国民的体重急速增加，23%的男性，27%的女性，以及10%的孩子其体重超出了标准体重的20%。几乎每4个人之中就有1个带有肥胖症。我们的情形自然没有如此严重，却有急起直追的趋势，不可等闲视之。

肥胖症与饮食行为的关系是早期行为科学主要的研究对象。伊斯雷尔（Israel）多年研究肥胖症，结果发现成人往往在孩童时期就有肥胖的迹象，而早期介入是最有效的方法。再者，肥胖的孩子身负沉重的心理负担，也比较容易出现行为问题，而更重要的是这种孩子很容易引起别人的揶揄、歧视以及排斥。因此，在情绪和社会关系上经常遭遇严重的挫折。披山佑（Pi-Sunyer）从医学的观点来分析肥胖的问题。他指出肥胖症最容易导致糖尿病、血压过高、中风、脂肪与脂肪蛋白比率的异常、心脏病、胆囊的病态、呼吸器官的毛病、癌症以及关节炎等症状。

（一）肥胖症的界定

肥胖症（Obesity）的含义相当浅显，其界定也直截了当。瓦登和贝尔（Wadden

& Bell）给肥胖所下的定义是：身体中脂肪组织重量，女性超过体重的35%，男性超过体重的30%。伊斯雷尔给孩子的肥胖症所下的界定是：一个孩子的体重超出同年龄、同身高、同性别孩子中体重的20%。

布朗内尔（Brownell）使用身体质量指数（Body Mass Index）来精确地算出一个人到底是过重还是肥胖。身体质量指数的计算公式是体重（公斤）除以身高（米）的平方。例如一个人身高1.70米，其体重65公斤，其身体质量的指数是（$65 \div 1.70^2$）=22.49。根据美国健康统计国家中心（National Center for Health Statistics）的标准，男性的指数如果超过27.8，女性的指数超过27.3即是过重；男性的指数超过31.1，女性的指数超过32.3即是肥胖。表10-1是身体质量指数表。在左边的体重与右边的身高拉一条直线；直线与系数的交叉点就是一个人的身体质量指数，并且区分出正常、过重，或是肥胖。

表10-1　身体质量指数对照表

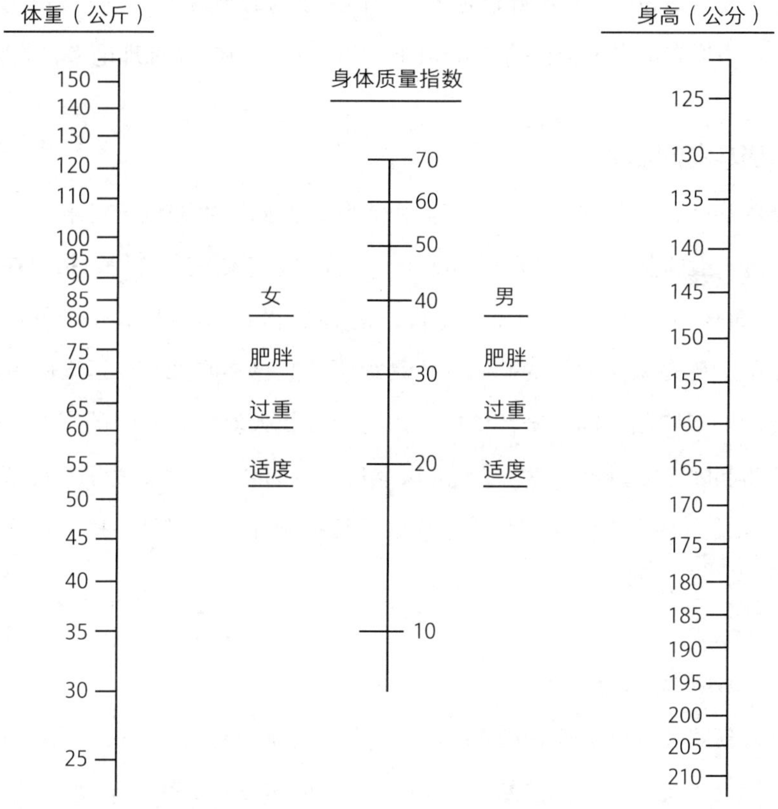

斯图卡德（Stunkard）把肥胖细分为轻微、中度以及严重3类。他把体重超出的比例、病理、生理的伤害，以及治疗的方法分门别类做综合简介。

轻微肥胖：超出理想体重20%到40%；病理是过分营养；生理伤害未能确定；治疗方法是行为治疗。

中度肥胖：超出理想体重41%到100%；病理是过分营养和身体的过分变型；生理伤害视其他生理状况而定；治疗方法是节食、行为治疗以及医疗措施。

严重肥胖：超出理想体重100%；病理是过分营养和身体的过分变型；生理伤害严重；治疗的方法是动手术。

（二）肥胖症的起因

孩子肥胖与饮食习惯自然有密切的关系，但孩子先天的遗传因素也难辞其咎。根据瓦登和贝尔的研究，肥胖症是先天遗传因子与后天行为形态交互影响的结果。事实上，行为形态多多少少也受到遗传因素的影响。现在从6种理论来看肥胖的形成。

1. 遗传因素的影响

肥胖症代代相传的可能性相当高，肥胖的夫妇所生的孩子将来成为小胖子的机会远超过一般的孩子。波乍得（Bouchard）根据数年研究的心得，指出在肥胖症的孩子之中，30%的父母也有肥胖症。不过，这个统计数字并未解释一个重要的疑问：这个孩子的肥胖是来自父母的基因，还是沿袭了父母多吃油腻少运动的习惯？斯图卡德研究同卵双胞胎在同一个环境中长大与分开长大对饮食习惯的影响。他们发现孩子肥胖的起因之中，64%~88%受到先天遗传因素的影响。他们特别为此统计数字提出澄清：遗传因素占去绝大多数并不代表无法控制体重，但是要控制在恰到好处比较艰难。

2. 基础新陈代谢率

基础新陈代谢率（Based Metabolic Rate）是遗传基因所带来的生理特质。每天的新陈代谢能消耗掉一个人热量的60%~75%。有些人先天基础新陈代谢率低，这种人很容易肥胖。根据罗浮生（Ravussin）的研究，同年龄、同身材的女性，每天新陈代谢率高低相差可达1000卡路里。想一想一个人每天大约吃下2000卡路里的食物，高与低的新陈代谢率相差一倍，或是说低新陈代谢率的人几乎是天天多吃一顿大餐，其造成肥胖症的机会当然高出很多。

3. 肥细胞的数量

一般人有250亿个到350亿个肥细胞。营养过剩的人（Hypertrophic Obesity）肥细胞的数字不变，但每个细胞的体积和重量增加。身体过度变型的人（Hyperplastic Obesity）肥细胞的数字则高到1500亿，而且每个肥细胞的体积和重量都高于常人。瓦登和贝尔认为肥细胞的数量和大小都是先天遗传基因所决定。具有身体过度变型肥胖症的人实在很难达到理想的体重，哪怕拼命节食，还是无济于事。他们发现一个人的肥细胞一生都在不断地增长，满12个月的婴孩和12岁左右的孩子是一生中肥细胞增加最快的时期。孩子如果有肥胖倾向，这两个重要时期是节制饮食的好时机。要是孩子太细瘦，这也是迎头赶上的好机会。根据瓦登和贝尔的理论，一个人的肥细胞总是有增无减，所以一个人一旦过重，等于陷入生理的陷阱；既然细胞已经制造出来，就不能在数量上缩减回去。因此，早期预防肥胖的形成是最好的策略。

4. 定点理论

体重的定点理论（Set-Point Theory）是说一个人的体重总是保持在相当固定的水平。这个人如果想要增肥或减肥，其生理状况会自然地抵御这种变化，生理的补偿反应会自动把体重调整到原定的水平。柯西（Keesey）在实验室中减少小老鼠的食物，期能减低体重，结果小老鼠的新陈代谢率自动调低来保持体重；相反地，饮食过量的小老鼠身体自动调升新陈代谢率来防止肥胖症的形成。人类肥胖症的形成和难以消除也可用这种理论来解释。这种人生而具有偏高的水平而且生理上会自动地调节新陈代谢来保持这种水平。例如一个身高165厘米体重90公斤的女性，再节食、再运动，虽有暂时的效果，但很快地又恢复体重。

5. 热量的吸收与消耗

身体如果吸收太多的热量，却又不能适时地消耗，结果热量囤积在体内变成脂肪。斯图卡德以热量吸收和消耗的模式来解释肥胖症的形成。他认为无论大人或小孩，其肥胖大多是因为身体吸收过高的热量，他们对于吃的东西有相当敏锐的反应，而且有非常特殊的饮食方式。他们缺乏体能活动，所以身体中的热量无从发散。这种论调近年来常受到严重的质疑。大部分的学者认为先天的遗传因素比饮食和运动的行为更有决定性的影响力。但是，瓦登和贝尔认为这两种说法并不完全抵触。先天的因素给人一个伸缩的范围，后天的行为方式在这个范围之内可以左右自己的体重体型。基于这种想法，他们认为饮食和生活形态要在生理的允许范围内建立健康的习惯。但是，有些人可能要接受一个冷酷的事实：他们可能永远没有办法达到“理想”的体重和身材。

6. 生理的病态

每一个社会的成员才智有高有低，身材也是有胖有瘦。从正态分布的曲线来看，每一个社会中，总有一些比较肥胖的人。但是，有少数人的肥胖源自生理的病态。有的人由于遗传基因不正常，新陈代谢速率太低，虽然每日饮食与常人无异，身材却臃肿不堪；有的人因为胰岛素分泌过多，胃口大增，造成体重增加。再如生殖腺体功能失常以致分泌不正常、甲状腺分泌不足，以及糖尿病等都会造成肥胖。

（三）肥胖症的评量

度量体重，算出一个人是否超重并非难事；但是如果要做症状的治疗，则必须花费心思，找出生理上、心理上的潜在因素。

1. 身体质量指数的计算

身体质量指数（Body Mass Index）最常用来作为评定肥胖的工具。福雷尔和穆仁（Feurer & Mullen）认为超过这个指数的人，尤其是食用低卡路里食物，但身体质量指数依然偏高的人，要进一步做简单测量以断定新陈代谢的比率。

2. 饮食行为与态度的评量

个人肥胖的历史是推测未来症状消长的重要因素。从孩子呱呱坠地到目前为止，体重的历史越完整，对治疗策略的拟定越有帮助。瓦登和贝尔认为孩子饮食或节食的习惯、体能活动的情形、心理状况与社会关系，都要有详细的调查。他们认为孩子的心境、学校功课或人际关系的压力、家中的特殊情况也都必须列入评量和考虑。如果孩子自动要求减低体重，要对其动机有彻底的了解。例如有的孩子刚交上异性朋友、有的孩子追求时髦，其减肥的举动则有待斟酌。孩子父母的生理健康和体重体型也是评量的项目。

3. 生理的检查

除了新陈代谢比率和身体质量指数的评量外，温锡尔（Weinsier）认为身体中脂肪含量的百分比也是重要的指针。检查脂肪含量是度量皮下的油脂，男性超过25%，女性超过33%就算是肥胖。此外，脂肪的分布也是重要的关键，男性腰围与臀部的比率超过1，女性超过0.85就表示脂肪分布不正常，而且较容易引起身体的症状如血压过高、糖尿病、心脏病等。

经过适当的评量后，如果发现有减肥的必要，则需做进一步的生理检查。温锡尔例行的检查包括血压、皮肤、脂肪分布、甲状腺、水肿的现象、神经状况、胆囊功能、血糖以及睡眠中氧气的吸收情形。

（四）肥胖症的治疗

肥胖症的形成简单地说是因为热量的吸收与消耗不平衡，过剩的热量在体内转变为脂肪，日积月累即成肥胖。这种症状的治疗，简单地说是减少食用高热量的食品并增加体能的活动。实际上处理肥胖症并非如此单纯，除了节食和运动之外，还要建立健康的生活形态，才能持之以恒。这就需要医药、认知以及行为全面的改变。再者，孩子自我控制的能力有限，还有赖于父母的参与和协助，把孩子带入健康的生活方式。

1. 父母的参与

孩子因为肥胖而接受治疗，父母参与其中是合理而且必要的措施。伊斯雷尔认为无论是对病因的了解还是对治疗方案的拟定，都要深入了解孩子的家庭环境。父母是这方面最可靠的消息来源。父母是孩子一日三餐的供应人，应当接受专家的指导，提供孩子低脂肪、高碳水化合物的食品。这种多吃谷物而少吃动物油脂的饮食方式不但可以减轻体重，更可强化心脏的功能。父母要特别了解的是：孩子的营养中，来自肥油的热量不能超过30%，蛋白质要保持12%，其余的热量要从碳水化合物中摄取。根据孩子的年龄、体能的消耗以及个人的生活方式，每天吸收的热量要有适当的节制。例如普通身高的男性应该在1500卡路里，女性则在1200卡路里左右。此外，孩子每天的活动量和体能的消耗也有赖于父母的监督。最重要的则是处理孩子的饮食行为和习惯。例如协助孩子制定减肥的目标、速度、饮食的质量以及运动的程度；建立赏罚分明的行为规则；监督孩子的努力和进步的情形。要是孩子接受专家的治疗，父母要尽量参与治疗，从事观察学习，并在家中协助孩子完成专家交代的作业，如记载卡路里的吸收量和运动的时间等。伊斯雷尔认为父母与孩子同时接受治疗并一起减肥是一种理想方法，事实上也有困难之处。大人减肥远比孩子困难，而且也许没有足够的时间和精力执行。因此这种做法在事先要有周详的安排。

2. 父母的技能

控制孩子饮食与运动是一种特殊的技能，这种特殊的技能是协助孩子治疗肥胖的先决条件，这种技能要在孩子接受治疗当中，一面学习一面付诸实践才能逐渐成熟。父母对孩子行为的基本原理原则要有初步了解；行为、前事以及后果三者之间的安排要能得心应手；强化与处罚的策略要能妥善运用；行为的观察、记录以及评量要有适当训练。在孩子从事节食、运动以及整个生活形态的改变过程中，艰难、障碍在所难免。因此，解决问题的能力是另一种特殊的技能。布莱克（Black）特别指出解决问题的技能应该包括断定与饮食、运动、体重有关的问题；动脑筋设想各种不同解决的办法；评鉴所想出来的办法并根据其可行性与有效性一一依序排列出来；从最可行且最有效的办法开始实施；评鉴实施的结果；如果所设想的办法都行不通，则重新界定问题或把大问题分解为数个小问题，再重新设想可行的办法。

3. 父母的控制与孩子的自我控制

幼龄的儿童生活在父母的羽翼下，饮食自然要受父母的控制，尤其如果出现肥胖的症状，更要受到父母的管束。随着孩子年龄的增加，父母的控制要逐渐减轻，改由孩子自己节制饮食。由于年纪较大的孩子外出机会较多，暴饮暴食的可能性较大，父母又不能时时跟在身旁，自我控制是必经的过程。问题是父母要有敏锐地观察孩子的能力，在父母的控制与孩子的自我控制之间保持一个平衡，并在适当的时机一步步地放手让孩子走向独立。伊斯雷尔特别强调这种控制权的转移要循序渐进，不致把孩子遗弃，像断线的风筝，完全失去了控制。

伊斯雷尔同时认为在控制权的转移当中，要训练孩子自我控制的技巧。这些技能包括自我监督，如行为与饮食的记录；在达到原定的行为目标或预期的体重时，能够自我奖赏和鼓励；能够抵制内在对食物的渴望以及外在食物的诱惑；在危险性较高的情况中能够知道节制，例如在喜宴中不大吃大喝。瓦登和贝尔也强调自我控制在减肥当中的重要性，他们特别就自我监督一项加以补充。他们的实际经验是，自我监督不但是行为的评量，也是行为改变的重要策略。有些病患开始记录自己的行为之后，发现自己的饮食习惯有相当偏差，会自动减少热量的吸收。所谓行为的记录包括登记每天食用的食物、份量多少、每一种又有多少热量、每天运动的时间和强度、饮食的速度、思考的困扰或是情绪的变迁。对这些行为数据定期地进行检讨评阅，就会理出饮食行为的前事与后果，以及控制不适当饮食的策略。一旦有进步，行为数据自然变成最有力的强化物。

4. 刺激控制法

斯图卡德借用行为分析中常用的刺激控制（Stimulus Control）来限制患有肥胖症的人与食物过分接触，或对食物产生太多的反应。用刺激控制节食减肥的策略是：购买食物时要谨慎，不要在家中存放容易高热量的食物；如果在家中囤积食物，不要让孩子唾手可得、予取予求；不要勉强孩子吃光饭菜，但要鼓励孩子挑出并丢弃肥腻的食物；限制或减少吃东西的时间、地点或是活动；与食物有关的社交场合要经过三思才能去。

5. 细嚼慢咽的习惯

细嚼慢咽是最万全的减肥方法，它不但用来减少热量的吸收，更可改善生活的质量。斯图卡德认为改变狼吞虎咽的饮食方式是促成饱腹感的重要步骤。他有几个可行的方法教会孩子细嚼慢咽：每吃一口饭菜后，把碗筷放下，吞下一口饭后再把碗筷举起来；在一餐饭中，可分段稍作休息；每一口饭数一数嚼多少次；要完全嚼碎口中食物才吞下肚。他认为每天的热量限制在1200卡路里之下。孩子要慢慢地咀嚼才能品尝出食物的美味，也才能够享受三餐；即使量不多，也不至于感到缺乏。再者，一个人在细嚼慢咽中可以用心考虑自己的肥胖、饮食以及行为的各种后果。青少年一旦养成细嚼慢咽的习惯，会有自我控制和健康愉快的感觉。这种感觉对减肥的过程有举足轻重的影响。

6. 运动量的增加

运动是健身的不二法门，就减肥的功能而言，运动是消耗多余热量、排除脂肪的最佳途径。孩子本来都有蹦蹦跳跳的天性，游戏中更有大量的体能活动。但是有些孩子受主客观因素的影响，运动量减少，热量无从发散，自然囤积增肥。瓦登和贝尔认为增加运动量来减低体重最大的好处是，孩子可以控制自己体能活动的质量，而且可以增进生活的情趣。他们把运动的增加分为两种。一种是有系统有计划每天做定时定量的运动，如跑步、疾走、游泳、骑脚踏车、健美操、打球、举重等。这种运动可以在短期内产生相当的减肥效果。例如6个星期中就可能把所要减除的体重减少50%。这种方式的缺点是减肥的人一定要有强烈的动机，否则一曝十寒，对身心反而有不良的结果。另一种是瓦登和贝尔极力提倡的增加“生活方式的活动”，把运动变成生活中例行的一部分，例如步行上下学、减少以车代步的情况、能站立就不坐下。一天如果能够走上3公里，加上做家事，或是在学校负责打扫清洁，一个星期的活动量在6小时以上对健康和减肥都有相当的益处。他们认为孩子从小养成体能活动频繁的习惯，一生受用，并可长期保持适当的体重。

7. 认知的改造

饮食问题不单单关系到嘴巴和肚皮，成功的治疗还要用心、用脑。因为认知与信念深深地左右一个人饮食的行为，认知的改造在治疗肥胖症中扮演着举足轻重的角色。马奥尼（Mahoney）发现患有肥胖症的人在接受治疗以前都有几个思考上的偏差：减轻体重是不可能的事（我从来没有减肥过，我怎么可能会减少10公斤？）；建立不合理的期望（我在年底以前要减20公斤，所以从现在开始绝对不再吃肉）；自我责备（我就是管不住嘴，明明知道这种蛋糕吃不得，偏偏吃了一大块。我是一个敢做不敢当的人，这一辈子就要这样子胖下去了）。这种完全不切实际的思考往往会引起恼怒和抑郁，结果反而会放肆地吃喝。年纪较大的孩子，如果有认知上的错误，就要在专家的指导下反思和挑战自我，建立正确的想法，采取积极而健康的行动。马奥尼特别指出，他们的患者每次大吃大喝、节食、发现体重增加或减少，都要把这些事件发生之前、之中、之后的想法和感觉写下来。这种想法和感觉记载在一张纸的左边，与专家共同检讨这种想法和感觉后，发现有偏差之处，要带回去做家庭作业，设想适当而理性的思考和信念，记在纸张的右边，再与专家做检讨，以健康的想法来取代错误的认知。例如15岁的小勇在一次喜宴中饱食一顿之后心中很懊恼，深责自己缺乏克制的能力。新的积极的想法应该是："这一次爸妈不在身边就没有办法节制，实在令人失望，但是我要想一个周全的办法，以后遇到这种情形才能自我控制。相信马奥尼博士可以帮我想出一个好办法。"

8. 追踪与维护

治疗肥胖症最忌讳的是出现体重上上下下，减了又增，增了再减的现象。这种情形对身心的危害远超过肥胖症本身所带来的伤害。瓦登与贝尔研究发现，肥胖症病患接受4个月的治疗之后，体重都有显著的减低，但是治疗结束之后不到1年，又增回治疗期间所减少的体重的38%。福雷特（Foreyt）的研究也有相似的结果。他进一步发现在治疗结束之后3年，患者增回50%以上的体重。这种体重回增的现象与定点理论有关，因为长期节食的结果，新陈代谢率降低，虽然食量并未增加，体重会慢慢地回升。但除了生理因素以外，患者在治疗结束后的想法和行为也很重要。瓦登和贝尔发现患者心想艰难的时期已成过去，既然目标已经达成，不必再沉迷减轻体重，只要能维持现状，甚至回升一点点也心满意足。这些病患在饮食方面开始跨过"绝对禁止油腻的食物"这条底线，父母或专业人员的督促和支持也不复存在。在体重和饮食方面没有特殊的目标，维持体重更不如减轻体重那样迫切。当初一片雄心壮志已化为乌有，运动也徒具形式或敷衍了事。基于这种种理由，他们认为保持合适的体重必须要从基本的维护和危机情况的处理双管齐下。

基本的维护是指每天、每星期、每个月，都要关切和从事维护的措施。例如继续做饮食和热量吸收的日记，固定的运动，保持活跃的生活方式、度量、记录以及制作体重变化的曲线图等。危机情况的处理是指行为上和认知上要装备起来，应付可能遇到的暴饮暴食场合，避免恢复往日的饮食方式。患者在结束治疗之前，还要学会断定什么是危机情况，预期情况的发生，并且在发生时如何自我节制。例如在过年过节时，在亲友宴客时，如何选择适当的食物，婉拒别人的劝菜。这些技能要随时复习，才能在关键时刻派上用场，否则真正遇到危机情况时，不知所措，反而心生焦虑、内疚或是无能的感觉。

9. 药品的应用

使用药品来控制肥胖已有相当悠久的历史；目前减肥的药品更是琳琅满目。赫雪卡和海姆斯菲尔德（Heshka & Heymsfield）从医学的观点来评论医药的使用。他们把减肥的药品分为3大类：第一类用来减少热量的吸收，第二类用来增加热量的消耗，第三类则用来改变热量与养分在体内的储存。

第一类减少热量吸收的药品通过刺激中枢神经系统以抑制食欲。有一种药物可以增加饱腹感，减少胃部空虚的感觉，因此不再饥不择食，如胆囊收缩素。还有一种药物是阻止养分的吸收，加速排泄，如奥利司他。

第二类药物增加热量与养分的消耗，但不致影响到心脏功能。

第三类包括合成代谢类固醇曾用来改变热量和养分的储存，选择和操纵生长荷尔蒙，因此减少体内脂肪，增加肌肉。这种药品曾广泛地用于改善家禽的质量。

赫雪卡和海姆斯菲尔德特别提出警告：**只有在用尽传统的治疗方法还无法减肥，或无法维护治疗的成果，不得已时才使用药物**。他们同时指出，在用药前一定要做彻底的身体检查，而且要经过医生的处方。在使用中、使用后，还要定时检查身体重要部位的功能，防止严重的副作用，预防给身体带来更多的伤害。

10. 手术减肥

对于患有极端肥胖症的人而言，如果所有的办法都已试过依然无济于事，手术减肥可能是最后一线希望。但是克拉尔（Kral）特别指出动手术减肥的危险性。根据他的报告，因为这种手术而丧生的案例的出现频率大约为5‰。孩子为减肥动手术更需要慎重的考虑。他同时指出另一个事实：因肥胖症致死的案例远超过手术致死的比率，有些患者甚至确地的表示，他们宁愿死也不愿活在肥胖的痛苦中。孩子自然无法明智地决定自己的命运，因此在不得已时，父母与医生要就各种利弊得失做慎重的考虑。

克拉尔指出手术大约可以分为两种。一种是利用手术夹住胃部的上方，在食道与胃部连接的部位制造一个只能容纳1.5%立方分米固体食物的小袋子，同时在小袋的底部开一个紧缩的通道，让食物缓慢地输入胃部。这个小袋可以限制食物的容量，并且控制食物进入胃部的速度。这个小袋一旦装满固体食物，液体或半固体等富有养分的食物就无法进入胃中，因此身体无法吸收大量的养分。如果多吃一点食物，必然涨起这个小袋子，结果不但食量减少，吞食减慢，热量的吸收也大打折扣。另一种是在小肠之外加上一个旁道，多余的热量和养分可以经过旁道直接引入粪便之中，不再经过小肠，也不再吸收到身体之中。患者经过小肠手术可以维持往常的饮食习惯而不会吸收过量的养分。克拉尔认为有些过分肥胖的人，甚至要两种手术一起进行。

3 发育停滞

可怜天下父母心，当父母的就怕孩子吃不下、长不大，于是营养补品样样都来。事实上，大部分的孩子发育都相当好，父母只是白操心，一再强求孩子饱食加餐。孩子不但不以饮食为人生的享受，反而把吃饭当成苦刑，结果适得其反。这时父母只要改变揠苗助长的方式，在需求平衡的情况下让孩子自然发展，双方都平安无事。另有少数父母完全忽略孩子的营养，对其饮食毫不关切，结果孩子成长受到阻碍，这种父母有再教育的必要。更有一些孩子生活在贫困的环境中，饥寒交迫，其身心成长受到严重的打击。这在文明的社会中是不可容忍的现象，绝对有必要引入社会福利系统的干预和支持。

根据德罗塔尔（Drotar）的统计，在美国的农村和城市中，平均10%~20%的孩子存在发育停滞，住院治疗的幼童中，有1/5是因发育障碍而入院诊治。从长远的观点来看，这种孩子在生理上和心理上都受到了重大的伤害。长期的营养缺乏造成贫血、血清蛋白质过低、呕吐或反刍、严重脱水等病症，常有生命的危险。如果生命有幸能保得住，智能的发展和学校学业必然会受到不利的影响，其情绪与行为问题也接踵而来。从父母养育子女的观点来看，这种孩子，尤其是婴儿和幼童，因为营养不良而致心情暴躁，疲惫又畏缩，睡眠与一日三餐都出现问题。这些情绪与行为问题使幼童的喂食更加困难，营养缺乏的情形也日渐恶化。美国精神病学协会在1994年修订的诊断手册中明确地指出，3岁以下的孩子饮食问题不早解决，长大后会给学校生活和行为问题留下无穷的后患。

（一）发育停滞的界定

比瑟尼和拉斯本（Bithoney & Rathbun）把发育停滞（Failure-to-Thrive）界定为

孩子的成长与体重的增加有明显的缺陷；其体重位于国家标准体重第5个百分位数之下。美国精神病学协会对婴儿与幼童饮食异常所订的诊断标准是：孩子持续出现饮食不适当的现象，体重无法按照成长的比率增加，或是有减轻的现象，这种现象持续一个月以上。

（二）发育停滞的起因

发育停滞与肥胖症的起因恰恰相反。孩子的体重无法按照成长的比率增加，是因为热量的吸收入不敷出所致。这种现象的形成与父母的养育方式有关，孩子本身生理上的缺陷也是重要的因素。德罗塔尔特别指出这是生理与环境因素交互影响的结果。

1. 家庭的问题

家庭结构涣散，家里的人时起争端，尤其是在吃饭时引起争吵更会让孩子无心饮食，在重重家庭冲突中感到气急败坏的父母自然无暇顾及孩子的饮食。德罗塔尔等人发现人口众多的家庭对孩子不一定是福。他们认为在多代同堂的家庭中，看起来照顾孩子的人手很多，但往往前后不一，有时三餐不饱、有时涨坏了肚子。他们认为遇到人多的家庭，孩子的母亲要负担主要的责任，确保孩子营养的平衡。要是父母整日奔波在外，家中缺少帮手，孩子三餐不继，营养自然不足。在少数的例子中，兄弟姐妹可能以怪异的行为竞相引起父母的注意，并用以操纵大人的活动。德罗塔尔发现一对幼龄的兄妹不断地以拒绝饮食和随地大便来争取母亲特殊的照顾。他认为这种现象倒不多见，但并非不存在。此外，家中一连串意外事件的发生，往往会忽视孩子的饮食。

2. 父母养育子女的技巧

孩子缺乏营养与父母的能力有直接的关联。这种养育子女的能力包括一般营养的知识、敏感度、对孩子身心发展的关切以及出现问题时的解决能力。例如吃素的父母、有特殊饮食偏向的父母，或是正在节食中的父母，可能认定孩子也要食用同样的食物，结果造成营养不平衡，但又不知道孩子已经有发育停滞的现象。奥塔米尔（Altermeir）以充分的数据证明父母，尤其是母亲小时候的生活问题，如和父母时起冲突、不愉快的童年、被父母遗弃等，常会造成养育子女技能的欠缺。他们发现有些父母智力有限、教育程度不高、人格和情绪上的差异，都是孩子身心成长的重大阻碍。

维也兹（Vietze）和克里滕登（Crittenden）一致认为在幼儿喂食中，母子交往对孩子营养的吸收有举足轻重的影响。他们发现孩子发育停滞常与母亲冷漠的态度有关。这种母亲在喂食中很少和孩子谈话，不抱起婴儿喂乳，甚至对孩子的喜怒哀乐淡漠、没有反应。孩子从小营养不良会使母子间的关系更加恶化。孩子情绪与智力的反应低落，哭闹和扰乱的情形一再出现，嬉戏与语言沟通消失，把原本就疏远的母亲拒于千里之外。这种恶性循环使父母的压力日增，与孩子的关系越发疏远，孩子的身心成长则每况愈下。

3. 孩子的情绪与行为问题

孩子发育停滞不能完全归罪于父母养育方法不当，有些孩子自呱呱坠地那天起就显示出怪异的饮食行为。根据美国精神病学协会的报告，婴儿和智力障碍的孩子比较容易出现反刍的行为。这种症状的主要现象是把胃部半消化的食物翻回口中，然后再度咀嚼才吞入胃肠中，也有少数是再度咀嚼后从口中吐出来。但不管吞入或吐出，都会对营养的吸收造成不良影响。这种行为反复出现可能是孩子以此满足口腔的刺激，也可能有生理上的问题。这种孩子的背部肌肉绷紧成为弓形，头往后仰，使用舌头而非用嘴唇来吸入食物。但有些专家认为这并不是生理结构的差异，而是反刍动作中的一部分。大部分的专业人员发现这种孩子平常很少得到适当的文化刺激，少有与父母身体的接触，甚至被人遗弃或处于相当艰难的生活状况中，再加上不时地感到饥饿，使孩子一再地反刍食物来满足本身的需要。这种行为造成营养缺乏，使孩子更感饥饿，情绪更暴躁，也更依赖反刍来满足其感官的需要。

异食癖（Pica）也源于婴儿时期的饮食异常现象。这种症状是指病患会吞食没有营养价值的物质，这种物质往往因年龄的不同而有差别。美国精神病学协会报告说，婴儿和幼龄的孩子常会吃油漆、塑胶制品、绳子、毛发或是衣服的纤维；年纪较大的儿童会吃动物的排泄物、泥土、昆虫、树叶花草或是小石头；青少年和成人会吃泥土、树叶、纸张或是金属制品。这种症状与心理症状有密切的关系，例如智力障碍和精神病患比较容易出现这种行为。但是在某些特殊的个案中，缺乏特殊的维生素或矿物质也与异食癖有关系。孩子长期吞食没有营养价值的物质不但妨碍对营养品的食用和吸收，更常伴有严重的身心伤害，甚至有生命危险。例如吞食剥落的油漆会造成铅中毒，进而造成智力发育迟缓；长期吞食毛发或纤维会造成毛球的肿瘤；吞下毒品或刀片等危险物质则会夺去孩子的生命。

孩子的饮食问题千奇百怪，布雷恩特·瓦夫和拉斯克（Bryant-Waugh & Lask）认为孩子由于情绪问题而逃避进食是常见的现象。他们发现有些孩子极端地挑食，甚至把食物限制在一个极小的范围中，回避或坚拒其他具有营养价值的物质。这种孩子除了饮食问题之外，常有恐惧、抑郁、非理性萦绕的意念和行为，或是拒绝上学、不与人来往。他们发现更严重的案例是孩子不但拒绝饮食，而且进入行尸走肉的状态，一切生活起居的活动全部停止。他们不吃、不喝、不走动、不说话、不梳洗，更对外界的情况毫无反应。布雷恩特·瓦夫和拉斯克认为这种孩子往往遭受过生理上和性的极端虐待，而且受到严厉的警告，无法呼救。他们在严重的身心震憾之后，拒绝或逃避一切生活中的活动。

4. 医药的因素

孩子生理上的症状也是导致营养缺乏、发育停滞的原因，最明显的医药问题是食道与胃肠的病症。各种医药的使用致使孩子感到下咽困难、食欲减退、内分泌不足、神经症状以及脑性麻痹等生理的问题。

（三）发育停滞的评量

德罗塔尔和他的同事发现孩子发育停滞，父母却常常懵懂不知，一直到孩子因为生理的病痛去看医生，医护人员根据孩子的年龄、身高、体重，才发现长期营养不良的现象。因此，在评量之前，医护人员、学校教师以及孩子的父母都要敏锐地观察孩子的成长，及早鉴定，及早处理。孩子发育停滞的症状本身很单纯，涉及的因素却错综复杂。因此，评量的范围必须广泛地包罗孩子的生理健康、行为的动向以及家庭环境的因素。

1. 身体检查

详细的身体检查不但包括目前孩子生理成长的状况、可能的生理疾病、神经的病理、医药的使用，还要追查孩子发育的历史，从而了解慢性或急性的身体病态，尤其要注意到影响营养吸收和饮食行为的生理根源。孩子长久的发育情形和最近发育速度突然减慢的情形可以提供重要的线索。辅助找出问题的根源。另外。目前营养的情况、可能缺乏的营养成分、身高体重的比例都是评量的对象。

2. 认知与情绪的评量

孩子的一般智力和认知发展水平可以通过标准化的测验判定。如果发现认知的评量结果有缺陷，可以解释其成长中的种种问题，更应列入处理和改变的目标中。至于孩子情绪的变化、可能的精神症状，以及人际关系的发展也要列入评量的项目（有关情绪与精神症状的评量，请见第四章、第五章以及第六章）。

3. 孩子饮食行为的观察与评量

了解孩子饮食行为最直接的方法是观察孩子在自然环境中的饮食状况。德罗塔尔特别指派他的助手到孩子的家中，在固定的时间、地点与家人共同进餐，反复观察孩子对各种食物的食用，以及足以妨害饮食活动的不当行为。例如把食物吐出来、大发脾气或拒食等。孩子饮食的技能、家人在吃饭时的交谈、吃饭的速度以及吃饭中情绪的转变也要做观察记录。由父母自己观察记录孩子的饮食行为也有好处：一方面协助父母多注意孩子的饮食，另一方面也可减少专业人员的介入。但在父母自己做观察之前，要就观察的技能给予特殊的指导，在观察之后也要做定期的检讨。

4. 父母养育子女方法的观察与评量

父母是孩子行为主要的塑造者。他们不但要观察孩子的行为，其本身养育子女的行为也是评量的对象。父母在喂孩子时，或是与孩子一起进餐的时候，他们与孩子言谈的神情、彼此的相互反应、母亲喂奶是抱起婴儿还是让婴儿自己抱着奶瓶吸奶等，都可列入记录。父母对孩子营养的知识和特殊的信念、对孩子行为问题的处理、对孩子发育的历史以及目前症状的了解、对孩子饮食行为的期望等，可以通过直接的访谈以求了解。

5. 家庭环境的评量

家庭环境是指家庭的经济情况与三餐供应的质量，以及家庭的功能，包括家庭中的压力或冲突、彼此之间的关系、家庭的结构以及父母对子女的态度等。德罗塔尔认为需要长期观察才能看出家庭运作的一般模式，也才能发现父母是否有时冷时热的现象。在某些特殊的情况下，家庭的历史、整个家庭的组合、家中成员彼此之间的关系、大家庭的结构等，可能对孩子有特别的影响，或使孩子受到忽视。这种数据可以提供为拟定处理方案的重要参考。

（四）发育停滞的处理

孩子发育停滞是一生当中最早发生的行为问题。有的孩子从第一天呱呱坠地就因饮食问题给父母带来无限的困扰。孩子营养不良的因素错综复杂，因此在治疗之前必须有详尽的评量和诊断，再依据个别的症状和病因设计治疗的策略。孩子生理上的问题常是饮食问题的根源，这往往要从医药的诊治着手，内分泌的调节就是一个明显的例子。孩子的行为问题、父母的养育技能，以及环境的因素也不可等闲视之。

1. 父母营养的教育与养育子女技能的训练

没有经验的父母常把孩子生理与心理的需要摆在一边，尤其是孩子在急速成长中营养的供给不足，造成孩子发育停滞。这既可能是父母对孩子营养的知识不够，也有可能是父母的偏见或疏忽。例如父母本身在节食或长年吃素，也把这种偏颇的饮食方式加诸孩子身上，以致营养失去平衡。德罗塔尔举出一个特殊的例子：3个月大的钱宁有严重的营养不良。经过医生的调查，发现他在出生不久胃肠发炎，医生嘱咐只能供给清淡的液体食物。钱宁的胃肠已痊愈两个多月，但他母亲认为这种低热能的食物实在有效，也就一再供应清淡的液体食物，致使钱宁长期营养不足，德罗塔尔等人认为类似的例子比比皆是。他们特别强调父母要有适当的营养知识，了解各种不同阶段的孩子需要不同的营养。同时，父母也要了解一般孩子发育的状况，才能及早觉察出自己的孩子是不是有发育停滞的现象。

德罗塔尔和他的同事认为比无知更棘手的是父母缺乏养育子女的技能。他们发现有些父母在喂食当中或在家庭用餐时，很少给孩子提供适当的刺激，例如不会把孩子抱起来喂奶，吃饭时不会与孩子谈笑等。这种冷漠的养育方式不但造成孩子的营养不良，更会致使孩子智力发展的迟缓和社会反应的障碍。为了增进父母在喂食和进餐中与孩子身体和语言的接触，德罗塔尔特别为一对父母设计了营养喂食与刺激交往的策略。这套策略的第一步是设定每天喂奶的时间表，并要父母特别留意孩子伊莲肚子饿时所送出的信号，及时喂食；第二步是父母要增加与伊莲的接触，尤其是喂奶时一定要把她抱入怀中，不可再把奶瓶塞入孩子的口中就一走了之；第三步是增进平时生活的情趣，购置各种富有刺激性的玩具，并且能够母子同乐；第四步是记录伊莲每天热量的吸收并定期评量伊莲的身高体重；第五步是建立父母与伊莲的亲情与彼此情感的依偎。

2. 家庭环境的改善与社会的干预

绝大多数的父母都知道营养对孩子的重要性，也对孩子的发育有深度的关切，但因客观的环境因素，有少数家庭总是力不从心，家庭赤贫而三餐不继就是明显的例子。另外有少数父母因为酗酒、赌博、使用非法毒品，使孩子的饮食时断时续。这种不适合孩子成长的环境有待社会的干预，提供社会福利的补助使孩子有适当的基本营养。要是家庭完全不适合孩子的成长，例如父母吸毒、贩毒，家庭充满了危机，则社会有义务给孩子的提供一个合适的成长环境。对于发育停滞的学龄儿童，学校老师基于平日与孩子的接触和比较，则有责任提醒社会机构，采取必要的救援措施。

毫无疑问的是，最适于孩子成长的环境，还是自己的家中。德罗塔尔等人认为对于一些面黄肌瘦的孩子，从事家庭环境的改善是必要的途径。他们发现一些不健全的家庭冲突不断，尤其在饭桌上引发争执，全家不欢而散，孩子则挨饿而且心生畏惧、愤怒、忧伤，或是造成其他行为问题。人口复杂的家庭则呈现另一个危机。因为大家庭的结构常会失去重心，而把孩子的基本需要丢在脑后，孩子多的家庭则有可能彼此争夺家中有限的资源和父母的关切。面对着相当不利的家庭环境，德罗塔尔等人认为父母在专家客观的指导协助下，可以从事几个基本的改变：（1）促进家庭结构的健全，把家庭的资源做适当的分配或开发新的资源以满足孩子身心的基本需要；（2）减少家中的冲突和争执，促进彼此亲密的交往和接触；（3）出现危机情况时，以保护孩子的权益和需要为优先，或是把孩子暂时带离危机四伏的家庭，直到危机过去再回到父母的身边。

3. 孩子行为与认知的改变

孩子发育停滞常出于生理的缺陷或环境的不利因素，但是孩子本身饮食技能与行为问题也是有待处理的重要课题。

孩子在成长过程中，饮食技能的缺乏是导致早期营养不良的主因。德罗塔尔发现有些孩子无法吸吮、咀嚼、自己喂食、使用餐具，甚至无法下咽，这都需要特殊的职业疗法（Occupational Therapy）来训练手眼协调和口腔的运转。行为塑造（Shaping）的技术也可以用来建立孩子自我喂食的适当行为，更独立自主地完成例行的餐食，摄取适当的营养。

孩子在用餐时的扰乱行为如哭闹、拒绝饮食、把食物吐掉、把餐具或食物丢掉或擅自离开饭桌则呈现另一种严重的行为问题。父母对这种行为问题不适当的反应如哄诱、威胁、屈从，或是让孩子随心所欲，则使行为问题日益加深。德罗塔尔认为，遇到这种情形时，父母必须学会一套行为处理的技能，包括行为功能的分析、生态与环境的操纵、行为的训练、适当饮食行为的强化与维护，以及不适当饮食行为的处罚等。

进入青少年阶段的孩子为了怕胖而过度节食是常见的现象。这种节食虽不如厌食症的严重，不至于自我制造上吐下泻，也不至于危及生命，在发育上却有严重的障碍。维托塞克（Vitousek）主张采取认知改造的方法来促进饮食正常化。他的做法是把孩子节食背后的信念具体、详细地指出来，或是要孩子说明节食的理由，然后指导孩子以简单的实验来辨别自己混沌和不成熟的想法、考验自己的价值观，并在健康与美观之间做出明智的选择。大人只站在辅导的地位，指出孩子思考上、逻辑上的错误，共同检讨孩子以偏概全的想法、不合理的推论、过分的断章取义，或是盲目的附会、被大众传播蛊惑。一旦孩子能够了解自己思考的错误，建立正确的想法，其行为问题往往会迎刃而解。

反刍的行为常见于幼儿和智力障碍的孩子。这种行为的反复出现自然妨碍正常的消化功能，也影响到日常的饮食卫生。如果孩子以手指触挖喉咙来呕出胃中的食物，自然的处罚方法是在孩子的手指涂上嫌恶的刺激物，如辣椒酱之类孩子不能忍受但又不致危害健康的味道，使孩子不再把手指伸入口中。拉扎尔和路可（Lazar & Rueker）以更积极的方法消除反刍的行为。他们所采取的方法包括4个主要的项目：（1）减少这个孩子的汤食和饮料，饭后1小时之内也不可以有任何饮料，但是一天当中必需的水分不减少；（2）把所有的食物全部剁碎以促进迅速消化；（3）改变每天三餐的气氛，让孩子把注意力转移到饭桌上的言谈嬉笑，而不再过分关切自己口腔的活动；（4）每顿饭后安排一些有趣的活动，让这个孩子积极地参与，因而他饭后不再因为坐在饭桌前无所事事而把胃中的食物翻出来重新咀嚼。孩子的反刍有相当的改善后，食物就不必再剁碎。其他3个项目则无取消的必要。

异食癖的案例不多，却是相当棘手的行为问题。孩子吃下树皮、花草、纸张、铁钉、刀片等，就算不构成生命的危险，对正常的饮食也有重大的妨碍。更严重的是这种行为的消除相当困难，因此孩子经常受到严密的监视，不但大人耗费时间，孩子也丧失自由而生活在一个监禁式的环境中。格思里（Guthrie）把异食癖当作孩子的坏习惯来处理。他把习惯界定为反复出现且形式大同小异的行为。这种行为往往是自动出现，个人不容易随意掌握。习惯的形成是在某种情况下或某一种刺激出现时，个人的行为出现了，而且得到了强化。这种行为在此刺激因素之下一再出现，也一再受到强化，结果它受到这种刺激的控制。经过长时间的联合和变迁，个人的内在暗示取代了外在刺激，开始左右这种行为，甚至外来刺激已经消失，行为还会反复出现。格思里处理异食癖的策略是让孩子接触他可能吞食的东西，他可以触摸、拿起来玩，甚至把东西拿到嘴边来。这种做法是让引发习惯性行为的刺激或是内在的提示增加其威力，在这种强烈的刺激下，孩子不把东西放入口中，而是要放回原来的地方。放回原来的地方与放入口中是完全不能共存的行为。这种新行为在原有的刺激下一再出现，就会打破原来刺激与反应之间的关系，因而破除坏的习惯。不过，从事这种破除习惯的训练时，大人要具备高度的警觉性，一旦发现孩子把东西拿起来，就要做好干预的准备工作，要在孩子把东西放入口中之前的一刹那，立刻出手制止，才会避免危险情况的发生，也才能得到革除异食癖的效果。

4 结　语

健康是人生最大的瑰宝。但大部分的人并不知道健康的可贵，往往要等到失去了它，才会珍惜。饮食是人生最大的享受，也是维持健康最主要的因素。不幸的是有些人，包括孩子在内，饮食没有节制而造成肥胖；另有些人则矫枉过正，因为怕胖而过度节食，结果形成厌食症或贪食症。孩子营养缺乏、发育停滞则是另一种饮食异常的症状。这些饮食问题形式不同，但都会威胁到孩子身心的健康，更给幼小的生命带来严重的威胁。

饮食异常与过胖过瘦往往有遗传与生理的潜在因素。例如生来就有新陈代谢率过高过低、消化系统的故障、生长荷尔蒙分泌过多过少，或是肥细胞数量与质量的差异。饮食问题也可能源自认知的错误，尤其有的青少年已饿得骨瘦如柴还嫌身材不够苗条，在健康与外表美观之间完全迷失了方向。孩子的情绪问题如抑郁、焦虑、愤怒等也与饮食问题息息相关；有的孩子因此茶饭无心，有的孩子则是借吃来驱除心中不愉快的感受。孩子的行为与生活方式也不容忽视。例如只求口福、暴饮暴食却又懒于运动，自然会造成肥胖；偏食、异食或反刍则会造成营养的偏失。家庭环境与父母养育子女的技能在饮食异常症状的形成中，扮演着重要的角色。事实上，孩子饮食问题的形成往往是先天与后天各种因素交互影响的结果。

孩子饮食问题棘手之处是，这种症状往往深藏不露，因此，父母或其他养育人员必须敏锐地觉察孩子的成长，及早发现问题、处理问题。处理孩子饮食问题最基本的要素是父母的爱心、关切以及无条件地接纳，同时建立一个和谐而愉快的环境，让孩子自由而且无忧无虑地成长。当然，有些父母对孩子营养的知识以及行为处理的技巧也有重新教育的必要。孩子认知的改造、行为的训练与控制、生活方式的改变以及紧急情况下的医疗措施都不可偏废。

CHAPTER ELEVEN

第十一章

药物滥用

药物滥用不仅是个人悲剧，也是家破人亡的主因，更是造成社会不稳定的原因之一。不幸的是这种悲剧一再重演于世界的每一个角落，就以美国而言，罪犯的猖獗和药物滥用，已变成其内在最大的危机之一。

米尔曼（Millman）特别指出20世纪60年代和70年代是美国与药物搏斗最激烈的时期，那时甚至6~7岁的孩子就已经开始吸烟、喝酒、吸食强力胶。近几十年来，这种问题层出不穷，尤其大都市的居民，几乎生活在药物与犯罪的噩梦中。

约翰斯顿（Johnston）在一项调查中发现，57%的美国高三学生曾经试过非法药物，其中36%的学生使用过大麻烟之外更强烈的毒品。92%的美国高三学生饮酒，66%经常饮酒，5%的学生整日饮酒。美国高中学生抽烟的比例是25%到33%。霍登（Holden）认为目前社会已经知道抽烟对健康的威胁，抽烟人数年年减少，但孩子抽烟的人数却日渐上升，开始抽烟的年龄则一再下降（所谓抽烟泛指吸纸烟和咀嚼烟叶）。贝克（Beck）提出一个相当骇人的数字，12岁以上的美国人当中，有2.2%因为吸食毒品需要接受治疗。根据贝克等人的统计，成人使用药物的情况更加不容乐观，每4个成年人中就有1个人抽烟，每10个人中有1个人酗酒成性，每35个人中有1个人吸食毒品。

霍登等人清楚指出：儿童与青少年开始抽烟、喝酒，甚至吸食毒品，毫无疑问会造成学业荒废、行为问题、情绪恶化以及社会关系决裂。有些孩子一旦走入歧途，就与犯罪结下不解之缘。对成人而言，药物滥用不但造成身心的伤害，而且导致财务困难、失业、人际关系决裂以及家庭的离散，乃至身陷囹圄。霍登等人把药物的特殊危害分类加以说明。他们特别强调，青少年因为抽烟致死的人数多于其他死亡因素的总和。抽烟是造成心脏病、肺病以及癌症的重要因素，抽烟引发火灾致死的案例也绝非少数。喝酒会造成心脏、肝、肾、胃以及脑部各种生理器官的伤害已经是众所皆知的事实。因酒驾造成的悲剧则是屡见不鲜。另外，艾滋病的蔓延与共用针筒注射毒品更有直接的关联。

对整个社会而言，药物滥用总是会招致惨痛的后果。政府为了扫荡毒品，其经费支出总以亿万元计，甚至会有相关人员伤亡，付出生命的代价。此外，意外事件的发生、生产能力的降低，无不给社会带来相当沉重的负担。根据美国疾病控制中心（Centers for Disease Control）的报告，全美国每年大约有434,000人因抽烟致死，每年有7万~20万人因酗酒丧生，至于吸毒致命或与贩毒有关的死亡案件更以千万计。贝克等人进一步指出：抢劫案件中有25%与吸食毒品有关，另外有15%的暴力事件和14%的谋杀案件都与贩毒有关。总计大约80%的犯罪案件与药物滥用有直接或间接的关联。

1 药物滥用的界定

药物在此是指刺激心理状态的化学因素。它直接影响一个人的中枢神经系统，改变其思考、情绪和行为。这种药物的使用会造成学业、工作、健康以及人际关系的障碍。

美国精神病学协会把这种引发心理症状的化学药物分为13类（请见表11-1）。除了咖啡碱，其余药物都会造成严重的依赖和滥用。其中依其药物性质分别会引起不同的心理症状，包括中毒症（Intoxication）、戒断症（Withdrawal）、中毒性谵妄（Intoxication Delirium）、戒断性谵妄（Withdrawal Delirium）、痴呆（Dementia）、失忆症（Amnestic Disorders）、精神疾病（Psychotic Disorders）、心境障碍（Mood Disorders）、焦虑症（Anxiety Disorders）、性功能障碍（Sexual Dysfunctions）以及睡眠障碍（Sleep Disorders）。这13类是药物滥用的典型代表，其他能够刺激身心的药物更是不计其数。

贝克简要介绍了这些药物对人体的影响。酒类最初会引起身体功能的麻醉，轻微地影响一个人的思考、推理以及判断的能力。当血液中的酒精量增加时，不但人的思考和判断受影响，肢体功能也出现故障，甚至可能引发昏迷。血液中的酒精含量过多时，一个人会陷入沉睡或因呼吸器官压缩致死。其他的麻醉剂、镇定剂以及催眠剂都有相似的功能。“饭后一根烟，快乐似神仙”的说法，表示抽烟的人常借此来放松情绪。

对个人而言，使用这些药物可以产生虚幻的幸福感、麻醉人生、去除烦恼。问题是使用这种药物所付出的代价远远大于这种虚无缥缈带来的快感。药物的使用对个人、对社会的危害在本章开篇中已提过，在此特别根据DSM–IV的报告，就心理上所产生的几个主要现象加以界定。

表11-1 药物的分类与心理症状

心理症状 药物	依赖	滥用	中毒症	戒断症	中毒性谵妄	戒断性谵妄	痴呆	健忘	精神疾病	心境障碍	焦虑症	性功能障碍	睡眠障碍
酒类	×	×	×	×		W	P	P	I/W	I/W	I/W	I	I/W
安非他命	×	×	×	×					I	I/W	I	I	I/W
咖啡碱			×								I		I
大麻烟	×	×	×						I		I		
可卡因	×	×	×	×					I	I/W	I/W	I	I/W
迷幻药	×	×	×						I	I	I		
吸食剂	×	×	×				P		I	I	I		
尼古丁	×			×									
鸦片合成物	×	×	×	×					I	I		I	I/W
麻醉剂	×	×	×						I	I	I		
镇静剂催眠剂	×	×	×	×		W	P	P	I/W	I/W	W	I	I/W
多重药物	×												
其他	×	×	×	×	I	W	P	P	I/W	I/W	I/W	I	I/W

注：×、I、W、I/W、P表示这种心理症状获得DSM-IV的承认。此外，×表示这种药物会引发这种心理症状；I表示这种心理症状会出现在中毒症（Intoxication）之中；W表示这种心理症状会出现在戒断症（Withdrawal）之中；I/W表示这种心理症状会出现在中毒症或戒断症中；P表示这种心理症状会持续出现（Persistin）。

（一）药物依赖

药物依赖（Substance Dependence）是指尽管使用药物后产生了与此有关的副作用，这个人却不顾一切继续使用，因此产生一连串认知、行为以及生理上的症状。反复地使用药物已形成一种行为模式，结果造成耐药性、戒断症以及强迫性的药物使用行为。依赖是指以下3种症状在12个月中伴随出现。

1. 耐药性

耐药性（Tolerance）是指一个人长期使用某一种药物后，必须增加药物的使用量才能达到相同效果（如酒醉），或是满足其身心的要求；若继续使用同量的药物，其效果大为减低。耐药的程度因不同的药物而异。使用其他刺激性的药物会造成相当高的耐药性，这种药量对初次使用的人可能会有致命的危险。酒类的耐受性也相当明显。开始抽雪茄的人，抽一支就会被弄得神魂颠倒，但久抽雪茄的人一天10支以上也不足为奇。

2. 戒断症

戒断症（Withdrawal）是指一个人长期使用药物之后，一旦血液中或肌肉中药物浓缩数量减少，就会造成这个人行为、生理以及认知的不适应或恶化的现象。戒断症状一旦产生，这个人很可能会重新使用药物来减轻或避免这种痛苦，甚至一早醒来就开始使用药物。戒断症状的程度也因不同的药物而有差别。酒类、鸦片合成物、镇定剂、麻醉剂以及催眠剂的长期使用很容易造成生理戒断的症状。可卡因、安非他命、以及含有尼古丁的刺激性药品也会引发戒断症状。至于迷幻药则少有戒断症的后果。

3. 强迫性的药物使用行为

强迫性的药物使用行为（Compulsive Drug-Taking Behavior）是指一个人长时间使用大量的药物，其时间与数量已远超过原来预期的程度。例如一个人原来只想喝一杯啤酒，但喝起来却无法停止，直到烂醉如泥。这个人可能下定决心要控制用量，结果白费力气。有些人可能会花费很大精力获取药物、使用药物或是挣扎于药物所带来的痛苦中。有些人甚至一天到晚为药物使用而忙碌，将重要的事情如社交来往、工作或学业、娱乐活动等都摆在一边。一旦强迫性的行为模式建立起来，这个人明知使用药物的结果会造成身心的严重伤害，例如严重的抑郁或身体器官的伤害，还是照常使用。

DSM-IV对药物依赖的诊断标准如下：

药物依赖是指病态地使用药物，造成临床上严重的障碍或压力。这些症状包括下列标准中的3种以上，而且在12个月中都有出现。

（1）耐药性是下列两种情况之中的一种：

必须大量增加药物的使用来满足身心的需要。

继续使用同等数量的药物，其效果大打折扣。

（2）戒断是下列两种情况之中的一种：

出现药物使用后的戒断症状如社会关系、工作或学业以及生理上的障碍；停止使用这种药物后会出现身心不适应的现象。

必须使用同一种或其他相关的药物来减轻或避免戒断的症状。

（3）大量、长时间地使用药物，远超出原来的预期。

（4）有意且尝试减少或控制药物的使用，但徒劳无功。

（5）耗费大量的时间来获得药物。例如看不同的医生以取得大量的药品、大量使用药物，或是耗费精力进行药物使用的善后。

（6）由于使用药物，重要的社交活动、工作或学业或是娱乐活动大为减少或完全放弃。

（7）明知使用药物会不断地造成生理上和心理上的问题，还是一再使用。例如酗酒会伤害肝脏和胃肠，但这些病态并不会遏制对药物的使用。

（二）药物滥用

药物滥用（Substance Abuse）是指一个人使用药物已成病态，并且造成不良的后果。这种后果包括无法履行个人的责任、对身体的伤害、触犯法律以及人际关系的决裂。药物滥用与药物依赖最大的不同点是它没有耐药性、戒断症状以及强迫性的药物使用行为，而局限于反复使用药物所引起的伤害。药物滥用通常是指使用药物的历史不久，尚未产生药物依赖。不过，有些人虽然长期滥用药物，但不一定会产生药物依赖。对成人而言，尼古丁（抽烟）的使用不算滥用，但孩子抽烟可诊断为药物滥用。

孩子使用药物可能导致神志迷乱而无法做功课，无法上学，无法从事课外活动，被学校处罚或退学。另外，这个孩子可能与父母发生严重的冲突、与家庭离散、酒驾肇事，甚至锒铛入狱。

DSM-IV对药物滥用的诊断标准如下：

（1）药物的使用变成病态的形式，造成临床上严重的伤害或压力，而且在12个月中，发生下列情况中的1种以上：

一再地使用药物，导致在工作场合、学校或是家中无法履行重要的职责。例如因为药物的使用而致无法上班或上学、工作或功课效果不佳、被人开除或退学、在家中不负担家务。

一再地使用药物，造成危险的情况。例如使用药物而神志迷乱却又开车或操作机械。

一再出现与滥用药物有关的法律问题。例如醉酒肇事或贩卖毒品。

虽然在人际关系上一再出现问题，还是继续滥用药物。

（2）使用药物的结果并未达到药物依赖的诊断标准。

（三）药物引发的症状

药物引发的症状（Substance-Induced Disorders）根据美国精神病学协会的界定，共分为药物引起的中毒症（Substance Intoxication）、药物引起的戒断症（Substance Withdrawal）、药物引发的意识纷扰（Substance-Induced Delirium）、药物引发的持续痴呆（Substance-Induced Persisting Dementia）、药物引发的持续健忘（Substance-Induced Persisting Amnestic Disorders）、药物引发的精神症状（Substance-Induced Psychotic Disorders）、药物引发的情绪障碍（Substance-Induced Mood Disorders）、药物引发的焦虑症（Substance-Induced Anxiety Disorders）、药物引发的性功能障碍（Substance-Induced Sexual Disorders）以及药物引发的睡眠障碍（Substance-Induced

Sleep Disorders)。在此只介绍药物引起的中毒症和药物引起的戒断症，其他8种心理症状不另作解释。

1. 药物引起的中毒症

药物引起的中毒症是指在刚开始食用或接触到某种药物，造成某种特殊的症状，而这种症状在个人清醒后就会消失。中毒症因药物不同而有区别，但大致包括沉睡、好斗、情绪不稳、认知模糊、判断力受损以及社交与学业功能的失常等表现。这些表现是药物影响中枢神经系统所致。药物引起的中毒症与药物依赖、药物滥用有关。

DSM-IV对药物引起的中毒症的诊断标准如下：

（1）新近食用或接触到某种药物，引起某种特殊但事后会消失的症状。不同的药物引起不同的症状，但也有可能引起相似或相同的症状。

（2）在药物使用中或使用后，这种药物影响到中枢神经系统，因此造成临床上严重行为与心理的变化如沉睡、认知模糊、判断力受损等。

（3）这些症状的发生并不是一般医药问题所引起，也不是其他心理或精神的症状，如精神分裂、脑部受伤或智力障碍等。

2. 药物引起的戒断症

药物引起的戒断症是指在长期而大量地使用药物之后，如果停止或减少这种药物的使用，就会产生行为、认知以及生理上的病态。这种病态会造成个人的极端困扰，或在社会关系、工作、学业以及日常生活中造成重大的妨碍。一个人一旦有药物引起的戒断症，就会渴望重新使用这种药物以减除身心的病态和困扰。

DSM-IV对药物引起的戒断症的诊断标准如下：

（1）在长期而大量地使用药物之后，如果停止或减少使用这种药物，就会产生某种特殊的症状。

（2）与药物相关的特殊戒断症状会造成临床上严重的困扰，或是在社会关系上、工作上、学业上以及其他生活功能上的妨碍。

（3）这些症状的发生并不是一般医药问题所引起，也不是其他心理或精神的症状。

2 药物滥用的病源

格廷和博韦（Getting & Beauvais）整理了有关药物滥用的病源研究，最后综合出6种主要理论：

1. 疾病与上瘾的理论（Disease-Addiction Theories）明显地指出药物的威力以及它对个人、对社会的危险性；

2. 通道的理论（Gateway Theories）强调使用某种药物等于开辟出一条通道，降低底线，为其他药物的使用大开方便之门；

3. 社会的理论（Social Theories）强调外来的力量迫使或诱使个人开始使用药物；

4. 心理的理论（Psychological Theories）认为个人的心理问题使孩子染上容易使用药物的恶习；

5. 心理社会的理论（Psychosocial Theories）指出个人的特质与社会环境的交互影响使个人步入歧途；

6. 生活方式的理论（Life-Style Theories）强调药物与个人生活方式相关联，尤其青少年如果与周围的人臭味相投或是与帮派组织同流合污，就很难摆脱药物滥用。

上述6种理论从各种不同的角度来分析问题的起源，但总括而言，可以用生物心理社会的因素（Biopsychosocial Factors）来解释。这一节从6个方面来介绍药物滥用的起源、上瘾以及旧病复发的因素。

（一）社会化的过程

社会化的过程是塑造个人行为最有力的因素。它犹如洪流，把渺小的个人带入时代与社会文化的潮流中。这个过程包括家庭的背景与教养、同伴的相互影响、经济状况的影响以及社会文化的鼓舞和默许。个人求得生存的最佳途径是融入社会的潮流中。不幸的是有些人生长于不良的社会环境中，随波逐流，感染了使用药物的恶习。

1. 模仿

米尔曼特别指出孩子在成长过程中，想要在复杂的社会关系中继续生存、跟上时代的潮流、顺应社会的需求，需要仔细观察别人的言行举止、模仿大人的行为。其中父母兄长和学校老师自然是最好的行为榜样。每一个孩子都有强烈的、模仿大人行为的欲望，或是在日常生活中耳濡目染。父母在家中抽烟喝酒，不仅给孩子树立了不良榜样，而且还提供了触碰烟酒的机会，孩子自然有可能从小就沾染不良习性。

2. 社会文化的影响

根据历史的记载，贝克指出在古老的社会中，吸毒是有钱有势特权人物的专利。目前美国的中学里，一股吸毒的暗流或是小集团不断吸收新成员，把孩子推入万劫不复的地步。从另一个角度来分析，东方女性少用烟酒，男性抽烟的比率则多于西方人，足见社会因素对药物使用的影响。

3. 同伴的压力

与友伴同流合污是青少年使用药物的影响最大的因素。霍登认为社会文化的影响、个人的心理因素和生理的需求固然是重要的因素，但同伴的唆使才是孩子染上恶习的直接病源。霍登等人所谓的同伴是指一小撮志同道合的青少年，彼此扶持，彼此影响。从好的方面讲，孩子有可能获得亲密的友谊；从坏的方面讲，孩子有可能与他人成群结党、为非作歹。这种小集团的成员都乐于彼此认同和接纳，而且往往采取一致的行动，包括抽烟、喝酒、吸毒等不良行为。在这种组织中彼此影响，彼此助长，但也受到组织的控制，一旦进入就很难脱身。因为这些成员都是药物的消费者，也是药物的贩卖者；为了维持昂贵的用药恶习，他们会向其他同伴施加压力，促其使用药物，并将其吸收为小集团的新成员，从中获取利益，维持堕落的生活方式。

4. 众乐乐的心态

"酒逢知己千杯少"的说法，道尽了同好一起使用药物的心态。斯蒂米尔（Stimmel）指出孩子使用药物不仅是为了让自己飘飘欲仙，还为了和同伴分享刺激和欢乐。孩子以药物作为媒介来增进彼此的情感、巩固帮派的组织或是控制组织的成员。但这种社会化的过程反过来助长药物的使用。卡罗（Carroll）从色情的角度来分析药物滥用的病源。他们认为酒与色常结不解之缘，色情与求偶常与药物有关。有些青少年在发生超友谊的关系以前，常邀约对方喝两杯或是使用其他非法毒品来激发情绪，排除畏缩和顾虑。

（二）满足身心的需求

学龄儿童因为模仿大人，或是由于好奇心驱使才开始使用药物。青少年使用药物大都用以满足身心的需要。霍登等人认为青少年使用药物，一方面是为了陶醉于虚幻的自我满足和短暂的快感，另一方面是为了驱除内在的压力与不安，弥补现实生活中的不足。他们强调社会化的过程自然是重要的因素，但使用药物时所带来的短暂欢乐，是孩子落入陷阱的主要原因。

1. 寻求欢乐

"饭后一根烟，快乐似神仙"描述人把抽烟当成人生的一大享受。同样的道理，喝酒或使用其他药物来刺激中枢神经系统，可以改变思考和情绪，陶醉于现实生活中无法体验到的快乐和兴奋。贝克指出有些药物产生振奋的效果，使人感到飘飘欲仙；有的药物给人带来额外的精力和体力；另有些药物则有镇静的功能，扫除心理的压抑与禁忌，在沉醉中肆无忌惮地做出平时不敢做的事；更有些药物会产生虚幻的感受，给个人带来额外的刺激，因而驱除无聊和沉闷的情绪，殊不知一旦上钩就很难脱逃。

2. 借酒浇愁的心态

贝克等人认为孩子开始使用药物是为了寻求欢乐，一旦上钩之后，用药的目的转为逃避现实生活，以药物作为短暂的避风港。一般青少年处于从儿童到成人的转变时期，面对着层出不穷的压力：学校功课、人际关系、校规与家庭规范的顺从与抵触、独立与依赖的冲突、竞争、疾病或其他身心障碍。这些压力给孩子带来不少焦虑、忧伤、挫折、愤怒、疑虑以及紧张的情绪。孩子发现使用药物可以暂时把人世间的烦恼摆在一边，不愉快的情绪一扫而光。他们深信现实生活太痛苦而无法承担时，用药物来麻醉是最好的解脱。佩里（Peele）发现生长在恶劣的生活环境中的青少年，更容易对药物上瘾。所谓恶劣的生活环境要看个人如何解释，因此这又涉及认知的因素。染上药瘾的孩子只求暂时地解脱，至于现实生活中的种种问题都变成次要。药物完全控制了他们的生命，人生的目标与人生的价值都被置于脑后。他们的生活日渐恶化，内外压力不断增加，因此更需要药物来求得解脱。一旦恶性循环产生，孩子时时刻刻都在设法得到药物、使用药物，哪怕为非作歹也在所不惜。

（三）个人的心理特质

每个孩子多少都会体验到现实生活中的压力；人际关系也要一再地调整，才能得到父母、同学以及朋友的接纳。但为什么只有少数的孩子会走入歧途，染上使用毒品的恶习？杰赛（Jessor）认为这与孩子的心理和行为的特质有相当密切的关系。他们根据问题行为的理论，特别指出这种孩子的行为和正轨社会的规范背道而驰，使用药物来麻醉自己是一连串行为问题中的一个环节。

1. 行为倾向

有的孩子一旦陷入用药的泥沼中就无法自拔，自然有其特殊的行为倾向。根据佩里的研究，这种孩子往往缺乏自尊自信，无法吃苦或不能经受挫折，对人生失去希望，或是存有反抗的心理，与学校和家庭的规定背道而驰。一旦染上药瘾，他们便把药物视为人生当中最有价值的事物，至于学校的功课、家庭的责任、正当的娱乐、父母与老师的教导都变成次要。

贝克用认知理论的观点来分析孩子药物滥用的行为倾向。他发现有些孩子在使用药物之前就开始表现出某些心理特质。这是父母需要特别观察和防范的地方。这些特质包括：（1）对于不愉快的事物特别敏感，自己的情绪稍有变化都不能忍受；（2）缺乏控制自己行为的动机，凡事要获得立即的满足；（3）缺乏控制自己行为的技能，或是应付生活压力的方法不妥当；（4）凡事采取自动化的立场，任由冲动主宰自己的行为；（5）蓄意寻找刺激，无法容忍空虚无聊；（6）由于认知与信念的歪曲，无法忍受挫折；（7）无视未来，一切只为求取眼前的满足，对于眼前行动可能带来的严重后果完全不予理会；（8）无法适当表达心中的积郁，只能采用不适当的方法以求发泄；（9）缺乏果敢的行为，无法理直气壮地抵挡外来的诱惑和同伴的压力。

2. 心理症状

心理的病态与药物滥用唇齿相关。根据隆斯维尔（Rounsaville）的统计，每日无酒不欢的人中，13%有心理症状；使用非法毒品的人中，26%有心理症状；至于使用强烈毒品的人中，31%有心理与情绪上的重大问题。

贝克和他的同事发现抑郁是最常见的心理症状（有关抑郁症的详细症状请见第四章）。他们认为使用药物的孩子觉得自己掉入一个黑洞中或是无法逃脱的陷阱中；也可以说是被一股负面的认知所淹没，对自己、对目前的环境、对未来完全丧失了希望。他们总是感到悲伤，感到精疲力竭，甚至想到自杀；对建设性的活动毫无兴趣，甚至对日常生活中的一切都感到索然无味。有了这种心理和处事的态度，一切都变得无所谓，也因而容易被人牵着鼻子走，把药物视为一生中最珍贵的救星。

愤怒与焦虑是另外两种与药物滥用纠缠不清的情绪问题（有关愤怒与焦虑的情绪，请见第三章和第五章）。贝克认为有些孩子只要遇到一点不如意的事就大动肝火，甚至对别人造成伤害。愤怒的情绪不单单会导致孩子滥用药物，更危险的是在药效发作后，孩子的神志失去控制，产生强烈的敌意和暴力行为。焦虑的症状与药物的使用有直接的关系。借酒装疯或借酒壮胆都是在讲酒精能够克服焦虑、恐惧以及世俗的约束。焦虑包括特殊的恐惧、社会恐惧、强迫性的行为、创伤后应激障碍等。患有这种情绪问题的孩子，比较容易药物上瘾；对他们而言，药物是获得心理解脱的快捷方式。

3. 人格的症状

人格的症状是指情绪、认知以及行为长期而固定的形态；这种形态不但产生不适当的言行举止，而且不容易改变。根据贝克等人的临床经验，人格异常的患者具有4种共同的特质：（1）他们最常见的心理病态是“自我和谐”，从不承认自己有任何错处。他们处处为自己着想，做事不负责任，缺乏良知和对别人的关切，利用和操纵别人，以暴力解决问题，以及向权威挑衅。这些不适当的想法和做法对他们来讲都是正当的行为。（2）他们的行为和态度对别人来讲是有害无益的。他们只知道自己心中的痛苦，但无视自己给别人带来的痛苦。（3）很难改变这种人的观念和行为。他们不会客观地分析自己的长短处，也无意于改变自己的态度和行为，更无法忍受改变过程中发生的不便和挫折。（4）患有人格异常的人常会固执己见，没有远见或理智。

根据上述4种人格异常的特质，贝克等人列出6种与药物滥用关系最密切的人格障碍。

（1）回避型人格障碍（Avoidant Personality Disorder）是指患者具有长期的紧张和恐惧，他们一直感到生理上、心理上面临着威胁。使用药物使他们感到安全而且具有信心，也不必面对生活中的艰难。

（2）依赖型人格障碍（Dependent Personality Disorder）的患者有一种想法：没有药物就无法过日子。这种患者尤其会使用强烈的毒物来引发刺激，制造欢乐。青少年的患者尤其需要同伴的接纳，因此非常容易掉入陷阱，甚至对老师和父母的警告充耳不闻。

（3）强迫型人格障碍（Obsessive-Compulsive Personality Disorder）的患者总是自以为正确，而且要把一切事物掌握在自己的手中。这种人一旦陷入用药的圈套中，很难自我觉醒。他们对自己太过自信，绝对不会承认自己有什么差错；对这种人而言，用药只是一时的权宜措施，船到桥头自然直。这种过度的自信常使他们越陷越深，终致无法自拔。

（4）自恋型人格障碍（Narcissistic Personality Disorder）患者总认为自己是特权人物，可以享受种种特殊的优待，不必像一般人一样受到种种规范的限制。他们认为自己可以为所欲为，哪怕酗酒吸毒也没有人可以管。这种人也不会承认自己犯了重大的错误。

（5）**表演型人格障碍**（**Histrionic Personality Disorder**）的特性是不甘寂寞，最不能忍受孤单无聊。他们处处要出风头。这种个性与药物刺激所产生的神志飘忽状态一拍即合。青少年阶段的孩子经常通过药物来建立与异性的亲密关系。

（6）**妄想型、类分裂型及分裂病型人格障碍**（**Paranoid，Schizoid，Schizotypal Personality Disorder**）都带有精神分裂的人格倾向。他们常借用药物的迷醉来获得短暂的安全感。这种患者带有浓重的猜疑心态，对别人处处设防。同时，他们很难建立亲密的人际关系，总是认为别人会占自己的便宜或是乘机攻击。

（四）上瘾与复发的由来

上瘾（Addiction）是指一个人使用药物之后就很难永远停止使用。贝克等人特别指出大部分的人开始使用药物时，完全出于自愿，然而一旦上瘾，就无法停止或不愿意停止。例如有人喝酒上瘾之后，发现身体出了毛病，财源有困难，人际关系出现裂痕，但他们无视这种种严重的后果，或把问题归到其他人身上，如父母不能体谅、太太乱花钱等。这种无法停止的情况往往超出个人意愿，显然他们已失去了控制。另有一些人则会把药物使用的利弊做个分析，结果发现利多于弊，因此心甘情愿地让药物主宰一生。复发（Relapse）是指一个人停止使用药物之后，再度回复到使用药物期间的行为状态。麦凯（Mackay）的统计显示：使用药物的人立志戒烟戒毒之后，有三分之二的人在3个月内旧病复发，重新使用药物。上瘾与复发是药物使用最危险的陷阱。这种情形的由来可以从5个方面来解释。

1. 认知的因素

有人一上瘾就难以脱身，因为他们有一个常见的信念，误以为戒断（Withdrawal）必然会带来痛苦，因此不愿轻尝戒断的滋味，殊不知戒断的症状因药物不同而有相当的差别，每个人的反应也不尽相同。而且，戒断的心理作用实际上胜过生理上的症状。心存恐惧是戒除药物的大敌。贝克等人发现有些人停止使用可卡因后，反而感到舒坦，而且有成就感。只是这种感觉会很快被其他身心的症状所取代，因此在治疗上绝对不可松懈。另一种错误的想法是不使用药物就无法过日子，犹如在高空走绳索，只有烟酒在手才会感到安全和满足。

马拉特（Marlatt）认为这些认知和信念与自我效能、行为后果的期望、用药的归因、选择与决定这4种心理准备有关。（1）自我效能是指一个人面临药物的诱惑时，对自己应付危机情况的能力的判断与评价；他到底是要贪图一时的快乐，还是要咬紧牙关迎接挑战？（2）行为后果的期望是指这个人对于用药的利弊得失作何种评判；他是不是只考虑到药物的好处而忽视了严重的后果？（3）用药的归因是指这个人认为自己的上瘾是外在因素造成的还是内在因素造成的。例如一个孩子这么想："我的同学都在抽烟，我当然也可以抽。"（外在因素）或："我已有了酒瘾，没有酒我的身体就会受不了。"（内在因素）。一个人如果有这种想法，戒除药物就相当困难。（4）选择与决定是指个人行动的选择与决定往往与药物使用有关。例如明知和酒肉朋友外出必然是不醉不归，却依然答应陪同；明知看人抽烟就会烟瘾发作，外出就餐时偏偏选在吸烟区，自然会心痒难耐。

2. 恶性循环的结果

借酒浇愁的结果往往是愁更愁。很多人面对着日日不断的生活压力，终于获得了暂时逃脱的机会，一切痛苦、烦恼和忧虑在烂醉如泥当中一扫而空。从行为分析的观点看，这是最强有力的负强化。不幸的是一觉醒来之后，内在与外在的压力加倍而来。诸如钱财的问题、工作或学业的问题、父母或家庭的问题、法律与犯罪的问题，一再逼着他重蹈覆辙。基于先前获得强化的经验，这个人毫无疑问会一试再试。一个人感到焦虑、无助、自信心自尊心低落或是有其他不愉快的情绪时，常轻易地尝试药物，结果卷入恶性循环的旋涡，越陷越深。

3. 药瘾

贝克又将上瘾称为药瘾（Drug Habit）。这种药物习惯与日常生活中的习惯大不相同。他认为孩子稍不如意就嘟着嘴巴，或是把衣鞋到处乱放属于坏习惯；老张开车非常小心，每到路口都会转头观望是好习惯。不管是好是坏，都是经常反复出现的行为，但是这种行为并不涉及渴望或是身心的需求。药瘾是指人在某种情况中会渴望而且急需满足对药物的需求。这种渴望具有激烈的强迫性，驱使个人陷入不正常的行为。再者，一般习惯都是出自一个人的意愿，但药瘾不容个人有这样的自由。此外，由于刺激的泛化，药瘾会一再扩大。例如嗜酒如命的人原来只在周末邀几个好友在家畅饮，但这种酒瘾会扩展到不管有没有人陪伴，在家中或在任何场合都会畅饮不止。

4. 意志力和应付技能的缺乏

浮沉于用药旋涡中的人难道不知道他终究要沉入谷底？难道他不会下定决心痛改前非？这些问题的答案当然都是肯定的。但真正的问题是要与药物搏斗，个人的意志力实在难有招架的余地。根据贝克等人的解释，意志力是指经过深思熟虑之后，在意识状态下所做的决定。这种决定带有相当的动力，遏制或拖延对药物的需求和渴望。他们认为一个人对药物的渴望并不很强烈的时候，意志力的确有效。但当面临着强烈的诱惑，人的内在需求也相当迫切时，意志力很快就会崩溃。这种现象的发生主要是因为用药的人，尤其涉世未深的青少年，还没有建立解决问题和应付压力的技能。没有适当的技能做后盾，意志力无济于事。再者，孩子的认知、信念以及对药物的态度如果没有改变，他们自认为无法抵挡用药的诱惑，也往往只顾眼前的欢乐和对现实的逃避；"下次一定"要下决心戒除恶习，但"下一次"从未实现。

5. 影响复发的因素

药物滥用的一大特征是，哪怕戒除一段时期之后，仍然有可能因抵挡不住诱惑而复发。马拉特和戈登（Marlatt & Gordon）认为，戒除药物之后，个人建立了一种能够自我控制的感觉。但是，一旦遇到高度危险的情况时，这种感觉会受到考验，甚至整个防卫系统完全崩溃。所谓高度危险的情况包括内在的刺激，如抑郁、孤独、无聊、愤怒、挫折或是生理上的病痛；外在的刺激则包括足以触发用药的人、地、事、时。例如考试不及格、与朋友闹翻、被父母责骂等。不过，所谓高度危险性往往因人而异。例如有的人口袋一有几个钱就会喝得烂醉如泥，另有些人则因为没钱而借酒浇愁。因此，同样的刺激会产生不同的反应。

马拉特和戈登认为有些人遇到高度危险的情况就借用药物来麻醉自己，或是抵挡不住诱惑而重蹈覆辙，主要是因为这种人缺乏应付的能力。例如考试不及格，却没有东山再起的雄心毅力；与朋友闹翻，但缺乏重修于好的技巧；被学校开除，一时不知怎么应对等。在极度痛苦的情况下，借药物重温于虚无的慰藉中。另一个重要的因素是这个孩子还残存着歪曲的信念：用药的好处还是多于坏处。如果这种基本的态度不改变，纵使有高超的社会技能，他也随时都会再次坠入药物陷阱中。有些人并未遇到特殊的危险情况，还是不由自主地重回用药的旧路。马拉特和戈登的解释是一个人的自我控制慢慢地松懈，渴望药物的强度在不知不觉中日益增高；一旦这种比例失去平衡，这个人就会回到原先的生活形态。他们特别指出一个人失去控制的原因是身心的疲惫，原先戒除药物的动机和戒心逐渐松弛，或是当初使用药物时所遭遇到的惨痛经验，已在记忆中逐渐褪色。基于这种种因素，他们认为戒除药物的时候，就要把旧病复发的预防策略考虑在内。

（五）阶段理论与通道理论

坎德尔和洛根（Kandel & Logan）提出的阶段理论（Stage Theory）与通道理论（Gateway Theory）强调药物的使用会从软性药物开始，例如孩子开始学抽烟，跟着大人喝酒。一旦上了瘾，等于打开大门，可能会一步步地进入非法毒品滥用的陷阱。不过，这种逐步渐进的过程并不完全适用于每一种孩子。坎德尔和洛根认为有的孩子浅尝辄止，有的孩子则会步步深入，而且也不见得每一个孩子都会经过一致的阶段。但他们提供一个重要的概念：一旦使用药物的大门一开，五花八门的药物就更有可能接踵而来。

（六）疾病的模式

疾病的模式强调药物对个人生理上的冲击，使这个人产生病态的反应，一旦上瘾，生理上就非用这种药物不可。耶利内克（Jellinek）发现有些人戒除药物后，只要再喝一杯酒、再抽一支烟，立刻引发旧病，证明这种人的生理结构已经感染了用药的疾病。

3 药物滥用的评量

处理青少年滥用药物的问题，必先了解引发孩子身心问题的，各种错综复杂的因素。这包括孩子的成长历史与背景、对滥用药物以及人生所持的信念、应付生活压力的技能和策略、容易陷入用药旋涡的心态、自动化的思考方式以及不良行为等与药物滥用有关的因素。儿童与青少年深知，无论采用哪一种药物都犯了家庭和学校的禁忌。因此，孩子一旦误入歧途，自然会躲藏隐瞒；就算被人发现，也常不愿吐露实情。霍尔（Hall）发现尽管有些人主动要求治疗，但在关键问题上对病情还是会有所保留。因此，想要对药物滥用进行评量，必须从多方面收集资料，包括孩子的自我报告、关系人提供的线索、警方或校方的报告以及身体检查的结果，相互对照印证，才能找出事情的原委和真相（有关行为背景的评量请参见第二章）。

（一）评量的项目

贝克和他的同事认为评量药物滥用的主要目的在于了解几个根本的问题，这些谜题有了答案才能据以设计处理和干预的策略。这些问题是：这个孩子为什么开始使用药物？这个孩子如何从一般的药物使用演变成药物滥用和依赖？如何从软性的烟酒演变成非法的毒品？这个孩子为什么自己没有办法戒除药物？这个孩子对药物采取什么态度？这种态度和信念是如何形成的？这个孩子在未使用药物之前，功课、体能和娱乐活动、人际关系以及一般行为是什么样子？这个孩子的用药行为会导致高度危险性的情况出现吗？为了回答这些问题，评量通常要包括11个基本项目。

1. 幼年时期有关的资料

幼年时期的资料是指孩子在幼年成长过程中，塑造特殊想法的经验。基于这些经验，孩子自己建立了一些正面和负面的想法，也对外面的世界产生某种特殊的观念。例如16岁的小东从小成长在一个很不稳定的家庭中，他的父亲是一个酒鬼，对家庭、对子女总是喜怒无常。小东从此建立一个错误的观念：一个人出了问题，喝酒就可以躲入安全的避风港；这个世界多变化，还是今朝有酒今朝醉最实在。再如15岁的小西出生于一个完美的家庭，父母都是杰出的科学家，但对孩子的要求严苛。因此，他和其他3个哥哥姐姐都深深感到自己是没人缘和没人要的坏孩子，既然是坏孩子，就可以胡作非为。

2. 目前所面临的问题

孩子目前所遭遇到的问题如功课不好、触犯校规、与父母争执、与朋友翻脸或情绪与行为有了问题，可能是使用药物的起因，也可能是使用药物的结果，更有可能互为因果。治疗药物滥用务必斩草除根。因此，生活中的问题必须一一清点出来并加以改善。

3. 孩子对自己的中心信念

孩子一旦陷入使用药物的泥沼中，可能会出现两种中心信念：“我是一个没有希望的人”“我是一个被人唾弃的人”。这种自暴自弃的想法会摧毁回头是岸的信心和动机，因此要把它找出来并加以改变。孩子可能会说：“我一点办法也没有”“我已经陷入太深了”“我的能力太差”，或是“我试过几次都没有用”，表示他放弃了希望。孩子也可能会说：“没有人会喜欢我”“我是一个坏蛋”，或是“每个人都讨厌我”，这表示他认为已遭唾弃。

4. 应付中心信念的假设

当孩子有了遭人唾弃或自认没有希望的信念时，可能会产生有条件的假设。这种假设可能是正面的，也可能是负面的。但这些假设可能都还未经过印证。例如小西常这样想：“我如果每一次都考第一名爸妈就会疼我。”或“如果我不能每次考试都得到一百分，我就是一个没有用的孩子。”

5. 补偿的策略

孩子不但产生一些正反两面的假设，也会制造一些行动来应付或补偿他们的中心信念。使用药物的孩子所制造出来的应付行为或补偿的策略本身可能出现很多漏洞。例如其行为常是出于冲动，一成不变、不识时务、耗费精力而且缺乏效能。这种孩子最常用的补偿策略是使用药物来增加信心，幻想自己是一个有价值的人。当然，使用药物的目的是多方面的，寻欢作乐是其中之一，用以驱除无助与无望的感觉又是另外一种目的。到头来这种策略使用的结果是产生更多的疑虑和负面的自我观念。这种短暂与长远的效果以及策略的运用要评量出来，也要指明让孩子知道。

6. 高度危险的情况

孩子处于某些情况中，自暴自弃的中心信念以及涉及药物的不当观念就会油然而生。这种情况很容易把孩子卷入旋涡中，因此需要一一指点出来，尽量让孩子涉入其中，并训练孩子身处于这种情况中要能抵挡高度的诱惑。例如小南戒除毒品已经有好几个月，由于朋友邀约，又回到以前经常购买药物的小巷，立刻回想到上次在这个角落买药的情形。接着他会回忆起吸毒之后的感觉，这是高度危险的内外刺激。如果小南受过一定的行为训练，他要改为这样想："上次在这个地方买了一包粉，钱都用光了。好辛苦才把它戒掉，如果重新开始，又要经历痛苦，还是算了。"

7. 自动化的思考

使用药物的人大多在使用前未能深思熟虑，他们只顾眼前的需要，却不从长远的后果考虑。这种自动化的思考常出于自暴自弃的中心信念。孩子自动化的思考大多是："已经这么久滴酒不沾，我实在想死它了！我实在受不了了！""只喝两杯有什么关系？""这个礼拜我太用功了，考试每一科都及格，喝两杯爸妈也不会生气。"这种种想法引起孩子对药物的渴望和冲动，也使防卫的系统松弛，孩子很容易步入歧途。这种未经深思熟虑的自动化思考要想办法评量出来。

8. 情绪的作祟与认知的因素

一个人情绪的发展和自动化的思考息息相关。但是滥用药物的孩子常不知自己强烈的情绪产生之前都有认知的过程，受到自动化思考的左右。例如小忠每在动怒、焦急、悲伤、失望之前都是先想到他父亲打他的情景，或是在一次远足当中别的孩子都带了好吃的东西，唯独自己两手空空。通过心理的评估和治疗，孩子可以了解到情绪与认知的关系，修正认知的过程和自动化的思考，孩子可控制自己的情绪而不致依赖药物来麻醉自己。这种认知与情绪的关联是事关紧要的评量项目。

9. 孩子的行为

孩子的所作所为，都是起因于危险情况、中心信念、对药物的想法、自动化的思考以及情绪。孩子一陷入用药的旋涡中，通常要想方设法弄到他所需要的药物，使用并迷醉于药物，以及从事相关的行为。这些不正常的行为，直接或间接造成人际冲突，触碰法律的边缘，同时造成学业的荒废和身心各方面的退化。行为的评量相当广泛，药物滥用本身自然要巨细无遗地清查，其他相关的日常活动和吸毒行为的结果也要彻底了解。

10. 戒除药物滥用的动机

孩子到底是主动要求协助来戒除药物滥用，还是被迫而接受治疗，对治疗的步骤与效果有重大影响。根据普罗哈斯卡（Prochaska）的经验，孩子戒除药物滥用的动机可以分为5个发展阶段，在动机的评量中要判断这个孩子处于哪个阶段，以此设计治疗的策略。戒除药物滥用的动机的5个发展阶段如下：（1）茫然无知的阶段。这个孩子从未想过根除用药，也没有戒除的动机。（2）考虑的阶段。这个孩子分析过与用药有关的种种问题，也感觉到情况应该有所改变，但还没有具体的行动计划。这个阶段的孩子对戒除药物的态度模棱两可，但已能开始接纳外来的要求或教育措施。（3）预备的阶段。这个时候孩子的确有改变的愿望，而且希望能得到外来的协助。不过这个阶段的孩子还是会认为忍受戒断的痛苦是得不偿失的。（4）行动的阶段。这个阶段的孩子已下定决心痛改前非，也采取具体的行动改变用药的行为。这个时期的孩子必须咬紧牙关，忍住痛苦，才能达成戒断药物的目的。因此，他们最需要外来的支持和鼓励。（5）维护的阶段。孩子摆脱药物使用的生活方式后，会继续思考用药和戒药的种种问题，也挣扎于一身清净或恢复用药的边缘。这个时候预防旧病复发的策略要派上用场。

11. 评量的统合

根据上述10种评量所得到的数据，可以把一个孩子的生活形态和行为问题做个统合的判断。针对其自暴自弃的信念、用药的行为以及恶性循环的形成，设计可行的治疗策略，改变其信念、行为以及生活方式，彻底粉碎恶性循环。

（二）评量的方法

大部分的孩子都是迫不得已才接受治疗，其合作的态度自然可想而知。为了避免将来受到处罚，孩子在评量过程中避重就轻或刻意掩饰的行为在所难免，因此访谈孩子所得到的数据往往虚实难辨。因此，除了直接评量孩子的言行之外，多方查证是不可或缺的一环。

1. 临床的访谈

探寻孩子使用药物的行为以及潜在的认知因素时，由于孩子的蓄意隐瞒或自己根本不知所以然，临床的访谈不能长驱直入，必须使用迂回诱发的策略。奥弗霍尔泽（Overholser）主张采用苏格拉底的方法（Socratic Method）来引导孩子发掘隐藏在心底深处的想法和观念。他认为无论从事治疗或行为评量，都要采取刺探性的问题，追问孩子的看法，以假设的情况引发孩子的思考，测验他们的信念和自动化的想法。在临床的访谈中，鼓励孩子沉思、评估自己的信念和行为、以推演和归纳的方法自己做结论。孩子要能深思熟虑，做理性的抉择，发掘内心的思绪，也能据实透露真情。

孩子的自我报告不但会避重就轻，而且会添油加醋、夸大其词。因此，在临床的访谈中，要针对孩子在各种量表中的作答，进一步做追踪询问以探虚实，同时也给孩子提供反省的机会。霍尔（Hall）认为求证的过程是不可忽略的评量方法。在临床的访谈中还要告诉孩子，他所提供的消息和数据都要经过第三者的对证，而且要做生理的检查，所以要据实报告，以免露出马脚。霍尔和他的助手发现这种做法和提示可以使孩子提供真实的报告。

2. 验证的过程

除了直接询问使用药物的孩子之外，父母、老师、同学、朋友以及警方都可对这个孩子的背景、想法、行为、情绪等提供可靠的资料。然而，第三者的报告往往以偏概全或流于主观的判断，尤其父母更可能因有切身的关系而歪曲事实。因此，一再地验证直到水落石出，才能得到真正的评量效果。

霍尔等人认为可以使用如验血、验尿以及唾液和呼气等生理检验查证孩子是否使用药物，并对证孩子自我报告的虚实。

3. 量表的使用

除了临床的访谈，自我报告的量表是标准化的评量工具，有组织有结构地评量情绪、态度、认知、信念以及药物渴望的情况。贝克等人建议采用下列的问卷和等级量表：

（1）贝克抑郁量表（Beck Depression Inventory）包括21个项目，用来评量抑郁症状的严重性。

（2）贝克焦虑量表（Beck Anxiety Inventory）包括21个项目，用来评量各种焦虑症状的严重性。

（3）贝克无望量表（Beck Hopeless Scale）包括20个项目，用来评量一个人对未来所寄存的期望，尤其是这个人认为无法克服的困境或是生活当中不愉快的事件。

（4）功能失调性态度量表（Dysfunctional Attitude Scale）包括100个项目，用来评量一个人对人生的态度和信念，尤其是负面而且不适应的态度。

（5）药物使用信念量表（Beliefs about Substance Use Inventory）包括20个项目，每个项目分为1到7的等级，看一个人从最同意到最不同意来评量他对药物使用的信念。这20个项目是：

- 生活中不用药物就太无聊。
- 用药是我增加创造力和工作效率的唯一途径。
- 我不用药就无法过日子。
- 用药是我应付痛苦的唯一途径。
- 我还不想停止用药。

- 我是在渴望和冲动时才使用药物。
- 就算我戒了药物，这一生也好不到哪里去。
- 使用药物是我处理愤怒的唯一方法。
- 我如果停止用药，生命就太抑郁了。
- 我就是注定这一生要使用药物来过日子。
- 我没有魄力和毅力来停止用药。
- 我停止用药就没有办法和别人来往。
- 使用药物对我来讲不是个问题。
- 如果我不用药，心中的渴望和压迫就没法除掉。
- 我的用药是别人造成的（例如学校功课的压力、父母的责备或是同伴的唆使）。
- 如果有人发生用药的问题，都是先天的因素。
- 我不用药，心情就无法放松下来。
- 我有了用药的问题，基本上就是一个坏孩子。
- 我如果不用药，就无法控制焦虑的情绪。
- 除非继续用药，否则我的一生没有乐趣可言。

（6）渴望药物的信念问卷（Craving Beliefs Questionnaire）包括20个项目，每个项目分为1到7的等级，看一个人从最同意到最不同意来评量他渴望用药的现象，这20个项目是：

- 渴望是一种生理的反应，我毫无控制的余地。
- 我如果不制止这些渴望，就会越变越糟。
- 渴望药物会使人发狂。
- 我是因为渴望才用药。
- 我总是会有对药物的渴望。
- 我对渴望没有控制的能力。
- 一旦有了渴望，我就无法控制我的行为。
- 我这一生免不了会渴望药物。
- 我一有渴望就无法忍受生理上的症状。

- 渴望是对我使用药物的惩罚。
- 你如果没有用过药物，就不知道渴望是怎么一回事，所以你就不能要我空手抵挡渴望。
- 在渴望当中，我的想象和思考完全超出我的控制之外。
- 渴望使我紧张得要死，我怎能忍受。
- 我再也没有办法处理渴望的现象。
- 因为我这一生根本没有办法逃脱这种渴望，干脆就放心地用药。
- 当我正在渴望药物的时候，我完全无法过日子。
- 我不是渴望就是相安无事，两者分得清清楚楚。
- 如果渴望太厉害，使用药物是应付这种感受的唯一途径。
- 当我渴望着强烈的药物时，喝两杯老酒来解困并无不对。
- 对药物的渴望总是强过我的意志力。

4 药物滥用的治疗

无知的儿童基于好奇、屈从于同伴的唆使、感到孤单无聊，或是为了模仿大人，可能在6岁就开始使用强力胶、吸汽油、学大人抽烟喝酒，开启了使用药物的人生序幕。针对使用药物的人数越来越多、年龄越来越小的事实，米尔曼特别强调预防措施的重要性。他们认为要在孩子接触、涉及药物使用前就传授有关药物的知识，以及避免掉入用药陷阱的特殊技能。这种预防教育不但要呈现事实，更要激发孩子的思考，从根本上改变孩子的观念和行为。

陷入用药旋涡中的孩子接受治疗大多出于被迫，而非心甘情愿。再者，戒除药物是一段长时间的挣扎过程，多少人要一试再试，屡经挫折、失败、跌倒再站起来，戒了药物又旧病复发。只有拿出勇气，以坚韧不拔的意志，坚持到底，才有真正重见天日的可能。因此，治疗的过程必须借助教育与心理治疗，彻底改变孩子的认知、信念、态度、情绪、生活环境以及行为的模式，才能达到最后的目的。

这一节首先介绍预防与教育的策略，包括最低限度的干预，然后依序讨论认知的治疗、行为的治疗、应付渴望的策略、危机情况的处理。

（一）教育的策略

一般而言，青少年时期是开始使用药物的危险期，因此，教育措施该在小学五六年级就开始，以产生预防的效果。教育孩子有关药物的使用，切忌造成孩子的一知半解或半信半疑。这种半生不熟的知识反使孩子跃跃欲试。教育的原则在于应用多重资源，彻底建立孩子对药物的认识和正确的态度，最终不但能使孩子抵制药物的诱惑，还能应付日常生活的压力，以免掉入陷阱。

1.生活技能训练的教育课程

霍登认为学校有关药物的教学课程应该在小学阶段就开始，孩子进入中学以后才有适当的技能抵挡来自四面八方的压力，不向药物低头。这些技能包括人际关系的应付、问题的解决、沟通、果敢的行为以及应付高度危险性的情况。

（1）使用药物前因与后果的研讨。孩子大都生长在药物使用的社会中，耳濡目染，自然容易上钩。他们目睹成人尤其是自己父母喝酒抽烟，再加同伴的百般唆使，自然跃跃欲试。但是孩子大多看不到使用药物的黑暗面。因此，教育的功能是在孩子未接触到药物之前，对药物的危险性以及诱发的因素详加解释。霍登和他的同事特别强调使用药物对身心健康、社会关系、学校功课、法律问题所产生的严重后果。他们认为老师还要根据统计数字来警告孩子，指出有多少孩子使用药物，其结果又是如何悲惨。再者，孩子要了解到电视的广告，同伴的强力推销等都是可怕的陷阱，必须严密防范，不要受骗。

（2）问题的解决。在急剧变化中的社会，每个人都遭受巨大的压力，生活问题层出不穷，孩子也不例外，这种压力是导致用药的一大因素。教育的功能是把孩子装备起来，面对现实，解决问题。孩子们首先在老师的指导下，把长久性的问题一一列举出来，然后共同设想各种不同的解决途径。接着把这些办法依据其可行性和预期的效果按顺序排列出来。孩子可以把这些办法当作家庭作业，带回去解决生活中的实际问题，然后与老师共同检讨得失，力求精进，或是庆贺问题解决的成效。孩子有一技在身，就不会轻易借用药物来麻醉人生。

（3）自我指导的技能。5岁以后的孩子就会以自我语言来控制自己的行为。自我指导的技能，是把这种生而具有的本能系统化、组织化，凡是遇到重大的事情，就要按照5个步骤来做：停止、设想变通的办法、经过深思熟虑后做决定、采取适当的行动、赞赏自己明智的做法。老师可以一面解释，一面出声自我指导作为示范，然后要孩子预演练习。一旦学会这种自我语言教导的技能，孩子凡事都能三思而后行，才不致被冲动带入万劫不复的深渊中。

（4）应付的技能。使用药物原来是要解除人生的痛苦和生活的压力。但是长久使用药物，效果日益减退，生活压力一层又一层地增加，用药泥沼越陷越深，终至无法自拔。涉世未深的青少年和儿童从小就要学会应付生活压力的技能。教育的内容包括教孩子预期可能的压力和痛苦的情况，并能严阵以待，克服困难，迎接挑战。应付的技能包括内在与外在两种，孩子要能自如运用这两种技能。内在的应付技能是指孩子的认知过程，遇到压力时能够认清问题，设想万全的应付策略。外在的应付技能是实际的言行举动，排解和消除压力，并犒赏自己成功化解了危机。

（5）**沟通能力与果敢的行为**。经过一再演练，孩子要锻炼伶俐的口才，不但能干净利落地表达自己的意愿，并且理直气壮地保卫自己的权益。这种技能可以协助孩子达成学业、人际关系以及领导能力上更高的成就，建立信心，驱除压力。它更可以协助孩子抵挡同伴的压力，拒药物于千里之外。沟通的技能包括语言和非语言的表达。孩子在日常生活中，要不断与同学和老师切磋琢磨，才能得心应手，将其变成生活技能中重要的一环。

2. 以讨论的方法改变孩子的态度和行为

单单靠知识的灌输，改变往往会流于形式，言者谆谆，听者藐藐。格林伯格和德波塔（Greenberg & Deputat）发现传统的教育方法只能传授知识，并未改变孩子的态度，也无法改变孩子的行为。他们认为通过讨论的方式，激发孩子的思考，才能真正改变孩子的态度和行为，预防药物的使用。

（1）**学龄儿童药物的讨论**。谢德勒和蒂拉德（Sadler & Dillard）设计了一个让孩子教孩子的价值观念宣传方案，有效地改变六年级学童对药物的态度。他们认为还未进入中学的孩子最需要特别的指引才不会误入歧途。同时，让高中学生来当学童的导师，这样不但彼此容易接近，而且学龄儿童比较能接受哥哥姐姐们的看法。这个方案首先是选取学业中上的高中学生，授予有关药物的训练，包括毒品、烟酒、法律问题、儿童情绪的发展以及人生观价值观的论断。经过训练的高中学生，分组到小学六年级的班级中和小孩子讲解、讨论有关药物使用的问题。每次30分钟，1星期1次，总共8个星期，共计4个小时。这个方案实施后，小孩子们不仅反应热烈，而且进入中学后使用药物的人数比未参加讨论的孩子少得多。

（2）**高中学生预防药物使用的讨论课程**。格林伯格和德波塔把价值观念的澄清、同伴的支持活动、分组讨论以分担彼此感受，以及检讨彼此的态度与行为综合成为一套教育的讨论课程。他们发现这种新课程远比单纯的知识宣传有效。他们设计的课程包括沟通技能的训练与价值观念的批判，用来预防和遏止药物的使用。在老师的引导下，学生分组讨论各种不同药物对人体各部分所造成的伤害，然后把这一系列的害处编印出来，分寄给亲戚朋友。同时，学生要扮演长期抽烟患肺肿瘤的病人，假装自己在临终前忏悔，把这种悲剧戏剧化。学生也要参观实验室中吸入二手烟致癌而挣扎于生死边缘的动物，然后写下他们的观感，开头是“假使我是那只动物……”然后相互传阅，共同讨论彼此的心得。另外一个课程是学生要画出一个大心脏，并分为4个心房。第1个心房要画上一个孩子用药时的得意状；第2个心房要画上一个孩子用药后的凄惨状况；第3个心房要画上一个对他最关心的人；第4个心房要写出3~5个字，表示这个关心的人对他所说的话。高中学生要把自己的图画和同学共享，并相互讨论。格林伯格和德波塔认为这种讨论的方式才能激发学生的思考，这种讨论确实促成了孩子态度和行为的改变。

3. 大众的宣传

除了学校教育之外，大众宣传让国民尤其是青少年认识药物滥用给人类带来的伤害，因此这是可行也是必要的措施。新闻媒体一再报道有关药物的不正当使用造成伤害的实例，以及科学研究的统计和新的发现，这些都能给社会大众深切的警惕。此外，受害者以及受害者家属的奔走呼吁、街头标语、官方打击非法毒品都可挽孩子于药物的狂澜中。

霍尔认为孩子使用软性药物如抽烟喝酒之后，有的颇有浪子回头的意愿，但又不敢公开这种错误而寻求协助。对于这种孩子可以进行最低限度的干预。这种方法的好处是：孩子不必公开出面，花费不多甚至无须花费，而且可以根据自己的意愿，一试再试。这种方法是把戒除药物的好处、戒除的步骤以及行为的要求清楚而具体地写出来，编印成小手册，分送给中小学生，或放在医疗机构免费供人取用。事实上，中国防痨协会、心脏病协会、癌症协会都出版过各种不同的小册子。霍尔等人认为这种最低限度的干预效果有待验证，但很多人根据这种小册子的指引尝试戒除烟酒无效后，才体验到戒除药物、孤立奋斗的艰难以及事态的严重，因而心甘情愿地寻求专家的协助。

（二）认知的治疗

一种孩子，自知使用药物严重地违反了家庭、学校以及社会的禁忌，但又无法革除恶习，因此用药的行为大多转入地下。他们出面接受治疗往往并非自愿，而是在迫不得已的情况下，非戒药不可。例如使用药物被父母老师发觉，强制移送治疗机构戒除药物，酒后闹事或与人斗殴，甚至酗酒驾车肇事、贩卖违禁药物被捕。由于生理上存在的戒断反应，他们在完全戒除药物的初期可能出现癫痫、身体抽搐、精神症状或是生理器官的疼痛，需要医药的干预，以缓和生理上的反应。例如使用抗癫痫药、止痛药或是镇定剂之类的药品，协助孩子度过最困难的时期，然后移送心理治疗机构，接受长期的心理和复健治疗。这种孩子通常对治疗抱有敌意，或是敷衍了事，取得自由身后，又总是回到用药的旧生活。另外一种孩子，尤其年纪较大的青少年，由于使用药物倍尝严重的后果，例如被学校开除、与父母拆散、生理与财力都走入穷途末路、心理上的痛楚如抑郁、焦虑、恐惧、精神症状更层出不穷。他们出面求助往往只是为了缓和眼前的痛苦，并无戒除药物的远见。

基于上述形形色色的事实，贝克等人认为从事心理治疗的第一步，是由治疗专家与患者共同商定治疗的目标。他们特别指出治疗目标的重要性；唯有建立一个具体而明确的目标，治疗过程中才有一个固定的方向，也给患者一个具体可期的希望。另外，可以根据这个目标随时检查治疗的进度，修正治疗的策略，并增进治疗人员与患者携手合作的治疗关系。贝克和他的同事特别强调治疗的目标要具体明确而正面，如一年之内回到学校、继续升学、回到父母身边、脱离帮派组织或与药物有关的人物、地方、事情完全绝缘等。设定这种目标时，不要使用含糊笼统的字眼或是将重点放在减除痛苦这类消极问题上。例如不再担心被人抓到、要重新做人、迎接光明的前途、不再为非作歹等。为了达成正面的治疗目标，治疗人员与患者要密切合作，共同消除孩子使用药物的行为，并且建立更积极更有效的解决问题技能。

贝克等人根据多年临床的经验，认为说教的方法对孩子而言既不新鲜也无效果。他们从事认知治疗多用苏格拉底的方法（Socratic Method），通过问答与深思，引导患者发现自己混沌而歪曲的思考和行为模式，让孩子自我评判、分析、下结论，从而改变认知、信念、态度，进而带动行为的改变。

1. 好处与坏处的分析

被药物勾引住的孩子往往对使用药物的好处夸大其词，对害处则避重就轻。从事好处与坏处的分析是认知治疗中非常有用的技术，用来引导孩子正视药物使用的得失。这种分析是把一张纸分为4格，第1格要孩子写下使用药物的好处，第2格写下使用药物的坏处，第3格写下不用药物的好处，第4格写下不用药物的坏处。使用非法毒品已有4年历史的小龙在治疗人员的指导下，做出了下列分析：

- 使用药物的好处：感到像是一个超人，感到充满了自信，不再害羞也不再害怕，很容易和人亲近，容易与女友有亲密关系，感到很放松。
- 使用药物的坏处：生理上、精神上受到很大打击，被父母赶出家门，被学校开除，身上一贫如洗，随时都会被送去戒毒所，迟早会得病。
- 不用药物的好处：不再担心，思考清淅，可以完成学校的功课，将来有希望考大学，不再被视为不成器的孩子，感到有自信有成就，有充分的时间和家人相聚，而且可以做往日喜欢的运动。
- 不用药物的坏处：在别人面前感到羞怯，感到孤单，很多问题缠在身上永远除不掉，感到暴躁，一想到药物就引起渴望而且很难忍受这种渴望，朋友都离开了，生活中一点也没有乐趣。

孩子花费很长的时间，把好处与坏处事无巨细地列出来之后，一一作比较。经过这种分析，孩子大都会建立客观、正确而且平衡的看法，能够综合分析药物的使用而不再有所偏倚。

2. 找出对药物的信念并加以改变

使用药物的孩子常有自暴自弃的想法，总认为自己不受父母的疼爱，不受同学的喜爱，人生没有什么指望。他们误以为药物是唯一的救星，认为只有成群结党抽烟喝酒才有乐趣。孩子常会这么想：父母、哥哥姐姐都是天天酒醉，为什么我不可以？人生就是这个样子，难道还会坏到哪里去？殊不知，这种歪曲的想法和认知是他们无法自拔的主因。同样的道理，他们会归罪于外来的因素，如父母的唠叨苛责、学校功课的压力，或是同伴的唆使。认知治疗的功能是协助孩子认清：自己内在歪曲的信念才是使用药物的罪魁祸首。贝克等人主张采用箭头向下的技术（Downward

Arrow Technique）来引导孩子直捣心底深处，找出根本的信念。他们还是采用苏格拉底的方法来层层剥开孩子的信念。例如：在喜宴中不喝两杯怎么行（自动化的思考）→不喝酒怎么会有喜气→不喝酒就谈不来→不跟人喝两杯他们这些人就会说我不识抬举→我的社会关系就会完全中断→我的人生就这样白费了→人生活着还有什么意义（根本而夸大其词的信念）。经过系统且反复地挖掘，孩子学会监督自己自动化的思考以及与药物有关的根本信念，然后了解自己为什么会陷入思考的陷阱中。有了这种认识，孩子就可以重新评估夸大其词的想法，改变重大灾难（Decatastrophize）的信念。这种解除重大灾难的技术有助于孩子解除非用药物不可的想法。

3. 正确的归因

使用药物的孩子，总是把行为的责任推得干干净净。他们认为自己沦落到这种地步都是外来因素导致的；不是被人拖下水，就是在家中得不到温暖必须在外面找乐趣。认知治疗的目标是协助这个孩子扪心自问：我该不该对此负责？只有从事态度的转变才会面对现实，改变自己的想法和行为。正确的归因还是用苏格拉底的问答法，引导孩子发掘真正的原因是自己不正当的信念、寻求欢乐的心态，或是不能面对现实的做法。例如18岁的小吉已有一年半的饮酒历史，直到最近因为酒后打伤女友才被强制戒酒。一方面，他在治疗过程中，一再把自己喝酒闹事归罪于他的女友，他只有为此苦闷时才会喝酒。另一方面，他认为与女友在一起也要喝酒才有乐趣。总而言之，都是为了女友才喝酒。经过一再探问，他才吐露真实的情形：他醉醺醺时，女友嫌他醉态难看，他就出手打她；女友一离开他，他就越喝越厉害。经过进一步探问，小吉终于领悟到喝酒是所有问题的来源，而不是解决问题的好办法；自己喝酒的起因更不是女友，而是自己寻欢作乐和借酒浇愁的心态。打开心结之后，他知道态度、信念以及待人接物的根本改变才是摆脱问题的最佳途径。

4. 思考日记

思考的日记是协助孩子客观而有系统地反省，审查自己对药物的思考和信念的可靠性，从而引发改正信念的动机。此外，当孩子有了使用药物的渴望时，可以产生时间的缓冲，让孩子三思，甚至因而减低用药的冲动。同时，当孩子产生负面的情绪如沮丧、气愤、失望、无聊时，会积极地想办法来应付，而不致诉诸药物的麻醉。

思考日记分为5个项目：

（1）情况的发生，包括：实际发生的事件，这种事件引起不愉快的情绪反应；自己的思考、回忆或白日梦，这种内在的刺激也会引起不愉快的情绪反应；或是身体上特殊的感觉。

（2）自动的思考，包括：某种情绪发生之后所产生原始而混沌的思考。

（3）情绪的出现，包括：悲伤、焦虑、愤怒等；而且要用百分比来表示情绪的强烈度。

（4）理性的反应是指孩子把自动的思考加以理性化分析，并把新的思考写下来，例如拿出事实的证据来支持或反驳自动的思考；对情况的发生做另一种解释，如塞翁失马的想法；然后分析解答：事情发生了，最坏会坏到哪里？最好会好到哪里？现实的情况又是如何？对此情况应该有什么建设性的想法和做法？我改变思考后有什么好的结果？有什么不良的后果？

（5）思考的结果是指重新评量自动思考所带来的新信念；经过理性分析以后所产生的新情绪，如自信、和平、乐观、放松等；而且要用百分比来表示新情绪的强烈度。

周末是小马使用药物的危险时期。根据治疗人员的指示，他把周末的思考日记拿回家作为治疗的家庭作业。他的日记是：星期六晚上学校功课都做完了，不但感到孤单而且很恼怒，因为父母禁止他外出和朋友打球。孤单和恼怒这两种不愉快情绪的强度分别列为80%和75%。这些情绪来自下列自动思考："爸妈就只会管我。""别人都可以出去玩，我为什么要守在家里？""爸妈要我多做功课，我偏不做。""他们就是不能信任我。""我闷在家里怎么打发时间？"在治疗专家的指导下，小马将这些想法重新加以整理："爸妈真的是关心我的前途。""下星期一有月考他们才不准我出去。""其实我也该利用这一段时间把房间整理一下。"小马经过一再的刺激和指导，以变通的办法和理性的思考来取代混沌的思考，以建设性的行为来替代用药的行为。最后转变情绪，走向愉快健康的人生。

5. 想象

想象的技术是教孩子反复想象自己能够控制、改变自动思考、改变与有关药物的歪曲信念，以及对药物的渴望。这种想象是要孩子闭起眼睛，“看到”自己与药物英勇地博斗。例如孩子想象遇到同伴的邀饮或推销，要能严辞拒绝；想象用正面、好玩的娱乐活动来取代用药；想象用积极进取的生活方式来替换醉生梦死的颓废生活。具体而言，在治疗专家的指导下，孩子可以想象自己一个人自由自在地游走在田野之间，欣赏秀丽的山川景色，倾听鸟鸣水流，把现实生活中的烦恼完全丢在脑后。这种想象没有止境，孩子可以想象独自垂钓于海边、驰骋于运动场上、在卡拉0K场合高歌一曲，赢得好友的喝彩。这种有益身心活动的想象可以把人带入另一个高超的境界，如果能在实际生活中付诸实施，可以完全扭转人生观和生活形态。

（三）行为的治疗

行为与认知的治疗要双管齐下，绝对不可偏废。认知治疗在于改变自动思考和使用药物的歪曲信念；行为治疗的策略则把新的认知化为实际的行动，以新的生活技能应付日常生活中的艰难，克服个人对药物的渴望，并以实际行动来考验和改正自己歪曲的信念。

1. 日常活动的记录与安排

贝克和他的同事发现使用药物的孩子不但其自动的思考与歪曲的信念纠缠不去，他们的行为和日常活动也都围绕着药物展开，因而无法建立良好的人际关系、做好学校功课、从事有益身心的休闲活动。孩子自己监视有关使用药物的行为，有助于了解这种行为，并以积极进取的行为来取而代之。日常活动的记录是给孩子提供一张记录表，从星期一到星期日，共计7天，每天24小时，除了睡觉的时间外，每个小时都要记录自己从事的活动，并从0到10之间选取一个数字来代表这种活动的满足程度和自己能够掌握的程度。

孩子把日常活动的记录当成家庭作业，然后每星期和治疗专家共同检讨活动的利弊得失，并安排新的健康的活动。通过这种记录和检讨，孩子可以了解自己一星期当中到底有什么活动，好坏的比率有多少。然后以此为修正的基础，拿出另一张空白的记录表，设计下一个星期应该有的活动。接下来的治疗会面，可以就上次安排的理想活动与这一个星期实际的活动作对照比较，评鉴孩子是否能够控制自己的行为，照预定的日程表行事。如果孩子无法彻底革除旧习，就要从信念和态度方面重新打基础。如果孩子有了重大的进步，他不但能安排健康的活动，而且还能按照预定的日程表从事日常活动，治疗专家则可给予奖励，指出他前途充满了新的希望，他已能掌握自己的生活，不再依赖药物来解决问题。

2. 行为的试验

行为的试验是指以实际的行动来验证自暴自弃的中心信念以及使用药物的歪曲信念。例如学业与体能活动都稍逊一筹的小迈认为自己一无是处，但是抽大麻烟给了他招兵买马的机会，他能因此找来一大堆同伴“共乐”，并充当老大。行为的试验是要小迈出面邀请同伴打球、烤肉或是一起做功课，证明他不依靠大麻烟一样可以有好人缘，而且还可以使学业与体能活动大有进步。不管这种实验是否成功，孩子总会得到宝贵的经验。例如小迈找同学一起做功课，但没人理他，他可以借此意识到，这些不过是酒肉朋友，宁愿放弃这种朋友也不可牺牲自己的前途。另一个行为试验的技术是“假装”。例如要小迈假装自己完全戒除了恶习，他要在一整个星期之中，完全不涉足使用大麻烟的场所，不和吸食大麻烟的同伴讲话。如果有人邀约，他也要明确告诉对方，自己已经完全戒除这种恶习。这种试验不但可以改变信念，也有助于建立改变行为的信心。

3. 行为的演练

人与人之间的冲突是引起不愉快情绪的主要因素，也是间接引发药物使用的罪魁祸首。化解冲突和愤怒的有效途径是从事社会技能与沟通的训练。沟通的技能包括适当地表达情绪、果敢地诉说和抗议（但不可和粗鲁顶撞同日而语）、理性地辩解和说服，以及倾诉的技术。此外，人际关系问题的解决能力如磋商、协调、让步、与人建立亲密的关系、对别人的真心赞美、虚心地检讨自己，以及开怀接受批评等都是化解人际冲突的有效工具。这种沟通与社会技能的训练有赖于讲解示范，以及自身反复演练。孩子要扮演各种不同的角色如父母、老师、同伴、恋人，体会各种立场，培养适当的言行举止。

4. 放松训练

很多人抽烟喝酒甚至使用毒品目的在于排除焦虑的情绪。工业化社会的生活给人带来无限的压力，大人小孩都不例外。焦虑是最普遍的负面心理反应，使用药物的人甚至在准备喝酒或使用药物之前也会有焦虑紧张的情绪。放松的训练是目前驱除焦虑的最流行的方法，如果效果良好，甚至可以取代药物的使用，而不会造成任何副作用。布格兰和洽尔（Bergland & Chai）使用放松的训练来消除青少年因使用毒品而随时处于备战状态中的紧张情绪。他们首先让孩子看一段40分钟的示范影片，并解释放松的基本步骤。接着要孩子坐在一张舒服的沙发中，来几次深呼吸，然后伸出双手，紧握双拳，大约10秒钟，然后完全放松，让双手自然地掉在自己的双腿上。这时可以提醒孩子注意到双手握紧和放松的对比。根据同样的步骤，逐一收紧和放松身体各部分的肌肉，收紧10秒钟，放松10秒钟（放松训练的详细步骤请参见第三章）。全身各部分肌肉收紧再放松之后，要孩子再做几次缓慢的深呼吸，整个身心完全进入放松与无忧的状态。如果有需要，可以加上悦耳的音乐，教孩子想象清静美好的景色，或是以沉思的方式一再提醒自己放松、沉着、平静。

5. 生活形态的彻底改变

对某些孩子而言，有必要改变其行为模式和生活形态，否则无法彻底摆脱恶习。例如一向与同伴抽烟喝酒、为非作歹的孩子，必须完全脱离原来的社交圈，同时重新安排课余活动，才不会重蹈覆辙。这种完全改头换面的做法自然不简单，但孩子要有决心和勇气向着目标努力，以分期分段的方式逐步达成预定的治疗目标。在这种改变的过程中，父母和老师绝对有必要提供行为上的支持。

6. 运动

运动是一个人保持健康不可缺少的因素，对使用药物的青少年而言，运动可以增强孩子的健康意识，而这种意识与用药的信念对立。贝克等人特别强调孩子的运动是治疗和复健的重要部分。因此，治疗专家要指定家庭作业，并要孩子把每天的体能活动记录在日常活动的表格中。他们认为最适合这种孩子的运动是慢跑、疾走、体操等健身活动。这种活动的益处是孩子可以一边运动，一边进行与健身有关的思考，尤其是关切到身心的健康和真正快乐的人生。

7. 刺激的操纵

为了避免接触到引发药物滥用的刺激，青少年要在专家的指导下把这些刺激找出来。17岁的小宁经过思索和追忆，发现她自己在感到无聊、焦虑、伤心时才会想要使用药物。13岁的小罗在高兴、兴奋或得意的时候，就会想去吸汽油来制造高潮。另有些青少年则认为刺激因素是外在的，例如与朋友聚餐时、看到同伴使用药物时、周末较空闲时，或是在某些特殊场合。一旦找出内在与外在的因素，就要设法避免接触到这些刺激。要是完全无法避免，就要采取必要的措施，应付这些情况（有关应付的策略请见“渴望药物的处理”）。

8. 嫌恶的刺激

基于经典条件反射的原理，如果喜悦的刺激与嫌恶的刺激结伴出现，形成联结，那么喜悦的刺激也会具有嫌恶的特性，因而使人退避三舍。从操作性条件反射的观点来推理，一种行为一再导致嫌恶刺激的出现，这种行为终究会因嫌恶与排斥而逐渐消失。根据行为制约的原则，嫌恶的刺激曾广泛地用来抑制药物的使用。霍尔介绍了两种常用而有效的方法来消除抽烟喝酒的行为。抽烟本身可以作为嫌恶的刺激。使用这种策略时，青少年要进行快速抽烟，每6秒钟要吸一口烟，一直到感觉身体不舒服，如头晕或想呕吐。饮酒行为也可以作为嫌恶的刺激。可以在酒中加入促使呕吐的药，使得上瘾者每次喝酒都会呕吐。霍尔等人特别指出，要使用这种方法，一定要在治疗专家的指导和严密的监督下进行，而且要和其他认知与行为的治疗同时并进。另外，医生必须要事先对孩子进行身体检查。如果孩子的心脏和胃肠功能有问题，就不能使用这种戒除烟酒的方法。

（四）应付渴望的策略

对药物的渴望或俗称毒瘾发作是造成一个人戒除药物后旧病复发的主因。这种问题必须在戒除药物的治疗中一并处理，才能真正地达到彻底戒除的效果。根据霍瓦特（Horvath）的定义，渴望是指生理上和情绪上的激动，产生强烈的需要和欲望，渴望以药物来改变其心理状态。贝克把药物的渴望分为4类：

1. 由于停止使用药物而产生生理上的脱瘾症状，病人有类似感冒的种种病痛，因此渴望以恢复用药来驱除这种病痛。

2. 停止使用药物后，病人感到空虚无聊，不知如何填补空虚，因此想用药物来重燃生命的光辉。

3. 由于长年使用药物，与药物有关的人、地、时、物都对病人产生刺激，一再引起自动的思考，并有再不用药手就发痒的感受，但生理上和心理上并无特殊的症状。

4. 病人惯于借药物强化欢乐，戒除药物后觉得一切都索然无味。例如不喝两杯酒就无法吃饭、朋友相聚不敬酒就无法畅谈、如果不用毒品助兴生活就没有乐趣等。

面对着内外的刺激，青少年必须学会一套应付的技能，包括前述日常活动的重新安排和放松的训练。在此简要介绍贝克等人所使用的基本策略。

1. 分散注意力

分散注意力的策略是把孩子的注意力从内在的渴望刺激如自动的思考、对药物的回忆、生理上的激动等移转到外在非药物的刺激。下列是几种常用的方法：

（1）指示孩子把心思放在身边的事物，并详细地描述这种事物，如车子、人物、家庭、学校等。训练的开始是在治疗专家的办公室口头形容当天所看到的事物；技能熟练之后，就可注意日常生活中的一事一物，而渐渐减少对内在的感受的注意。一旦渴望的情况出现，更可派上用场，把注意力转移到身边的事物。

（2）使用交谈的策略。孩子一有渴望的情况，立刻找他的知心好友、父母、老师或是治疗专家，倾吐心中的苦闷。这些人必定要能耐心倾听。

（3）尽快地避开引发渴望的刺激。例如戒烟的孩子在公共场所看见有人吸烟，立刻换个看不见烟、闻不到烟味的地方，甚至离开这里以回避。此外，孩子本身产生无可抵御的渴望时，立刻到外面去散步，找朋友聊天，或是开车兜风都可以。

（4）从事其他的活动，如清理房屋、唱歌、看电影、玩电动玩具等，常可引开一个人的注意力。

2. 设想和记录应付的策略

要是孩子的渴望太过强烈，已经超出了他理智思考的范围，上述分神脱逃的策略无法奏效，可以指导孩子平时就设想应付危机的策略，并一一记录下来以渡过难关。孩子最好把这些策略记录在小卡片上，不但可以应付目前的需要，随身携带可以供未来紧急情况的参考。这张小卡片记录的策略可以添加和修正，但基本上是写下戒除药物的好处和逃脱渴望的方法。例如：我只有戒除大麻烟头脑才会清晰；看我现在多健壮；我一定可以克服烟瘾；现在实在无聊，最好到图书馆去找两本书来看；上次出去骑脚踏车碰到小莉谈得很愉快，这次运气如果不错说不定还会再碰到她。

3. 想象的策略

面对着外来形形色色的诱惑，孩子平时就要想象应付这些诱惑的策略，到时才能派上用场。贝克把想象的策略分为5种：

（1）重新调整重点的想象。平时反复想象如何运用上述分散注意力的方法，消除心中对药物的渴望。这种想象还涉及思考的停止与思考转变的方法（请参见第四章）。自己口授“停止”的指示，自己在心中大声喝令停止并立刻转入正面的思考。例如想象在一个喜宴中亲戚朋友都在饮酒聊天，多么写意，但想到这里立刻自己叫停，改为想象和戒酒的朋友在一起，大家喝清茶下棋聊天依然乐趣无穷。

（2）负面后果的想象。因为戒除药物的人总是对往日用药的情形念念不忘，把药物想成救星，甚至在梦中也会出现用药的美景。为了革除颓废的生活方式，孩子平常就要经常想象使用药物的严重后果。例如被父母赶出家门、被学校开除、被关入监狱等。因此随时自我警惕，以免重蹈覆辙。

（3）正面后果的想象则用来取代颓丧悲观的想法。孩子平常就想象戒除药物后的种种好处，如不再生病、学校功课进步、心中充满了自信和振奋的情绪等等。随时提醒自己，不可再涉足用药的场所，否则前功尽弃，目前的愉快情况和未来的希望都会付诸东流。

（4）实际行动的想象是在脑中反复预演危机出现的情形，以锻炼应付危机的技能。例如参加喜宴之前，一定先要想象自己如何应付亲友的劝酒。孩子可以想象自己告诉亲友："因为年纪还小，已经完全戒除喝酒，谢谢大家的好意。以茶代酒来表示贺意和谢意。"如果这一套想法和做法早在事前就演练得滚瓜烂熟，自然可以在宴会中游刃有余地阻挡劝酒。

（5）想象超拔的控制力以应付强烈的诱惑和渴望。孩子想象自己有超凡的决心和自我控制的技能，来遏制内外的刺激。例如想象一个美丽的异性提供毒品与色情服务，这对青少年而言是相当难以抵挡的诱惑，再加上本身的渴望，自然容易上钩。因此，孩子平常就要想象这种非常的危机，并想象自己能力超群，能严词拒绝对方。除了想象应付的策略外，还要想象摆脱这种诱惑之后的满足感和成就感，并且庆贺战胜渴望的超凡举动。

4. 对自动思考的理性反应

孩子在日常生活中遇到不如意的事，不愉快的情绪油然而生。他们感到生气、不安、悲伤，或是无聊时，一些使用药物的自动思考随之而来。例如："如果不跑出去抽一支烟，晚上怎么睡得着？明天考试怎么办？""我今天一直紧张兮兮，难过死了，非来一针不可。"这种思考把孩子引入药物的陷阱中去。理性的自动思考，第一步要训练孩子"监视"自己的思考。所谓"监视"是要孩子随身携带纸笔，每次感到对药物的渴望或是体验到不愉快的情绪时，立刻反问自己："我现在到底有什么想法？"然后把这些想法写下来。遇到生理上特别不舒服的情况，也照样把自己对此生理病痛的想法写下来。然后把这些记录拿去和治疗专家共同研讨。

收集了一些自动思考的资料后，治疗专家就可以从中找出某些固定的思考模式，然后带领孩子进入第二步的训练，要孩子向这些思考挑战，以理性的反应取而代之。这种训练要孩子依序提出5个重要的问题：

（1）有什么支持或推翻这些自动思考的证据？

（2）对于情况的发生，有没有其他的解释或其他的想法？

（3）如果这种自动思考没有错误，实际的结果是什么样的？

（4）如果让这种思考继续盘踞我的心，对我有什么坏处？

（5）我有什么建设性的行动可以解决这个问题？

例如小吉每逢周末就想要使用药物。他的自动化想法是："我实在闷死了，周末晚上不轻松一下，还有什么事可做？"面对这种想法，他首先要反问自己："这种想法的证据在哪里？"只要冷静地思考一下就可以立刻推翻原先的想法："可以做的事太多了，找朋友聊天，去打球，看电视，或打个电话给治疗室的老师都是可行的。"接下来要自问："'星期六晚上无事可做'，对此有没有其他的解释？"孩子重新解释后产生了另一种想法："说起来并不是真的如此，只是空虚寂寞，太痛苦，所以什么也不想做，也想不出有什么好办法。"接下来要问："如果真的是太痛苦、头脑不清楚，那么实际的结果又是如何？"孩子的回答是："太痛苦、太无聊，实在难受，不过这也不是世界末日，挨过去也就好了。"接下来再问："如果继续想这种痛苦和无聊的事，会有什么不良后果？"孩子考虑的结果是："我就会觉得失去了控制，我会想要来一针，结果导致旧病复发。"最后他要反问自己："我有什么健康而且保险的办法来驱除苦闷？"他说他可以"找一份报纸看旧车的广告，打几个电话探听行情，明天好和女朋友一起去看车。想到买第一部自己的车，实在是很使人兴奋的事"。

渴望药物的自动思考并不全都像小吉的想法那样单纯。有的孩子会出现扭曲、极端的思考。例如："如果不抽两口我就要发疯了""如果现在不喝两杯，到晚上喝一整瓶也不会过瘾"等。遇到这种思考方式，则要通过认知改造的策略来破除固定而歪曲的想法。前述"思考的日记"可以和上述理性反应的策略相互呼应，消除渴望药物的自动思考。

（五）危机的处理

药物滥用本身是一个严重的行为问题。因为这种行为而牵引出来的问题也值得关切。一个人陷入用药的旋涡中，其人生突然变得紊乱复杂，危机四伏。根据贝克的界定，危机是指没有计划的、突发的情况，而且致使一个人的生活产生极恶劣的变化。他们引用中文危机（Crisis）两字来解释，这种紧急的情况具有相当的"危险"

但也提供良好的“机会”。危机提供个人学习的“机会”，只要能够渡过难关，建立坚强的信心，就能学习更高超的技能来应付未来无法预测的紧急情况。从“危险”的角度来看，危机是指滥用药物的青少年在戒除毒物一段时期后旧病复发；财力拮据的情况下可能铤而走险，偷抢行骗无所不用其极；因为人际关系的恶化而出现暴行，最常见的是贩毒集团的争夺地盘而发生火拼，或是家庭中引起的暴力行为；孩子因严重触犯校规被学校开除或失去工作机会；财源缺乏生活发生困难；一再地周旋于法律边缘；违反法律，例如贩毒和诈骗等；生理上的伤害，如药物中毒或胃肠和肝脏病发等；自杀；突然失踪。贝克等人从5个方向处理滥用药物的危机情况。

1. 及早发现危机的征兆

处理危机的上上策是防患于未然。如果不及早处理孩子日常生活中的细枝末节，危机积少成多，终有一日会超出他们解决问题的能力范围，常会使他们重新用药以求解脱。一旦问题重重叠叠，情况就很难处理。科斯滕（Kosten）认为孩子的父母或其他监护人员要特别注意几个危机的征兆，并尽快谋求补救。要是孩子突然逃学、不去上班或错过重要的约会（如每周例行的治疗会谈），就表示他可能恢复了药物的使用，或在生活中遭遇了重大困难。碰到这种情形，不但要尽快找回孩子，而且要追根究底，弄清事态，才能避免惨剧重复出现。孩子情绪与行为重大的变化也是值得注意的征兆。例如孩子突然口齿不清、谈话内容颠三倒四、思考杂乱无章、对人充满敌意、情绪变化无常、精神和身体疲惫无力，或是日常活动越出常轨，说明孩子的生活已亮起红灯，可能与药物又发生了接触，有关的监护人员必须严加戒备，并加强治疗的访谈。

2. 预防旧病复发

孩子面临生活中的危机情况，很可能以使用药物的下下策来应付目前的艰难。这表示孩子的紧急情况已超出其能力所能掌握的范围，不得已而出此下策。因此，孩子的父母和其他关系人除了给予同情和支持，还要深入地了解其生活中的危机情况，以及这个孩子是否有恢复使用药物的企图。大人可以尽一切力量协助孩子应付目前的情况，度过危机，但绝对不能宽容再度使用药物。如果用药的大门再度开启，后果将难以收拾。

3. 消除听天由命的想法

孩子在走投无路时，思考已失去了理性，为求达到目的，就会不择手段。在这种情况下，大人要迫切地了解孩子是不是有绝望或是听天由命的想法。例如："再坏也不过是这个样子，好也好不到哪里去，管他呢。""这都是命里注定的，再怎么做还是要回到这个老样子，我能怎么办？"这是陷入危机情况的危险想法，不但会使孩子再度滥用药物、拒绝治疗，而且孩子的问题行为可能会变本加厉。如果找出这种想法，要全力协助孩子辩驳和抵抗这种非理性的思考。

4. 转变危机为良机

得到一次教训学一次乖。如果孩子能利用这个机会，永远走出药物陷阱，就是把危机转为良机。但是，大人要能善用这种机会，教孩子把平常学习到的应付技能应用在危机情况中。大人可以帮助孩子把目前的危机看成自己应付技能的试金石，让他勇敢地面对挑战。如果孩子确实渡过难关，表示他已能经得起考验，这也会给孩子带来无限的信心和勇气。

5. 彻底追究歪曲的信念

危机过去并不表示孩子的一生就此一帆风顺。为了防止危机再次出现，必须一再地追究孩子的根本信念和行为，直到斩草除根。例如孩子功课的问题、人际关系的问题、环境的因素、做事不负责任的习性、贪图享受和寻欢作乐的态度，都要利用这一次危机，彻底清理，给孩子铺上平坦的道路，走向光明的人生。

5 结　语

药物滥用是个人的行为问题，也是严重的社会问题。其后果轻则使人一生完全灰暗，重则家破人亡，甚至使整个社会面临重重的危机。一个孩子滥用药物，个人的环境、思考、信念、情绪以及行为彼此环环相扣。有效的治疗策略必须结合整体的力量，兼顾所有的因素，才能彻底解决这种行为问题。下列以认知与行为治疗为重心来拯救布朗尼的实例作为本章的结语。

布朗尼是一个13岁的男孩，成长在一个破碎的家庭中。他的父母从分居到正式离婚已有10年之久。过去10年当中，他和他的弟弟由母亲一手带大。但他们的母亲是一个酒鬼，天天喝得烂醉如泥，对家庭大小事不闻不问。

年纪小小的布朗尼已经有长久而严重的药物滥用问题。他8岁开始服用毒品，从小游荡街头，为贩毒集团把风。除了可以免费得到药物供应，他还有充裕的零用钱给小他2岁的弟弟使用。

他的母亲已经无法控制他的行为，只好把他移送管教机构强制戒毒。3个月后，经过法院的裁决，布朗尼和他弟弟都归父亲教养。但他父亲以开长途货车为业，经常在外，事实上也很少有管教兄弟二人的机会。布朗尼在学校中根本无心学习，情绪也相当不稳定，总是紧张、焦虑、心神不定，而且常发脾气；经常对他父亲和老师咆哮，稍不如意就对同学施加暴力。

面对此严重的行为问题，社会工作人员很快召集了一个处理小组，包括布朗尼本人、他的父亲、医生、学校辅导人员、治疗药物滥用的专家等。这个小组决定采取完全戒毒的办法，绝对不容许布朗尼有任何沾上药物的机会。同时，处理小组要分头展开治疗的活动，集合各方面的力量挽回布朗尼的一生。

布朗尼就读的中学指派一名辅导人员，在药物滥用治疗专家的协助下，每周辅导布朗尼2次，每次1小时，一对一地检讨布朗尼的功课、行为、情绪、认知、对药物的渴望、生理的变化，以及对新生活的适应情况。有关毒品的教育、生活技能和应付技能的训练也是辅导人员的职责。由于布朗尼过去几年经常在街头与警察捉迷藏，在强制戒毒期间与管理人员敌对，他对学校的辅导人员颇有戒心，并对辅导工作顽强抗拒。辅导人员在不施加压力的情况下，激励他进行自发性的思考，设法破除偏见和隔阂，建立彼此的信赖。由于他呈现紧张、焦虑的情绪，在从事心理治疗之前需要先控制他的情绪，并且从事5个星期的放松训练，每天半小时。熟练掌握放松技能后，改为每天午后固定做10分钟放松训练。如果自觉心神不定，随时可以做10~20分钟的放松训练。使用抗焦虑症的药2个月后，完全改由放松来控制焦虑的情绪。

每天放学后，布朗尼留校2小时。其中1小时由一名高三年级学生辅导他做功课，另1小时做体能活动。他自己选择游泳、骑脚踏车、长跑，偶而也充当球队的助理。每天2小时额外的校内活动，不但改进他的功课和体能，隔绝了他与药物的接触，还帮助他建立信心和成就感。傍晚由当地青年会派人把他从学校接去吃晚饭，然后和一群不使用药物的孩子做功课，休闲娱乐，到晚上9点才回家。

在行为的管束方面，社会工作人员、布朗尼以及他的父亲3人共同签订一项行为契约，规定布朗尼如果按照规定的作息时间来活动，接受治疗和辅导，准时上学，每周周末他可以选择正当的户外活动，并且由他父亲安排。他的父亲每周周末必须负责管教布朗尼，而且要参加每个月处理小组的检讨会议。如果他完全尽到责任，布朗尼和他弟弟就能获得政府的生活津贴。此外，布朗尼也答应他父亲和社会工作人员的要求，好好照顾他的弟弟，不能让他染上不良的习惯。

布朗尼每个星期验尿一次，确保他已杜绝用药。连续6次检验的结果都证明他已不再使用药物，因此改为一个月检验一次。学校老师认为布朗尼功课大有进步，说他上课时不但能够专心，家庭作业也按时上交，他的情绪和行为也有长足的进步，他在学校中也结交不少亲密的朋友。处理小组经过一整年的努力，已经目睹布朗尼的转变，但是基于过去治疗药物滥用功败垂成的经验，小组成员一致认为不可就此松懈下来。布朗尼并未完全脱离险境，小组的成员，包括布朗尼自己，都决定还要长期地与药物做完全而彻底的抗争。

参考书目

BIBLIOGRAPHY

Altemeier, W. A., O'Connor, S., Sherrod, K., & Vietze, P.M. (1985) . Prospective study of antecedents for non-organic failure-to-thrive. Journal of Pediatrics, 106,360-365.

Altmann, E., & Gotlib, I. (1988) . The social behavior of depressed children: An observational study. Journal of Abnormal Child Psychology, 16,29-44.

Amaya-Jackson, L., & March, J. (1995) . Post-traumatic stress disorder. In J. March (Ed.) , Anxiety disorders in children and adolescents. New York: Guilford Press.

Anastopoulos, A.D., & Barkley R.A. (1989) . A training program for parents of children with attention deficit-hyperactivity disorder. In C.E. Schaefer & J.M. Briesmeister (Eds.) , Handbook of parent training: Parents as co-therapists for children's behavior problems. New York: John Wiley & Sons.

Azrin, N., Carr, E., Foxx, R., & Lovaas, O. et al. (1982) . The treatment of self-injurious behavior. Behavior Therapy, 13,529-554.

Barkley, R. (1981) . Hyperactive children: A hardbook of diagnosis and treatment. New York: Guilford Press.

Beck, A.T., Wright, F.D., Newman, C. F., & Liese, B.S. (1993) . Cognitive therapy of substance abuse. New York: Guilford Press.

Beck, A.T. (1967) . Depression: Clinical, experimental and theoretical aspects. New York: Harper & Row.

Beck, A.T. (1976) . Cognitive therapy and the emotional disorder. New York: International Universities Press.

Beidel, D.C., Turner, S.M., & Morris, T.L. (in press) . The social phobia and anxiety inventory for children: Psychometric characteristics. Psychological Assessment.

Beidel, D.C., & Morris, T.L. (1995) . Social phobia. In J. March (Ed.) , Anxiety disorders in children and adolescents. New York: Guilford Press.

Beidel, D.C. (1991) . Social phobia and overanxious disorder in school-age children. Journal of the American Academy of Child and Adolescent Psychiatry, 3,545-552.

Bellack, A. S., & Mueser, K.T. (1990) . Schizophrenia. In A.S. Bellack, M. Hersen & A.E. Kazdin (Eds.) , International handbook of behavior modification and therapy. New York: Plenum Press.

Bergland, B.W., & Chai, A.H. (1972) . Relaxation training and a junior high behavior problem. The School Counselor, 19,288-293.

Berlin, LB., & Critchley, D.L. (1989) . The therapeutic use of play for mental ill children and their parents. In C.E. Schaefer & J.M. Briesmeister (Eds.) , Handbook of parent training: Parents as co-therapists for children's behavior problems. New York: John Wiley & Sons.

Berney, T., Bhate, S., Kolvin, I., Famuyiwa, O., Barrett, M., Fundudis, T., & Tyrer, S. (1991) . The context of childhood drpression: The Newcastle Childhood Depression Project. British Journal of Psychiatry, 159,28 -35.

Beumont, P.J, V. (1995) . The clinical prevention of anorexia and bulimia nervosa. In K.D. Brownell & C.G. Fairburn (Eds.) , Eating disorders and obesity. New York: Guilford Press.

Biederman, J., Rosenbaum, J., & Bolduc-Murphy, E. (1993) . A three year follow-up of children with and without behavior inhibition. Journal of the American Academy of Child and Adolescent Psychiatry, 32,814-821.

Biederman, J. (1991) . Sudden death in children treated with a tricyclic antidepressant. Journal of the American Academy of Child and Adolescent Psychiatry, 31,968-972.

Bithoney, W., & Rathbun, J. (1983) . Failure-to-thrive. In W.B. Levine, A.C. Carey, A. Crocker,& R. Gross (Eds.) , Developmental behavioral pediatrics. Philadelphia W.B. Saunders.

Black, B. (1995) . Separation anxiety disorder and panic disorder. In J. March (Ed.) ,

Anxiety disorders in children and adolescents. New York: Guilford Press.

Black, D.R. (1987) . A minimal intervention program and a problem-solving program for weight control. Cognitive Therapy and Research, 11,107 -120.

Blue, S., Madsen, C., & Heimberg, R. (1981) . Increasing coping behavior in children with aggressive behavior: Evaluation of the relative efficacy of the components of a treatment package. Child Behavior Therapy, 3,51-60.

Bornstein, P.H., & Quevillon, R.P. (1976) . The effects of a self-instructional package on overactive preschool boys. Journal of Applied Behavior Analysis, 9,179-188.

Bouchard, C. (1995) . Genetic influences on body weight and shape. In K.D. Brownell & C.G. Fairburn (Eds.) , Eating disorders and obesity. New Yourk: Guilford Press.

Bray, G.A. (1992) . An approach to the classification and evaluation of obesity. In P. Bjorntorp & B.N. Brodoff (Eds.) , Obesity. Philadelphia: Lippincott.

Brownell, K.D. (1995) . Exercise in the treatment of obesity. In K.D. Brownell & C.G. Fairburn (Eds.) , Eating disorders and obesity. New York: Guilford Press.

Brubakken, D.M., Derouin, J.A., & Morrison, H.L. (1988) . Treatment of psychotic and neurologically impaired children: A system approach. New York: Van Nostrand Reinhold.

Bryant-Waugh, R., & Lask, B. (1995) . Childhood-onset eating disorders. In K.D. Brownell & C.G. Fairburn (Eds.) , Eating disorders and obesity. New York: Guilford Press.

Burke, P., Kocoshis, S.A., Chandra, R., Whiteway, M., & Sauer, J. (1990) . Determinants of depression in recent onset pediatric inflammatory bowel disease. Journal of the American Academy of Child Psychiatry, 29,608-610.

Cantor, S. (1988) . Childhood Schizophrenia. New York: Guilford Press.

Caplan, R. (1994) . Though disorder in childhood. Journal of the American Academy of Child and Adolescent Psychiatry, 33,605-615.

Carpenter, W., Heinrichs, D., & Alphs, L. (1985) . Treatment of negative symptoms. Schizophrenia Bulletin, 11,440-452.

Carr, E. (1977) . The motvation of self-injurious behavior. Psychological Bulletin,

84,800-816.

Carroll, K.M., Rounsaville, B.J., & Gawin, F.H. (1991) . A comparative trial of psychotherapies for ambulatory cocaine abusers: Relapse prevention and interpersonal psychotherapy. American Journal of Drug and Alcohol Abuse, 17,229-247.

Carroll, J., & Rest. J. (1981) . Development in moral judgement as indicated by rejection of lower-stage statement. Journal of Research in Personality, 15,538-544.

Centers for Disease Control. (1991b) . Cigarette smoking among adults: United States, 1988. Morbidity and Mortality Weekly Report, 40,757-765.

Chapunoff, A. (1992) . Test-retest reliability of heart response in children with phobia disorder. Unpublished master's thesis, Florida International University, Miami.

Christopher, J., Hansen, D., & MacMillan, V. (1991) . Effectiveness of a peer -helper intervention to increase children's social interaction. Behavior Modification, 15,22-50.

Clark, D. (1993) . Assessment of social anxiety in adolescent alcohol abusers. Presented at the Anxiety Disorders Association of American Annual Convention, Charleston, SC.

Cole, D. (1991) . Preliminary support for a competency-based model of depression in children. Journal of Abnormal Psychology, 100,181-190.

Colvin, B. (1988) . Procedures for preventing serious acting out behavior in the classroom. Unpublished manuscript, Lane Education Service District, Eugene, OR.

Cone, J. (1978) . The behavior assessnent gril (BAG) : A conceptual framework and a taxnonmy Behavior Therapy, 9,882-888.

Cooper, P.J. (1995) . Eating disorders and their relationship to mood and anxiety disorders. In K.D. Brownell C.G. Fairburn (Eds.) , Eating disorders and obesity. New York: Guilford Press.

Cooper, Z. (1995) . The development and maintenance of eating disorders. In K.D. Brownell & C.G. Fairburn (Eds.) , Eating disorders and obesity. New York: Guilford Press.

Costello, E., & Angold, A. (1995) . Epidemiology. In J, March. (Ed.) , Anxiety disorders in children and adolescents. New York: Guilford Press.

Costello, E., Angold, A., & Burns, B. (in press) . The Great Smoky Mountains Study of Youth: Prevalence and correlates of DSM-III-R disorders. Archives of General Psychiatry.

Costello, E. (1989b) . Developments in child psychiatric epidemiology. Journal of the American Academy of Child and Adolescent Psychiatry, 28,836-841.

Crabtree, L. (1967) . A psychotherapeutic encounter with a self-mutilating patient. Psychiatry, 30,91-100.

Crittenden, P.M. (1987) . Non-organic failure-to-thrive: Deprivation or distortion. Infant Mental Health Journal, 8,51-64.

Culp, R., Little, V., Letts, D., & Lawrence, H. (1991) . Maltreated children's self-concept: Effects of a comprehensive treatment program. American Journal of Orthopsychiatry, 61,114-121.

Cummings, J., & Cunningham, K. (1992) . Obsessive-compulsive disorder in Huntington's disease. Biological Psychiatry, 31,263-270.

Dietz, W.H. (1995) . Childhood obesity: Prevalence and effects. In K.D. Brownell & C.G. Fairburn (Eds.) , Eating disorders and obesity. New York: Guilford Press.

Dodge, K., & Murphy R. (1984) . The assessment of social competence in adolescents. In P. Karoly & J. Steffan (Eds.) , Adolescent behavior disorders: Foundations and contemporary concerns. Lexington, MA: Lexington Books.

Douglas, J. (1989) . Training parents to manage their child's sleep problem. In C.E. Schaefer & J.M. Briesmeister (Eds.) , Handbook of parent training: Parents as co-therapists for children's behavior problems. New York: John Wiley & Sons.

Drotar, D., Wilson, F., & Sturm, L. (1989) . Parent intervention in Failure-to-thrive. In C.E. Schaefer & J.M. Briesmeister (Eds.) , Handbook of parent training: Parents as co-therapists for children's behavior problems. New York: John Wiley & Sons.

Eastman, M. (1994) . Taming the dragon in your child: Solutions for breaking the chycle of family anger. New York: John Wiley & Sons.

Edelman, E., & Goldstein, A. (1981) . Moral elucation. In A. Goldstein, E. Carr, W. Davidson & P. Wehr (Eds.) , In response to aggression. New York: Pergamon Press.

Eggers, C. (1978) . Course and prognosis of childhood schizophrenia. Journal of Childhood Schizophrenia, 8,21-36.

Ellis, A. (1962) . Reason and emotion in psychotheraop. New York: Lyle Stuart.

Eyberg, S., & Boggs, S. (1989) . Parent taining for oppositional-defiant preschooler. In C. Schaefer and J. Briesmeister (Eds.) , Handbook of parent training: Parents as co-therapists for children't behavior problems. New York: John Wiley & Sons.

Fairbank, J., & Nicholson, R. (1987) . Theoretical and empirical issues in treatment of post-traumatic stress disorder in Vietnam veterans. Journal of Clinical Psychology, 43,44-55.

Fairburn, C.G. (1995) . The prevntion of eating disorders. In K.D. Brownell & C.G. Fairburn (Eds.) , Eating disorders and obesity. New York: Guilford Press.

Fairburn, C.G. (1995) . Short term psychological treatment for bulimia nervosa. In K.D. Brownell & C.G. Fairburn (Eds.) , Eating disorders and obesity. New York: Guilford Press.

Falloon, I., Mueser, K., Gingerich, S., Rapaport, S., McGill, C., & Hole, V. (1988) . Workbook for behavioral family therapy. London: Bams.

Feindler, E., Marriott, S., & Iwata, M. (1984) . Group anger control training for junior high school delinquents. Cognitive Therapy and Research, 8,299-311.

Feldman, R., Caplinger, T., & Wodarski, J. (1983) . The St. Louis conundrum: The effective reatment of antisocial youths. Englewood Cliffs, NJ: Prentice-Hall.

Feurer, LD. & Mullen, J.L. (1986) . Measurement of energy expenditure. In J. Rombeau & M. Caldwell (Eds.) , Clinical nutrition, vol 2: Parental nutition. Philadelphia: Saunders.

Fleming, J.E., & Offord, D.R. (1990) . Epidemiology of childhood depressive disorders: A critical review. Journal of the American Academy of Chid Psychiatry. 29,571-580.

Forehand, R., & McMahon, R. (1981) . Helping the noncompliant child. New York: Guilford Press.

Foreyt, J.P.（1987）. Issues in the assessment and treatment of obesity. Journal of Consulting and Clinical Psychology, 55,677-684.

Foxx, R., & Lovaas, O.（1982）. The treatment of self-injurious behavior. Behavior Therapy, 13,529-554.

Francis, G., & Beidel, D.（1995）. Cognitive-behavioral psychotherapy. In J. March,（Ed.）, Anxiety disorders in children and adolescents. New York: Guilford Press.

Francis, G. & Ollendick, T.（1990）. Behavior treatment of social anxiety. In E. Feindler & G, Kalfus（Eds.）, Casebook in adolescent behavior therapy. New York: Springer.

Francis, G.（1990）. Anxiety disorder. In A.S. Bellack, M. Hersen, & A.E. Kazdin（Eds.）, International handbook of behavior modification and therapy. New York: Plenum Press.

Francis, G.（1988）. Assessing cognition in anxious children. Behavior Modification, 12,267-280.

Freeman, T., Cameron, J.L., & McGhie, A.（1973）. Chronic schizophrenia. New York: International Universities Press.

Freud, S.（1955）. Analysis of a phobia in a five-year-old boy. In J. Strachey（Ed. and Trans.）, The standard edition of the complete psychological works of Sigmund Freud. London: Hogarth Press.

Friedman, M.（1988a）. PTSD and carbamazepine. American Journal of Psychiatry, 145,281-285.

Fyer, A., Mannuzza, S., & Gallops, M.（1990）. Familial transmission of simple phobias and fears: A preliminary report. Archives of General Psychiatry, 47,252-256.

Garber, J., Zeman, J., & Walker, L.（1990）. Recurrent abdominal pain in children: Psychiatric diagnoses and parental psychopathology. Journal of American Academy of Child Psychiatry, 30,398-406.

Garner, D.M.（1995）. Measurement of eating disorder psychopathology. In K.D. Brownell & C.G. Fairburn（Eds.）, Eating disorders and obesity. New York: Guilford Press.

Garner, D.M., & Rosen, L.W. (1990) . Anorexia nervosa and bulimia nervosa. In A.S. Bellack, M. Hersen, & A.E. Kazdin (Eds.) , International handbook of behavior modification and therapy. New York: Plenum Press.

Garner, D.M., & Fairburn, C.G. (1988) . Relationship between anorexia nervosa and bulimia nervosa: Diagnostic implication. In D.M. Garner & P.E. Garfinkel (Eds.) , Diagnostic issues in anorxia nervosa and bulimia nervosa. New York: Brunner/Mazel.

Geiger, K., & Turiel, E. (1983) . Disruptive school behavior and concepts of social convention in early adolescence. Journal of Educational Psychology, 75,677-685.

Geller, B., Cooper, T.B., Graham, D.L., Marsteller, F., & Bryant, D. (1990) . Double-blind placebo-controlled study of nortriptyline in depressed adolescents using a "fixed plasma level"design. Psychopharmacology Bulletin, 26,85-90.

Goldstein, A., & Keller, H. (1987) . Aggressive behavior: Assessment and intervention. New York: Pergamon Press.

Goldstein, A., & Rosenbaum, A. (1982) . Aggressless. Englewood Cliffs, NJ: Prentice-Hall.

Gordon, T. (1970) . Parent effectiveness training. New York: P.H. Wyden.

Gottman, J.M., & Levenson, R.W. (1986) . Assessing the role of emotion in marriage. Behavioral Assessment, 8,31-48.

Graziano, A., & Mooney, K.C. (1980) . Family self-control instruction for children's nighttime fear reduction. Journal of Consulting and Clinical Psychology, 48,206-213.

Greenberg, J.S., & Deputat, Z. (1978) . Smoking intervention: Comparing three methods in a high school setting. Journal of School Health, 1978,498-502.

Griffin, N., Webb, M.G., & Parker, R. (1982) . Single case study: A case of selfinflicted eye injuries. Journal of Nervous and Mental Disease, 170,53-56.

Grunebaum, H., & Kierman, G. (1967) . Wrist slashing. American Journal of Psychiatry, 124,527-534.

Guthrie, E.R. (1935) . The psychology of learning. New York: Harper.

Hagopian, L., & Ollendick, T. (1993) . Simple phobia in children. Handbook of

Behavior Therapy with Children and Adults. Needham Heights: Allyn & Bacon.

Hall, S.M., Hall, R.G,& Ginsberg, D. (1990) . Cigarette Dependence. In A.S. Bellack, M. Hersen, & A.E. Kazdin (Eds.) , International handbook of behavior modification and therapy. New York: Plenum Press.

Hallam, R.S. (1974) . Extinction of rumination: A case study. Behavior Therapy, 5,565-568.

Harrington, R. (1993) . Depressive disorder in children and adolescence. New York: John Wiley & Sons.

Hartman, L. (1983) . A metacognitive model of social anxiety: Implications for treatment. Clinical Psychology Review, 3,435-456.

Herman, J. (1992) . Complex PTSD: A syndrome in survivors of prolonged and repeated trauma. Journal of Traumatic Stress, 5,377-391.

Heshka, S., & Heymsfield, S.B. (1995) . Pharmacological treatment of obesity. In K.D. Brownell & C.G. Fairburn (Eds.) , Eating disorders and obesity. New York: Guilford Press.

Holden, G.W., Moncher, M.S., & Schinke, S.P. (1990) . Substance Abuse. In A.S. Bellack, M. Hersen, & A.E. Kazdin (Eds.) , International handbook of behavior modification and therapy. New York: Plenum Press.

Hollander, E., DeCaria, C.M., & Aronowitz, B. (1991) . A pilot follow-up study of childhood soft signs and the development of psychopathology. Journal of Neuropsychiatry and Clinical Neuroscience, 3,186- 189.

Horvath, A.T. (1988) . Cognitive therapy and the addictions. International Cognitive Therapy Newsletter, 4,6-7.

Israel, A.C. (1990) . Childhood Obesity. In A.S. Bellack, M. Hersen, & A.E. Kazdin (Eds.) , International handbook of behavior modification and therapy. New York: Plenum Press.

Jellinek, E.M. (1960) . The disease concept of alcoholism. New Jersey: Hillhouse Press.

Jenike, M. (1992) . Pharmacologic treatment of obsessive-compulsive disorders.

Psychiatric Clinics of North American, 15,895-919.

Jessor, R., Donovan, J.E., & Costa, F. (1986) . Psychosocial correlates of marijuana use in adolescence and young adulthood: The past as prologue. Alcohol, Drugs and Driving, 2,31-49.

Johnson, J., & McGlynn, F. (1988) . Simple phobia. In M. Hersen & C. Last (Eds.) , Child behavior therapy casebook. New York: Plenum Press.

Johnston, L.D., Bachman, J.G., & O'Malley, P.M. (1988) . Summary 1987 drug study results. University of Michigan News and Information Services Press Release.

Kagan, J., Reznick, J., & Clarke, C. (1984) . Behavior inhibition to the unfamiliar. Child Development, 55,2212-2225.

Kahan, J.,& Pattison, E. (1984) . Proposal for a distinctive diagnosis: The deliberate self-harm syndrome. Suicide and Life-Threatening Behavior, 14,17-35.

Kandel, D.B., & Logan, J.A. (1984) . Patterns of drug use from adolescence to young adulthood: Periods of risk for initiation, continued use, and discontinuation. American Journal of Public Health, 74,660-668.

Kashani, J., & Orvasched, H. (1990) . A community study of anxiety in children and adolescents. American Journal of Psychiatry, 147,313-318.

Kaslow, N., Rehm, L., & Siegel, A. (1984) . Social-cognitive and cognitive correlates of depression in children. Journal of Abnormal Child Psychology, 16,163-175.

Kaye, W.H. (1995) . Neurotransmitter and anorexia nervosa. In K.D. Brownell & C.G. Fairburn (Eds.) , Eating disorders and obesity. New York: Guilford Press.

Kazdin, A. (1990) . Conduct disorders. In A.S. Bellack, M. Hersen & A.E. Kazdin (Eds.) , International handbook of behavior modification and therapy. New York: Plenum Press.

Kazdin, A., Esveldt-Dawson, K., & French, N. (1987) . Problem-solving skills training and relationship therapy in the treatment of antisocial child behavior. Journal of Consulting and Cilnical Psychology, 55,76-85.

Kazdin, A., Esveldt-Dawson, K., Sherick, R., & Colbus, D. (1985a) . Assessment of overt behavior and childhood depression among psychiatrically disturbed children. Journal of Consulting and Clinical Psychology, 53,201-210.

Kearney, C.A., & Silverman, W.K. (1990) . A preliminary analysis of a functional model of assessment and treatment for school refusal behavior. Behavior Modification, 14,340-366.

Keesey, R.E. (1995) . A set-point model of body weight regulation. In K.D. Brownell & C.G. Fairburn (Eds.) , Eating disorders and obesity. New York: Guilford Press.

Keesey, R.E. (1986) . The set-point theory of obesity. In K.D. Brownell & J.P. Foreyt (Eds.) , Handbook of eating disorder: Physiology, psychology, and treatment of obesity, anorexia and bulimic. New York: Basic Books.

Keller, M.B., Lavori, P.W., & Wunder, J., et al. (1992) . Chronic course of anxiety disorders in children and adolescents. Journal of the Amer- ican Academy of Child and Adolescent Psychiatry, 31,595-599.

Kendall, P. (1977) . On the efficacious use of verbal self-instruction procedures with children. Cognitive Therapy and Research, 1,331-341.

Kendall, P., & Korgeski G. (1979) . Assessment and cognitive-behavioral interventions. Cognitive Therapy and Research, 3,1-21.

Klein, R., & Last, C. (1989) . Amxiety disorder in children. Developmental Clinical Psychology and Psychiatry, 20,76-83.

Klein, S.A., & Deffenbacher, J.L. (1977) . Relaxation and Exercise for hyperactive impulsive children. Perceptual and Motor Skills, 45,1159-1162.

Koeppen, A.S. (1974) . Relaxation training for children. Elementary School Guidance and Counseling, 9,14-21.

Kohlberg, L. (1969) . Stage and sequence: The cognitive-development approach to socialization. In D. Goslin (Ed.) , Handbook of socialization theory and research. Chicago: Rand McNally.

Kohlberg, L. (1976) . Moral stages and moralization: The cognitive-developmental approach. In T. Lickona (Ed.) , Moral development and behavior: Theory, research and social issues. New York: Holt, Rinehart & Winston.

Kosten, T.R. Rounsaville, B.J., & Kleber, H.D. (1986) . A 2.5 year follow-up of depression, life events, and treatment effects on abstinence among opiate addicts. Archives of General Psychiatry, 43,733-738.

Kovaca, M. (1986) . A developmental perspective on methods and measures in the assessment of depressive disorder: The clinical interview. In M. Rutter, C. Izard,& R. Read (Eds.) , Depression in young people: Developmental and clinical perspectives. New York: Guilford Press.

Kral, J.G. (1995) . Surgical intervention for obesity. In K.D. Brownell & C.G. Fairburn (Eds.) , Eating disorders and obesity. New York: Guilford Press.

Kranzler, E., Shaffer, D., Wasserman, G., & Davies, M. (1990) . Early childhood bereavement. Journal of the American Academy of Child Psychiatry, 29,513-520.

Kuczynski, L., Kochanska, G., Radke-Yarrow, M., & Girnius-Brown, O. (1987) . A developmental interpretation of young children's noncompliance. Developmental Psychlolgy, 23,799-806.

Last, C., Hersen, M., & Kazdin, A. (1993) . Prospective study of anxiety-disordered children. Manuscript submitted for publication.

Last, C., Perrin, S., & Hersen, M. (1992) . DSM-III-R anxiety disorders in children: Sociodemographic and clinical characteristics. Journal of the American Academy of Child and Adolescent Psychiatry, 31,1070- 1076.

Last, C., Hersen, M., & Kazdin, A. (1991) . Anxiety disorder in children and their families. Archives of General Psychiatry, 48,928-934.

Last, C., Francis, G., & Strauss, C. (1989) . Assessing fears in anxiety-disordered children with the Revised Fear Survey Schedule for Children. Journal of Clinical Child Psychology, 18,137-141.

Lazar, J.B., & Rucker, W.L. (1984) . The effectiveness of manipulating setting factors on the ruminative behavior of a boy with profound retardation. Paper presented at the annual conference of the Association for Persons with Severe Handicaps, Chicago.

Leonard, H., Goldberger, E., & Rapoport, J. (1990) . Childhood rituals: Normal development of obsessive-compulsive symptoms? Journal of the American Academy of Child and Adolescent Psychiatry, 29,17-23.

Lesch, M., & Nyhan, W.L. (1964) . A familial disorder of uric acid metabolism and central nervous system function. American Journal of Medicine, 36,561-570.

Lewinsohn, P. (1974) . A behavior approach to depression. In R. Friedman & M. Katz (Eds.) , The psychology of depression: Contemporary theory and research. Washington, DC: Winston.

Lohman, T.G. (1995) . Measurement of body energy stores. In K.D. Brownell & C.G. Fairburn (Eds.) , Eating disorder and obesity. New York: Guilford Press.

Luria, A. (1961) . The role of speech in the regulation of normal and abnormal behavior. New York: Liveright.

MacDonald, K. (1987) . Parent-child physical play with rejected, neglected, and popular boys. Developmental Psychology, 5,705-711.

Mackay, P.W., Donovan, D.M., & Marlatt, G.A. (1991) . Cognitive and behavior approaches to alcohol abuse. In R.J. Frances & S.I. Miller (Eds.) , Clinical textbook of addictive disorders. New York: Guilford Press.

Mahoney, M.J., & Mahoney, K. (1976) . Permanent weight control: A total solution to a dieter's dilemma. New York: W.W. Norton.

Mansdorf, I., & Lukens, E. (1987) . Cognitive-behavior psychotherapy for separation anxious children exhbiting school phobia. Journal of the American Academy of Chid and Adolescent Psychiatry, 26,222-225.

March, J. (in press) . Cognitive-behavior psychotherapy for children and adolescents with obsessive-compulsive disorder: A review and recommendations for treatmont. Journal of the American Academy of Child and Adolescent Psychiatry.

March, J. (1995) . Anxiety disorder in children and adolescents. New York: Guilford Press.

March, J., Leonard, H.L., & Swedo, S. (1995) . Obsessive-compulsive disorder. In J.

March (Ed.) , Anxiety disorders in children and adolescents. New York: Guilford Press.

March, J., Mulle, K., & Herbel, B. (1994) . Behavioral psychotherapy for children and adolescent with obsessive-compulsive disorder: An open trial of a new protocol driven treatment package. Journal of the American Academy of Child and Adolescent Psychiatry, 33,333- 341.

March, J. (1992) . The stressor "A"criterion in DSM-IV post-traumatic stress disorder. In J. Davidson & E. Foe (Eds.) , Post-traumatic stress disorder: DSM-IV and beyond. Washington, DC: American Psychiatric Press.

Marlatt, G.A. (1985) . Cognitive factors in the relapse process. In G.A. Marlatt & J.R. Gordon (Eds.) , Relapse prevention: Maintenance strategies in the treatment of addictive behaviors. New York: Guilford Press.

Marlatt, G.A., & Gordon, J.R. (1985) . Relapse prevention: Maintenance strategies in the treatment of addictive behavior. New York: Guilford Press.

Martini, D.R., Strayhorn, J.M., & Puig-Antich, J. (1990) . A symptom self-report measure for preschool children. Journal of the American Academy of Child Psychiatry, 29,594-600.

Massman, P., Nussbaum, N., & Bigler, E. (1988) . The mediating effect of age on the relationship between child behavior checklist hyperactivity scores and neuropsychological test performance. Journal of Abnormal Child Psychology, 16,89-95.

McCarthy, P., & Foe, E. (1988) . Obsessive-compulsive disorders. In M. Hersen & C. Last (Eds.) , Child behavior therapy casebook. New York: Plenum Press.

McFarlane, A. (1987) . Post-traumatic phenomena in a longitudinal study of children following a natural disaster. Journal of the American Academy of Child and Adolescent Psychiatry, 26,764-769.

Meichenbaum, D. (1977) . Cognitive behavior modification. New York: Plenum Press.

Menninger, K. (1935) . A psychoanalytic study of the significance of self- mutilations. Psychoanalytic Quarterly, 4,408-466.

Meyer, L.H., & Evans, I.M. (1986) . Modification of excess behavior: An adaptive and functional approach for educational and community contexts. In R. Horner, L.H. Meyer, & H. Fredericks (Eds.) , Education of learners with severe handicaps: Exemplary service strategies. Baltimore: Paul H. Brooks Publishing Co.

Mikulas, W.L., & Coffman, M.F. (1989) . Home-based treatment of children's fear of the dark. In C. Schaefer & J. Briesmeister (Eds.) , Handbook of parent training: Parents as co-therapists for children's behavior problems. New York: John Wiley & Sons.

Millman, H., Schaefer, C., & Cohen, J. (1980) . Therapies for school behavior problems: A handbook of practical interventions. San Francisco: Jossey-Bass Publshers.

Mills, H., Agras, W., Barlow, D.H., & Mils, J. (1973) . Compulsive rituals treated by response prevsntion: An experimental analysis. Archives of General Psychiary, 38,524-529.

Mintz, I, (I960) . Autocannibalism: A case study. American Journal of Psychiatry, 120,1017.

Morgan, D.P., & Jenson, W.R. (1988) . Teaching behavioral disordered students: Preferred practice. Columbus, OH: Merrill.

Morgan, H.G. (1979) . Death wishes? Chichester, England: Wiley.

Murphy, H., Hutchison, J., & Bailey, J. (1983) . Behavioral school psychology goes outdoors: The effect of organized games on playground aggression. Journal of Applied Behavior Analysis, 16,29-36.

Muse, N. (1990) . Depression and suicide in children and adolescents. Austin, TX: PRO-ED.

Novaco, R.W. (1975) . Anger control: The development and evaluation of an experimental treatment. Lexington, MA: Lexington.

Nussbaum, N., & Bigler, E. (1990) . Identification and treatment of attention deficit disorder. Austin, TX: PRO-ED.

Getting, E.R., & Beauvais, F. (1986) . Peer cluster theory: Drugs and the adolescent. Journal of Counseling and Development, 65,17-22.

Offer, D., & Barglow, P. (1960) . Adolescent and young adult self-mutilation incidents in a general psychiatric hospital. Archives of General Psychiaty, 3,194-204.

OHendick, T., & Cerny. J. (1981) . Clinical behavior therapy with children. New York: Plenum Press.

Olmsted, M.P., & Kaplan, A.S. (1995) . Psychoeducation in the treatment of eating disorders. In K.D. Brownell & C.G. Fairburn (Eds.) , Eating disorders and obesity. New York: Guilford Press.

Oster, G., & Caro, J.E. (1990) . Understanding and treating depressed adolessents and their families. New York: John Wiley & Sons.

Overholser, J.C. (1987) . Facilitating autonomy in passive-dependent persons: An integrative moded. Journal of Contemporary Psychotherapy, 17,250-269.

Parker, G. (1992) . Early environment. In E.S. Paykel (Ed.) , Handbook of affective disorder, 2nd edn. Edinburgh: Churchill Livingstone.

Patterson, G. (1982) . Coercive family process. Eugene, OR: Castalia Press.

Patterson, G., & Bank, L. (1986) . Bootstrapping your way in the nomological thicket. Behavioral Assessment, 8,49-73.

Pattison, E., & Kahan, J. (1983) . The deliberate self-harm syndrome. American Journal of Psychiatry, 140,867-872.

Peele, S. (1985) . The meaning of addiction: Compulsive experience and its interpretation. Lexington, MA: Lexington Books.

Perlmutter, L, Greenhill, L., Chambers, W., & Kestenbaum C. (1989) . Childhood schizophrenia: Theoreical and treatment issues. Journal of the American Academy of Child and Adolescent Psychiatry, 28,956- 962.

Perry, B. (1995) . Neurobiological sequelae of childhood trauma: Post- traumatic stress disorders in children. In M. Murberg (Ed.) , Cate- cholamines in post-traumatic stress disorder. Washington, DC: American Psyohiatric Press.

Perry, G., & Orchard, J. (1992) . Assessment and treatment of adolescent sex offenders. Sarasota, FL: Professional Resource Press.

Peterson, L. (1987) . Not safe at home: Behavior treatment of a child's fear of being alone at home. Journal of Behavior Therapy and Experimental Psychiatry, 18,381-385.

Pfeffer, C. (1992) . Relationship between depression and suicidal behavior. In M. Shafii & S, Shafii (Eds.) . Clinical guide to depression in children and adolescents. Washington: American Psychiatric Press.

Pi-Sunyer, F.X. (1995) . Medical complications of obesity. In K.D. Brownell & C.G. Fairburn (Eds.) , Eating disorder and obesity. New York: Guilford Press.

Poehlman, E.T. & Horton, E.S. (1995) . Measurement of energy expenditure. In K.D. Brownell & C.G. Fairburn (Eds.) , Eating disorders and obesity. New York: Guilford Press.

Prior, M. (1992) . Childhood temperament. Journal of Child Psychology and Psychiatry, 33,249-279.

Prochaska, J.O., DiClemente, C.C., & Norcross, J.C. (1992) . In search of how people change: Applications to addictive behaviors. American Psychologist, 47,1102-1114.

Putallaz, M., & Heflin, A. (1990) . Parent-child interaction. In S. Asher & J. Coie (Eds.) , Children's status in the peer group. New York: Cambridge University Press.

Pynoos, R., & Eth, S. (1986) . Witness to violence: The child interview. Journal of the American Academy of Child and Adolescent Psychiatry, 25,306-319.

Ravussin, E., Lillioja, S., & Knowler, W.C. et al. (1988) . Reduced rate of energy expenditure as a risk factor for body-weight gain. New England Journal of Medicine, 318,462-472.

Rimm, D.C., & Masters, J. (1979) . Behavior therapy (2nd ed.) , New York: Academic Press.

Rimm, D.C. (1973) . Thought stopping and covert assertion in the treatment of phobias. Journal of Consulting and Clinical Psychology, 41,466- 467.

Rohde, P., Lewinsohn, P.M., & Seeley, J.R. (1991) . Comorbidity of unipolar depression. II: Comorbidity with other mental disorders in adolescents and adults. Journal of Abnormal Psychology, 100,214-222.

Rosen, J.C. (1995) . Assessment and treatment of body image disturbance. In K.D. Brownell & C.G. Fairburn (Eds.) , Eating disorders and obesity. New York: Guilford Press.

Rosen, D., & Hoffman, A. (1972) . Focal suicide: Self-mutilation by two young psychotid individuals. American Journal of Psychiatry, 128,1367-1368.

Ross, J. (1988) . Group treatment approaches. In Proceedings of the Training Intensive for the Treatment of Adolescent Sex Offenders Workshop May/88, Toronto, Ontario, Canada: Child Welfare Association.

Ross, R., & McKay, H. (1979) . Self-mutilation. Lexington, MA: Lexington Books.

Rounsaville, B.J., Carroll, K., Budde, D., Prusoff, B.A., & Gawin, F. (1991) . Psychiatric diagnoses of treatment-seeking cocaine abusers. Archives of General Psychiatry, 48,4 3-51.

Rutter, M., & Giller, H. (1983) . Juvenile delinquency: Trends and perspectives. New York: Penguin Books.

Sadler, O.W., & Dillard, N.R. (1978) . A description and evaluation of TRENDS: A substance abuse education program for sixth graders. Journal of Educational Research, 71,171-175.

Saigh, P. (1992) . The behavior treatment of child and adolescent post-traumatic stress disorder. Advances in Behavior Research and Therapy, 14,247-275.

Saigh, P. (1987) . In vitro flooding of a childhood post-traumatic stress disorder. School Psychology Review, 16,203-211.

Saigh, P. (1986a) . In vitro flooding in the treatment of a 6-year-old boy post-traumatic stress disorder. Behavior Research and Therapy, 6,685-688.

Scarboro, M., & Forehand, R. (1975) . Effects of two types of response-contingent time-out on compliance and oppositional behavior of children. Journal of Experimental Child Psychology, 19,252-264.

Schmitt, B.D. (1977) . Letter to editor. Pediatrics, 60,387.

Schoen, S. (1986) . Decreasing noncompliance in a severely multihandicapped child. Psychology in the School, 23,88-94.

Seligman, M.E, P. (1975) . Helplessness: On depression, development and death. San Francisco: Freeman.

Seligman, M.E.P., & Peterson, C. (1986) . A learned helplessness perspective on childhood depression: Theory and research. In M. Rutter, C. Izard & R. Read (Eds.), Depression in young people: Developmental and clinical perspective. New York: Guilford Press.

Siegel, K., Mesagno, F., & Christ, G. (1990). A prevention program for bereaved children. American Journal of Orthopsychiatry, 60,168-175.

Silverman, W.K. & Ginsburg, G. (1995). Specific phobia and generalized anxiety disorder. In J. March (Ed.), Anxiety disorders in children and adolescents. New York: Guilford Press.

Silverman, W.K., & Rabian, B. (1994). Specific phobia. In T. Ollendich, N. King, & W. Yule (Eds.), International handbook of phobia and anxiety disorders in children and adolescents. New York: Plenum Press.

Solomon, S., Gerrity, E., & Muff, A. (1992). Efficacy of treatment for post- traumatic stress disorder: An empirical review. Journal of the American Medical Association, 268,633-638.

Spivack, G., Platt, J., & Shure, M.B. (1976). The problem-solving approach to adjustment. San Francisco: Jossey-Bass.

Stark, K.D. (1990). Childhood depression: School-based intervention. New York: Guilford Press.

Stimmel, B. (1991). The facts about drug use. Coping with drugs and alcohol in your family, at work, in your community. New York: Consumer Reports Books.

Strain, P., Lambert, D., Kerr, M., Stagg, V., & Lenkner, D. (1983). Naturalistic assessment of childen's compliance to teacher's requests and consequences for compliance. Journal of Applied Behavior Analysis, 16,243-249.

Strauss, C., & Last, C. (1993). Social and simple phobias in children. Journal of Anxiety Disorders, 1,141-152.

Strauss, C. (1990). Overanxious disorder in childhood. In M. Hersen & C. Last (Eds.), Handbook of child and adult psychopathology: A longitudinal perspective. New York: Pergamon Press.

Striegel-Moore, R.H. (1995) . A feminist perspective on the etiology of eating disorders. In K.D. Brownell & C.G. Fairburn (Eds.) , Eating disorders and obesity. New York: Guilford Press.

Strober, M. (1995) . Family-genetic perspectives on anorexia nervosa and bulimia nervosa. In K.D. Brownell & C.G. Fairburn (Eds.) , Eating disorders and obesity. New York: Guilford Press.

Stunkard, A.J., Sorenson, T.L, & Hanis, C. (1986) . An adoption study of human obesity. New England Journal of Medicine, 314,193-198.

Stunkard, A.J. (1984) . The current status of treatment of obesity in adults. In A.J. Stunkard & E, Stellar (Eds.) , Eating and its disorders. New York: Raven Press.

Stunkard, A.J. (1982a) , Obesity. In A.S. Bellack, M. Hersen, & A.E. Kazdin (Eds.) , International handbook of behavior modification and therapy. New York: Plenum Press.

Suomi, S., Kraemer, G., & Baysinger, C. (1981) . Inherited and experiential factors associated with individual difference in anxious behavior displayed by Rhesus monkeys. In D. Klein & J. Rabkin (Eds.) , Anxiety: New research and changing concepts. New York: Raven Press.

Swedo, S., Leonard, H.L., & Kiessling, L. (1994) . Speculations on anti- neuronal antibody-melicated neuropsychiatric disorders of childhood. Pediatrics, 93,323-326.

Swedo, S., Rapoport, J., & Leonard, H.L. (1989) . Obsessive-compulsive disorder in children and adolescents: Clinical phenomenology of 70 consecutve cases. Archives of General Psychiatry, 46,335-343.

Tarrier, N., Barrowclough, C., Vaughn, C., Bamrah, J.S., Porceddu, N., Watts, S., & Freeman, H. (1989) . A community trial of a behavioral intervention with families to reduce relapse. British Journal of Psychiatry, 154,625-628.

Terr. L. (1991) . Childhood traumas: An outline and overview. American Journal of Psychiatry, 148,10-19.

Terr. L. (1990) . Too scared to cry. New York: Harper Collins.

Toth, M.K. (1990) . Understanding and Treating Conduct Disorders. Austin, TX:

PRO-ED.

Turner, S., & Beidel, D. (1993) . Children at Risk for Anxiety Disorder. Unpublished manuscript, Medical University of South Carolina.

Vandereycken, W. (1995) . The family of patients with an eating disorder. In K.D. Brownell & C.G.Fairburn (Eds.) , Eating disorders and obesity. New York: Guilford Press.

Van Itallie, T.B. (1985) . Health implication of overweight and obesity in the United States. Annals of Internal Medicine, 103,983-988.

Vietze, P.M., Falsey, S., O'Connor, S., Sandler H., Sherrod, K., & Altemeier W.A. (1980) . Newborn behavioral and interactional characteristics of nonorganic failure-to-thrive infants. In T. Field, S. Goldberg, D. Stern, & A.M. Sostek (Eds.) , High risk infants and children, adult and peer ineractions. New York: Academic Press.

Vitousek, K.B. (1995) . Cognitive-behavioral therapy for anorexia nervosa. In K.D. Brownell & C.G. Fairburn (Eds.) , Eating disorders and obesity. New York: Guilford Press.

Volkmar, F. (1992) . Childhood Schizophrenia. American Academy of Child & Adolescent.